1

랑탕 히말라야

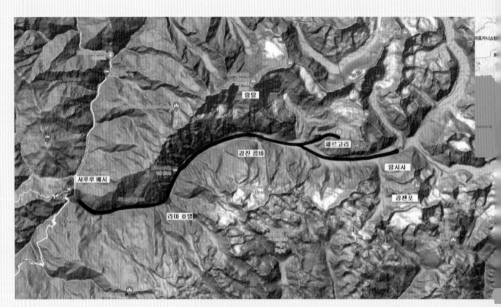

2013년 3월 (15일간) 150km

들어가기

꽝!

교통사고가 났다. 우리가 탄 지프차가 골목을 벗어나 도로에 들어서자마자 마침 그때 지나가던 승용차와 부딪친 것이다. 주변의 사람들이 순식간에 모여들었다. 큰 사고는 아니었지만, 우리의 지프차 범퍼가 깨졌다. 운행하기 곤란하여 차를 교체해야 한다고 한다.

다른 차가 올 때까지 차 안에 앉아 있으니 마음이 착잡하다. 이제 막 여행을 시작한 지 불과 5분도 채 지나지 않았다. 한국의 인천 공항에서부터 따진다면 사흘이나 걸릴 정도로 멀리서 와서 트레킹 지역으로 출발하려는 시점이었다.

불길한 징조인가, 아니면 히말라야 고산 트레킹에 대한 사전 경고인가? 그렇지 않아도 처음 하는 장기간의 고산 트레킹에 잔뜩 긴장을 하고 있는 상황에 출발부터 사고가 난 것이다.

차를 교체해야 한다는데 그런 차가 있을 것이며, 언제 올 것인가 하는 안절부절한 마음으로 한나절을 길가에 앉아 대기했다. 마침내 새 차가 왔다. 이런 낙후된 국가에 금방 차가 조달된다는 것이 신기한 것도 잠시였고, 그 차를 타자마자 기분은 바뀌었다. 얼마나 오래 묵혀 둔 차였던지 차 문이 잘 닫히지 않고 달리는 내내 덜컹거렸다. 그래도 랑탕까지만 갈 수 있기를 바랐는데 아니나 다를까 출발한 지 몇 시간이 지나지 않아 고장이 나서 한참 동안 수리를 했다.

길도 몹시 거칠었다. 카트만두를 벗어나자 도로는 비포장으로 바뀌었고 사방은 산으로 둘러싸이기 시작한다. 당연히 대부분 산악도로다.

그 길들은 얼마나 위험해 보이는지! 계곡은 바닥이 보이지 않을 정도로 깊고, 경사는 어찌나 급한지 가끔 고개를 내밀어 밑을 내려보다가 현기증을 느꼈다. 그런 도로는 폭이 좁을 수밖에 없다. 가끔 전면에 차가 나타나기

랑탕 가는 길에 만난 축제 행사 차량 위의 아이들.

라도 하면 비상 상황이 벌어진다. 충돌사고에, 고물차에, 현기증 나는 좁은 절벽 길에, 불과 100km 남짓 되는 랑탕 입구까지 가는데 하루 종일 가슴을 졸였다. (내가 여행 다녀오고 몇 년 지난 네팔의 지진 때 가장 도로 유실이 심한 곳이 이곳이었고, 그래서 랑탕 트레킹은 상당 기간 폐쇄되었다.)

이렇게 접근이 불편하니 히말라야 3대 트레킹 코스 중 랑탕은 인기가 없는 것 같다. 한국 사람이 제일 선호하는 안나푸르나 코스의 베이스 도시인 포카라까지는 비행기가 수시로 다니고 고속도로도 나 있다. 에베레스트 코스의 입구인 루클라까지도 비행기로 바로 간다. 랑탕은 랑탕을 좋아하는 사람만이 가는 곳이었다.

트레킹 입구인 샤브루 베시 마을에 도착했을 때 해는 서쪽 산을 넘어가고 마을 계곡에는 서서히 어둠이 찾아들고 있었다. 깊은 계곡을 따라 흐르는 짙푸르고 풍성한 물은 산 위의 빙하를 대변하듯 얼음장같이 차가웠다.

그래도 마을에는 히말라야 원산의 붉은 목련이 만개하여 내가 랑탕에 입성한 것을 축하하듯 길가에 도열하여 있었다. 큰 키의 나무에 잔뜩 달린 진붉은 꽃들의 신기한 모습은 랑탕이 히말라야의 어떤 트레킹 코스와도 나르다는 것을 은근히 암시하는 듯했다. 그리고 그것은 사실이었다.

트레킹 첫날

잠을 제대로 자지 못했다. 트레킹에 대한 기대에 마음이 들떠 있는 데다가 계곡 물소리가 유난히 크기도 했다.

'달밧'으로 아침을 간단히 해결하고 숙소 건너편의 다리를 건너 바로 계곡 길을 오르면서 트레킹을 시작했다. 출발이 상쾌하다. 산 초입에 진입하자 계곡은 남국의 화사한 햇살을 받아 따뜻했다. 고도는 1,500여 m 정도이고 기온도 20도 전후로 걷기에 최고의 조건이다.

산비탈의 수풀도 이제 봄의 새싹을 돋우면서 연노란 봄색으로 단장하고 있었다. 봄의 새잎들은 꽃 못지않게 색깔이 예쁘다는 것을 국내의 산행에서 익히 경험해 온 터였다.

길은 랑탕콜라라는 계곡을 따라 이어졌다. 이 계곡(강)의 끝 지점이 우리의 트레킹 마지막 지점이 될 것이었다. 1시간여를 걸었을 때 도민이란 곳에 도착했다. 찻집이 몇 군데 있다. 샤브루 베시에서 걸어온 사람들이 쉬기에 적당한 지점이고 주변 풍광도 좋다. 계곡에 들어가 머리도 감았다. 빙하 물이 차다기보다 상쾌하기만 했다.

찻집 앞뜰의 벤치에 앉아 햇살에 머리를 말리니 세상을 다 얻은 기분이 들면서 정말 내가 랑탕이란 데를 들어온 것이 실감이 났다. 이렇게 기분이 좋으니 표정도 좋을 것이 당연, 저만치서 이제까

지 내 눈치만 보고 있던 가이드가 조심스레 다가와서 말을 붙였다.

"저기 사장~님, 차 한잔하실래요?"

"아 그래, 무슨 차들이 있어요?"

"녹차, 커피 등 여러 종류가 있지만 레몬차가 좋아요. 피로 회복과 고산증에 좋아요….."

"그러면 레몬차로 하지, 나한테 한 잔 주고 자네들도 한 잔씩 해요?"

"아니에요, 우리는 알아서 할게요."

"그건 그렇고 자네 이름이 뭐라고 했더라?"

"앙순바 셰르파! 그냥 앙순바로 불러요.

"앙순바, 이름 예쁘네, 그리고 포터는?"

"라메시 보하라예요!"

하면서 멀찍이 서 있는 포터에게 라메시! 하고 큰 소리로 불렀다. 멀찍이 서 있던 포터가 나를 보고 고개를 옆으로 숙인다. 저건 또 무슨 몸동작? 하고 내가 이상하게 보니까 앙순바가 자기들식 인사법이라고 웃으면

서 말한다.

엉거주춤하게 다가오는 라메시, 피부가 밝고 붉은색에 배도 볼록 나왔
다. 내가 상상하는 네팔 사람 같지 않은 모습이다. 포터 같지 않은 체형이
라 어떤 사이인지 물으니 동네 친구라서 알바로 데리고 왔단다.

내가 오랜 세계여행을 하면서 다양한 민족을 접했기에 라메시는 인도
아리안계 사람임을 알 수 있었다. 그래도 이들은 민족적 구분 없이 잘 어
울린다고 했다.

나중에 에베레스트 트레
킹 후 네팔 남부의 룸비니에
여행했을 때는 전형적인 힌
두계 인도인들을 만났기도
했지만, 수도 카트만두 시내
에서는 아주 다양한 사람들
도 볼 수 있었다.

이런 사람들을 만나는 것과 그들이 사는 것을 보는 것은 여행의 또 다
른 흥미다. 나는 지금 자연 여행을 나왔지만, 이때까지 해 왔던 인문학적
관찰 습관을 떨칠 수 없었다. 나중에 정말 흥미로웠던 것은 앙순바의 뿌
리를 알았을 때였다.

아무튼 혼자서 20대 초반의 젊은이를 둘이나 데리고 트레킹하는 것은
좀 색다른 모습이었다. 일반적으로 네팔의 히말라야 트레킹에서는 가이
드를 의무적으로 동반하게 되어 있다. 포터는 휴대하는 수하물 여하에
따라 고용이 자유다.

나는 짐이 썩 많지는 않았지만 2명을 다 쓰기로 했다. 이들의 고용 비용이 크지도 않을뿐더러 사람을 고용해 준다는 생각을 했기 때문이었다. 그런데 나같이 둘이나 데리고 다니는 사람이 별로 보이지 않았다. 이런 우리의 동행 모습이 힌두 계급사회의 모습과 유사해서 묘한 기분이 들기도 했다. 그런 모습을 약간 희극적으로 묘사해서 여행 중에 지인들에게 단체 메일을 보냈다.

"한국에서 온 트레커 한 사람이 네팔인들을 두 명이나 고용해서 움직이는 것이 꼭 신흥 브라만 행세를 하는 모습으로 비쳐지는 것 같아 좀 이상했어요. ㅎ"

그 메일을 받은 사람 중에 당시 인도를 은둔자같이 여행하던 지인으로부터,

"샘, 너무 우스워요. ㅋ"

라는 딱 한마디가 왔었고, 그 이후로 지금까지 잠수해 있다.

휴식을 취하고 따끈한 레몬차까지 마시니 몸이 날아갈 것 같다. 계곡은 더욱 깊어졌으나 경사가 완만하여 걸음은 사뿐하기만 했다. 점심때가 되어 뱀부란 곳에 도착했다. 뱀부가 대나무란 영어단어인데 대부분의 지명이 현지어인 데 비해 영어식 명칭을 쓰는 것이 특이했다. 주변에 대나무가 좀 있기는 했다. 점심은 '둑바'란 수제 국수를 먹었다. 보리 종류 같은 재료로 만들어 맛이 투박하기는 했지만, 그런대로 먹을 만했다.

뱀부를 지나자 고도가 2,000m를 넘어서면서 식생이 달라진다. 산언저리에는 전나무류의 침엽수가 띠를 이루며 자리하고, 길옆 주변의 관목 수풀에서는 갖가지 야생화가 눈에 들어왔다. 얼레지 모양, 제비꽃류 등 당

연히 이름 모르는 것들이다.

갖가지 꽃들의 모양새만 보면서 걷는데 은은한 향기가 코끝에 스며들기 시작하는 것이 아닌가! 처음에는 주변의 어떤 꽃에서 나는 것이라 생각해서 그 꽃의 정체를 찾으려고 했다. 그런데 아니었다. 시간이 지나면서 향기가 너무 진하게 퍼져 왔기에 한두 개의 꽃이 아니란 것을 알았다. 그리고 그 향기도 어디선가 맡았음 직한 익숙한 것이었다. 그 주인공이 곧 나타났다. 그것도 무더기로였다.

천리향이었다!

내가 금방 이 꽃을 알아본 것은 우리 집 아파트 베란다에 한 그루가 있기 때문이다. 어느 봄철이었을 것이다. 주택가 도로변에서 트럭에 싣고 온 화분을 팔고 있었는데 앙증스럽게 작고 하얀 꽃이었지만 향기가 고왔기에 하나를 사서 심었던 것이다. 그렇지만 이 까탈스런 녀석은 한두 해 피더니 환경이 맞지 않았던지 그 뒤로 피지 않았다.

그래도 그 향기와 꽃은 알고 있었고 꽃도 당연했다. 물론 종은 다르겠지만 한국에서는 전문 화원 정도에서 취급하는 것이 이곳 랑탕에서는 지천으로 군락을 이루고 있었다!

　나는 이 귀한 존재가 넓은 계곡 길을 덮고, 그 특유의 그윽한 향기를 계곡 내부에 베이도록 내뿜는 것을 보고 한참 동안 솟아오르는 감동을 주체하기가 힘들었다.
　세상에, 어떻게 이런 곳이 있을 수 있는가! 망각성이 강한 인간의 코이기에 냄새를 잊고 걷다가 어느 한순간 계곡 실바람을 타고 향기가 엄습(?)해 왔다. 그리고 군락이 또 나타났다.

　이쯤에서 말할 때가 되었다, 내가 한국 사람들이 잘 찾지 않는 랑탕코스에 찾아온 이유를…. 세계의 다른 자연 여행지가 다 마찬가지겠지만 히말라야를 찾는 사람들은 대부분 그 특별한 산악경관을 보러 온다. 대부분의 탐방기가 그 내용으로 채워진다. 그러나 나는 다른 목적이 있었다.

꽃을 찾아온 것이다. 그 꽃은 '랄리구라스'였다!!!

랄리구라스는 이른 봄에 그것도 해발 2,000m가 넘는 곳에 산다. 사실 랑탕 계곡에 진입하자마자 계곡 좌우의 꽃들을 살피면서도 마음속에는 랄리구라스가 자리해 있었다.

이제 그들이 곧 나타날 것이다. 하지만 뜻밖에 기대하지 않은 천리향의 등장은 한참 동안 랄리구라스를 머릿속에서 지워 내고 있었다. 조연이 주연을 능가하는 명작이 많다고 했던가, 오히려 뛰어난 조연 때문에 주연이 살아나고 명작이 완성되기도 했을 것이다.

랄리구라스가 모습을 드러내기 시작했다. 처음에는 띄엄띄엄 숲속에서 보이기 시작하더니 올라가면서 길가에서도 접근이 가능한 군락지를 만났다.

배낭을 벗고 가까이 섰다. 짝사랑하던 첫사랑의 연인을 바로 앞에 맞닥 뜨렸을 때 드는 기분이 이런 것일까? 가슴이 떨리고 만감이 교차했다. 이 들을 만나기 위해 얼마나 오랜 시간이 필요했던가? 많은 말이 썩 필요치 않다. 그런 것들은 앞의 랄리구라스가 다 말해 주고 있다.

이들도 안다. 지구란 행성의 가장 깊숙한 험지 속에 숨은 듯 은둔해 있 다. 그 깊은 계곡에 조신한 듯 은둔해 있지만 이른 봄 자신을 찾아오는 손 님들에게 열광하여 온몸을 핏빛 같은 진붉은 꽃들로 물들인다. 혹 멀리 서 자신을 못 알아볼세라 감나무만 한 큰 몸집에 접시만 한 큰 꽃들을 주 렁주렁 매단다.

한참 동안의 뜨거운 해후가 있 은 후 마음이 진정이 좀 되었다. 행복감이 온몸을 감싸 안으면서 드는 생각은, 이제 더 이상 랑탕은 안 봐도 될 듯하다는 것이었다.

그때 꽃 앞에서 찍은 사진을 지 인들에게 보냈는데,

"정말 보기 좋아요, 얼굴이 보살 같아요.

랄리구라스는 까칠한 내 얼굴을 보살같이 후덕한 모습으로 승화시키 는 마술의 꽃이었다. 내 얼굴이 그렇게 변한 것은 충분한 이유가 있었다. 이미 고혹한 천리향에 머리가 혼미해진 상태에서 오래도록 고대했던 랄 리구라스의 매혹스런 자태를 마음껏 탐미했었기 때문이었다.

최상의 음식도 시각과 향기가 곁들일 때 혀끝에서 느끼는 맛이 상승작용을 일으켜서 나오는 것이
라고 했다. 자연의 감상도
후각이 동반될 때 그 감동이
몇 배가 된다는 것을 이 랑
탕이 일러 주고 있었다.

이런 고상한 귀인을 친견
하는 것은 일반 세계인들에
게는 참 어려운 난제다. 지구상에서 가장 변방 깊숙이 자리한 네팔이라
는 작은 산악국가에다가 고산 트레킹이라는 장애물이 도사린다.

나 같은 경우는 시기가 문제였다. 이들이 개화하는 시기는 근무를 해야
할 때다. 그러기에 퇴직을 하자마자 제1번으로 꼽은 방문지가 랑탕이었
다. 물론 안나푸르나 코스에도 랄리구라스 군락지가 있고, 네팔의 국화
로 지정돼 있듯이 다른 코스에도 서식하고 있을 것이다. 그러나 앞서 보
았듯이 천리향 같은 꽃이 향기를 계곡 속에 뿌려 주고 여러 다양한 야생
화가 지천으로 만발하며 계곡을 장식한다.

일찍이 이곳을 탐방했던 영국의 여행자는 이곳을 '세상에서 가장 아름
다운 계곡'이라고 극찬했다. 아마 그 사람도 분명히 이 봄에 왔을 것이고,
그리고 랄리구라스에 반했을 것이다.

네팔 정부인들 가치를 모르겠는가? 최우선으로 국립공원 1호로 지정했
다. 에베레스트를 품고 있는 장대한 계곡들을 제쳐 두고였다. 따지고 보
면 네팔 국토 전체가 국립공원 같은 훌륭한 자연들인데, 그중에서도 랑탕
이 단연 돋보였던 것이다.

내가 만발한 꽃 사진들을 메일에 전송했더니,

"랄리구라스가 아니고 난리(?)구라스라고 해야겠네요."라고 한 지인이 있었다.

사실 나는 개인적으로 자연물 중 꽃을 유난히 좋아하는 면이 있기는 했다. 아프리카를 여행하던 중 에티오피아를 여행하게 된 것도 꽃이라는 하나의 주제가 주요 동인이었다. '천국으로 가는 길'이라는 이름으로 여름철 에티오피아 북부지방 전역을 덮는 노란 꽃 사진 한 장이 그것이었다.

그곳으로 가는 길은 지구의 끝으로 가는 곳인 양 고되고 힘들었다. 그 꽃들은 **라스 다산**이라는 아프리카에서도 가장 유명한 산악 지역이었다. 1박 2일의 산악 트레킹은 그 꽃들과 함께하는 시간이었다. 매일 안개비가 내려 주위가 뿌연 운무로 인해 시야가 어두운 가운데서도 산하를 덮은 노란색들과의 대비는 그 몽환적인 분위기로 인해 가히 천국이라 할 만했다.

에티오피아는 54여 개국의 아프리카 나라 중에서도 가장 볼거리가 많은 나라였다. 시바 여왕과 관련된 북부 지방의 고대 국가 유적지와 죽기 전에 꼭 봐야 한다는 '랄리벨라 암굴 사원 유적지', 남부 지방에는 아직까지 입술에 접시를 끼우고 사는 아프리카 원시 부족의 삶을 볼 수 있었고, 프랑스 출신 천재 시인 랭보가 살았던 서부 지역 하라르에서는 야밤에 동네 어귀를 어슬렁거리는 야생 하이에나의 시퍼런 눈을 가까이서 본 섬뜩한 경험을 했다.

무엇보다도 현재 한국을 힙쓸고 있는 커피 열풍의 진원지인 에티오피아 원조 커피를 가장 오리지널한 방식으로 맛볼 수 있는 기회를 가질 수 있는 점이었다. 그런 에티오피아였지만 정작 우리가 잘 모르는 북부지역의 노란 꽃 때문에 그 나라를 여행했고, 지금도 가장 그 인상적인 그 꽃 풍광이 머릿속을 깊이 차지하고 있다.

물론 나만 특별히 꽃을 좋아하는 것이 아닐 것이다. 한낱 동물에 불과한 인간이 꽃을 좋아하는 것은 속씨식물이 취한 오랜 진화 과정의 탁월한 산물이라서, 그런 연결고리로 곤충과 일정 부분 유전자를 공유한 우리도 본능적으로 좋아하게끔 되어 있다. 그것은 자연의 이치로 굳어졌다. 넓게 보면 우주적 질서일 수 있는 이 현상을 종교적 시각에서 보는 면도 있었다. 한때 세계 3대 성불로 칭송되던 베트남의 '탁닛한 스님'은 '봄에 꽃이 피는 것은 윤회의 진리를 보여 주는 가장 분명한 증거'라고 설법한 것이 그것이다.

윤회의 진리도 스님의 설법도 내가 모두 믿는 바는 아니지만, 해마다 계절에 맞추어 꽃이 피는 것은 정말 반가운 일이다. 이때는 나 자신도 새 삶이 시작되는 것같이 활기가 돋는 것을 삶의 분명한 경험에서 알 수 있었다. 입춘이 지나고 남도에서 꽃바람이 일면 나의 봄꽃 사냥이 시작된다. 진달래꽃 산행에 이어 철쭉을 찾아 산을 오르다 보면 어느덧 봄철이 지나고 여름이 다가오고 있었다.

꽃에 취해 천천히 이동하여 저녁 숙박 장소인 라마 호텔에 도착했다.

주변의 산록은 짙은 숲으로 빽빽하게 채워진 속에서도 평평하고 제법 너른 공지는 몇 채의 숙소 건물이 여유롭게 품고 있었다. 3월 중순 남국 긴 봄의 따뜻한 햇살이 깊은 산속을 아늑하게 비추고 있었다.

숙소 주변도 랄리구라스가 많았다. 그 꽃들을 구경하며 계곡 안쪽 물가에까지 이르렀다. 깊은 계곡의 빙하수가 물보라를 일으키며 큰 바위 사이를 가르며 빠르게 흐르고 있었다. 그 물 너머는 큰 나무들로 채워진 깊은 숲이 자리하고 있었다.

그 숲속이 궁금했다. 신발을 벗고 허벅지까지 올라오는 차가운 급류를 건너 숲속으로 뭔가 이끌리듯이 안으로 걸어 들어갔다. 그렇게 들어간 숲속은 건너편의 야생화 초원과는 전혀 다른 모습이었다.

한 아름이 넘는 거목들이 숲을 꽉 채우고 하늘을 가리면서 사방은 어둡고 적막했다. 탐험하듯이 조심스레 나무 하나하나를 살피듯이 하면서 안으로 들어갔다. 유난히 큰 거목이 있다. 어림잡아 서너 아름은 넘을 만큼 거대한 것이었다. 발을 옮겨 가까이 다가갔을 때 이상스러운 모습이 눈에 들어왔다. 나무 몸통에 네모진 홈이 파여져 있었던 것이다. 눈높이 정도의 그것은 무언가를 놓기 위해 반듯하게 다듬어져 있었다. 누군가가 신앙생활을 하기 위한 장소였다. 나무 자체가 대상이던가, 숲의 정령을 위한 애니미즘이든지 이곳은 신성한 장소였다.

큰 고목에 제사를 지낸다면 주변에 사람이 살고 있을 터, 숲속을 탐색하듯이 거닐어 보았다. 아니나 다를까 허름한 천막 하나가 나타났다. 살금살금 다가가 반쯤 열려 있는 입구를 통해 안쪽을 들여다봤다. 두 사람이 있었다. 초로의 부부가 차 종류를 마시고 있었으나 나의 출현에 별로 놀라지도 않는 표정이다. 오히려 호기심 어린 나를 들어오라고 손짓했다.

가만히 들어가 앉으니 차를 권했다. 남자는 간단한 영어를 구사했다. 얼굴 모습이 네팔 사람 같지 않아 어디서 왔느냐고 물었다. 티벳에서 넘어온 지가 몇 년 되었고 여기서는 목축으로 생업을 잇는단다. 고향으로 돌아가고 싶지 않느냐고 하니, NO! 하고 손을 저었다. 티벳을 장악한 중국 정부의 감시, 통제가 강화되었다고 한다. 이런저런 얘기를 하고 있는데 동생이란 남자가 들어왔다. 언젠가 고향 티벳으로 돌아갈 수 있기를 바란다는 인사를 하고 밖으로 나왔다.

내가 이들과 대화를 나누면서 상상하기 어려웠던 것은, 히말라야산맥이라는 어마어마하게 거대한 물리적 장벽을 넘어 다니는 것을 상상하기 어려웠기 때문이다. 오히려 조금 전 그 티벳 부부가 말한 중국 정부의 정치적 통제는 이해가 되고 별로 크게 문제가 안 되게 느껴졌을 정도였다. 또한 네팔에 대해 이전부터 궁금하게 여겨졌던 부분이 이것과 연관된 것이었다.

10여 년 전에 네팔을 잠시 여행한 적이 있었다. 그 여행은 티벳에서 지프차를 타고 천장공로라는 육로를 거쳐 중국 네팔 국경인 장무를 거쳐 네팔로 들어가서 수도 카트만두를 며칠 머무르는 일정이었다.

그렇게 들어가는 길은 세계의 지붕에 걸맞게 5,000m가 넘는 고갯길을 넘을 때 멀미로 몸을 가누기 힘들었지만, 장무로 진입하는 수십 km의 비탈길에서 만난 빙하 폭포들은 엄청난 장관을 이루고 있었다. 국경을 지나 네팔 국내의 비탈진 경사면에 가꿔진 계단식 논들의 엄청난 규모는 또 입을 다물기 힘들었다.

이런 모든 이국적인 풍광 중에서도 절정은 수도 카트만두였다.

지구상 가장 깊은 내륙, 그것도 수천 m 높이의 설산으로 둘러싸인 고도는 신비감과 경외감을 증폭시키는 곳이었다. 나는 역사 교사라는 직업관과 개인의 관심사 때문에 전 세계의 역사적 도시는 거의 방문했었다. 그 중에서도 가장 사전지식이 없었고 약간은 가벼운 마음으로 방문한 곳이기에 충격은 더했다. 그래도 조금 선입관을 가졌다면, 그것은 인도에 인접한 관계로 인도와 유사한 도시 정도로 예상했었다. 그런데 아니었다.

오히려 인도보다는 일본의 중세 도시와 비슷한 느낌을 주기는 했다. 그러나 상상하기 힘든 섬세하고 정치한 목조 조각물들은 세계 어디에서도 볼 수 없는 것들이었고, 거기에다가 히말라야 고봉들과 어울리게 만든 건축물들의 전체적인 구도는 고도를 얼마나 우아하게 만들었던지 가슴을 떨리게 할 정도였다.

당시 나는 네팔을 거쳐 파키스탄을 남북을 종주하고 중국의 실크로드까지 이어지는 대탐험 같은 단독여행을 하는 중이었기에 며칠간의 네팔 방문은 머릿속에 오래 머무를 틈이 없었다. 그래도 오랫동안 남은 궁금증은, 그 카트만두의 문화적 뿌리와 그 고도의 성취를 담보하는 물질적 토대가 어디에 있었는지에 대한 것이 머리를 떠나지 않았다.

랑탕과 안나푸르나 트레킹을 마치고 반년 후에는 에베레스트 트레킹을 하기 위해 한 달간을 여행했었다. 이런 세 차례의 네팔 여행을 하면서 네팔과 카트만두의 신비감을 한 꺼풀 벗길 수 있었다.

도도한 인류 역사 속에서 완벽한 독자적 문화는 존재하지 않는다. 독자성을 지나치게 강조하는 것은 역설적으로 낮은 수준을 변호하는 것일 수도 있다.

카트만두의 화려함에는 가까운 인도보다는 오히려 철벽같은 히말라야 장벽 너머에 있는 티벳에 더 뿌리가 크다는 것을 짧은 몇 차례의 방문을 통해서 나는 느꼈다. 방금 만난 티벳 사람이 그랬듯이 히말라야 산악 곳곳에는 티벳이나 이웃 미얀마 등지에서 건너온 사람들이 근거를 틀고 산다. 이들은 우리가 보기에는 불가능해 보이는 히말라야산맥을 철새가 넘듯이 이웃집 드나들 듯이 넘나들었다.

그래도 그 혹독한 추위를 어떻게 극복했는가가 궁금해서, 카트만두 방문 때 머무는 민박집 주인 류 사장에게 물었더니,

"야크를 이용하지요! 눈폭풍이 치는 고개를 넘을 때 머리를 야크 꼬리 털에 파묻고 간답니다."

그 한마디에 장막 같은 것이 걷히면서 히말라야가 겨울철 등산하는 근

교산같이 가까이 다가왔다.

그랬다. 이들에게 히말라야는 경외의 대상이기도 했지만, 이웃에 있는 친밀한 자연의 한 부분이었다. 이들의 자연스러운 왕래는 히말라야가 고대 세계의 대혈관 역할을 했다. 어떤 면에서는 저 험난한 고갯길은 인생을 역전시키는 승부처 같은 길이기도 했다.

그러기에 드넓은 히말라야 둘레에는 그물 같은 길들이 있었다. 잘 알다시피 히말라야 동남부에는 차마고도가 있다. 실크로드라는 유명세에 가려져 있지만 역사적 측면에서는 오히려 더 깊은 곳이었다.

중국 운남성 여행 때 리장에서 가까운 차마고도 상의 조그만 옛 유적지 마을을 방문했었다. 그 동네 한가운데를 거닐다가 아직까지도 남아 있던 옛 파방길의 흔적을 보고 얼마나 놀랐던지!

길 가운데 깊이 박힌 네모지게 깎은 돌들이 오랜 세월 말발굽에 반들반들하게 닳아 역사의 흔적을 유감없이 드러내고 있었다. 나에게는 그런 것들을 보는 것이 얼마나 즐거운지 소름이 돋는 듯하게 환희를 느낀다.

그 차마고도로 번영을 누린 고도 리장은 정말 말이 필요 없는 곳이었다. 나는 퇴직 후 2년여를 중국을 주로 여행했다. 사람들이 중국의 추천 여행지를 문의하면 거리낌 없이 운남성을 말했다.

히말라야 동남부가 경제적 교역 통로로서의 역할로 번성했다면, 서북부는 문화적 전파의 역할이 컸었다. 인도의 북부에서 발생한 불교가 파키스탄에서 꽃을 피  우며 파미르고원을 넘어 중국으로 흘러 들어갔다. 앞서 언급했듯이 나는 이 통로를 따르는 여행을 했었다.

옛 인도 문화의 뿌리인 파키스탄에서 접한 고대 초기 불교는 나에게 너무나 강렬한 인상을 주었기에 이 네팔 트레킹이 자연 여행의 형태이지만 한마디하지 않을 수 없었다.

라호르에서는 석가 고행상을 보았고, 이슬라바마드에서는 가장 이른 불상의 실물들을 답사했다. 이들의 극사실적인 조각품에 얼마나 전율했던가! 우리가 흔히 보는 사찰 속의 불상들이 헬레니즘이라는 거대한 문명교류의 산물이라는 것을 두 눈으로 확인하는 것은 의심에 찌들고 어둠에 둘러싸인 나의 세계관을 활짝 열어젖히게 만들었다.

이렇게 보면 히말라야는 그 본래의 의미가 가진 '눈의 땅'이라는 차가운 의미가 아니라 생명들이 창조되고 성장하는 땅이 되는 것이다.

이번 랑탕 코스의 후반기에 걷게 되는 '라우레비나'라는 곳은 시바 신앙과 연관이 깊은 힌두교 성지였다. 시바신이 파괴와 창조의 신이듯이 히말라야는 얼음의 땅이 아니라, 내부에는 열망이 꿈틀대는 생명의 땅이었다. 세상의 얼음을 다 가진 것 같은 설산 아래에는 수많은 생명의 활동들이 작동하고 있었다.

오늘도 일찍 잠이 깼다. 어젯밤 초저녁에 자기는 했지만, 또 새로운 하루에 대한 기대도 있었다. 어쩌면 이 무릉도원 같은 곳의 아침 풍광을 놓치기 싫은 것 같기도 했다.

아침밥도 달밧이다. 우리와 비슷한 쌀밥 형태라서 거의 적응이 다 되어 무난하게 한 그릇을 비웠다. 숲으로 된 길은 오전 내내 계속되었다. 랄리구라스는 길가를 계속 채우고 있었고, 가끔씩 바람을 타고 오는 은은한 향기는 예의 천리향이 근처 계곡 어딘가에 자리하고 있음을 알리고 있었다. 개인적인 나의 취향이겠지만 일주일 정도의 랑탕 왕복 코스에서 가장 행복한 순간은 이 오전 기간이 아닐까 하는 생각이 들었다.

그래도 한낮이 되면서 숲 사이의 하늘 저 너머로 아늑히 설산이 나타났다가 사라지기를 반복했다. 곧 숲길이 끝나서 멋진 설봉들과의 만남이 기대되기도 했지만, 나에게는 은근히 아쉬운 마음이 함께 존재했다. 하지만 산을 다녀 보면 안다. 이런 숲의 주인인 나무들도 자기 거처를 잘 아는 법, 결코 무리해서 자신들의 거처를 욕심내지 않는다.

3,000m! 이 정도의 높이를 오르면 이들은 자신들의 거주지를 분명한 선을 긋듯이 확연히 경계를 구분 지으며 풀들에게 자리를 내어 준다. 신기한 느낌이 들 정도였다.

눈은 자연스레 높은 설봉으로 간다. 맑은 눈부시게 하얀 만년설을 이고 있는 두 봉우리가 손에 잡힐 듯 가깝게 느껴진다. 그 돋보이는 두 봉우리

가 당연히 족보가 있을 터, 뒤에서 따라오고 있는 앙순바에게,

"저 산 이름이 뭐라고 하지?"

"랑탕2예요, 그 뒤에 있는 산이 진짜 랑탕이에요." 하며 왜 이제야 묻느냐 하는 투로 재빠르게 대답한다.

"아, 그래, 그런데 랑탕이 무슨 뜻이야?"

"소예요, 야크요, 저기 많이 사는 야크요, 옛날에 스님이 여기 오는데, 소가 따라왔어요, 스님이 여기 발견했어요."

"그러면 절도 있겠네?"

"있지요, '곰파'가 절이에요."

우리말이 어눌한 앙순바이기에 간단한 질문과 불명확한 설명에 내가 적당하게 유추를 하면서 이곳의 지명 유래와 사람들의 삶을 짐작해 보았다.

집들도 특이하다. 벽들이 온통 단단한 돌들로 쌓아진 돌집으로 지붕도 나지막하다. 집의 귀퉁이에는 어김없이 긴 장대에 걸린 오색 룽다가 펄럭인다. 라마 불교에 대한 이곳 주민들의 신앙심이 독실해 보였다. 이날 밤 유숙했던 산장의 주인아주머니는 이른 아침에 작은 손난로에 연기를 피워 집 안 구석구석을 돌면서 정화작업을 했다.

정말 볼 만한 것은 길 위에 있었다. 언덕을 넘어서자 길 양쪽에 마니석이 우리를 맞이하듯 나타났다. 성벽 같은 석축 탑이 수백 m에 걸쳐 길 가운데를 이어져 있었고, 고개를 돌아서면 또 나타났다.

탑의 중간에 끼워진 큰 바위에는 진언이 새겨져 있다. 커다란 자연석에 깊이 파서 새겨진 경문에 흰색의 안료를 채워 그 글자들은 더욱 돋보이고 선명하게 보였다.

이렇게 사찰 입구를 장식하는 것은 우리의 절 입구에 장승을 세워 액귀를 물리치거나, 정문에 사천왕상을 세워 사찰의 신성함을 고양시키는 방식과 유사하다. 하지만 한참 동안 이어진 마니석 길은 뭔가 마음을 정화시키고, 부처님의 가호를 받는 느낌을 들게 했다.

그러니까 이들은 우리가 부처가 거처하시는 신성한 세계에 들어온 것을 알리는 것이었다.

아래쪽 숲의 세계가 속의 세계라면 그것이 끝나는 지점부터가 성의 세계라는 것을 이곳만큼 확실히 알려 주는 곳이 없었다. 트레킹 마지막 마을이 캉진곰파인데 캉진 사찰이 있었던 곳이었을 것이다. 하지만 이름에 걸맞는 절이 보이지 않았기에 이미 사찰이 사라진 지가 오래된 듯했다.

하지만 나는 안다. 답사는 유적, 유물을 보고 과거를 읽어 내는 과정인 것을 오랜 여행경험을 통해 체득했다. 이곳은 현재 네팔이라는 영역 내에 속해 있지만, 과거에 저 설산 너머 티벳인들의 땅이었음을 웅변해 주고 있었다. 그러기에 이곳을 트레킹 삼아 여행을 왔지만, 자꾸만 예전에 내가 여행했던 티벳이 떠올랐다. 과연 티벳은 어떤 곳이고 우리하고 어떤 연관이 있던 곳이었던가?

지금도 그렇지만 교과서 속의 티벳은 '토번'이라는 국명으로 잠시 나타나는 고대 중국 변방의 소국으로 인식되는 정도다.

그러나 그게 다가 아니다!

북방의 막강한 투르크를 서부로 밀어내고 한반도까지 영향력을 미치는 중국 역사상 가장 번성했던 대제국 당이 들어섰을 때였다. 그 당이 끝까지 제압하지 못한 나라가 토번이었다. 힘으로 안 되니 굴욕을 감수하면서 화친정책으로 공주를 시집보내 달랬다.

이런 굴욕적 상황에 희망을 준 인물이 있었으니 잃어버린 제국의 아들 풍운아 고선지였다. 당시로서는 까마득히 멀리 떨어진 서부 변방 안서도호부의 부도호로서 사이가 틀어진 토번 제압의 임무를 맡는다.

그 전투들은 우리가 영화에서나 보는 그런 흔한 전투가 아니었다. 5,000m의 파미르고원을 넘나드는 극도의 험지에서 치러진 전투였다. 상상만으로도 가슴이 서늘해져 오는 빙지에서의 전투를 승리로 이끌었다. 그것이 끝이 아니었다. 시야가 넓어진 당 제국은 더 먼 서부 초원까지 굽어보기 시작했다. 그 초원 너머의 사막지대에는 '아바스'라는 이슬람 제국이 새로이 흥기하고 동쪽으로 뻗어 오고 있었다. 한 번의 힘겨루기는 상호 존재를 알리기 위한 필수과정, 그 유명한 '탈라스 전투'를 치른다.

문명사와 세계사를 바꾼 전투였다. 안서 절도사로서 전투를 이끈 고선지이지만, 결과는 이곳에 남기고 싶지 않다. 다만 당시 최고급 문명의 아이콘인 종이가 서방에 전래되었고, 이슬람은 세계 3대 종교의 하나로 발돋움 되는 계기가 되었다.

나는 파미르고원을 넘는 여행을 하면서, 추위와 고소보다도 잃어버린 조국을 두고 이국의 지휘관으로서, 이렇게 삭막한 땅에서 목숨을 건 전투를 수차례 치러 낸 고선지의 인간적인 고뇌가 가슴에 계속 닿아 왔기에 여행 내내 가슴이 아렸었다.

그의 족적을 따라 전투 지역이 확실히 검증되지도 않은 탈라스 계곡을 물어물어 찾아갔다. 마침내 찾아가 전투 장소의 언덕에 올라 건곤일척의 세계사적 전투를 상상하는 것은, 참으로 가슴 가득히 차오르는 회한을 가누기 힘들었다.

중국의 서부 지역이나 운남성을 여행하면서 티벳에 대한 여러 가지를 알 수 있는 기회들이 있었다. 퇴직 후 2년여에 걸쳐 중국의 구석 지역까지 여행했었다. 옛 실크로드 길의 중국 서부 출발점이라고 할 수 있는 난주 인근의 산골 도시 중 티벳 문화권을 방문했을 때였다. 라마불교 사찰 도시인 라불란사를 보고 얼마나 놀랐던지!

아마 예전 카트만두를 지날 때 묵었던 호텔이었을 것이다. 호텔 로비의 한 벽면을 가득 채운 사진이 한 장 걸려 있었다. 그 사진 속의 도시는 세상 어디서도 볼 수 없는 너무 신비로운 곳이었다. 그냥 인도 북부지역의 히말라야 산속 도시로 짐작했었다.

기억의 한 점으로 찍혀 있던 사진 속의 도시가 바로 눈앞에서 전개되었던 것이다. 긴 계곡을 가득 채운 도시의 전 모습을 보기 위해 산 중턱까지 한참을 등산했다. 그래도 도시 전체가 다 들어오지 않았다. 그 놀랍고도 반가운 도시의 만남은 티벳 문화의 존중으로 이어졌다.

티벳 불교 사원 라불란사 모습. 한때 3,000여 명의 승려가 거주했다고 함.

로마 속의 바티칸 시국이 성베드로 성당 하나로 이루어진 도시이듯이 그곳도 사원 하나를 중심으로 이뤄진 도시였다. 그곳이 깊은 산악 속에 고요히 자리하고 있었으니 또 얼마나 신비롭게 보였겠는가! 그 도시를 처음 볼 때의 감동은 라사를 방문하고 포탈라궁을 답사한 것 이상이었다.

옛 티벳 세력권의 광대함을 절감한 것은 중국 운남성 여행 때였다. 중세적 중국 남방 문화의 매력을 간직하며 그 매력을 물씬 풍기는 리장에서 한나절 정도의 버스 여행을 하면서, 티벳 문화가 고스란히 남아 있는 대규모 사찰과 티벳 마을들을 둘러볼 수 있었다.

삼국시대 촉나라의 분위기를 느끼기 위해 여행한 사천성 수도 성도에서도 마찬가지였다. 촉의 멸망 후 중원 문화권에 편입된 듯한 사천성이었지만, 성도를 조금만 벗어난 산간 지역은 티벳 주민들이 거주하고 있었다.

전성기의 티벳 강역은 중국 고대 국가의 영역 못지않았다. 중국 서남부를 여행하다 보면 필연적으로 느끼게 되는 티벳의 옛 모습이 여기 히말라야의 거대한 장벽 너머 네팔의 심산계곡에서도 피부에 와닿았다.

티벳 사람들과 그들의 정신세계 깊숙이 자리하는 것은 티벳 불교다. 원래 티벳인들은 본교라는 토속 종교를 중심으로 다양한 신앙을 가졌다. 여기에 앞서 언급한 당의 문성 공주가 시집을 가면서 중국 불교가 들어갔다. 그 불교에 본교와 인도 불교까지 혼합하면서 독특한 티벳 불교가 만들어졌다.

환생설에 정교일치의 종교관을 바탕으로한 티벳 불교는 국민들의 마음 깊숙이 자리하여 생활 전반을 함께한다. 너무나 탈세속적이고 평화적인 티벳인이 현대 중국의 폭압적인 통합정책으로 국가의 존재가 무력해졌다.

현재 티벳인의 정신적 지주 달라이라마가 인도의 북부 산악지대에서 망명정부로 국가의 이름만 유지하지만, 장구한 인류의 역사가 계속되면서 옛 티벳이 독립하여 민족국가를 세우고 저 평화적인 종교가 세계인의 가슴속에 퍼져나갈 일이 있을지도 모를 일이다.

이야기가 옆으로 많이 샜지만, 쵸르텐과 마니석이 많은 랑탕 트레킹은 안나푸르나 에베레스트 베이스캠프 코스와는 또 다른 맛을 느끼게 해 주었다. 그 이국적인 신앙물들은 깊은 산악 속에서 신비한 설화를 간직한 땅을 걷는 느낌을 갖게 해 주었다. 이곳이 단순히 숲과 설산만 있는 곳이 아닌, 내가 알지 못하는 세계가 있다는 것을 알려 주는 그런 느낌들이었다.

랑탕에서 캉진곰파로

어젯밤 숙소 마을은 해발 3,500m 정도의 랑탕 마을이었다. 숨이 조금 가빠지긴 했지만, 아직 고소 증세가 느껴지진 않았다. 오늘은 마지막 마을인 캉진곰파까지 가면 되는 것이다.

거리는 얼마 되지 않아 한나절이면 충분해 보였지만 고소 적응을 위해 천천히 가기로 했다. 흔히 말하는 고소 적응 코스였다. 딱히 빨리 걸을 이유도 없었다. 천천히 걸으면 그만큼 많이 볼 수 있다. 아니 많이 보여진다.

주변은 여전히 볼거리가 많았다. 눈을 들면 오른쪽 너머에 6,000m가 넘는 캉첸포카라는 설봉과 더불어 여러 설봉들이 눈을 뗄 수 없을 정도로 신비스럽게 보이고, 길 중간중간에는 끊임없이 나타나는 마니석들이 무료함을 덜어 주고, 가끔 나타나는 몇 채의 가옥들은 더욱 상상력을 자극시켰다.

그렇게 유유자적하게 걸어도 점심때가 채 되기도 전에 강진 콤바 마을에 도착했다. 미리 도착해서 숙소를 잡고 있던 앙순바는 만면에 웃음을 띠고 수고했다며 나의 랑탕 입성을 축하해 주었다.

랑탕 코스의 마지막 숙소 마을인 강진 콤바. 뒤쪽이 랑시사 계곡.
그 너머는 중국이라고 하여 중국이 지척에 있었다.

숙소도 편안한 곳이었다. 10여 곳이 넘는 산장 중에서 주인이 한국말을
할 줄 아는 곳이었다. 수년간 한국에서 근로자로 번 돈으로 산장을 지었
다. 덕분에 한국 탐방객들이 주 고객이었고, 마침 한국 트레커들이 몇 명
와 있었다.

인도 여행 중에 만났다는 4명은 팀을 구성해 왔었고, 서울에 산다는 중
년 남자는 벌써 한 달째 네팔 여행 중이라고 한다. 꽁지머리에 수염을 덥
수룩하게 기른 느긋한 풍채를 가졌지만, 한국에서는 통닭집을 운영하고
있다고 했다.

나의 편견일 수 있겠지만 바쁘게만 보이는 요식업자가 전혀 다른 이미
지로 변신해 이런 곳에 장기 여행을 하는 것은 한편 멋있어 보였다. 직업

을 떠나서 일상과 너무 다른 히말라야에 들어와서 여행하는 것은 살아온 삶을 반추하기에 이만한 곳이 없을 것이다. 접근하기에 쉽지 않은 곳이기에 이곳을 여행하는 사람들은 남다른 사연을 간직하기도 했다.

트레킹을 나오기 전 하루 머무른 카트만두의 한인 민박집에서였다. 두 중년 남자가 트레킹을 마치고 귀국을 준비하고 있었다. 행색이 특이했다. 두 사람 공히 얼굴이 햇볕에 그을려 새카맣게 탔고 코끝은 허물이 벗겨지고 있었다. 식탁에 합석하여 같이 밥을 먹으면서도 한 사람은 전혀 말이 없고, 다른 사람과 간단한 인사말을 나누다가 특이한 행색 때문에 사연을 묻지 않을 수 없었다.

오랜 친구 사이였다. 나이가 60 중반에 이르렀는데 한 친구가 치매가 왔다. 대화도 잘되지 않는 친구가 어느 날 메일을 통해 뜬금없이 자기를 히말라야에 데려다 달라고 부탁했었다.

어찌 거절할 수 있겠는가! 자신도 처음 오는 히말라야였지만 끝까지 보살펴 안나푸르나를 완주했다. 일반인이면 일주일이면 충분한 코스였지만 거동이 불편한 친구 때문에 2주일이나 산속에 있었다. 두 사람의 얼굴이 그간의 모든 사연을 웅변해 주고 있었다.

히말라야의 트레킹은 정말 특별하다. 사연을 다 알 수는 없겠지만 길 위에서 만난 사람들의 모습을 보면 짐작이 가능하다.

어느 길 위에서였다. 느긋한 노년의 할머니가 앞장서서 걷고 10여 m나 뒤에 아들인 듯한 젊은 남자가 배낭을 메고 조용히 따르고 있었다. 두 사람 모두 산행은 처음인 듯 등산용 스틱이 아닌 산속에서 주웠을 나무 막

대기를 들었고, 행색도 평상복 차림이었다. 정말 인상적이었던 것은 그 할머니의 행복한 표정이었다. 만면에 웃음을 띤 온화한 표정은 그 어느 것도 비교할 수 없는 것이었다. 그들의 모습이 얼마나 아름답게 보였던 지 한동안 걸음을 멈추고 쳐다보는 나에게도 그 느낌이 반영돼 오는 것이었다. 행복은 전염되기에 나 또한 발걸음이 한동안 즐거웠다.

안나푸르나 코스의 마지막 지점 숙소에서 만난 필리핀 2세 오누이도 오랫동안 기억에 남아 있다. 과학 교사인 오빠와 간호사인 여동생이 휴가를 맞추어 온 곳이었다. 아담한 체구의 오빠는 레게형으로 땋은 머리가 거의 무릎에 닿을 정도였다. 가발을 많이 쓰는 레게머리라 그런가 했는데 생머리(natural)라고 했다.

내가 밥 말리를 좋아하느냐?고 물으니,

"밥 말리를 좋아하지 않는 사람이 세상에 있나요!" 하고 웃으며 말했다. 외국 여행을 하다 보면 많은 흑인들이 레게머리를 하지만, 다른 인종들이 하는 모습도 가끔 볼 수 있다. 하지만 그의 대답을 통해서, 캐나다 젊은이들이 가진 국제적 세계관과 서구인들 같은 색깔의 머리로 염색하기 애쓰는 한국 젊은 사람들과의 차이가 느껴졌다. 내가 아프리카 여행 중 버스 속에서 밤새도록 밥 말리 노래만 들었다고 하니까 흥미를 보이면서 자신도 언젠가 아프리카에 가고 싶다고 했다.

여동생에게 장래 캐나다 트레킹을 하고 싶다고 하니 6월이 좋은 시기라며 추천을 했다. 내가 가장 알아듣기 쉽다고 생각하는 캐나다식 영어를 구사하는 그들이기도 했지만, 다정한 오누이의 모습도 기억에 오래 남았다.

캉진곰파에서의 일정은 이틀이었다. 앙순바는 여기에 여러 트레킹 코스가 있지만 두 곳을 갈 것이라고 일러 주었다. 사전 정보도 별로 없고 모든 상황에 만족하여 어떤 욕심도 나지 않던 마음 상태라서 흔쾌히 따르겠다고 했다. 거기에다가 고소 증세도 별로 없고 컨디션도 상당히 좋았다.

그냥 발길 가는 대로 간다고 했지만, 이곳에서의 이틀은 평생 잊지 못할 경험을 하게 해 주었다. 특히 둘째 날의 체르고리 방문이 그것이었다.

첫날은 랑시사 방면으로 갔다. 그곳은 랑탕 계곡의 끝부분으로, 하루가 꼬박 필요한 왕복 코스였다. 의미를 부여하자면 랑탕계곡을 완전히 밟아 보는 것이었다.

새벽 5시에 기상을 했다. 한국인이 많이 오는 곳인지 아침 메뉴가 김치찌개였다. 오랜만에 먹는 귀한 김치찌개였지만 너무 이른 시간이라 잘 넘어가지 않았다. 그래도 오늘 일정이 만만치 않음을 직감하고 밥 한 공기를 다 비웠다. 감자를 점심으로 챙긴 도시락을 앙순바가 메고 나는 빈 몸으로 걷기만 하면 되었다.

새벽 어스름의 찬바람을 가르며 걷기 시작했다. 막 동이 터 오는 어둠 속에서도 주변의 설산들은 하얀 순백의 모습을 가만히 드러내고 있었다. 무수한 별들도 아직까지 빛을 잃지 않은 채 하늘을 수놓고 있다.

빨리 걸었다. 아마 새벽 추위가 우리를 밀어내고 있는 듯했지만, 어제 일찍 도착해 충분히 쉰 탓도 있었을 것이다. 꽤나 속도를 내니 앙순바가 주의를 줄 정도였다. 내가 잘 걷지 않냐고 자랑을 은근히 하기도 했다. 하지만 오늘 잘 걸은 것은 가이드 앙순바에게 좋은 평점을 얻은 결과가 되었다. 다음 날 산 위로 오르는 트레킹은 난이도가 다른 세 곳이 있다는 것을 나는 모르고 있었다.

그렇게 한참이 지나도록 걸어 내자 해는 중천에 떠오르고 기온도 상승했다. 계곡은 좁아지면서 길은 자연스럽게 강변을 따라 이어졌다. 강변의 은빛 모래와 그것들이 자갈밭 물 위로 반짝이며 흐르는 것이 예쁘기만 하다.

언덕 언저리의 넓은 초지에는 수십 마리의 야크 떼들이 천연스럽게 풀을 뜯고 있었다. 그런 평화스런 분위기에서 깜짝 놀랄 일이 생겼다. 풀을 뜯고 있던 한 마리가 우리를 보고 쏜살같이 뛰어오기 시작한 것이다. 하도 엄청난 속도라 우리를 공격할 의도인 것 같아 나는 순간 가슴이 쿵쾅거렸다. 그렇게 달려오다가 멈추며 숨을 씰룩거리며 멀거니 쳐다보기만 했다. 아마 우리가 소금이나 주는 자신의 주인인 줄 알았나 보다.

어떤 녀석들은 강물 속에 깊이 들어가 머리만 내놓은 채 냉수욕을 즐기고 있다. 차갑기가 비할 바 없는 빙하 물속이기에 빙수욕이라 해야 할 것이다. 나는 하루의 트레킹을 끝내고 항상 그 물속에 발을 담그고 근육 피로를 풀었다. 하지만 물이 하도 차가워 발을 물속에 몇 초씩 넣었다 뺐다 하는 식으로 반복했었다.

그렇게 차가운 물속에 온몸을 담근 야크는 꼼짝도 않고 느긋하게 즐기고 있었다. 내가 신기한 듯 한참 쳐다보고 있으니, 앙순바가 내 마음을 읽었는지,

"야크는 안 추워요!" 웃으면서 말했다.

하기야 한겨울 수십 도의 혹한 속의 히말라야에 사는 동물이 지금 한낮의 영상 기온은 오히려 갑갑한 더위일 것이었다.

뒷날 체르고리의 5,000m 고산을 오를 때였다. 산 중간중간에 산허리에 가로선을 긋듯이 눈금 같은 길들이 그어져 있었다. 그 가느다란 선들은 계절을 따라 자라는 풀들을 따라 야크들이 이동하는 길이었다. 그 길은 산꼭대기까지 이어져 있었다. 어쩌면 이곳의 주인은 이 야크들일 것이다. 다만 수많은 야크들도 주인이 다 있다고 했다. 하지만 랑탕 계곡 안에는 야생의 동물들이 많이 서식했고 직접 볼 수도 있었다.

처음 랑탕 계곡에 들어섰을 때 계곡 주변의 흙들이 막 파헤쳐져 있었다. 한국의 야산에서 흔히 보는 모습이었다. 앙순바의 대답도 바로 산돼지!였다.

랑시사 계곡의 끝부분에서는 바위 위에 다수의 산양 떼들이 목격되었

고, 뒷날 체르고리를 오를
때는 언덕을 가득 채운 꿩
떼들과 조우하기도 했다. 참
고로 내가 오늘 왕복 30km
에 가까운 랑시사 코스를 걷
는 동안 탐방객은 한 명도

볼 수 없었다. 어쩌면 접근하기 어려운 만큼 귀한 것들을 볼 수 있는 곳이
기도 했다.

꼬박 6시간을 넘게 걸었을까 하는데 마지막 고개에 올라섰다. 전면의
경관이 압권이었다. 장쾌한 빙하가 저 멀리 깊고도 깊은 계곡 안으로 끝
없이 펼쳐져 있다. 자리를 잡고 앉아 한없이 봐도 질리지 않는 자연의 신
비롭고 웅장한 모습이었다.

옆에서 한마디 해 주고 싶은 앙순바가,

"저 산 너머가 중국이에요!" 하는 말에 잠시 빠져나간 정신이 돌아왔다.

점심으로 가져온 꿀맛의 감자를 먹었다. 배가 부르면서 따뜻한 언덕 위
는 식곤증을 불러왔다. 앙순바와 같이 오수를 즐겼다. 언제 이 깊은 히말
라야 심산에서 낮잠을 잘 수 있겠는가!

양지바른 바위 옆에서의 꿀잠은 오전의 피로를 날리기에 충분했다. 그
렇게 해서 다시 숙소로 돌아왔다. 11시간 30km의 걷기, 평지에 가까운
코스였지만 랑탕의 전 일정 중 가장 긴 거리를 걸었다. 사실 다음 날의 체
르고리는 이보다 훨씬 힘든 코스였다. 나는 전후 사정은 모르고 앙순바의
의도대로 따라 했지만, 트레킹을 나오기 전 카트만두 민박집 류 사장은,

"선생님, 캉진곰파에서의 트레킹은 한 군데만 해도 됩니다. 체력 사정을 잘 감안해서 움직이세요."라고 세심한 주의를 주었다.

그래도 앙순바가 오늘 장거리 코스와 뒷날의 최상급 체르고리를 안내한 것은 나름 내가 좋은 평점(?)을 받은 것이기도 했겠지만, 무엇보다도 평생 한 번 오는 곳일 것이기에 최고의 장소를 안내한 그의 성의였기도 했을 것이다. 후자에 믿음이 더 가는 것은, 뒤에서 해 낸 일주일간의 일정에서 느낀 감정이었다.

체르고리

오늘도 새벽 기상이다. 어제의 긴 트레킹 피로감이 남아 있었지만, 미지의 고봉에 오른다는 기대감으로 일찌감치 잠이 깨기도 했다. 어쩌면 이런 곳에서는 피로감이라는 느낌이 없는 곳이라는 생각도 들었다. 미지에의 열망이 모든 신체적 감각을 무디게 만들었다.

길은 숙소 뒤쪽의 언덕길을 오르는 것으로 시작했다. 예상은 했지만 길은 어제의 그것과 판이했다. 밑에서 보기에는 밋밋해 보였지만 막상 올라 보니 상당히 가파르다. 거기에다가 자갈과 모래가 섞여 푸석거려 미끄럽기도 했다. 그것도 이후에 나타난 눈길에 비하면 약과였다.

한 시간여를 지나 고도가 더 높아지면서 눈길이 나타나고, 오를수록 그런 길들도 희미해져 갔다. 몇 시간을 더 지나고부터는 길은 완전히 사라지고, 앙순바는 오로지 자신의 직관에 의지해 앞장서 가는 것 같았다.

　이때가 아마 트레킹 여행의 전 기간 중 앙순바의 존재가 가장 두드러지고 그에 대한 의존도가 가장 큰 때였을 것이다. 그러면서 어제 숙소의 저녁 식사를 같이 했던 한국인 여행자의 이야기가 의미 있게 다가왔다.

　두 사람이 가이드 없이 올랐다. 한 사람은 고소 증세를 느껴 곧 하산을 했고, 남은 한 사람은 제법 올랐었다. 그렇지만 결국 하산할 수밖에 없었는데 길이 사라졌기 때문이었다. 아마 그 구간이 지금 우리가 가고 있는 지점 정도일 것이다.

　그 얘기를 처음 들었을 때는 조소감이 약간 들기도 했다. 산행 경험도 없고 소심한 사람이라는 생각이었다. 그러나 정작 이 지점에 도달했을 때 앙순바의 존재가 거대하게 다가왔다.

그 사람들은 포터도 없었고 심지어 가이드도 동행하지 않았다. 원래 네 팔 국립공원에서의 트레킹은 가이드 동행이 의무이나, 여행객이 많지 않은 랑탕 같은 곳에서는 단독 여행객이 있어 보였다. 비용 절감이나 취향 상인 점도 있겠지만, 나는 이 체르고리 등반을 끝내고 나서 가이드 고용의 절대적 가치를 절감했다. 이들이 없으면 이런 곳은 결코 오를 수 없으며, 아울러 절정의 경관에 접근할 수 없다는 것이었다.

거의 다섯 시간은 걸었을 것이다. 산의 안부에 이르렀으나 정상까지는 멀었단다. 잠시 휴식을 취하고 또 가파른 경사를 오른다. 길은 미끄럽기만 하고 가끔 강풍이 몰아쳐서 몸을 가누기 힘들 때도 있다. 산행 경험이 적거나 체력이 달리면 귀환할 수도 있는 상황이 자주 있었다. 그래도 묵묵히 따르는 나의 의지를 확인하며 앙순바는 나의 보조를 맞추려고 노력했다.

그렇게 올랐다. 정상은 앙순바가 말하지 않아도 되었다. 입구에 휘날리는 오색 타르쵸가 나의 등정 성공을 환영하고 있었고, 무엇보다도 정상부의 튀어 오른 돌출부에서 보는 압도적인 조망이 모든 것을 말하고 있었다.

하!~ 아… 아… 아…
이 경관을 어떻게 표현해야 할까!
어떻게 글로써 표현할 수 있을까….
순간적으로 솟아오른 이 엄청난 감동에 대해 표현이 가능하기나 한 걸가…
어떻게 온전한 사방 천 리에 하나같이 웅장한 설봉들로 가득 채울 수 있단 말인가….

내가 서 있는 곳이 5,000여 m지만 이웃의 7,000여 m급의 산들이 손에 잡힐 듯하면서도 허리선과 비슷하여 굽어 보인다. 저 멀리 있는 8,000m급들은 오히려 발아래 굽어 보였다.

이들 설봉들은 수천 m가 넘는 고봉들이라는 경외감보다는 그 아름다움에 넋을 빼앗겼다. 한낮의 강렬한 햇살을 받은 만년설 빙벽들은 수정 같은 푸른색으로 반응하면서 눈을 현란하게 만들었다.

한참을 얼이 빠진 채 한자리에서 사방을 보기만 하다가 조금씩 자리를 옮기면서 돌아보기도 한다.

혼자서 나름 평가해 본다. 지구상에서 이보다 멋진 고산 설경을 볼 수 있는 곳이 있을까 하는 것이었다. 8,000m를 넘는 지구 최고봉을 오르는 전문 산악인은 정상 등정이라는 목표에 치중하고, 그 성취에 취해서 자연 경관을 즐기는(?) 것은 관심에서 멀다. 아니 그 지난한 등정의 과정에서 그런 여유가 있겠는가?

그리고 약간의 높이 차이는 있을지언정 고산 설경의 경관은 이곳과 유사할 것이다. 그래서 나는 나름 여유를 가지고 '지구상 최고의 설경을 직접 바로 전면에서 볼 수 있는 곳으로 **랑탕 체르고리**가 최고!'라고 말하고 싶다.

내가 이런 주장을 하는 데에는 내 나름 근거를 댈 수도 있다. 한국의 백두대간을 종주하면서 겨울 설경을 무수히 접했고, 아프리카 6,000m여의 킬리만자로, 유럽 알프스의 스위스와 한 달간의 몽블랑 트래킹, 남미 파타고니아의 고산 빙하 지역 등 지구상의 손꼽히는 설경지역을 둘러보았다.

각각의 아름다움은 분명 다르다는 것은 인정한다.

다만 다시 말하지만, 체르고리는 우리 같은 일반인이 오를 수 있는 최고의 높이에서 보는 고산 설경이라는 것이다.

체르고리를 등반한 사람들의 후기를 접하면, 나름 온갖 감상에 젖고 자신 주변 사람들이 주마등처럼 떠올랐다고 했다. 사실 나는 개인적으로 거의 아무 생각이 없었다. 몰아쳐 온 감동에 거의 생각이 없었다는 것이 나의 당시 느낌이었다.

다시 보지 못할 경관을 마음껏 섭취했다고 생각하고 정신이 돌아올 즈음, 멀리서 앉아 있는 앙순바가 눈에 들어왔다. 가만히 다가갔다. 일어서는 그를 손도 잡지 않고 가만히 가슴을 한참 동안 끌어안았다. 무슨 말이 필요하겠는가, 지상 최대의 경관을 보게 해 준 그에게 나타낸 나의 진심 어린 행동이었다.

주변의 지인들이 혹시 히말라야 트레킹을 가려 할 때 나는 랑탕을 추천하고 랑탕을 간다면 꼭 체르고리를 오르라고 권했다. 이 글을 쓰는 작은 목적 중에 하나도 이 부분을 여러 사람들에게 간접적으로 알리고 싶은 이유가 있기도 하다.

그 사람이 랑탕을 가서, 그곳에서 봄철의 랑탕을 꽃들과 함께 즐기고, 걷는 길에서 만나는 마니석으로 티벳의 문화를 생각할 기회를 가지면서, 체르고리를 올라 경관을 보았으면 하고 희망해서이다. 물론 자신의 취향에 따라 하나만 취해도 충분할 수 있고, 어쩌면 다 제쳐 두고 그냥 그곳에서 무념으로 걸어도 좋을 곳이었다.

고사인 쿤드

이제는 돌아가는 길이다. 너무나 환상적인 시간들을 가졌었기에 하산하는 길은 정말 즐겁기 그지없다. 입에서 콧노래가 절로 나오고 땅에 닿는 느낌이 없을 정도로 발걸음은 가볍다. 그렇게 저절로 걸어지는 걸음으로 오를 때 이틀이 걸렸던 길을 하루 만에 내려와 전에 머물렀던 라마까지 내려왔다. 어떻게 보면 육체적 측면에서 이날 하루는 2주간의 랑탕 트레킹 일정에서 가장 부담이 적은 날이었다. 회고하자면 정말 그랬다.

남은 일주일은 걸어서 카트만두까지 가야 한다. 그것은 계곡의 초입부 1,500m 정도까지 내려갔다가 다시 4,600m가 넘는 고개를 넘어 헤람부라는 산악지대를 걷는 것이었다. 이런 지형적 사정을 알지도 못했고 별로 알려고도 하지 않았다. 육체적인 고생은 각오를 하고 있었고, 그런 것들은 이곳 히말라야라는 곳에서는 당연히 있는 것이라는 낭만적인 생각까지 했다. 그러나 복병은 다른 데 있었다. 오만하고 경망스런 자는 산이 결코 용서하지 않는다. 나는 이 경험을 후반부 일정에서 뼈저리게 체험했다.

라마에서 자고 도민까지 내려갔다가 왼쪽으로 난 길로 접어들었다. 여기부터가 새로운 행로였다. 그것은 급속히 고도를 오르는 형태였다. 거의 하루 만에 2,000m 정도를 올라 해발 3,350m의 신곰파라는 마을까지 올라갔다. 수직으로 차오르는 숨 가쁜 길이었지만, 산기슭은 짙은 숲으로 가득하고 예의 랄리구라스가 틈틈이 자리하여 눈길을 즐겁게 했다. 이 코스는 높은 고개를 넘으면서 히말라야의 주변 고산들을 조망하기도 하면서, 걷는 내내 '헤람부'라는 산악지대에 터를 내리고 삶을 영위하는 전형적인 네팔 산악 주민들의 모습을 엿볼 수 있는 코스이기도 했다.

그 첫 장면은 앙순바의 안내로부터 시작이었다.

가파른 언덕길을 오르면서 계단식 논밭들이 나타나고 그 옆 산기슭에 아담한 마을이 나타났다. 앞서가던 앙순바가 대뜸,

"셰르파 마을이에요."

"???"

잠시 그 의미를 몰라 물었다.

"저 동네에 셰르파 하는 사람들이 살아?"

"예. 모두 셰르파예요. 저 산 너머 중국에서 넘어온 사람들이에요."

아, 이때서야 비로소 나는 셰르파에 대한 이중적 의미를 알았다.

내가 이때까지 알고 있었던 셰르파는 히말라야 고산 등반을 하는 사람들을 안내하는 직업인을 지칭하는 보통명사였다. 이런 의미로 알고 있었

기에 처음 앙순바를 만났을 때, 자신의 가족이 모두 셰르파라고 말하는 것을 듣고 의아스럽게 생각했다.

"누나도 여동생도 셰르파예요."라는 말에 여자들도 셰르파 일을 한다고 생각했던 것이었다. 민족이라는 추상적인 한국어를 구사할 수 없고, 단순한 단어만 구사하는 앙순바였기 때문이었다. 여행 전에 가벼운 가이드북 하나 읽지 않고 간 나의 무지함이 빚어낸 해프닝이라 속으로 실소가 나왔지만, 이들에 대한 것들은 큰 궁금증으로 다가왔다.

귀국 후 셰르파에 대해 여러 자료들을 찾아보았고, 다시 6개월 후 가을 에베레스트 트레킹을 갈 때는 나름 어쭙잖은 네팔 안내자가 되었고, 한편 이런 기회에 소소한 이야기를 쓸 정도가 되었다.

아무튼 이런 과정에서 알게 된 셰르파란,

티벳어로 "동쪽 사람"이라는 의미를 가졌듯이, 500여 년 전부터 티벳지방으로부터 넘어온 사람들이었다. 티벳 사정에 밝고, 양쪽 언어를 구사할 수 있어서 초기부터 교역사업에 많이 뛰어들었다. 에베레스트 코스의 중간에 만나는 가장 큰 마을 남체는 이들의 주요 거래터였다. 이후 중국과 네팔과의 사이가 나빠지기도 하고 새로 부상한 산악 등반과 트레킹 붐이 일어나면서 이들은 이 분야에 뛰어들었다.

이들의 탁월한 신체적 적응 능력은 히말라야 고산 등반인에게는 잘 알려지게 된다. 지금도 그렇지만 8,000m급의 고산 등반은 이들의 보조 없이는 등반이 불가능했다.

사상 최초의 에베레스트 등정자로 알려진 '힐러리'를 도와준 사람도 '텐징 노르가이'라는 셰르파였고, 어쩌면 사실상 그가 먼저 발을 디뎠을지도 모른다. 다만 나와 같이 우리 같은 일반인에게는 셰르파족이란 존재는 모르고 셰르파란 직종을 가진 사람만을 지칭하는 것으로 아는 것이었다.

셰르파족에 대한 신비감과 가이드로서의 셰르파에 대한 경외감에 나는 에베레스트 트레킹을 할 때, 텐징 노르가이의 고향 땅을 일부러 방문하였고 하루를 머물렀다. 이 과정은 그때 다시 이야기할 것이기는 하다.

요즘 생물 유전학이 발달하면서 셰르파족에 대한 DNA 분석을 했다는 것을 과학계 소식을 통해 알았다. 분명 다르다는 것이었고, 특히 산소를 나르는 헤모글로빈 숫자를 일반인들보다 월등히 높게 유지하는 것이었다.

흥미가 더한 것은 이들의 유전자가 시베리아에 존재했던 고인류, '데니소바인'에게서 유래했다고 하는 것이었다.

어쩌면 이런 과학적 지식은 히말라야 트레킹 여행에서의 흥미를 반감시킬지도 모른다. 그런 것들을 생각하기 이전에 이곳을 여행하면서 이들의 육체적 능력을 체감하는 것은 감탄을 넘어 경외감이 들게 만들었다.

트레킹 구간에서는 이들과 흔히 마주친다. 주로 길 위에서 물건을 운반하는 일꾼들이다. 자신의 몸집보다 몇 배는 넘어 보이는 무게의 일상용품이나 철근 같은 건축재료를 운반한다.

운반 형태를 보면 더욱 놀랍다. 지게도 아닌 끈만으로 물건과 연결하여 이마에 걸칠 뿐이다.

신발이나 제대로 신는가! 얄팍한 슬리퍼 같은 허술한 것들이 발바닥을 아슬하게 보호해 준다. 군살 하나 없는 왜소한 몸집으로 거의 100kg이 넘을 무게를 이마로 메고 수천 m의 가파른 산길을 오르내린다. 이들의 육체적 능력을 직접 보면서 세계 산악 등반에 대한 나의 견해가 바뀌었다.

유럽인들이 알프스 고봉들을 등정하면서 알피니즘이라는 개념이 생긴다. 이 등정 바람이 히말라야 고봉에까지 뻗치면서 마침내 세계 최고봉 에베레스트에까지 오르게 되었다. 이후 지구상 8,000m가 넘는 14좌를 완등하는 것이 산악인들의 최종 목표가 되었고, 이것을 해 낸 사람들이 극한을 극복한 인간 승리로 기록되었다.

그러나 이것은 우리끼리의 리그라는 것을 여기 네팔 트레킹을 하면서 알았다. 이들이 서방 세계인들과 같이 고산 등반에 참여한다면 모든 등반 기록을 갈아 치울 것이다. 실제 이 글을 쓰고 있는 때에 네팔의 소년이 에베레스트 최연소 등반을 했다는 외신 기사를 읽은 적이 있다. 이들과의 등반 경쟁은 물속에서 물고기와 수영경쟁을 하는 것이다.

물론 이들에게는 산은 등정이나 정복의 대상이 아니다. 경외와 숭배의 대상이다. 그래서 네팔의 신비로운 많은 고봉들을 등정 금지 대상으로 지정하고 있다. 그렇다고 고산 등반을 이룩한 사람들을 폄하할 생각은 추호도 없다. 내 자신 또한 실제로 지독한 경험들을 했기 때문이다.

아프리카 6,000m급의 킬리만자로를 오르면서 고소중으로 거의 사경에 이른 적이 있었고, 앞으로의 트레킹 과정에서도 고소증 이야기는 이어질 것이다. 보통 사람들에게 낮은 산이라고 할 수 없는 곳이기는 했지만, 나름 평생 잊지 못할 고통의 시간을 보내기도 했다. 그렇기에 지구상 최고의 고산을 등정한 사람들의 돌덩이 같은 의지와 불같은 열정을 인정하는 것이다.

국내에서 지인들과 고소증에 대한 대화가 나오면 결론을 잘 내지 못한다. 자신이 직접 경험해 보지 못했고 자신의 체질을 잘 모르기 때문이다. 알코올 분해 효소가 많은 유전자를 전수받은 사람이 술을 잘 마실 수 있듯이 고소 적응도 체질에 따라 다를 것이다. DNA 속 이중나선 구조 속에 고산 적응 유전자가 좀 들어 있다면 고산 걷기에 수월할 수 있을 것이다.

나에게는 개인적인 경험으로 4,000m가 경계선인 것 같았다. 적응 기간에 따라 차이가 났었지만, 그 높이에서는 거의 고소가 왔었다. 고소 증세가 없을 때라도 3,500m 정도가 넘으면 숨이 가빴다. 그때마다 드는 생각은 딱 한 가지,

"셰르파족 같은 유전자를 이어받았으면 얼마나 좋을까!"였다.

그리고 8,000m급의 고봉을 볼 때도 그랬다. 체질만 된다면 저곳을 오를 수 있으련만….

싱거운 생각이지만, 국내의 친숙한 곳의 산을 걸을 때면, 내가 이렇게 산을 잘 타는데 "왜 그때는 못 걸어 냈을까…?" 하는 것이었다.

뉴질랜드를 여행하면서 '쿡산'이란 산을 트레킹한 적이 있었다. 그 산은 에베레스트를 최초 등정한 힐러리가 훈련한 곳이라고 했다. 그때 힐러리가 뉴질랜드 출신이라는 것을 알았다. 경외의 대상이었던 힐러리가 나와 비슷한 산 애호가란 생각이 들면서 친근하게 다가왔다.

네팔 트레킹을 하고 셰르파란 특별한 산악 민족을 접하면서, 한편으로 지구상 인간의 다양한 측면을 알 수 있는 기회가 되기도 했다. 이것은 산을 통해서 알게 된 인간에 대한 지식이었다. 인간의 몸들이 과거의 유산을 갖고 산다는 것이며, 개인 또한 그에 따라 다르다는 것이다.

지구상에 내가 모르는, 자연과 사람의 다양함이 무궁무진한 것을 알게 되었다.

앙순바의 얘기를 듣고 한층 셰르파 사람들에 관심이 갔다. 일부러 대문 근처까지 다가가 집 안쪽을 살며시 들여다보기도 했다. 야무지게 쌓 돌담 안으로 낮은 목조형의 집들이 튼튼해 보였다. 마당 옆의 평상 같은 곳에 남자 몇이 담소를 나누고 있다. 햇볕에 거슬린 거무스름한 얼굴들이 었지만 다부지고 온화한 얼굴들이었다.

마을 몇 군데를 지나서 '신곰파'란 곳에 도착했다. 고도는 3,000m를 넘었다. 하루 동안 2,300m의 라마에서 1,500m까지 내려갔다가 다시

1,500m를 더 오른 것이다. 많이도 오르내리고 먼 거리를 걸었다.

'내일은 더 올라가요!' 앙순바가 준비를 단단히 하라고 이른다.

* * *

늦잠을 자고 평소보다 약간 늦게 출발했다. 오늘 걷는 길은 짧기는 했지만, 오르기만 하는 길이다. 신곰파에서 올려다보이는 길은 끝이 보이지 않는 산언덕이다.

아침부터 발걸음이 무거웠다. 어제의 산행 구간이 힘들기도 했지만, 그간의 피로가 누적된 것이기도 한 것이었다. 산악 트레킹이 아니더라도 장기간의 외국 여행을 나가면 일주일 정도 지나면 고비가 다가왔다. 나만의 체력 저장 능력이 고갈되는 것 같았다. 신기하게도 그렇게 기운이 딸리다가 며칠이 지나면 컨디션이 회복되면서 현지 적응이 되었다. 지금이 그 시기라 생각하면서 마음 정리를 했다. 그러나 문제는 오늘이 일정이 좀 다르다는 것이다.

'찰랑파티'라는 곳에 올라 가볍게 점심을 해결하고 계속 오른다. 길은 더욱 가파르고 산에서 내려오면서 부는 바람은 차갑기 그지없었다. 가끔 고개를 들어 산 위쪽의 길을 올려다보는데 이상한 사람들이 나타났다.

"뭐 저런 사람들이 있지???"

뛰어서 가까이 다가온 사람들의 행색을 보고 나도 모르게 튀어나온 말이었다. 반바지도 아닌 짧은 팬츠에 맨살 어깨가 드러난 나시형의 티셔츠 하나만 달랑 입었다. 가슴에서 어깨 너머로 걸친 벨트에 달린 물통 하나가 그들이 가진 장비의 전부였다. 두터운 동절기 산행 복장에 머리에는 야크 털로 짠 모자를 귀밑까지 눌러쓴 내 모습과 비교해 보니 그들은 하늘에서 내려온 외계인 같았다. 자세한 상황을 설명해 낼 수 없는 앙순바와의 소통 한계 때문에 궁금증을 잔뜩 안고 국내에 들어와서 인터넷을 통해 그들의 존재를 알 수 있었다.

트레일러닝이란 장거리 산악 마라톤을 하는 사람들이었다. 카트만두를 출발해 내가 가는 헤람부 코스를 포함한 200여 km를 며칠에 걸쳐 뛰는 것이다. 순위도 중요하겠지만 완주를 목표로 하는, 자신의 체력 한계를 시험하는

TMB 종주 중에 만난 트레일러들.

사람들이었다. 이미 유럽 쪽에서는 상당히 유행하는 것이었다. 히말라야를 트레킹하고 몇 년 지나서 알프스 몽블랑을 일주하는 MTB 트레킹 코스를 걸을 때 이들을 또 만났다. 이때는 숫자가 아주 많아 산길을 가득 메우고 있었다. 그곳에서도 200km가 넘는 거리에 높이가 2,000~3,000m의 산악 구간을 며칠 만에 뛰어 내는 것이었다.

대회가 열리는 며칠 간은 수천 명의 마라토너들이 길을 메운다. 몇 주 전부터 미리 와서 연습하는 사람들도 많았다. 개인적으로 연습하는 사람들도 있지만, 10여 명이 어울려 단체를 만들어 산길을 달린다. 그냥 달리기만 하는 것이 아니다. 중간의 식당이나 휴식 장소에서 음료수나 음식을 먹으면서 시끌벅적하게 떠든다.

우승이나 자신이 원하는 순위를 얻기 위한 경쟁에 참여한 사람들이지만 마지막에 도달하는 과정은 극한 상황에 이르는 육체적 고통이다. 자신이 목표한 것을 얻었을 때의 성취감도 크겠지만 사실 이들에게는 그 순위가 우선이 아니다.

그 경기 참여 자체가 중요하고 그것을 해 낸 자체가 큰 의미를 가진다. 그렇기에 이들은 갈수록 강도를 높인 경기를 만들어 내고 참여한다. 정규 마라톤 경기로 출발하고 거기에 몇 배 거리를 더한 울트라 마라톤을 만들었다. 여기에서 더욱 극한 시험을 하기 위해 사막이나 극지, 초 고산 지역의 달리기 경기를 벌인다. 나도 개인적으로 내 나름의 비슷한 경험을 시도한 적이 있었다.

50대 중반, 중년의 나이에 접어들면서 마라톤을 뛰어 보기로 했다. 그냥 경험을 하기 위해서였다. 연초에 목표를 세우고 봄에 단축마라톤을 두 번 뛰었다. 그렇게 해서 연말에는 풀코스를 완주해 냈다. 특별한 사람들이나 하는 것 같은 운동을 나도 해냈다는 성취감이 매우 컸다.

그러나 마지막 남아 있는 모든 에너지를 쏟아 종착점을 통과하고 탈진한 상태에서 순간적으로 다가오는 느낌은 '내가 살아 있다!'는 것이었다. 삶 속에 이런 것이 있구나 하는 환희가 있었다. 고통이 극에 이른 순간에 **'무아'**가 있었고, 그것이 끝났을 때는 극락이 왔다. 그 짧은 과정 속에서 살아 있는 자신을 실감하는 것이었다.

하지만 이런 것들을 생각하기 이전, 당시 이들 젊은 족속들을 보면서 드는 생각은, 나도 저런 때가 있었던가 하는 것이었다. 분명 있었을 것이다. 기운이 넘쳐 한숨에 산 위로 올라 보기도 했고, 한겨울 냉방에서 잠을 잤던 청춘이 있었다. 그러니 특별히 부럽다거나 현재의 나를 경시하는 생각이 들지 않았다. 오히려 현재의 저들도 나와 마찬가지로 고통을 통한 삶을 확인하고 있다는 측면에서 동일한 모습이다. 고통의 강도로 따진다면 내가 저들보다 더할 것이었다. 그런 고통의 절정을 위한 밤이 기다리고 있었다.

오후 3시쯤을 지나면서 마침내 라우레비나 고개에 올라섰다. 3,900m에 이르는 고개였다. 고갯마루에는 바람이 더욱 세차게 몰아쳐 왔다. 기온은 떨어지고 급속한 고도 상승으로 고소 증세까지 왔다.

추위는 고소증을 가속화시킨다고 한다. 머리는 더욱 무거워지고 발걸음은 더뎌졌다. 고개를 숙여 걷는데 오른쪽 계곡에 작은 호수 몇 개가 내려다보였다.

고사인 쿤드 호수였다. 그런데 내가 상상했던 그 호수가 아니었다. 수면은 얼어 있었고, 그 얼음 위로 잔설이 덮여 기대했던 에메랄드색의 호수가 아니었다. 카트만두 류 사장이 헤람부 코스를 추천하는 과정에서,

"헤람부 코스는 산 능선을 걸으면서 히말라야 고봉들을 조망할 수 있고, 걷는 과정 내내 네팔의 산악 마을을 통과하면서 현지 주민들의 생활상을 가까이서 살펴볼 수 있지요. 또 군데군데 있는 랄리구라스 군락지들이 좋아요. 라우레비나까지 올라갈 때까지 좀 힘들긴 해도 산속의 고사인쿤드 호수가 멋지게 기다리고 있을 겁니다."

그 말의 대부분은 맞았다. 그러나 호수 부분은 틀렸다. 물론 류 사장도 호수가 얼어 있을 것이라고는 생각 못 했을 수도 있다. 나중에 본 가이드

북 속의 호수 모습은 정말 신비스럽게 보였다. 그래서 여행은 계절과 시기가 잘 맞아떨어져야 한다. 시기에 따라 평가가 극단으로 나뉠 수도 있는 것이다.

캉진곰파에서 만난 꽁지머리 치킨집 사장은,

"내가 그 호수 보러 올라갔다가 실망했어요. 안 가는 것이 좋을 거예요. 고생만 잔뜩 되고… 그래서 바로 내려와 버렸어요."

고사인 쿤드 여정에서 만난 힌두 수행자.

물론 나는 호수만 보러 올라간 것이 아니었지만 고생이 된다는 그의 말은 맞았다. 그것은 특히 숙소의 잠자리에서였다. 호수를 지나 숙박지 5,000m에 이르는 고사인 쿤드에는 5시경에 도착했다. 작은 숙소 하나밖에 없었다. 히말라야 트레킹 코스에서 높은 곳은 숙소들이 많지도 크지도 않다. 시설도 열악했다.

고소 증세로 저녁밥도 제대로 먹지 못하고 식당 칸 안에 피워 놓은 작은 난로에 의지하여 온기를 유지하려고 했다. 그것도 오래 있을 형편이 안 되었다. 연료 절약 때문에 7시가 조금 넘자 방으로 이동해야 했다. 별로 방으로 가고 싶지 않았다. 방이 추울 것임을 잘 알고 있기 때문이다.

이곳의 숙소들은 난방 개념이 없다. 방 안에는 히터 시스템은 말할 것도 없고, 난로도 물론 없다. 그렇다고 건물 벽이 썩 두터운 이중벽 구조도 아니다. 방 안은 페인트칠도 되지 않은, 날것의 벽돌이 드러난 창고 같은 건물에 칸을 내서 방을 낸 형태다. 그 안에 나무로 짠 썰렁한 침대가 보통 두 개 놓여 있다.

몹시도 추웠던 라우레비나의 숙소.

이런 사정을 알 리 없었던 나는 대비가 부족할 수밖에 없었다. 여행 전 국내의 바쁜 사정으로 정보를 제대로 챙기지 못한 데다가 카트만두 류 사장이 추천한 두터운 침낭도 미련스럽게 사양했다. 내가 고집한 것은 십여 년 전 아프리카 배낭여행 때 사 가지고 갔던 하계용 침낭이었다. 그 침낭 속의 오리털도 오래되어 탄력이 사라진 상태였다.

랑탕코스 속에서 그런대로 쓸 수 있었던 그 침낭은 고사인 쿤드에서는 무용지물이었다!

그날 밤은 참으로 춥고 길었다. 옷이란 옷은 다 껴입고 숙소에 요청해서 여분의 담요를 아래위로 깔고 덮었으나 겨우 내내 얼어 있었던 방은 빙하 속보다 더했다. 너무 추워 체온을 뺏기지 않으려 바로 눕지 못해 새우같이 구부린 몸은 어머니 배 속의 태아와 같았으리라….

허리가 아파도 돌아눕기가 싫었다. 그렇게 한숨도 못 자고 꼬박 뜬눈으로 밤을 새웠다. 고통이 길수록 시간은 길게 느껴지는 법, 그런 그날 밤이 얼마나 길었겠는가….

히말라야 트레킹에 관심이 있는 사람들이 궁금해하는 것은 보통 추위와 체력, 고소 등이다. 나는 추위에 대한 얘기를 할 때면 나의 특별한 경험은 가능한 한 가볍게 했었다. 그래도 미경험자의 두려움은 큰 법, 내 얘기를 들은 가까운 지인은 안나푸르나 코스에 가면서 최첨단의 고가 동절기용 침낭을 준비해 갔었다.

돌아와서 했던 말,

"한잠도 못 잤어요! 더워 죽는 줄 알았다고요. 땀이 나서 속 내의 하나만 입었고요…."

그러면서 그 침낭을 중고 인터넷 상점에 올릴 거라고 했다.

* * *

지난한 밤을 보내고 동도 트기 전 새벽에 식당 문을 두드려 들어가 난로불을 피워 달라고 부탁했다. 난로를 온몸으로 감싸 안듯이 몸을 녹여 보려 했지만 밤새 얼은 몸은 좀처럼 따뜻해지지 않았다.

후유증도 컸다. 배탈이 났다. 그 배탈은 귀국할 때까지 잡히지 않았다. 음식을 제대로 먹지 못하면서 카트만두까지의 100여 km 구간을 4일 만에 걸어 냈다. 그리고 제대로 쉬지도 못하고 포카라로 이동해 안나푸르나 코스를 일주일 동안 걸었다.

어찌 몸이 축나지 않을 수 있겠는가!

체중이 6kg이나 빠졌다. 빼빼쟁이 내 몸의 10% 이상이 빠지고 볼이 홀쭉한 상태로 귀국했다. 그리고 이 얘기를 지인들에게 무용담같이 했었다. 여행자 모임에서 어느 지인은,

"싸부님, 그 몸에 6kg나 빠질 것이 어딨어요!?"

그런 히말라야가 반년이 채 지나지 않아 나를 다시 불러내었다.

2

에베레스트
베이스 캠프 트레킹

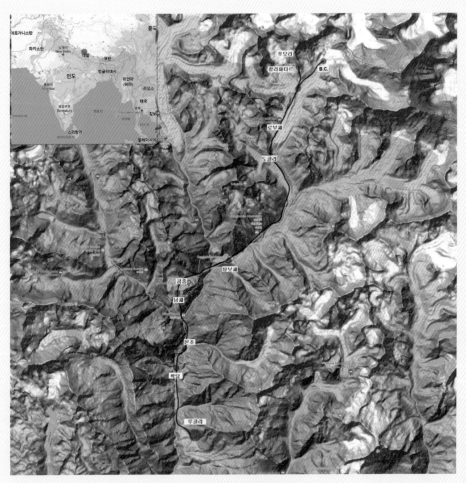

2013년 10월 (16일간) 110km

들어가기

이번에는 에베레스트다. 랑탕과 안나푸르나 코스를 갔다온 지 반년이 채 지나지 않았다. 아내에게 계획을 밝혔더니 어이가 없다는 표정으로 가만히 쳐다보기만 했다. 이 무모하고 대책 없는 사람에게 무슨 말이 소용 있겠는가 하는 것을 두 눈동자가 말해 주고 있었다. 한마디 대답도 듣지 못하고 틈날 때마다 내 말만 해야 했다.

사람 몸은 항상성이 있어 나는 이미 충분히 회복되어 있다에서부터 에베레스트는 가을에 가야만 하는 곳이다. 지금 못 가면 몇 년을 더 기다려야 할지 모른다 등등….

다른 건 몰라도 그곳은 가을철에 가야 된다고 강조했다. 우리나라도 그렇듯이 청명한 가을철에야 에베레스트를 비롯한 주위의 멋진 산군들을 볼 수 있다는 것이었다.

이유야 그랬지만 사실은 내 자신이 문제다. 내 몸이 완전히 회복되었는지 아닌지 확실히 알 수 없었다. 체중이 어느 정도 회복되었기에 그런가 했을 뿐이다.

문제는 몸이 아니라 나의 마음이었다. 세상의 많은 세속적인 부분에 탈속한 듯한 나의 마음 거지는 여행 부분에서는 양보가 안 되었다. 이것에 대해서만은 잘 아는 아내이기에 억지 허락을 얻고 네팔로 날아갔다.

* * *

에베레스트 코스의 출발 기점은 루클라 마을이었다. 카트만두에서 아주 먼 산악마을로 비행기로 접근한다. 깊은 산악 속 조그만 마을의 공항은 특별(?)했고 비행기도 흥미로웠다.

처음 카트만두에서 루클라행 비행기를 탑승했을 때 잠시 어리둥절했었다. 좌석 수가 너무 적었다. 좌우 6줄 12명이 비좁은 자리에 앉고, 여자 승무원 한 사람이  손님과 무릎이 닿을 정도로 마주 보며 앉는다. 조종석은 칸막이도 없이 구분도 안 되어 안쪽이 훤히 들여다보였다. 두 명의 조종사 사이로 보이는 복잡한 계기판 보는 것도 신기한 경험이었다.

사탕 한두 개 주는 것으로 모든 서빙을 끝낸 승무원이 착석해서 간단한 안내 멘트를 육성으로 끝내자마자 봉고차만 한 초소형 비행기는 헬기가 날듯이 별로 이동도 없이 가볍게 날아올랐다.

작은 몸체이니 높이 날지도 않았다. 고봉의 설산을 넘지 않고 산허리 부분을 걸쳐 난다. 산 밑의 마을을 훤히 내려다보는, 히말라야산맥을 조망하는 항공 투어였다.

이 항공 투어의 압권은 착륙이었다. 깊은 산속으로 진입한 비행기는 도저히 공항이 있어 보이지 않을 계곡으로 들어선다. 길을 잘못 들어선 것이 아닌가 하는 궁금증이 들 즈음 갑자기 나타난 조그만 마을의 마당같이 보이는 조그만 활주로로 착륙을 시도했다.

활주로 입구는 절벽 같은 경사면이었다. 100m도 채 안 돼 보이는 활주로 앞쪽을 기체는 돌진하듯 들어갔다. 마을 주택에 부딪치는 것이 아닌가 하여 아랫배에 힘이 바짝 들어가는 순간 기체는 급정거했다. 힘이 빠진 다리로 비행기를 내려 활주로를 보니 산 아래로 경사가 많이 나 있었다. 그 경사가 착륙과 이륙을 돕는 것이었다. 게다가 너무 작은 비행기라서 협곡의 기상 영향을 많이 받아 결항도 잦다고 했다. 아무튼 에베레스트의 입성은 세계에서 가장 위험하다는 이 항공 투어의 흥미로움으로 시작했다.

비행기를 내려 마을 입구로 걸어 들어가자, 버스로 미리 와 있었던 가이드 인드라와 포터가 반갑게 맞이해 주었다. 앞으로 2주일을 같이할 사람들이었다.

인드라는 나보다도 키가 작은 아담한 체구의 30대 중반의 남자다. 가이드 경력이 많은지 한국어도 상당히 유창했다. 그에 비해 포터는 키가 큰 20대 초반의 청년이었다.

인사를 나누자마자 간단한 짐 정리를 마친 뒤 바로 마을을 떠나 트레킹을 시작하며 계곡 초입으로 진입했다. 길은 널찍하게 잘 닦여져 있었다. 해발 2,800m의 높이였지만, 오히려 고지대의 공기는 그지없이 맑게 느껴지고, 가을 한낮 따뜻한 남국의 햇살은 내가 분명 목적한 곳에 온 것임을 확실히 증명해 주고 있었다.

그런 것들이 얼마나 기분을 상쾌하게 만들어 주던지!

앞으로 한 달에 걸친 여정이 고생이 되든지, 열락을 주든지 그것은 별개의 문제였고, 경관이 특별하든지, 아니 실망스러운 모습을 보일지라도 그런 것도 전혀 관심의 대상이 아니었다.

다시 히말라야에, 에베레스트에 들어온 그 자체가 너무 좋았다. 2주일 후의 내 마음이 어떻게 변하든 내가 꿈꾸고 염원하던 곳에 들어온 그것만이 큰 성취감과 만족감을 주었다.

길은 깊이 파인 계곡의 산허리를 따라 이어졌다. 계곡 아래는 만년설을 녹인 시퍼런 물이 굉음을 내며 숨가쁘게 흐르고 있었다. 길에는 짐을 진 짐꾼들과 노새들의 행렬도 자주 나타났다. 랑탕과 안나푸르나 코스에 비해 많은 숫자들이었다. 길고 깊은 산악지역이라 주민들의 수도 많은 것이었다.

식생은 단순해 보인다. 소나무류의 침엽수가 주종이고, 가끔 랄리구라스가 눈에 띄기도 했다. 꽃은 없지만 봄에 자세히 관찰한 터라 잎만으로도 구분이 되었다.

찻집도 자주 보인다. 잘 지은 집에 규모도 큰 2층집이 주류다. 수도 카트만두에서도 보기 힘든 번듯한 집들도 흔했다. 상황을 짐작할 만한 단서들이 집 안에 있었다.

홀 안 벽에는 고산을 등정한 산악인들과 찍은 셰르파가 있었는데, 그 셰르파가 이 집 주인이었다. 이곳의 숙소들은 그런 셰르파들이 목숨을 건 대가의 수입으로 지은 것들이었다.

코스의 분위기는 네팔의 여느 곳보다 가장 개발되고 세련되어(?) 보였다. 수많은 트레커는 서양인들이 대부분을 차지하고 있다. 잠시 히말라야의 깊은 산속이 아닌 유럽 알프스 관광지 같은 분위기를 느낄 정도다. 그만큼 이곳이 규모가 크고 유명도가 높은 세계적인 트레킹 코스라는 것을 코스 전반에 걸쳐 보여 주고 있었다.

몇 개의 숙소 마을을 지나면서 오늘의 숙소 장소로 예정된 팍딩이란 곳에 오후 5시도 되기 전에 당도했다. 평지에 가까운 길이며, 이틀간이나 비행기 속에 갇혀 있다가 걷는 히말라야 산속 길은 오랜만에 고향 땅을 걷듯이 편안하고 푸근했다. 천천히 걸었지만 다리가 땅에 닿는다는 느낌이 없을 정도로 가벼웠다. 시간 여유가 있어 주변을 산책하기도 하고, 저녁에는 맥주도 한잔하면서 히말라야 입성을 자축했다.

해가 지고 일찍 방에 들어갔으나 잠자기에는 이른 시간이다. TV는 말할 것도 없고 휴대폰도 터지지 않으며, 달랑 놓인 침대 하나가 유일한 동반자다.

이런 상황에서 할 수 있는 것은 한정돼 있다. 글쓰기나 책 읽기다. 하루의 여정을 메모하거나 간추려 쓰는 것은 시간을 알차게 보내는 의미가 있다. 하지만 오늘같이 밤이 길 때는 시간이 남는다. 책을 한 권 준비해 왔었다. 이날 밤의 독서는 책 내용 자체도 흥미로웠지만 매우 특이한 상황을 경험케 했다.

정신과 의사인 저자는 네팔에서의 봉사활동을 오랫동안 해 왔었다. 그런 가운데 그는 에베레스트 최초 등정자 힐러리를 만나기 위해 루클라를 왔었다. 그를 만난 후 이곳에서 부서진 다리 공사 보수일을 도운다. 그 봉사활동 지명을 읽다가 깜짝 놀랐다.

그 장소가 오늘 밤 내가 머물고 있는 바로 그 동네인 것이 아닌가!

어찌나 신기하고 묘한 기분이 들던지 책장을 덮고 한참 멍하니 앉아 있었다. 우연의 일치치고는 너무 신기해서 뭔가 홀린 듯한 기분이 들면서, 밤늦게까지 자지 않고 다 읽고 말았다.

공항 안에서 비행기를 기다리다가 《나는 죽을 때까지 재미있게 살고 싶다》는 책 제목에 호기심이 생겨 산 책이었고, 죽음과 재미라는 어울리지 않은 요소도 그랬지만, '의미 있는 행위를 **재미**'란 단어로 전환해 쓴 것도 흥미로웠다. 책 내용 가운데 나한테 가장 와닿았던 부분은 의미가 필요한 시기에 나타내는 행위였다.

저자는 70세가 됐을 때, 그동안 자신의 삶에 고마움을 표시하기 위한 고민을 한다. 틈틈이 찍어 두었던 사진을 모아 감사의 마음을 담아 사진첩을 만들었고, 그것을 선물하는 것이었다.

저자의 행위는 나하고 많은 공감을 가진 것이었다. 퇴직할 때 나름 공들여서 그동안에 다녔던 여행 이야기를 책으로 만들어 직장생활 때 도움을 준 동료나 지인들에게 선물함으로써 고마움을 표시했었다.

그리고 이제 저자와 같이 70살이 다가오면서 이런 행사(?)를 해야 한다는 고민이 생겼다. 그러한 고민의 산물로 노트북을 샀었고, 지금 이와 같은 글을 쓰고 있다.

마침 퇴직한 지가 꼭 10년이 지났고, 그 10년 동안을 함께해 준 사람들에게 가벼운 선물을 하고 싶다. 특별한 재주나 능력이 없는 내가 지난 10년 동안 해 온 것은, 세상의 조금 특별한 곳으로, 조금 별나게 돌아다닌 것이었다. 이런 내용들에 예쁜 사진을 듬뿍 실은 책을 만들어 편하게 읽게 하고 싶은 것이다.

그날 밤 읽은 책 하나가 지금의 나를 이끌고 있다. 그 재미는 엄청난 무게를 지닌 의미로서, 나의 가슴 속에 계속 남아 있었고, 10년이 지나갈 쯤에는 밖으로 튀어나와 실행을 하게 만들었다.

장수의 시대라서 일흔 살은 이제 흔한 시대가 되었지만, 그것을 맞이하는 당사자에게는 참으로 큰 의미가 있을 것이다. 다시 오지 않을 자신만의 유일한 시간이고 시기다. 그러한 인생이 나 혼자만으로 이루어진 것이 아니고 가까운 주변 사람이 있으므로 가능했다는 것을 예전부터 생각해 왔고 지금도 그렇다.

그런 인생의 시기를 의미 있게 만들어 보는 것이 재미(?)있는 일인 것이다.

남체

오늘은 남체까지 간다고 한다. 에베레스트 코스에서 남체는 산 이름만큼이나 자주 들을 수 있는 말이기도 했다.

가는 길도 아주 좋았다. 고도는 고소 문제가 없는 3,000m 내외로 이어지고 강 따라 올라가는 주변 풍광도 좋다. 무엇보다도 하늘! 마침 10월로 접어들면서 구름 한 점 없는 하늘은 맑기가 그지없었다. 역시 에베레스트는 가을이다! 라고 쾌재를 부르며 발걸음을 옮겼다.

계곡 아래는 여전히 깊은 계곡을 타고 흐르는 풍성한 수량의 계곡 강물이 하얀 포말을 일으키며 흐르고 그것들을 가끔 가리는 나무숲들은 싱그럽기만 하다.

이따금 중간중간 계곡을 건너는 출렁다리도 흥미롭다. 철사를 꼬아 만든 그물로 바닥을 만들고, 강 양안에는 탑을 세워 굵은 쇠줄로 그것들을 고정시킨다.

두 명만 걸어도 출렁거림이 심해 긴장을 늦출 수 없다. 다리 바닥에 깔린 판자도 부실해 보인다. 얼기설기 엮어 짠 데다 깨져 나간 것도 많다. 그런 다리에 짐을 잔뜩 실은 말이나 야크들이 다닌다. 폭우라도 내려 계곡물이 불어날 때면 다리들이 제대로 견뎌 낼 것 같지도 않다. 그런 다리 입구에는 오색의 룽다가 세워져 있기도 했다. 안전 기원용으로 보였지만 선명한 색깔은 주변을 치장하는 경관을 연출하기도 했다.

랑탕 코스에서 보았던 쵸르텐도 보이고 마니차도 자주 볼 수 있다. 랑탕의 그것이 고풍스러워 보였던 데에 비해 이곳은 규모가 크게 만들어져

잘 관리되는 것 같았다. 돌에 새겨진 진언문의 하얀 회색 물감은 칠한 지가 며칠 지나지 않은 듯 선명했다.

휴식을 취할 때쯤 큰 규모의 콤파가 나타났다. 한국 산을 등산할 때의 습관대로 쉴 겸 해서 안으로 들어갔다. 본존 건물에 안치된 불상을 보고 깜짝 놀랐다. 가부좌한 부처가 앉아 있던 대좌가 특이한 모습이다.

당연한 연꽃 문양의 연화 대좌가 아니고 삼각형 산 모양의 자연석 위에 모셔져 있었던 것이다. 이 특이한 불상 조성 형식에 나름의 해석을 해 보았다.

연화 대좌의 연꽃은 진리를 상징한다. 그 진리란 우주와 세상에 대한 진리다. 부처가 그 위에 앉아 있는 것은 그가 진리를 깨우친 것이기도 하고 진리 그 자체를 상징하기도 한다. 이를 상징화한 도상의 형식은 불교가 전파된 곳을 모두 관통해 공유되었다. 이런 곳을 여행했고 답사했기에 익숙해 있었는데 이곳 히말라야 산속에서는 특이한 형식을 본 것이다. 모르긴 해도 그 산 모양의 자연석 대좌는 에베레스트산일 수도 있고 주변의 신성한 산일 수도 있을 것이다. 그 신격화한 산 위에 부처가 앉아 있다. 그것은 부처를 신 중의 신으로 추앙하는 것이다.

다른 의미를 부여할 수도 있겠다. 불교 경전에 부처는 사바세계 위의 최고의 산 수미산 위에 있다고 했다. 그 대좌가 수미산을 상징하는 것일 수도 있겠지만, 세계 최고의 산인 에베레스트가 수미산일 수도 있는 것이다.

아무튼 자연석 대좌 위에 모셔진 큰 불상을 보면서 히말라야 산속의 색다른 문화를 체험하는 것은 산행 여행의 또 다른 즐거움이었다.

팍딩을 출발하여 두 시간 정도 지나 몬조란 곳에서 입산 신고를 했다. 가이드가 모든 일을 처리하기에 나는 그냥 지나가기만 하면 되었다.

이후의 길은 고도가 갑자기 높아지기 시작했다. 3,000m를 넘어서면서 주변 경관이 판이해졌다. 까마득히 먼 계곡 너머로 설봉들이 나타났다. 그중에는 에베레스트도 있을 것 같았는데, 인드라가 구름 속 보일락 말락 한 봉우리를 가리키며 에베레스트라고 일러 준다.

마침 근처에 찻집이 있어 들렀다. 뷰 포인트에 자리를 잡아 트레커들에게는 인기가 좋은 듯 사람들이 붐볐다. 좋은 자리를 차지하고 따뜻한 볕을 쐬면서 풍광을 즐기는 모습들이 여유로워 보인다.

나도 조망이 좋은 곳에 자리를 잡아 느긋이 풍광을 감상하면서 카메라를 꺼내 사진을 찍기도 했다. 맨눈으로도 잘 보이지 않는 에베레스트를 향해 셔터를 눌러 보기도 한다. 믿는 구석도 있다. 이번에는 고성능(?) 수동 카메라를 구입해 왔다. 오로지 에베레스트 트레킹을 위해 마음먹고 장만한 것이었다.

앞서 봄철의 랑탕과 안나푸르나 코스에서는 조그만 구형 디카와 휴대폰으로만 풍광을 찍었다. 그 사진에는 한계가 있었다. 특히 안나푸르나 코스에서 만나는 신비로운 마차푸차레의 멋진 모습이 카메라에 담기지 않았다. 세계 5대 미봉에 들어가는 그 산의 상단 부분이 사진에 나오지 않는 것이었다. 그 아쉬움이 마음에 걸렸고 에베레스트만큼은 사진에 담고 싶었다.

사실 나는 수많은 여행을 하면서도 사진 찍기를 즐겨 하지 않았다. 눈으로 찍고 가슴속에 담아 두는 것이 나름의 여행 원칙이었다. 디지털카메라와 휴대폰이 나오기 전에는 수동 카메라로 한 도시에 한 판만 찍기도 했다. 그렇게 찍은 사진들을 현상한 것만 해도 책상 안에 가득할 정도였다. 여행 후 남는 것이 사진이었다.

물론 그 이후로 나도 많이 변했다. 세계 주요 문화유산을 찍어 수업 현장에 활용하기도 하고, 일생에 다시 가기 힘든 곳은 기념으로 남기고 싶었다. 한편으로 제대로 찍고 싶은 마음이 생기기도 했다. 내 주변의 가까운 지인 중에 사진작가 두 사람이 있다. 그 사람들이 내가 히말라야를 간다고 할 때 했던 말,

"히말라야 같은 멋진 경관은 고감도 카메라로 찍어야 돼요."

신형 고가 디지털카메라는 소리도 달랐다. 경쾌하면서 부드럽다. 나중에는 경관보다는 소리에 끌려서 셔터를 누르고 싶은 기분이 들 정도였다. 그렇게 열심히 눌렀다.

'남는 것이 사진이다!'

남체는 점심때가 넘어서야 도착했다. 이곳도 또 한 번 나를 놀라게 만들었다. 마을이 보이는 산모퉁이 길을 돌아서자 갑자기 산중 속의 도시 같은 큰 마을이 산 중턱에 튀어나와 눈을 사로잡은 것이다. 너무나 예상치 못하게 나타난 산중 도시(?)는 순간 눈을 의심할 정도였고, 그 놀라운 느낌은 남미 잉카제국의 고대 도시 마추픽추를 처음 상면할 때 느낀 것과 비슷할 정도였다.

그만큼 순간 가슴이 울렁거렸다. 높이로 치면 3,400m나 되는 이곳은 마추픽추보다 1,000여 m나 더 높다. 그리고 이곳은 현재 진행형의 신비로운 산중도시다.

분홍색이나 파란 원색의 화려한 색감을 가진 3~4층의 큰 규모 건물들이 산언덕 전면을 덮으며 자리 잡고 있는 것이다! 어느 누가 이렇게 깊은 고산 속에 이러한 모습의 도시가 있을 것이라고 상상할 수 있겠는가?

이때까지 걸어오면서 조그만 숙소 마을 정도만 보아오다가 뜻밖에 나타난 공중도시에 놀라움이 컸다. 많은 궁금증이 일면서 인드라를 따라

히말라야 산 중 도시 남체 바자르 전경.

시내로 들어갔다. 마침 인드라는 나를 배려했음인지 시내의 가장 위쪽에
자리한 전망 좋은 곳으로 올라가 숙소를 잡았다.

방에 배낭을 넣자마자 시내 구경을 나섰다. 고도 적응을 위해 이곳에
이틀간을 머물겠지만, 조바심 많은 궁금증이 나를 그냥 두지 않았다.

시내 중심은 상가들이다. 일상 잡화에다 산행인들이 필요로 하는 것들
이 많았다. 그런 물건들은 이곳 현지에서 직접 생산한 것이 많았다. 야크
털로 짠 것에 눈이 갔다. 장갑에 모자, 스웨터 등등이다. 기념으로 장갑도
사고 털모자도 샀다. 그 털모자는 그 자리에서 바로 썼다. 그 모자는 국내
에 돌아올 때까지 벗지를 않았다.

언젠가부터 나는 이런 털모자 애호가가 되었다. 뉴질랜드 여행 중 기념
품 가게에서 산 얇은 모자는 봄 가을철에 딱 좋았다. 날씨가 더 추워지기

시작하면 두꺼운 것으로 교체하면서 차 속에 여러 종류의 털모자가 굴러다닐 정도였다.

시내 중심을 벗어난 공터에는 장이 서고 있었다. 어디를 가나 장 구경은 흥미롭다. 특히 농산물에 눈이 많이 갔다. 콕 집어 말하자면 이곳의 농산물들은 하나같이 크기가 작다는 것이다. 과일 종류는 작다 못해 앙증스러울 정도다.

다 큰 사과가 자두만 하다. 배도 마찬가지다. 이미 산행 중 길가에서 파는 것을 사서 먹기도 했었다. 작은 만큼 달고 야무진 맛이 있었다. 이런 척박한 높은 고지에 이런 것들이 생산된다는 것이 신기할 따름이었다.

농산물 중에서도 이곳에서 생산되는 감자는 정말 달고 맛있다. 가끔 식당에서 간식으로 주는 메추리알 같은 꼬마 감자들은 거의 쫀득한 떡 맛이었다. 수많은 가게들과 다양
한 상품이 거래되는 것을 보
면서 이곳의 지명인 남체에
'바자르'란 이름이 따라붙는
이유를 알았다.

처음에 이곳에 바자르란 생
뚱맞은(?) 이름이 붙은 것이 의아스러웠다. 바자르란 이슬람 문화권의 아
랍지역의 동서교역로상에 있는 시장을 일컫는 말이다. 그곳 지역을 여행
해 보면 잘 볼 수 있다.

페르시아의 테헤란, 튀르키예의 이스탄불을 거쳐 북아프리카의 이집
트에서 서쪽 끝인 모로코에 걸쳐 있는 아랍인들의 거주지에서 볼 수 있는
그것이다. 그 시장에 들어가 본 사람들은 알 것이다. 길을 잃을 정도의 거
대한 규모와 그 속에 들어찬 상품들의 다양함과 화려함은 이를 데 없다.

휘황찬란한 조명에 비친 카페트나 향료류들 같은 상품들은 전자제품
들에만 관심이 많은 현대인들을 과거 속으로 잠시 돌아가게 만든다. 그
과거란 뒤처진 문명 수준을 말하는 것이 아니라, 우리의 머릿속에 막연히
남아 있는 낭만적인 잔상들이다.

한 번쯤은 읽어 봤을 《아라비안 나이트》에 나왔던 그런 물품들이 실제
로 진열되어 있다. 실크로드 상의 동서 교역품들과 실크로드란 이름을
낳게 만든 진품 비단을 볼 수 있고, 만질 수도 있는 것이다.

한동안 시장 구경을 하고 나서야 바자르 명칭이 붙은 것에 대한 내 나
름의 추측을 정리했다. 여기 남체는 원래 네팔인과 산맥 너머 티벳과의
주요 교역 시장이 서는 곳이었다. 거기에 티벳에서 넘어온 세르파족들이

교역에 가담하면서 그 규모가 커지게 된다. 그런 시장은 국제적이고 규모가 대단할 수밖에 없었다.

그 국제성과 다양함과 물량의 풍부함은 이슬람권의 바자르 시장과 너무나 흡사한 것이리라….

앞서 랑탕 부분에서도 잠시 언급했지만, 이곳 쿰부 지방의 셰르파들은 원래 교역을 우선시했던 사람들이었다. 근접 불가능해 보이는 히말라야의 장벽도 이들에게는 생활의 터전이었다. 눈앞에 보이는 설산 너머가 바로 티벳이다. 인도와 네팔과 중국이 히말라야산맥 중의 여러 고개를 넘어 물품을 교역했다. 그런 중개무역 마을 중 하나가 남체이고, 지금은 트레킹 붐까지 일면서 더 큰 시장 도시로 성장한 것이다.

마을의 역사가 아무러면 어떠랴….

고소 적응을 위해 머무르는 산행자에게 심산 속에서 느끼는 이국적 도시 분위기는 은근한 즐거움을 주었다. 이틀이 금방 지나갔고 돌아올 때 하룻밤만 자고 떠나는 것이 아쉬웠다.

그래도 산중도시의 불편함은 있었다. 스마트폰을 쓰기 위해 Wi-Fi를 문의하니 하루 사용료로 5,000원이나 요구했다. 하루치를 써 봤지만 그래도 오지였다. 몇 번 써 보다가 포기했다. 국내에서도 잘 쓰지 않은 사람이니 충분히 참을 만했다.

이틀간의 휴식을 취하고
남체를 떠난다. 그래도 바로
에베레스트 코스로 들어서
지 않았다. 가고 싶은 곳이
있었기 때문이다. '쿰중' 마
을이었다. '노르가이 텐징'의
고향이라고 했다. 힐러리를 도와 그를 정상에 오르게했던 전설적 셰르파,
그 텐징 노르가이다. 그에 대한 이야기는 어느 정도 알고 있었지만, 그의
고향이 남체에서 썩 멀지 않은 곳에 있다는 것을 인드라가 얘기해 주었다.
정규 코스에서 많이 벗어나지 않았고, 일정에 여유가 있어 가자고 했다.

가기를 잘했다. 에베레스트 트레킹 여행 중 의미가 가장 큰 곳 중의 한
곳이었다. 고개를 넘자마자 마을 전경이 한눈에 들어왔다. 아니, 한눈에
다 들어오지 않을 정도로 마을이 컸다. 마을 모습도 특이하다. 모든 집들
이 하나같이 반듯한 2~3층의 큰 집들이다. 그런 집들이 넓고 평평한 분지
에 반듯하게 정렬해 자리하고 있었다. 따뜻한 저지대라면 물을 대서 벼
농사도 지을 곳이었다. 남체 같은 도시도 비탈진 경사면에 자리했고, 히
말라야 트레킹 도중에 들른 어느 곳도 이렇게 넓은 평지의 분지를 보지
못했다.

어쭙잖은 풍수설을 떠올리며 위대한 산악인인 텐징을 배출한 곳은 뭔
가 다를 것이란 생각을 하면서, 마을 안으로 천천히 걸어 들어갔다. 의문

몇 가지가 금방 풀렸다. 마을 입구에 있는 학교 정문에 많은 사연들이 소
개되고 있었기 때문이었다.

　힐러리가 그 학교를 세웠고, 텐징에 대한 우정으로 주택개량 등 마
　을의 복지를 위해 많은 정성을 쏟았다.

　도시 같은 마을 모습이 어색하게 느껴졌지만 무언가 사연들이 많은 것
같아서 그냥 지나치기가 아쉬웠다. 일정을 급변하여 하룻밤 머무르기를
요청했다.

　갑작스런 나의 요구에 인드라가 난감해한다. 이곳은 일반 숙소 마을이
아니기 때문이었다. 그래도 나의 요청이 간절했던지 알아보겠다고 한다.

내가 동네를 어슬렁거리며 한참 노는 동안 인드라가 미소를 활짝 띠며 엄지척을 하며 나타났다. 하룻밤을 재워 주겠다는 농가 집을 찾았던 것이었다. 인드라의 능  력도 좋았고 이곳의 인심도 넉넉한 곳이기에 가능했을 것이었다. 그 농가도 정말 좋았다. 동네 안의 일반 집들과 다르게 마을이 내려다보이는 언덕 위의 양지바른 집이었다. 방앞 좁은 마당에는 여러 가지 예쁜 꽃들이 심겨져 있었고, 그 옆에는 마을 전경을 조망할 수 있는 깜찍스러운 조그만 나무 의자가 있었다.

그 의자에 앉아 여유롭게 마을을 내려다보는데, 순박한 주인 여자가 예의 그 메추리알 같은 삶은 감자를 작은 소쿠리에 담아 왔다. 지금도 기억되는 네팔에서 먹은 음식 중 가장 맛있는 것 중의 하나였다.

원래 감자는 남미에서 전래된 것이다. 그것은 3,000m가 넘는 안데스산맥 속의 고지에서 재배되는 것이었다. 어떻게 보면 이곳 히말라야도 그와 비슷한 환경이라 자신들의 고향 땅 같은 여건에서 자라는 것이니 좋은 맛을 내는 것 같았다.

간식이 아니라 점심으로 감자를 배부르게 먹고 산책을 나섰다. 마을의 집들은 반듯하게 주택개량을 했지만, 담장들은 우리 옛 산골 마을 같은 돌담들이었다. 그 검은 색 돌담들은 밭들을 경계 짓는 데에도 활용되었다. 나지막한 돌담 너머의 밭에서는 감자 수확이 한창이었다. 모두 한 가족으로 보이는 여럿이 협동작업을 하고 있다.

오후 한나절 이 밭길들을 따라 걷기만 했다. 큰 산속을 걷는 트레킹이 아니라, 올레길의 즐거움이 얼마나 다른가를 느끼면서였다.

올레길이 자연과 사람의 이야기가 녹아 있는 곳이니 그런 곳을 걸으면 그곳에 대한 스토리가 저절로 나올 수밖에 없고, 걷는 자는 그것을 즐긴다. 특별한 올레길에서는 사연 또한 특별할 수밖에 없다. 오롯이 혼자 걷는 쿰중 마을에서의 걷기는 무한한 상상력을 불러일으키는 걷기였다. 이때의 상상 주제는 정해져 있었다. 텐징 노르가이, 힐러리, 에베레스트 최초 등정의 뒷이야기들이 얽힌 것이었다.

가장 큰 이슈는 에베레스트 최초 등정이다. 이것은 우리 집에 있는《세계사 연표책》에도 나오는 인류사의 대사건이었다.

그것은 세계산악사를 넘어 인간의 도전과 극복 측면에서, 인간이 달에 착륙하는 것만큼이나 의미있는 것이었다. 그것을 해 낸 사람이 영국 등반팀을 이끈 힐러리였다. 그

공로로 영국은 작위를 하사했다. 1953년 영국 엘리자베스 2세가 등극하면서, 마침 그해에 등정한 힐러리에게 등극 기념의 최초 작위가 주어졌던 것이다.

힐러리가 영연방 일원인 뉴질랜드 출신이라는 것은 묻혔고, 나 자신도 뉴질랜드 여행 중 알았을 정도였다. 기울어 가는 대영제국이었지만 아직까지 국운이 남았음을 보여 주기 위해 이 사건을 정치적으로 이용하는 모양새였지만 정작 세간의 관심은 따로 있었다.

최초의 등정자가 힐러리가 아닐 수 있다는 것이었다. 증거가 될 만한 것은 사진인데, 그 유일한 사진에는 셰르파 텐징만이 혼자 정상에 있는 것이다!

뒷이야기가 무성할 수밖에 없었다.

힐러리는 사진 찍기를 거부했다고 하며, 텐징은 정상을 먼저 밟지 않고 30분이나 기다리면서 양보했다고 했다. 정답이 있기를 좋아하는 사람들의 요구에 결국 두 사람이 동시에 밟았다고 합의형의 성명을 발표했다.

이런 이야기를 알았을 때 나는 개인적으로 실소가 나왔었다. 산꼭대기를 콕 집어 깃발을 세워둔 것도 아니기에 이미 그 언저리에 오르면 정상 등정이 아닌가 하는 것이다. 30분이나 먼저 올라갔다면 정상을 확인하기 위해서라도 그 근처에 발을 올렸을 것이기 때문이라는 것을 적어도 쿰중 마을에 오기 전까지 가진 생각이었다.

하지만 앞서 팍딩 마을에서 읽었던 힐러리의 단편적인 일화와 여기 쿰중 마을을 보면서 다른 생각이 들었던 것이다. 힐러리가 네팔에서 펼친 구호와 봉사활동은 다른 면에서 텐징에 대한 우정의 표현이었다. 극한의 고통스런 등반에서 정상 바로 앞에서 자신을 기다렸다가 발을 먼저 올리게 한 텐징의 인간 됨에 감복해 반평생을 기울여 네팔 돕기를 했을 것이다. 그리고 정말 놀랐던 것은 자신의 사진을 남기지 않는 그 무한한 겸손함이었고, 그것은 심장이 멎을 정도로 아찔하게 느껴졌다! 극한을 넘는 육체적 고통을 견뎌 낸 의지보다 사진 찍기를 거부한 그 의지가 훨씬 힘들 수도 있었을 것이다. 그러나 그런 것도 사진쟁이가 다 된 나 같은 사람이 가진 생각일지도 모른다.

정상에 먼저 올랐을 힐러리의 마음이 어땠을까?

몇 번이나 죽을 고비를 넘기는 느낌을 가졌을 것이고, 그런 상태였다면 정상이 무슨 의미로 다가왔을까…. 앞서 많은 도전 등반가들이 실종 또는 사망했듯이 자신도 죽음의 공포에 직면해 있었을 것이다. 그런 상황에서 자신을 기다려 주고 있는 텐징이 구세주 아니었을까. 그 두 사람에게는 정상을 먼저 밟는 것을 따지는 것은 별개의 문제였다. 둘이서 같이 올랐다는 것이 훨씬 의미 있는 것이었다. 그것은 등반 이후 두 사람의 행적에서 알 수 있었고 나는 에베레스트 트레킹을 통해 알 수 있었다. 다행스럽게도 한국판 세계사 연표 책에는 두 사람이 같이 등정한 것으로 나와 있었으나, 힐러리는 유감스럽게 영국인으로 기술되어 있었다.

사실 나도 개인적으로 수많은 산행을 하면서 조난 일보 직전까지 직면한 적들이 있었다. 그때 같이했던 사람들에게서 보았던 모습들은 지금도 뜨거운 감동으로 남아 있다.

백두대간을 종주할 때였다. 한겨울의 경북 삼도봉 구간은 눈이 무릎까지 차오를 정도로 쌓여 있었다. 진척은 더디고 폭설 속에서 일행은 길게

하산할 때 조망한 아마다 블람. 우아하기까지 하다.

늘어졌다. 삼도봉 하산 지점에 이르렀을 때 이미 해는 지고 어둠이 금방 깔렸다. 그런데 뒤처진 두 사람이 나타나지 않는 것이었다. 휴대폰도 터지지 않았다. 그렇게 한 시간여를 기다렸다.

결단을 해야 했다. 인솔자인 내가 그들을 두고 하산할 수 없었다. 그들을 찾아 돌아가기로 결심했다. 일행들은 이미 하산을 완료했다고 연락이 왔다. 나하고는 그날 총무를 맡은 여자 한 사람이 곁에 있었다. 나는 그에게 하산을 하라고 했다.

아, 그 사람은 끝까지 나와 동행하겠다고 했다!

겨울 삼도봉 구간은 얼마나 눈이 많은 곳인가. 언젠가 군 특수부대가 이곳에서 동계 훈련을 하다가 몇 명이나 사망한 큰 조난사고를 당해 뉴스로 난 곳이었다.

그렇게 다시 들어간 길은 우리가 찍은 발자국이 전부며, 그것도 눈바람을 맞아 희미해지고 있었으며, 내 손에는 손가락만 한 비상용 후레쉬가 전부였다. 약해지는 불빛으로 보아 언제 꺼질지도 모를 것이었다. 히말라야 못지않은 깊은 설산은 우리를 자꾸만 안으로 끌어들였고, 마음은 착잡함을 넘는 단계로 다가갔다. 얼마나 몇 시간을 더 걸었는가도 측정하기 힘든 때에 기적이 일어났다.

휴대폰이 울렸다! 그들 둘 중 한 사람이 체력이 딸려 우리를 따라올 수 없어 비상탈출로를 타고 하산하고 있었다. 산 아래 내려갔을 때에야 마침내 전화가 연결됐던 것이다. 그때의 기쁨을 어떻게 설명할 수 있으랴…. 둘은 손을 마주 잡고 재생의 환희를 만끽했다.

그 산행에서 목숨을 구한 만큼이나 인간 본연의 선심에 대한 확인 이후 나의 인생에서는 더 큰 의미를 갖는 것이었다. 어쩌면 자신이 죽을 수도 있는 상황에서 위험을 감수하는 모습을 본 것이다. 산은 즐거움도 주지만 인간 본연의 모습으로 돌아가게 만드는지도 모르겠다. 그런 것들은 진정 산이 가진 힘 때문이 아닌가 생각되었다.

아마다 블람

3,700m 넘는 쿰중에서 가진 여유로운 시간은 좋은 점이 많았다. 고소 적응도 많이 된 것 같아 컨디션이 한결 양호해졌다. 그렇게 떠난 오전 걷기는 상쾌했다. 마을을 벗어나면서 짙은 소나무 길로 접어들었다. 오솔 길은 계곡으로 이어지고 다시 만난 계곡 강물은 급한 경사를 따라 힘차게 쏟아지고 있었다.

계곡 숲속에 아늑하게 자리 잡은 찻집에서 레몬차를 시킨다. 따뜻한 차를 마시면서 나무들 사이로 살짝 모습을 드러내 보이는 설봉들은 우리가 올라가야 할 길이 많이 남았음을 알려 주고 있었다.

그런 호젓한 숲길도 오전까지였다. 한낮이 되면서 길은 가팔라지고, 고도가 높아지면서 숲은 사라져 갔다. 나무가 없는 급한 경사면의 계곡들은 사태가 일어나 메마른 속살들을 드러내고 있었다. 주변은 새로운 길이 열리고 있음을 보여 주고 있었다. 시야가 열리면서 나무가 없는 새로운 경관이 시작되고 있었다.

고개는 자꾸만 위로 쳐들어 산들을 보기 바쁘다. 모두가 당연히 하얀 만년설을 이고 있는 고봉들이다. 그중에서 유달리 눈을 자주 가게 만드는 멋진 산이 있었다. 계속 그쪽으로 눈길을 주니까, 인드라가 '아마다 블람!'이라고 차분하면서 묵직하게 말했다.

그런가 하고 가끔 보면서 올라가는데 방향에 따라 산의 모습이 달라졌다. 다른 산에 가려 윗부분만 보일 때는 거의 정삼각형의 모습이다. 그러다가 산허리로 내려가면 모습이 변했다. 산허리 아래는 탁자 모습이다. 그러니까 산은 전체적으로 큰 탁자 위에 얹혀진 정삼각형 구도를 가진 모

습이다. 그 탁자 모양도 멋스럽다. 우아한 레이스로 치장한 탁자보를 걸친 것 같아 보였다. 정삼각형의 안정된 설봉을 잘 꾸며진 테이블이 더욱 돋보이게 하는 것이었다.

거장이 만든 훌륭한 예술 작품같이 생명이 있는 역동성이 엿보였다. 그 모양이 특별하게 예쁘다고 생각했는데 '어머니의 진주 목걸이'란 의미를 가졌다는 것을 나중에 알았다.

앞서 팍딩을 떠나 탐방한 콤파의 불상 좌대가 산 모양 같았다고 언급했었다. 그때는 좌대가 에베레스트를 상징하는 것이라고 잠시 추측했지만 아마다블람을 보고 나서는 생각이 바뀌었다. 저 산이 영감을 주었다는 생각이 더 들었다. 등산을 할 때는 몸이 힘들어 아마다 블람을 감상하는 데 마음의 여유가 덜했는데, 완주를 하고 하산하면서 볼 때는 더욱 멋지게 다가왔었다.

나만 그렇게 생각할 것이 아닌 것은 당연했다. 세계 5대 미봉이나 낮추어 10대 미봉으로도 추앙하고 있었다. 히말라야 3대 트레킹 코스에는 지구상 유명한 미봉들이 있다.

안나푸르나 상부에서 볼 수 있는 마차푸차레는 얼마나 신비로운가!

'물고기 꼬리'라는 의미를 가진 산 이름에서 알 수 있듯이, 산 모습이 완전히 보일 때는 산 정상부 후면으로 이어진 날카로운 능선이 보인다. 하지만 자주 구름이 그 모습을 가리면서 전면부의 이등변 삼각형의 날렵한 모습만 주로 보였다. 오히려 그 모습은 산을 더 신비롭게 보이게 했고, 그 신령스러운 모습에 주민들은 신앙화하면서 신성시했다. 등반 금지 구역으로 지정된 것은 당연했고, 네팔에서는 이렇게 입산 금지된 산들이 많다.

마차푸차레의 신비스러운 모습, 뒤쪽으로 이어진 산 꼬리가 보인다.

안나푸르나 코스에는 안나푸르나를 봐야 하고, 에베레스트 코스에서는 에베레스트산을 봐야 할 것처럼 트레킹 목적을 세우지만, 사실 이들 산들은 별로 볼 기회가 많이 없고, 높다는 상징성만 있을 뿐 미적인 기준에서는 마차푸차레나 아마다블람에 못 미친다. 그렇기에 세계의 산에 대한 다양한 멋을 찾아 여행하는 것은 세계 명산 여행에 아주 큰 의미가 있다.

당연하지만 우리 국내의 아기자기한 산들은 얼마나 아름다운가! 그것도 계절별로 꽃과 단풍, 설경을 갖추기에 세계적이다. 이 글을 쓰고 있는 요즘 나는 가까운 근교의 야산 탐험에 푹 빠져 있다. 이른 봄의 나무 새순과 야산의 진달래만 봐도 가슴이 울렁거리고, 가을철 사각거리는 참나무 낙엽을 밟으면서 잎이 떨어진 나뭇가지 사이로 비치는 햇살과 푸른 하늘은 참으로 매혹적이다. 그 너머로 건너다보이는 먼산들은 그 눈높이 때문에 수천 m의 고봉으로 다가온다.

사실 최고 최대는 주변에서 우리들이 만들어 낸 관념일 뿐이고, 순간적으로 느끼는 감정들은 그 순간 풍광이나 경관이 좌우한다. 그리고 지극히 주관적이다. 그래서 우리는 자기 나름의 명산을 찾아다닌다.

그렇게 아마다블람을 친구 삼아 탕보체에 도착했다. 고도는 더욱 상승해 3,900m 넘어 4,000m에 이르렀다. 경험상 내가 주의할 고도에 도달한 것이다. 일찍 잠을 청했으나 숙면이 되지 않았다.

*   *   *

몸이 썩 좋지 않아 아침에 길을 늦게 출발했다. 몸이 힘드니 고개가 앞으로 숙여지면서, 산을 보는 형태에서 가까운 주변으로 이동이 되었다. 수목이 사라진 지 오래고 사방은 가을맞이에 들어간 듯 갈색을 띠고 있다.

이따금 나타나는 야크들은 마른 풀들이라도 뽑아 먹어야 되는 듯 머리를 땅에 박고 있다. 그래도 그 잔풀들을 먹은 똥들은 어찌나 큰지 길바닥을 덮듯이 한 곳도 있다. 아무 생각 없이 걷다가 그것들 속에 발을 넣으면 낭패다.

나에게는 주의의 대상인 야크똥이었지만 주민들에게는 귀중한 연료다. 큰 덩어리로 반죽하여 평지나 담장에 붙여 말리는 모습 또한 심심찮은 볼거리다. 탕보체에서 로부체까지 가는 이틀간의 길에서 야크들을 가장 많이 마주쳤기에 나는 그곳 구간을 '야크의 길'로 명명했다.

점심때가 됐을 때 토클라에 이르렀다. 여기서 진로를 결정할 일이 생겼다. 원래 계획에는 왼쪽의 길로 들어가 고쿄라는 곳에 갈 계획이 있었다. 인드라는 내 몸 상태를 보더니 어려울 것 같다고 조심스럽게 말한다. 그곳 경관이 좋기는 하지만 5,600m가 넘는 초라라 고개를 넘어갔다 오는

데 2~3일이 걸리는 일정이란다. 여기 토클라만 하더라도 4,600m 정도이고, 지금 내 몸 상태로 1,000m를 더 오르는 것이 무리라는 것이다.

내가 욕심을 내고 싶지 않다고 말하니 인드라는 잘 결정했다고 한다.

게다가 자기가 판단하건대, 초라라 고개는 지금 눈이 많이 와서 통행이 불가능할 수도 있기 때문에 괜한 수고를 할 필요가 없다고 위로하듯이 말했다. 잘한 결정이 아니라 당연한 결정이었다.

그의 말은 하루가 채 지나지 않아 모든 것이 증명되었다. 오후에 무리를 해서 로부체까지 올라간 것이 문제였다. 4,900m가 넘는 곳이었다. 속이 울렁거려 밥을 먹지 못하자 인드라가 죽을 주문해 만들어 주었지만, 그것도 제대로 먹지 못했다. 잠을 잘 수도 없었다.

아침에 쾡한 나의 모습을 본 인드라가 걱정을 많이 한다. 금방 회복될 것 같지 않아 하산을 의논했다. 작전상 후퇴였다. 어제 무리를 해서 너무 많이 올라온 것이 문제였다.

보통 고산 등정에서 일반인은 하루에 300m 정도를 오르는 것이 무난하다. 그렇게 일정을 잡아야 한다. 그래도 문제가 생기면 하산이 답이다. 네팔에 오기 전에 국내 동네병원에서 의사와 상담을 해 본 적이 있었다. 평소 산도 잘 다니지 않는 그 의사는 성기능 보조제를 처방해 주었다. 그 이후로 나는 고산엔 약이 없다고 단정했다. 오로지 내 경험을 믿기로 했다. 사실 나는 고소증에 대해 평생 잊을 수 없는 경험을 한 적이 있었다.

　　아프리카 킬리만자로를 오를 때였다. 아프리카 배낭여행의 일정 중 하나였다. 사흘째 4,700m에 위치한 산장에서 초저녁 잠시 눈을 붙인 뒤 자정이 되기 전 정상으로 오르기 시작했다. 일출을 조망하고 해지기 전에 하산을 고려한 일정이었다. 주 가이드와 보조 가이드, 우리 일행 3명은 각자의 헤드랜턴을 장착하고 씩씩하게 출발했다.

　　앞장선 주 가이드는 우리가 절대 빨리 걷지 못하도록 속도 조절을 했다. 우리가 조금이라도 욕심을 내면 '뽈래 뽈래' 하고 주의를 주었다. 킬리만자로 트레킹을 해 본 사람이라면 귀가 아프도록 듣는 '천천히'의 스와힐리어 **아프리카 동부 원주민어**다. 특히 마지막 정상 도전하는 날은 보폭을 자신의 발 크기 정도라고 정확하게 일러 준다.

　　처음에는 그의 인솔을 잘 따랐다. 결국은 내가 사고를 쳤다. 2시간 정도 지날 즈음 스위스에서 온 단체가 우리를 추월해 올라갔다. 그들이 썩 빠르지도 않아 보였고, 무엇보다도 우리 팀이 너무 느리다고 생각했기에 참지 못한 내가 가이드에게 요청했다. 저들을 따라 올라갈 것이니 정상에서 만나자고 했다. 별로 내키지 않은 반응을 보인 가이드를 뒤로하고 혼자 등반팀을 따라갔다.

결과는 참혹했다!

반응이 늦지도 않았다. 채 1시간도 지나지 않아 배탈이 났다. 길가로 뛰어가 완전히 밑을 비웠다. 그다음은 위쪽이었다. 별로 먹은 것이 없고 이미 빈속이 된 위장인데도 수도 없이 헛구역질이 올라왔다. 헛구역질 후 길가에 주저앉았다. 그렇게 축 늘어진 나를 일행 중 두 명이 올라오면서 발견했다. 우리 여행자 중 한 명은 이미 고소가 와서 주 가이드가 끌듯이 올라오고 있다고 했다.

두 사람이 나를 두고 갈 수 없었다. 그들의 어깨에 내 두 팔을 의지했다. 처음에는 몇 분을 걷다가 쉬는 형태에서, 나중에는 1분도 채 걷지 못하고 주저앉았다. 앉으면 바로 잠이 들었다. 그럴 때마다 둘이는 막 흔들어 깨웠다. 잠 깨는 것이 너무 힘들고, 다리를 펴고 일어서는 것이 지구를 지고 일어서는 것 같았다.

숨은 또 얼마나 가쁜지 나 자신이 들어도 숨소리가 안쓰러울 지경이었다. 그 가운데서도 드는 생각,

내 인생에 이렇게 힘든 적이 있었던가!

그리고 앞으로 이런 일이 또 있을까….

그렇게 정상에 올랐다. 일출도 봤다. 그냥 자다가 흔들기에 어렴풋이 뜬눈 사이로 햇빛이 들어옴을 느꼈을 뿐이었다.

그날 밤의 나의 지난한 등반 모습은 주변에 화제가 됐을 것이었다. 다음 날 하산하여 길가에서 만난 다른 일행의 흑인 가이드는 금방 나를 알아보고,

"Are you okey? You were almost dying last night! ㅋㅋ"

쌔까만 얼굴 바탕에 흰 이 빨을 드러내며 능글스럽게 말하는 녀석의 말에 어찌나 천불이 나던지….

기억해 보면 그때 고소가 왔던 지점이 대략 5,000m였던 것 같고, 지금 여기 로부체가 그 정도다. 그래서 토클라까지 도로 내려갔다. 신기했다. 불과 300m 정도의 높이를 내려갔을 뿐인데 살 만했다. 뜨거운 레몬 쥬스에 설탕을 잔뜩 들이부어 마셨고, 잠시 눈을 붙였다. 그리고 다시 로부체로 올라왔다. 속으로 믿는 구석은 '킬리만자로만큼'이야 되겠는가였다.

고락셰프

마침내 고락셰프까지 왔다. 에베레스트 트레킹 코스의 마지막 숙박지였다. 메마른 고개를 넘어 나타난 분지에는 몇 채의 숙소가 눈 속에 파묻힌 듯 고요하게 자리하고 있었다. TV에서 본 남극 한가운데 설치된 기지 같은 모습이다.

소규모의 숙소는 방도 작고 열악했다. 채 한 평이 될까 말까 한 작은 방에 혼자 눕기에도 작은 나무 침대가 놓여 있고, 얇은 나무판자로 막은 벽은 옆방에서 숨 쉬는 소리도 들려올 정도였다.

그 방들의 냉방 정도는 이미 서술한 랑탕 라우래비나를 참고하면 되겠다. 차이가 있다면 한 짐이나 되는 큰 침낭을 가져왔고, 또 국내의 등산

고락 셰프 숙소 마을. 뒤쪽은 에베레스트 B,C 가는 길.

가게에서 구입한 최첨단의 외투를 모두 입은 상태로 자는 것이었다. 그
곳에서 이틀을 잤다.

고락셰프에서 하는 트레킹은 두 가지였다. 하나는 당연히 에베레스트
B.C까지 가는 것이고, 또 하나는 칼라파타르를 오르는 것이다. 뒤의 칼라
파타르 코스는 여기 와서 알았다. 일정에 여유가 있어 두 가지를 모두 했다.

먼저 베이스캠프에 갔다. 가는 길은 처음부터 끝까지 아주 인상적이었
다. 날씨도 차원이 달랐다. 아침을 늦게 먹고 느긋하게 출발했으나 하늘은
구름이 많고 음산하며 바람은 살을 에는 것같이 차가웠다. 두터운 방한복
에 모자를 푹 눌러쓰고 눈만 내놓은 채 걸어도 얼굴이 시릴 정도였다.

계곡의 초입 길은 모래로 덮여 있었다. 길이 좋다고 생각한 것은 잠시였고 이내 빙하가 전개되어 왔다. 거대한 로부체 빙하가 계곡을 타고 끝모를 데까지 이어져 있다. 아마 그 끝은 에베레스트산일 것이었다.

산 아래의 빙하는 흙먼지에 덮여 속까지 잘 보이지 않았다. 그 빙하도 안으로 더 걸어 들어가니 속내까지 보여 주기 시작했다. 갈라진 빙하 틈새로 보이는 속살은 수정같이 시퍼렇고 측량하기 힘들 정도로 깊었다. 말로만 들었던 크레바스가 바로 옆에 있는 것이다. 길은 아예 빙하 위를 걷는 것으로 바뀌었고, 그 길은 미끄럽기까지 해서 가슴을 졸이게 만들었다.

점심때가 됐을 즈음 B.C에 도착했다. 혹시 에베레스트를 등정하는 사람들의 텐트가 있을 것으로 예상했으나, 새 캠프를 만들어 이동했다고 한다. 그곳까지는 멀고 위험부담도 크다고 이른다. 내 마음속으로도 여기까지 온 것만 해도 충분하다고 느꼈다.

앞서 봄철의 안나푸르나 B.C까지도 갔지만 여기가 훨씬 험난했다. 높이만 해도 1,200m나 더 높다. 안나푸르나 B.C가 야영장 같은 분위기였다면, 여기 캠프는 빙하 위의 극지였다.

에베레스트 B.C. 현재는 다른 곳으로 옮겼다고 했다.

세계 최고의 산에 오르는 곳은 출발지부터가 달랐다. 아쉬움이 있다면 기상 상태가 나빠서 에베레스트산을 조망할 수 없었다는 것이다. 내가 가을철에 왔다고 했지만 시기가 약간 빠른 점이 있는 것 같았고, 거기에다가 원래 신비스러운 산은 자신의 모습을 잘 보여 주지 않는 것이었다.

사실 세계의 고봉들은 그 온전한 모습을 잘 보여 주지 않는다.

한국의 지리산만 해도 그렇다. 한국인의 기상이 서려 있다는 신령스러운 정상 부분은 한낮이 되면 구름 속에 안긴다. 그 정상 모습이 잘 보일 때가 겨울철이고, 이른 오전이 좋다.

특히 그 정상 모습이 가장 멋있게 보이는 지역이 지리산 삼신봉에서다. 나는 그 전망이 좋아 삼신봉에서 세석평전으로 가는 남부 능선을 자주 간다. 장쾌한 지리산의 주 능선이 가장 잘 조망되는 그 코스는 겨울철 나의 필수 산행코스가 되었다. 굳이 천왕봉까지 가지 않는다. 조망을 즐기며 걷다가 길고 긴 대성골로 접어들어 깊게 잠든 겨울 산의 고요와 함께한다.

꼭 정상을 올라야 등산을 하는 것이 아니다. 그런 맛을 알기에 히말라야에 와서도 에베레스트 같은 산에 올라야 한다는 생각을 해 보지 않았다. 여러 여건상 불가능하기도 하지만, 정상에 가지 않아도 등산의 맛을 여러 산행 경험에서 체득했기 때문이다.

칼라파타르, 그리고 푸모리

그래도 에베레스트산의 본 모습을 제대로 못 보는 것은 매우 아쉬운 것이다. 여기 온 사람에게는 누구나 그럴 것이었다. 다음 날 새벽 그러한 분위기를 바로 알 수 있었다.

Clear!

얇은 벽 너머로 옆방 젊은 여자의 경쾌하고 톤 높은 소리가 나를 깨웠다. 아마 옆방은 밖을 내다볼 수 있는 창문이 있었던 것 같았다. 바로 아래층으로 내려가니 인드라도 이미 나와 있었다. 에베레스트를 볼 수 있는 기회이니 서두르라고 한다. 아침 식사도 하는 둥 마는 둥 하고 일출을 볼 겸 에베레스트 조망처인 칼라파타르를 향해 출발했다.

동도 채 트기 전의 새벽 추위는 했다. 그래도 컴컴한 하늘에 별이 총총하여 에베레스트 조망을 기대하게 했다. 숙소를 벗어나자 바로 오르막이다. 그것도 매우 가파르고 길바닥은 모래가 섞인 자갈길이었다.

고소증이 가시지 않은 컨디션으로 새벽의 가파른 산을 오르니 가쁜 숨이 턱까지 차올랐다. 한 발짝 한 발짝 끌 듯이 하면서 한 시간여를 지났을까 하는데, 인드라가  큰 소리로 내 뒤에 멀찌감치 따라오는 포터에게,

"파카스, 내려가서 홍차 가져와!"

너무 갑작스럽고 엉뚱한 지시에 내가 말릴 틈도 없이 키가 껑충하게 큰

잠시 모습을 내보였던 에베레스트.

파카스가 에! 하고는 별로 대수로운 일이 아닌 듯 발길을 돌려 곧바로 내려갔다. 한국이라면 충분히 갑질로 문제 될 만한 것이었다.

카스트 관계에 있는 사람인가 아니면 직업의 상하관계가 너무 큰 것인가 하고 생각해 보기도 했다. 나중에 생각해 보니 이해가 되는 점이 있기는 했다. 고소에 찌들려 있는 나의 몸 상태를 보고는 5,500m가 넘는 칼라파타르를 오르는 것이 매우 어렵다고 판단했던 것 같았다. 그것은 고객인 나를 위해 칼라파타르의 경관을 보여 주려고 하는 그들의 투철한 직업정신이었다.

다시 30여 분을 올랐을 때 먼동이 터 오고 사방이 밝아지면서 주변의 설봉이 모습을 드러내기 시작했다. 자리를 잡고 앉아 쉬면서 산 아래를 보는데 파카스가 커다란 보온통을 들고 오는 것이 아닌가! 긴 다리로 성큼성큼 올라오면서 미소까지 띤 밝은 표정은 상쾌한 아침 운동을 하는 모습이다.

뜨거운 홍차에 설탕을 뜸뿍 타서 꿀물을 만들어 마셨다. 그 맛이란!

에베레스트를 안 봐도 좋고, 칼라파타르에 오르지 않아도 미련이 남지 않을 것 같았다. 배가 따뜻해 오고 추위도 가시면서 마음까지 그지없이 훈훈해졌다. 마음에 여유가 생기면서 포터 파카스의 이름이 궁금해졌다. 화가 피카소와 발음이 유사하기 때문이었다.

"키가 커서 그래요. 우리 동네에서는 키 큰 사람은 그렇게 불러요."

인드라가 웃으며 대답했다.

"그럼 인드라는 무슨 의미가 있어요?"

"인드라는 달을 의미해요. '달의 신'이지요."

"아 이름도 예쁘고 의미도 좋네요."

그는 힌두교도였다. 힌두교에서는 무수한 신이 있고, 사람들은 그 신 중의 하나를 따라서 자신의 이름으로 붙인다.

에베레스트는 자신의 진면목을 잘 보여 주지 않았다. 까마득하며 여러 산 사이에 그 뾰족한 삼각형의 설봉은 구름 사이를 들락거리며 애만 태우다가, 해가 솟아오르면서 결국 두터운 구름 속으로 숨어 들어가 버렸다.

기대는 칼라파타르로 바뀐다. 자갈 부스러기 길 오르기를 서너 시간 하는 가운데 정상인 듯한 봉우리의 윤곽이 눈에 들어왔다. 그러나 그 봉우리는 이내 관심 밖으로 사라지게 만드는 상황이 생긴다. 그 봉우리 너머에 신비스러운 것이 나타나기 시작했던 것이다.

푸모리란 산이었다!

정말 그 이후의 모든 시간은 그 산 하나에 온몸의 모든 신경을 집중했다. 한번 빼앗긴 눈길은 초점을 다른 곳으로 돌릴 수 없었다.

어떻게 저런 산이 있을 수 있는가! 저건 산이 아니고 다른 우주의 모습이고 아니면 가상의 세계일 것이다. 모양이 그렇고 분위기가 그랬다.

눈앞에 펼쳐진 그것은 뾰족하거나 완만해야 할 삼각형의 산 모양이 아니고 거대한 얼음 기둥이었다. 그때 찍은 사진을 나중에 봤을 때는 전체 구도가 삼각형으로 나왔지만, 눈에 보이는 산허리 중간 윗부분은 원통형의 기둥이었다.

이것은 나 혼자만의 주장이 아니다. 다른 사람의 여행기에도 원통형이라고 표현했었다. 완만해 보였던 칼라파타르의 봉우리도 마지막 부분은 가파르고 뾰족했다. 정상 부분은 아예 날카로운 바윗덩어리 하나로 되어 있었다. 그 커다란 통바위도 끝은 창날같이 날카롭게 푸모리를 향해 급한 경사를 지며 누워 있었고, 좁은 바위면 위에는 룽다가 바위 아래위로 매달려 장식하고 있었다.

바위 면의 재질도 미끄러웠다. 뒷면은 까마득한 절벽이라 도저히 그 끝으로 가고 싶지 않았지만, 그래도 푸모리의 완전한 모습이 너무 궁금했다. 무릎을 구부려 땅에 대고 두 손을 거머리같이 바닥에 착 붙여 포복을 하여 조금씩 전진했다.

"조심하세요!"

인드라의 주의는 계속되었다. 단 몇 분이라도 돌풍이 불지 않기를 기원하며 창날의 끝에 도달했다. 몸을 완전히 펴서 배를 바닥에 붙이고 얼굴만 빼꼼히 내밀어 푸모리 전면을 응시했다.

다 보일 리가 없다. 햇빛도 잘 들지 않는 절벽 밑은 끝을 알 수 없는 심연, 희미한 안개까지 서려 있었다. 목을 쳐들어 푸모리로 향한 시선은 불과 몇 초도 집중시키기가 어려웠다.

도저히 표현할 수 없는 그 압도적인 모습을 어떻게 설명할 수 있을까! 7,000m가 넘는 어마어마한 얼음 기둥이 손에 잡힐 듯이 눈앞에 있음을 상상해 보시라!

이런 경관을 우리는 흔히 비현실적이라고 표현들 하지만 이것도 적절하지 않은 것이다. 비현실적이란 지구상에 있는 상황을 말할 것일진대, 저 푸모리는 아예 다른 우주 속에 있는 것이었다.

'우주 속에서도 비현실적이라고 표현해도 될 것!'이었다.

네팔 히말라야를 여행하면 많은 조망 장소가 있다. 수도 카트만두에서도 멀리 설산들을 볼 수 있고, 썩 힘들지 않는 푼힐 코스에서의 일출 조망도 뛰어나다.

에베레스트 등 8,000m급의 여러 산을 조망하는 전망 장소는 여기 에베레스트 트레킹 코스 안에 있다. 추쿵 전망대, 고쿄리 전망대가 있지만, 그중에서도 여기 칼라파타르가 가장 좋은 곳으로 평가받는다.

하지만 나는 이곳에 와서 푸모리의 섬뜩한 모습에 압도당해 다른 경관은 눈에 들어오지 않았다. 인드라가 일일이 지적하는 세계 최고봉들이 그랬던 것이다.

여행한 지 10년이 거의 된 지금 그때의 메모를 기초하여 이 글을 쓰고 있지만, 그 당시 푸모리가 준 너무나 강렬한 인상은 지금도 가슴을 서늘하게 하고 있다.

룸비니에서 고르카로

에베레스트 트레킹을 위한 네팔 여행 일정은 한 달 정도였다. 에베레스트 B.C를 왕복하는 데 20여 일을 소요하고, 아직 10일 정도의 일정이 남아 있었다. 일정을 여유롭게 잡은 것은 네팔에서 방문하고 싶은 곳이 있었기 때문이었다.

자연이 사람과 뗄 수 없는 관계를 맺고 있기에 트레킹은 꼭 자연만이 그 대상이 될 수는 없다. 트레킹을 하면서, 그 지역의 인문적인 요소를 알면, 트레킹할 때 흥미가 배가 된다. 트레킹을 끝내고 나서 지역의 문화와 역사를 찾는 것은 트레킹의 추억을 더 오래 간직하게 만들기도 한다. 무엇보다도 강렬한 인상을 준 곳을 쉽게 떠나지 못하게 만드는 매력이 있는 곳은 더욱 그러할 것이다. 비행기로 달랑 날아와 산만 보고 걷기만 하다가 자신의 집으로 그냥 돌아가는 것은 얼마나 싱거울 것인가….

산을 벗어난 여유로운 공간에서 트레킹 동안 만났던 사람들과 그곳에서 먹었던 음식들을 되새김할 수 있다면, 트레킹 할 때의 순간이 몽환적인 기억으로 다가오기도 한다.

트레킹 후 방문할 곳은 미리 점지하여 왔다. 룸비니와 고르카다. 룸비니는 잘 알려지다시피 석가의 탄생지이지만, 고르카는 일반인에게 생소한 곳으로 카트만두 왕국들을 통합하고 네팔을 통일시킨 마지막 왕조가 일어났던 옛 수도다. 이 두 곳으로의 여행은 산악국가로만 알고 있는 네팔의 또 다른 면을 엿볼 수 있게 하는 매우 흥미로운 여정이었다.

룸비니

시외버스 정류장에서 걸어 나오니 룸비니 교외는 이때까지 지냈던 네팔과는 판이했다. 온통 산으로 둘러싸인 산속에 지내다가 갑자기 사방이 툭 트인 평원으로 나온 것이다. 주위가 열려 있으니 느낌이 생소해진다. 무언가 감싸고 있던 것들이 사라지면서, 옷을 벗은 것 같아 홀가분하면서 한편으로 허전한 기분도 들었다.

당장 옷까지 벗어야 했다. 고도가 해발 0에 가까운 평원인 데다가 위도도 남쪽이라 거의 열대지방에 가까웠다. 두터운 겉옷을 벗어 가방에 넣고 정류장을 빠져나오니 릭샤꾼들이 몰려들었다. 그중 하나를 타고 한국 절을 가자고 했다.

한국 사원은 룸비니 공원지구 안에 있었다. 공원지구로 들어가는 길도 예사롭지 않다. 10여 분이나 걸리는 공원지구 안에는 잔잔한 강이 흐르고, 강변에는 갈대와 수풀이 무성하게 뒤덮여 있다. 새들이 수없이 날아다니고, 나를 환영하는 듯한 새소리는 반갑기만 했다.

원숭이들도 있다. 빨간 궁둥이를 드러내 놓고 릭샤가 다가가도 쳐다보기만 한다. 이렇게 자연을 보호하고 있는 평화스러운 곳에 세계의 여러 사원들이 있었다.

한국 사원 '대성 석가사'는 몇 가지 예상 밖의 모습으로 다가왔다.

황룡사 절을 재현하려고 했다는 대웅전은 아직 단청도 하지 않은 채였다. 목조가 아닌 3층 콘크리트 골조의 웅장한 검은색 외형은 처음에는 어색하게 느껴졌다. 주위의 부속 건물도 아직 완성 단계가 아니었다. 공사 시작한 지가 20여 년이 다 되어 간다고 했지만, 절을 관장하는 주지 스님은 매우 느긋한 분이었다. 급할 것이 전혀 없다고 했다. 세속 나이 칠순에 가까워 보이는 바지런한 주지 스님의 안내로 방 하나를 배정받았다.

그 방의 단순 소박함이란!

창 하나 없고 페인트칠도 안 된 벽돌 방 안에는 나무 탁자 같은 침대가 하나 있고, 그 위에는 얇은 무명천으로 된 담요 두 장과 딱딱한 베개 하나가 전부였다.

하지만 방 밖은 너무나 풍성했다. 2층 방앞 복도의 나무 의자에 앉으면 대웅전과 넓은 마당의 키 큰 야자수를 비롯한 다양한 정원수를 볼 수 있었다.

도착한 뒷날 한낮에는 제법 비가 촉촉하게 내렸다. 그 촉촉한 빗방울이 대웅전 처마를 타서 내리고, 야자수와 남국의 푸른 나무에 뿌리는 모습은 시간 가는 줄 모르게 만들었다. 비가 그치고 해가 드러나면서 그 해가 정원 야자수 아래로 기울어져 가는 환상적 모습은 내가 산악국가에 트레킹 왔다는 것을 한동안 잊게 만들었다.

식사도 담백하기 그지없었다. 세 끼가 한결같이 쌀밥과 양배추를 간해서 버무린 것과, 가끔 추가되는 바나나 한 개가 전부다. 그래도 그 밥이 얼마나 꿀맛인지! 그것들은 3주 동안 굶다시피 하면서 고산을 매일 걸어 에너지가 모두 고갈되어 피폐해진 나의 육체에 약과 같은 것이었다.

점심을 먹고 방에 들어가 낮잠을 자고 나서 복도로 나온다. 서향 복도의 나무 의자에 앉아 지평선에 걸쳐 넘어가는 해를 바라보면서 다녀온 에베레스트를 반추했다. 몽롱한 가운데 그곳의 산악들이 금방 보았던 영화필름이 돌아가듯 펼쳐져 왔다. 그것은 진정 완벽에 가까운 산악여행을 반추하는 과정이었다.

그런 곳에서 5일을 머물렀다.

당시 느낀 나의 감정을 가장 압축적으로 표현하자면 '언젠가 이곳에 꼭 다시 오고 싶다!'였다. 다른 곳에서 거의 느껴 보지 못한 특별한 감정이었다.

그래도 사원이었다. 종교적 규칙에 따라 움직이는 곳이었지만, 오히려 그것은 나에게 색다른 경험을 하는 기회였다. 이른바 예불의 참여였다.

이른 저녁을 먹고 방 안에서 쉬고 있는데 본당 안에서 목탁 소리와 함께 예불 소리가 들려왔다. 호기심이 일면서 발이 그쪽으로 이끌려 갔다.

주지 스님과 스님 몇 명이 예불을 드리는데, 투숙객도 몇 명 있었다. 그 사람들 곁에 살그머니 자리를 잡았다. 엎드린 머리 위로 들리는 청아한 목탁 소리와 예불 소리는 마음을 가라앉히고 정신을 맑아지게 했다.

거의 한 시간 가까이 진행
되는 그 시간이 길게 느껴지
지 않았기에 새벽예불에도
참여했다. 아침잠이 많은 체
질이었지만 새벽 공기를 가
르는 예불 소리들은 저절로

몸을 이끌었다. 5일 동안 한 번도 빠지지 않은 예불 참석에서 뜻밖의 행
운도 있었다. 운문사 스님들이 왔던 것이다.

비구니 양성 사찰인 청도 운문사의 학승들이 졸업 기념으로 인도 여행
차 여기에 들린 것이었다. 20대 초반쯤의 앳된 40여 명이 함께 내는 청아
한 목소리는 단순한 종교적 행위를 떠나 고차원의 음악 예술이었다.

한때 한국을 휩쓴 대중적 문화유산 답사기에서 청도 운문사 예불에 대
해 찬사를 쏟아 냈다. 자주 가는 운문사였지만 인연이 닿지 않아 직접 들
을 기회를 갖지 못했다. 그런 학승들의 예불을 여기 룸비니에서 들었다.

인생의 출발점 같은 20대 청춘에 불교에 귀의하여 정신적 뿌리인 스승
의 탄신지에서 드리는 예불의 목소리가 매일 하는 운문사의 그것과 어찌
같을 수가 있겠는가….

아, 나는 세상에서 가장 아름다운 찬가를 들었던 것이다!

영혼이 실려 있는 소리에 나의 영혼도 빨려 들어가고 있었다. 청순하다
못해 보석같이 맑은 그들의 얼굴과 예불 소리가 계속 귀에 맴돌면서, 그
날밤은 쉬이 잠들기가 어려웠다. 도대체 무엇이 저들을 이 세계에 들어
가게 했을까? 무상의 진리를 설했던 저들 스승 석가였지만, 그날 밤의 강

렬한 모습들은 영원히 변하지 않을 것처럼 느껴졌다.

석가의 탄생지답게 룸비니는 볼 것이 많은 곳이었다. 공원 주변을 산책하는 정도로도 답사할 곳이 많았다. 대성 석가사에서 운하를 따라 남쪽으로 내려가면 아소카 석주를 볼 수 있고, 바로 옆에는 석가의 탄생 장소에 세워진 마야 성원이 있다.

아소카 석주가 유명한 것은 그곳에 새겨진 명문 때문이다. 인도를 통일하고 불교에 귀의한 아소카 왕은 석가와 관련된 곳에 석주들을 세웠고 그 의미를 명문으로 남겼다. 하지만 룸비니의 석주는 파손된 것을 복원해 세우면서 꼭대기에 있어야 할 사자상이 없어 아쉬웠다. 그 사자상은 페르시아의 조각 기술에 영향받은 헬레니즘의 산물이었기 때문이다.

마야 성원의 마당에 있는 큰 나무도 인상적이었다. 몇 아름이 넘을 큰 고목은 마야 부인이 석가를 낳을 때 의지했다는 전설적 나무였다. 신성시된 나무이기에 참배자들이 많았다.

하루는 날을 잡아 버스를 타고 석가가 자랐다고 하는 궁전 유적인 카필라 바스투 유적을 답사했다. 전형적인 네팔의 농촌 지역 안에 있었다. 폐허가 다 된 성곽 유적을 잠시 둘러보고 농촌 구경을 나섰다. 지평선이 드러나는 넓은 평야에는 한창 벼가 익고 있었다.

평원의 중간중간에 자리한 농가 마을로 들어갔다. 드넓게 펼쳐진 논들

고르카 왕궁에서 내려다본 수려한 경관.

에 비해 농가들은 너무나 빈한한 모습이다. 그런 곳이 으레 그렇듯 아이들이 유난히 많다. 그 아이들의 차림새는 또 얼마나 누추한지….

그 아이들이 아른거려 귀국한 후 국제 구호 단체의 아동 돕기에서 아이 하나와 결연 맺기를 추가해 지금까지 이어오고 있다. 나에게 많은 행운과 고마움을 주었던 네팔에 대한 아주 작은 보답이었다.

고르카

꿈속에 있었던 것 같은 룸비니에서의 5일이 금방 지나갔다. 몸이 많이 회복된 것을 느끼며 두 번째 여정인 고르카를 향해 출발했다.

이번에는 동행이 한 사람
생겼다. 재미교포인 중년 여
자다. 치아치료를 위해 인
도에 한 달째 머무르며 여행
중이었다. 미국에서 남편과
함께 설계사무소를 운영하
지만, 치주염 치료비는 감당불가였단다. 수천만 원이 드는 치료비가 인도
에서는 십 분의 일이면 되었다. 인도 전역을 여행하고 네팔까지 왔었다.
대성 석가사에 왔다가 내가 고르카에 간다고 하니 따라나선 것이다.

깊은 산 속에 위치한 고르카는 대중교통이 불편하여 택시를 합승해서
갔다. 남쪽의 티라이 평원을 벗어나자 예의 그 네팔의 산악 도로에 접어
들었다. 젊은 운전사는 곡예 운전을 하며 달린다. 게다가 가끔 담배까지
피운다. 뒷좌석에 앉은 여자가 멀미 기운을 느끼면서 틈만 나면 "Would
you…."를 연발하며 속도를 줄여 달라고 요구했다.

국도를 벗어나 고르카 마을로 들어가는 산악도로는 더욱 거칠었다. 깊
고 좁은 계곡을 한참이나 들어가 산 중에 자리한 조용한 마을에 도착했
다. 마을은 제법 컸고 마을 가운데의 큰 시장에는 사람들이 북적거렸다.

옛 왕궁은 마을에서도 한 시간은 걸어 올라야 하는 산꼭대기에 있었다.
그런데 올라가는 길이 보통이 아니다. 경사가 매우 가팔랐고 계단으로
끝없이 이어져 있었다. 내 뒤에서 숨을 몰아쉬며 힘들게 따라오던 재미
교포는 마침내 손을 휘저으며 항복 선언을 한다. 밑에서 시장 구경이나
하겠다고 한다.

이렇게 절벽같이 가파른 비탈 위에 있는 왕궁이라면 난공불락이겠다

고 생각하며, 마침내 옛 왕궁터에 도착했다. 옛 왕궁은 소박하다고 말할 수밖에 없는 단출한 건물 하나였다. 첨탑처럼 뾰족한 산꼭대기에 강당 하나 크기만 한 규모의 건물 하나가 전부였다.

화려하고 웅장한 것을 예상한 것은 아니었지만 카트만두 3왕국 유적들에 비하면 비교할 수 없는 규모였다. 천천히 걸어도 단 몇 분이면 건물을 다 돌 수 있었다. 답사자로서는 약간 싱거웠지만 좋은 점도 있었다. 몇 번이나 돌면서 주변의 경관을 잘 조망할 수 있었기 때문이었다. 경관은 가히 압도적이었다.

멀리 마나슬루 고봉이 건너다보이고, 다른 방향에는 안나푸르나까지 이어지는 새하얀 눈을 인 히말라야산맥이 장쾌한 파노라마를 연출하며 끝없이 이어져 있었다.

눈을 아래로 향하면 위에 못지않은 색다른 경관이 눈을 떼지 못하게 만들었다. 네팔 산악지역 특유의 계단식 논밭이 아득한 계곡 아래까지 펼쳐져 있는 것이다. 유적지 답사 의미를 떠나서라도 경치만 보러 오더라도 결코 실망하지 않을 훌륭한 경관이었다.

범상치 않은 풍광이기에 이곳에서 일어난 '샤허' 왕조는 이곳을 천손이 강림한 곳으로 믿었고, 자신들을 천손이라고 자부했었다. 참으로 협소한 곳이었지만, 샤허 왕조가 가히 천하통일의 웅지를 기를 만할 정도로 주변이 주는 분위기는 남달랐다.

고르카를 기반으로 한 샤허 왕조는 주변 20여 개의 소국들을 차례로 병합해 나간다. 1868년 마침내 카트만두 3국까지 제압하고 통일 네팔을 이뤄내었다. 한창때는 인도 북부지방까지 영역을 확장할 정도로 위세를 떨쳤다.

과유불급이었던가! 마침 인도를 지배한 영국과 충돌하고 2년에 걸친 전쟁을 한다. 이른바 '고르카' 전쟁이다. 고수는 서로를 알아보았다. 협약을 체결하고 봉합을 했다.

네팔을 여행하지 않고 네팔 역사를 잘 모르더라도 '구르카'는 한 번쯤 들어봤을 것이다. 구르카는 고르카에서 나온 말이다. 고르카 전쟁에서 첨단무기를 가진 영국도 자신들을 가슴 서늘케 했던 네팔 군인의 용맹성을 높이 샀다. 그리고 이들을 비싼 값을 지불하면서 고용했다. 이렇게 해서 '세계 용병사'에서 지금도 회자되고, 현시점에서도 전설을 만들어 내는 '구르카 용병'이 출현했다.

나는 안나푸르나 코스를 트레킹 하던 중 구르카를 훈련시켰다는 영국 퇴역군인을 만났다. 식당에서 사람들 앞에서 엄지를 치켜세우며 그들의 용맹성을 열변을 토하면서 칭찬하고 있었다.

'고쿠리'라는 단검 하나로 태평양 전쟁기의 일본군 장검을 제압했고, 여러 현대전에 파견되어 첨단무기들을 무력화시켰다. 휴가 나간 병사 하나가 그 칼 하나로 인도의 열차 안에서 성폭행에 직면한 여자를 구하기 위해 40여 명의 남자들과 혈투를 벌였다.

이들의 전설적인 무용담을 들으면서 네팔을 여행했다.

좀처럼 범접하기 힘든 세계 최고의 고봉들과 산악을 가진 곳이기에 특별한 사람들을 만들어 냈다고 생각했다. 인류 역사상 가장 위대한 선각자인 석가모니를 탄생시켰고, 육체적으로 가장 강인한 사람들을 만들어 살게 만들었다. 그러면서 영혼 또한 가장 순결한 사람들이 사는 곳이었다.

산과 사람은 따로 떨어진 것이 아니었고 하나였다.

3

북알프스 종주

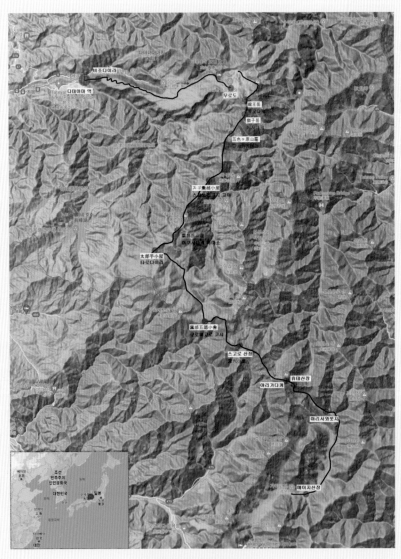

2016년 8월 (8일간) 110km

들어가기

오래전 언젠가 산을 좋아하는 지인으로부터 일본에 '다테야마'란 산이 있다는 말을 지나가다가 들었다. 그 산은 일본의 상징적인 산 후지산보다 더 깊이 뇌리에 박혔다. 그리고 언젠가 그곳에 갈 것이라고 마음먹고 있었다.

퇴직을 하고 이후 네팔 히말라야 트레킹을 끝내자 이곳이 순서로 다가왔다. 등산을 구체화하기 위한 계획을 세우고 산에 대한 정보를 파악하는 과정에서 새로운 사실들을 알게 되었다. 다테야마란 산은 독립된 유명산이기도 하지만, 일본의 북알프스라는 거대한 산맥 속에 속한 하나의 산이었던 것이다.

욕심이 생겼다. 산맥 전체가 보였다. 그곳을 모두 알고 싶었다. 히말라야 설산 속에서 한 달씩 두 번이나 해냈다는 자신감이 보탬이 되기도 했다.

그런 북알프스란 어떤 곳인가!

일본 국토 중앙을 관통하는 남, 북, 중앙의 3개 산맥 중 가장 험난하기로 이름난 곳이었다. 3,000m가 넘는 산이 수두룩하고 남북으로 뻗은 전체거리가 100km가 넘어 종주하는 데에만 10여 일이 소요되는 곳이었다. 이런 간단한 정보를 알아내는 데에도 한참이나 걸렸다.

야리가다케를 지나 뒤돌아본 모습. 야리가다케와 이웃 산군.

이곳을 결정적으로 각인시키는 데에는 1997년에 있었던 한국인 등반 사고가 있었다. 조난당하여 다수의 인원이 사망한 이 산악 등반 사건은 나에게도 많은 주의점을 환기시켜 주기도 했다. 그런 곳에 나는 차원이 다른 산행계획을 세우고 있었다.

마침내 2015년, 남북 종주를 하기로 한 것이다!

그것도 단독으로다. 산악상황이 다르기는 할지라도 한국의 대간과 다수의 정맥을 걸어봤기에, 일본의 그곳도 종주가 가능하리라 하는 것이 나의 생각이었다.

그런데 종주에 대한 정보가 없었다. 인터넷의 북알프스에 대한 이야기는 오로지 남쪽 끝에 위치한 큰 산 몇 개를 도는 것이었다. 그것도 2박이나 3박이 필요한 것으로, 여행사가 모객한 단체산행에 대한 후기형태였다.

그것은 나에게 썩 중요치 않았다. 내가 필요한 것은 오직 남북종주를 위한 기록이고 정보고 특히 지도였다. 이 몇 가지를 아는 데에만 여러 시행착오와 약간의 우스꽝스런 일도 있었다.

　북알프스의 남쪽 부근이 등반 매력이 높은 곳으로 산악인이 많이 찾는 곳이라면, 그 반대쪽인 북쪽 인근은 일본의 가장 매력적인 관광지로 개발된 곳이었다.

　서두에 언급한 다테야마도 그곳에 있었다. 그 산은 모노레일과 버스를 갈아타고 2,500m까지 오를 수 있는 곳으로, 하루면 정상까지 오를 수 있었다. 그렇기에 싱겁고 가벼운(?) 관광 형태의 산행으로 보였고 종주를 할 때 지나가는 곳이었다.

　그래도 처음에는 그곳도 궁금하여 아내와 함께 단체 모객의 여행에 합류하여 가 보았다. 가을철 단풍이 유달리 좋다고 한 홍보를 보고 갔지만, 나에게는 내심 북알프스에 대한 정보를 얻는 것이 더 큰 목적이었다.

　산자락에서 모노레일을 타고 오르고, 버스를 갈아타고, 산 중간에 있는 터널을 관통하여 산 전체를 횡단했다. 그 터널을 빠져나오면 대 전망대가 나온다. 이른바 남쪽으로 장대하게 뻗은 북알프스 산맥을 조망하는 것이다. 그 전망대에서 산맥 전체를 처음 상면했을 때 얼마나 가슴이 울렁거렸던지….

한참 동안 얼빠진 듯이 보다가 잠시 후 주변의 안내판을 모조리 살폈다. 혹시나 산맥 전체의 지도나 산행 정보가 있을까 해서였다. 관광지답게 그런 것이 있을 리 없었다. 실망을 했지만 아내에게는 산 경치가 좋다고 둘러대며 표정 관리(?)를 했다.

뜬금없는 도전도 시도했다. 북알프스에 대한 갈증이 최고조에 달할 때 남쪽 부근이라도 산행을 하기 위해 갔었다. 아마 10월 초쯤이었으리라. 그 남쪽 산행 출입구는 '가미코지'라는 곳이었다. 한자로 '上高地'란 높은 곳이란 의미를 가진 것으로, 고산에 둘러싸인 1,500m 높이 정도의 분지이지만, 일본인에게는 '지상 최고의 경관'이라고 자랑하는 곳이었다.

모 TV 방송에서의 산 관계 프로에 방영된 적도 있었다. 가을철에 깊은 계곡 속 자작나무의 노란 단풍잎이 바람을 타고 날리는 모습을 보고 가슴은 또 얼마나 뛰던지….

낭만스런 기대를 품고 갔지만 역시 준비 없는 나의 진입을 북알프스는 허용하지 않았다. 잎이 거의 다 떨어지고 하얀 수피 사이로 보이는 3,000m 고봉의 정상들은 이미 하얀 눈으로 된 지붕을 이고 있었다. 그 눈 색깔은 앞의 자작나무 수피보다 더한 흰색으로 등산으로 들뜬 나의 가슴을 식히기에 충분했다. 그 눈은 다음 해 여름까지 남아 있을 터였다.

하지만 지성이면 감천이라 했던가! 뜻이 있으면 길이 있는 법이다. 중국 여행 중 어떤 산인이 북알프스 전체 지도를 구입하는 방법을 알려 주었다. 인터넷서점을 통해서 마침내 일본에서 발행한 전체 산행 지도를 받아들었다. 그때의 기분이란!

거대하고 장대한 산악이 신문지 양면 크기의 2장에 담겨 있고, 전체 구간이 시간과 숙소까지 상세하게 표시되어 있었다.

이미 산 위에 다 올라간 기분이었다. 시기만 정하면 되었다. 눈이 녹아야 되지만 무엇보다 10여 일 기간은 날씨가 맑아야 했다. 이런 기간은 그곳에 많지 않고, 없을 수도 있다고 했다. 그 기간은 보통 일본 장마가 끝난 8월 말 정도로 한정되었다.

그 적당한 기간을 잡기 위해 일본 기상청을 봄부터 여름까지 매일 들락거렸다. 그렇게 부지런히 살피다가 마침내 8월 하순 맑은 날이 딱 일주일이 나오는 것을 발견했다. 그 양쪽은 모두 비 예보가 있었다. 2주의 산행 계획을 잡고 일본으로 날아갔다. 미리 들어가서 상황을 보면서 움직여야 했고, 산속에서도 어떤 상황이 생길지 모르기에 일정에 여유를 두었다.

* * *

비행기에서 내린 곳은 도야마란 소도시다. 한국의 읍만 한 아담한 소도시를 벗어나 기차를 타고 다테야마 역으로 향했다. 차창 너머로 보이는 북알프스의 장쾌한 능선이 남북으로 끝없이 뻗어 있다. 내가 저 거대한 능선을 걸어 낼 것을 생각하니 두렵기도 하면서 가슴이 설레기도 한다.

일본의 산은 과연 어떤 모습으로 나에게 다가올 것인가?

다테야마역에서 산으로 올라가는 케이블카를 갈아탔다. 순식간에 1,000여 m의 급경사를 올라 비조다이라라는 곳에 내렸다. 그곳에서 다시 셔틀버스를 갈아타고 다테야마 자연 보호구역으로 향했다. 빠른 속도로 고도를 높이면서 풍광도 급변했다. 케이블카 속에서 보이던 짙은 삼나무 숲은 곧 관목 지대로 변하고 곧이어 초지와 늪지대로 변했다.

그러나 이 모습은 어디까지나 지금의 풍광이다. 이 도로는 봄철에 가장 인기가 좋다고 했다. 이른바 '눈 터널 도로'가 그것이다. 겨우내 내린 엄청난 눈은 20여 m나 쌓인다. 봄철에 차가 다닐 수 있도록 도로 폭만큼 파낸다. 사실 나도 그 모습을 보고 싶었으나 시기가 맞지 않았다.

또 가을에는 단풍색으로 갈아입으면서, 특이한 고원의 아름다움을 보인다. 그 가을의 모습은 앞서 언급했던 단체여행에서 경험했었다.

종점인 무로도는 2,500여 m의 고지대다. 유명한 관광지답게 식당과 편의점을 겸한 큰 건물이 있고, 숙박업소도 여러 곳 있었다. 내가 예약한 산장도 터미널에서 썩 멀리 떨어져 있지 않았다. 이번 산행에서 유일하게 사전 예약한 숙소였다. 체크인을 하고 배낭을 맡겨 두고 바로 나왔다. 내일 출발할 지점과 주변 산악 지형을 파악해야 했다. 그런데 마침 비가 오기 시작했다. 1회용 비닐 비옷을 입고 상가 건물로 가서 비옷 바지를 샀다.

그곳에서 산 비옷 바지가 나의 장기 산행용 '비옷 시리즈'가 시작될 줄을 이때는 꿈에도 몰랐다. 한국의 등산용품점에서는 등산용 비옷 바지를 취급하지 않았다. 그러다가 인터넷을 뒤졌는데, 무로도 상가 건물에서 비옷 바지를 살 수 있다는 것이었다. 아무튼 상가에서 산 비옷 바지를 입고, 상의에는 1회용 비닐 비옷을 겹쳐 입었다. 완벽한 방수 채비를 갖춰 입었다고 생각하면서 다테야마로 향하는 안내표시를 보고 걸었다.

그런데 비가 문제가 아니었다. 주변은 운무가 끼이면서 사방의 방위를 분간할 수 없었다. 2,500m가 넘는 고산의 날씨는 알 수가 없고, 오후의 산속에는 나밖에 없었다. 30여 분을 오르다가 돌아내려 왔다. 상가 건물 근처에 왔을 때 다리 부근이 이상했다.

비옷에 물이 새는 것이다. 비옷 바지를 벗으니 안쪽의 등산바지가 거의 다 젖어 있었다. 이게 무슨 비옷인가 하고 바지 천을 자세히 살펴보니 일반 천에다 비닐 코팅을 살짝 한 것이었다. 일본이 이런 허접한 물건을 만들 리 없다 하며 상표를 확인했다. 중국제였다. 어째 값이 싸다고 했었다.

그 자리에서 쓰레기통에 버리고 다른 비옷을 찾았다. 일제가 있었다. 방수도 완벽했다. 하지만 그것은 부피도 크고 무게도 많이 나가는 것이었다. 농사지을 때나 어부가 배 속에서 작업할 때 입는 그런 갑바(?)와 같은 것이었다. 장기 산행자에게는 맞지 않은 1회용이었다. 그래도 이것저것 따질 형편이 아니어서 비상용으로 구입했다.

이후 비는 사흘 동안이나 계속 내렸고 갑바 바지를 입고 계속 걸었다. 그런 나의 눈에 일본 산행인들이 입은 비옷이 눈에 들어왔다. 그들은 하나 같이 상하 한 벌로 된 전문 산악용 비옷을 입고 있었다.

상표도 똑같은 것이었다. 일부러 그 상표를 눈여겨봤다. 몽벨이라는 상표였다. 프랑스 언어 같은 형태라서 프랑스에서 만드는 것으로 생각했지만 귀국해서 알아보니 일본 브랜드였다. 하지만 국내의 몽벨 등산구점에서는 비옷을 팔지 않았다. 이때 내가 확실히 느낀 것이 있었다. 한국의 산행 형태는 일본이나 외국의 장기 산행 형태와는 다른 것이었다.

우리는 보통 당일 일정으로 산행을 한다. 비가 오더라도 좀 맞고, 집에 와서 신발과 옷을 세탁해서 말리면 된다. 그래서 수요가 없으니 한국의 등산업체들은 비옷 바지 같은 장기 우중 장비를 취급하지 않는 것이다.

일본 산행 후 세계적으로 비가 많이 오는 뉴질랜드 밀포드 트레킹 계획을 세우면서 비옷을 준비해야 했다. 백화점 내의 외국 유명 아웃도어 매장에 비 바지 주문을 의뢰했다. 그렇게 하여 겨우 비 바지를 갖출 수 있었다.

상당한 고가로 구입한 그 바지를 입고 밀포드로 갔다. 완벽했다. 이 책 밀포드 편에서 이야기가 되겠지만, 4박 5일 동안 억수 같은 비를 맞으면서도 바지 속의 하체는 뽀송뽀송했다. 그런데 또 빈틈을 발견했다. 상의가 문제였다. 국내의 등산구점에서 구입했던 오래된 방수 재킷은 기능이 떨어져 물이 스며들었다.

할 수 없이 비상용으로 가져간 1회용 비닐 비옷으로 상의를 커버했으나 영 폼(?)이 나지 않았다. 밀포드 트레킹 중 비닐을 휘날리는 사람은 내가 유일했다.

밀포드 트레킹 후 귀국하자마자 비 바지를 구입한 곳에 계속 들락거렸다. 마침내 마음에 딱 드는 것이 나타났다. 그 상의 재킷은 완전 방수에 내부의 습기까지 밖으로 배출하는 최고급 기능까지 탑재된 것이었다. 반코트형이라 허리 밑까지 내려왔다.

상상하시라! 비가 오는 날의 나의 야외 활동 모습을….

상하 방수 비옷에 신발까지 고어텍스다. 그 신발 끈에 비 바지를 연결시킨다. 비의 강도에 따라 상의 모자를 조절하여 강우 때는 눈만 내놓을수 있다. 그렇게 완비된 상태로 맞이하는 비는 자연과 교감하는 최일선이 되었다.

사방에서 물이 튀는데 완전 방수 속의 내 몸속은 습기조차 느끼기 힘들다. 가랑비를 맞을 때는 운치를 느끼고, 장대 같은 소나기를 맞을 때는 신기함과 통쾌한 기분까지 든다.

극명한 대비다!

불과 몇 mm의 천 한 장 사이에서 야생과 문명이 만나는 것이다. 어디에서 이런 맛을 느낄 수 있을 것인가….

전에도 비를 좋아했지만 이후 더욱 비를 기다리게 되었다. 사람들은 비가 오면 실내로 들어가지만, 나는 밖으로(아내의 핀잔을 들으며) 나갔다. 비 오는 날, 하루 종일 산행을 하기도 하지만, 보통 오후 같은 날은 시내에서 좀 벗어난 강변으로 나간다. 아무도 없는 강변길은 오로지 갈대와 오리가 친구가 되어 주며, 귓가에 때리는 잔잔한 빗소리는 무념으로 이끈다. 그 고혹적인 맛은 세상 어디에서도 느낄 수 없는 것이었다.

그런 장비들을 준비하는 데 문제가 좀 있기는 했다. 물건들이 고가 제품이었던 것이다. 바지만 하더라도 양복 한 벌 값이고, 상의는 두 배였다. 이 사실을 등산 지인에게 살짝 했더니,

"별것 아니에요. 자신이 좋아하는 데는 투자를 해야 해요. 나는 새로운 컴퓨터만 나오면 바꾸며, 신상 휴대폰만 나와도 바꾸고 싶어 안달이 나요…."

새로 산 비옷을 입고 숙소 산장으로 갔다. 방을 배정받고 식권까지 받는다. 작은 목욕탕까지 있었다. 뜨끈한 온천욕을 마치고 식당으로 갔다. 간단한 일식 뷔페 음식이었지만 생맥주를 팔고 있었다. 외국 여행 때의 습관대로 1잔을 시켜 마셨다. 완전 꿀맛이었다. 내일 산행이 어떻게 될지라도 오래도록 꿈꾸었던 다테야마 아래서 마시는 술맛임에랴….

북알프스의 다녀온 몇 년 후에 20여 일간의 몽블랑 일주 트레킹을 할 때도 저녁 때마다 빠지지 않는 것이 한 잔의 생맥주였다. 그 맥주  는 하루를 마무리 짓는 술 이상의 의미를 갖는 것이었다.

현재 한국의 국립공원 산장에서는 음주를 금하고 있다. 절제만 될 수 있다면 하루를 마무리 짓는 한 잔은 음주라기보다 축복이었다.

한 잔 술에 따끈한 밥까지 먹으니 만족감이 컸다. 지리산이나 설악산 같은 산장만 이용하던 나에게는 기대 밖이다. 이 만족감을 극대화시킨 것이 침실이었다.

호텔 방 같은 것을 말하려는 것이 아니다. 도리토리 형태의 캡슐형 침대 상하마다 밖을 가리는 커튼이 달려 있었다. 채 한 평도 안 되어 배낭도 놓을 데가 없는 좁은 공간이지만, 머리맡에는 깜찍한 꼬마전구가 달려 있었다. 그 귀여운 전구에 불을 켜고 벽에 등을 기대니 더 이상 바랄 게 없었다.

이곳이 고산 속이지만 일본의 유수한 관광지여서 그렇다고 짐작했지만, 이후 일정에서도 산속에서의 숙소들은 나름 차별화된 개성이 있었다. 숙소에 대한 기대도 북알프스 산행의 즐거움 중의 하나였다.

야리가다케를 오르다

아침부터 비가 온다. 양도 어제보다 많다. 도저히 산행을 할 수 없을 것 같았다. 로비에 가서 날씨 상황을 문의하니 내일까지도 비가 온다고 한다. 고민을 했다. 이틀간 산행을 못 하는 답답함과 남은 일정 동안 종주할 가능성을 예측해야 했다. 어쩌면 나중의 일주일 동안 맑은 날씨가 안 될 수도 있다는 생각에 초조감이 몰려왔다.

단 하루가 변수가 될 수 있다는 생각에 방향을 바꾸기로 했다. 북알프스 남쪽에서 출발하기로 한 것이었다. 그곳은 초반에 힘이 훨씬 더 들겠지만, 수많은 산악인들이 등산하는 곳이다. 비가 오더라도 적어도 길을 잃거나 하는 일이 없을 것이었다.

배낭을 메고 산장을 나와 남쪽 입구 카미코지로 향하는 여행을 시작했다. 한국적 상황으로 대비하자면 지리산 종주를 하기 위해 경남 산청의 중산리에 들어갔다가 사정이 여의치 않아 서쪽 구례 쪽에서 오르기 위해 광주 쪽으로 가는 것이다. 북알프스가 지리산 종주보다 몇 배나 더 되는 거리인 것을 감안한다면 훨씬 먼 거리를 이동하는 것이다. 그래도 앞서 언급했다시피 카미코지는 예전에 한 번 방문한 적이 있는 곳이라서 크게 어렵지 않게 찾아갔다.

그냥 여행이라 생각하고 움직이는 것이다. 산악 셔틀버스를 타서 다시 케이블카를 타고 산 아래까지 내려가서 기차를 갈아탄다. 기차를 내려 지역의 버스를 몇 번 이용해서 가는 것이다. 이런 것은 세계 배낭여행에서 이력이 붙어 익숙한 것이었다.

늦은 오후에 도착한 카미코지에도 역시 비가 오고 있었다. 공원 사무소에 들러 입산 신고를 하고 숙소도 안내받았다. 마침 등산로 초입의 메이

야리가다케. 거친 바위로 이뤄져 오르기가 까다로웠다.

지 산장에 자리가 있다고 했다. 성수기였지만 비 때문에 자리가 있었던 것이었다.

산장은 계곡 안쪽에 위치해 있었다. 공원 사무소에서 한 시간 정도 걸리는 거리다. 산책 삼아 걷기에 딱 좋은 거리고 길이었다. 넓은 길옆에는 제법 큰 강이 흘렀다. 강변에 하얀색의 넓은 자갈밭을 품고 있는 강물은 풍부한 수량에도 바닥의 흰 돌들이 훤히 들여다보일 정도로 맑다. 강변의 둔덕에는 고산 속의 주인공인 자작나무들이 군락을 이루며 이어졌다. 가끔 불어오는 비바람에 찰랑대는 고기비늘 같은 나뭇잎이 예쁘기만 하다.

눈은 자연스레 하늘 위의 고봉들로 향한다. 3,000m에 이르는 고봉들이 시야를 압도한다. 저 산 위까지 오르지 않더라도 밑에서 산책하면서 조망하는 경관 자체만으로도 가히 일품이다.

몇 년 전 가을에 왔을 때 자작나무의 단풍은 절정이었고, 산봉우리들은 흰 면사포를 쓰고 있었다. 한겨울에는 폭설로 탐방이 차단된다고 하지만 이곳 카미코지는 일본에서 가장 손꼽히는 비경 지역이다.

그래서 그들은 '세상에서 가장 아름다운 곳'이라고 말할 정도로 자부심을 가지고 있었다. 북알프스 산행은 이곳 카미코지의 자연경관을 덤으로 경험할 수 있게 한다.

사실 꼭 고산 등반을 하지 않아도 되기는 했다. 이곳은 1,500m 고지에 있는 수십만 평에 이르는 대분지다. 맑은 계류가 흐르고 곳곳에 호수들이 숨은 듯이 있으며, 그 사이 사이의 늪지 위를 연결한 목교를 거닐 수 있다. 그 길들을 조금 벗어난 숲길은 야생 사파리다.

야생 원숭이 떼들을 통과할 수 있는 강심장이 요구되는 것이다. 나는 전에 혼자 왔을 때 으슥한 숲속에서 수십 마리 떼들과 조우했을 때 발이 순간 얼어붙는 것 같았다.

그런 숲속 깊이 들어가지 않더라도 주변의 길들은 호젓하기 그지없었다. 1,500m 고지의 상쾌한 공기에 고산의 깊은 숲은 고요함을 깊이 안고 있었다.

팁을 하나 더 추가하고 싶다. 이곳이 깊은 산악 지역이지만 접근하는 것이 그리 어렵지 않다. 일본 유수의 관광지와도 연결이 되기 때문이다. 시라카와고와 다카야마가 그곳이다. 특이한 전통 산악 주택의 원형이 남아 있는 시라카와고와, 교토보다 더 고풍스런 일본 중세 도시 모습을 간직한 다카야마다. 나 자신도 앞서 북알프스 산행 실패로 탐방했지만, 오히려 전화위복이라는 기분이 들었던 곳이었다.

메이지 산장에는 많은 숙박객으로 번잡했다. 내 침실 옆자리는 초로의 또래 탐방객이 있었다. 한국에서 혼자 온 것이 신기한지 메일 주소를 주면서 연락을 주고받자고 했다.

다음 날 아침도 비는 여전히 오고 있었다. 오히려 빗줄기는 더 했다. 정말 산행을 단행해야 할지를 고민하게 만들 정도로 쏟아붓고 있었다. 그러나 멈출 수 없었다.

에의 갑바 바지 비옷을 입고 등산화 끈을 최대한 쪼여 본다. 별로 효과가 없겠지만 믿는 것은 상의 비닐 비옷이다. 적어도 몸 안이 젖지 않아야 할 것이었다. 그렇게 입고 스스로 각오를 다지기 위해 혼자 파이팅을 외치고 발을 산 안으로 내디뎠다.

그래도 다행스럽게 초입의 길은 평평한 임로가 계속 이어졌다. 길바닥은 잔모래가 깔린 잘 관리된 길이다. 관광객들도 꽤나 보인다. 아마 이 길이 끝나는 곳까지가 탐방로로 이용되는 듯했다. 한 시간여를 걸었을 때 야리사와 산장이 나왔다.

자판기에서 따끈한 캔 커피 하나를 빼서 마셨다. 향긋한 향이 머리를 깨우고, 따끈한 온기가 배 속을 차오를 때 눈앞에 솟구친 고봉을 응시했다. 뭔가 차오르는 배 속의 힘을 느끼면서 오늘 저 꼭대기까지 오르리라는 의지를 다진다.

야리사와 산장을 지나고부터 산속으로 진입하기 시작했다. 그래도 계곡 양쪽은 넓게 열려 있어 시야가 좋은 편이다. 앞쪽으로 깊이 파여 까마득히 이어진 계곡은 운무까지 끼여 끝을 가늠하기 힘들었다.

또 한 시간여를 진행했을 때 회미 산장이 나왔다. 이곳은 이 구간의 산행에서 주요 교차로였다. 좌쪽은 북알프스 최고봉 오쿠호 타다다케로 가는 길이고, 우측은 북알프스 또 하나의 산군인 죠넨 다케로 가는 길이었다. 내가 목표로 하는 야리가다케는 직진 방향이었다. 이런 곳에서 실수라도 하면 안 되기에 산장 직원에게 확인을 했다.

중요 지점의 산장인지 사람들이 북적였다. 하지만 그곳을 빠져나와 본격적인 야리가 다케 구간으로 접어들자 사람들이 거의 보이지 않았다. 아니 저녁 숙소의 산장에 닿을 때까지 거의 사람을 보지 못했다. 이 빗속에 3,000m 고산으로 올라가는 사람이 별로 없는 것이었다.

한국의 국립공원이라면 애초에 차단당해서 입산이 불허될 것이었다. 이런 사정은 나중에 여러 외국의 장거리 산행을 다니면서 알았다. 입산은 허용하되 안전은 자신이 책임지는 것이었다!

그렇기에 사고가 나서 헬기라도 부르면 고비용을 자신이 지불하는 체제였다. 계곡은 끝없이 이어지고 비는 끊임없이 쏟아졌다. 정말 내가 가고 있는 길이 제대로 맞는가 하며, 두 시간 여를 머리를 숙여 걸어 계곡이 끝날 즈음에 소박한 작은 산장에 도착했다.

점심때가 되기도 해서 숙소에서 가져온 도시락을 먹는다. 게눈감추듯이 먹었다. 맛있기도 했지만, 아직 남은 길이 마음을 급하게 만들었다. 지도를 보니 대충 6시간을 더 올라가야 한다. 이 정도의 거리나 소요 시간이면 한국의 일일 산행코스에 해당될 정도다.

제대로 된 산행은 그때부터였다. 완만하던 계곡 길이 끝나고 본격적인 등산로가 예고되고 있었다. 지도상의 등고선도 그렇고 눈앞에 전개된 산세도 그랬다. 정말 대유란 곳을 지나고부터는 등산로가 급변했다. 500m 높이를 직등해야 했고, 이후 2km 정도의 길이는 바위투성이 길이었다. 등산 첫날이라 아직까지는 다리 근육이 팽팽했지만 문제는 배낭 무게였다. 장기 산행을 위한 물건들로 가득 채워져 배가 터질 듯한 배낭은 장시간 비를 맞아 물기까지 배이면서 무게를 더해 허리를 압박해 왔다. 거기에다가 신축성 없는 갑바 비옷 바지는 가파른 오르막에서 다리를 잡아 끌어당기다시피 했다.

장기 산행자는 손발톱도 깎고 출발한다. 무게를 줄이기 위해서이다. 그렇지만 아무리 줄인다 하더라도 필수적인 비상식량과 물 침낭, 옷가지만 하더라도 10kg이 훌쩍 넘는다.

배낭 무게는 몸무게의 20% 이내가 되어야 된다고 교본에 나온다. 몸무게가 60kg 정도인 데다가 60대에 접어든 고령자인 나에게 일주일이 넘는 장기 산행에서는 10%가 넘으면 안 될 것이었다. 정말 배낭이 무거워 허리가 아파 올 때에는 히말라야 포트들의 얼굴들이 왜 그렇게 자주 떠오르던지….

그래도 이날의 비는 특별한 경관을 연출하고 있었다. 먼 계곡 끝 지점에서 보이는 폭포의 무리였다. 장대한 산허리의 중간에서부터 불어난 물들이 폭포를 이루어 계곡 아래로 쏟아 내리고 있었다. 그 하얀 물줄기들은 검푸른 계곡을 바탕으로 부챗살처럼 뻗어 내리는 형상을 이루고 있었다.

그들이 자아내는 굉음은 계곡을 넘어 산 전체를 압도하고 있었다. 그 장쾌한 폭포들의 향연을 보는 것만으로도 힘들었던 급경사 산행에 도움이 되었다.

마지막 난코스를 주파하는 데 거의 4시간이나 걸렸다. 불과 3km 정도밖에 안 되는 거리에서였다. 굳이 한국의 산과 비교하자면 설악산의 공룡능선이나 용아장성능 코스와 비슷했다. 마침내 목표한 휴테산장에는 오후 6시가 넘어 도착했다. 다행히 빈자리가 있었다.

산장은 참으로 아담하고 소박했다. 수용인원이 20여 명 정도밖에 안 되는 소규모 산장이다. 예약제도 아니며 사람이 차는 대로 마감하는 체제였다. 폭우가 왔기에 빈자리가 남아 있었던 것이었다.

　모두들 비를 잔뜩 맞은 사람들이라 젖은 등산화들을 출입구에 거꾸로 세워 물기를 빼고 있고, 비옷들도 건물 안 구석구석에 걸려져 있었다. 다행히 샤워장에서는 온수가 나왔다. 뜨끈한 물에 온몸을 씻으니 하루의 힘든 산행 피로가 풀리는 것을 느꼈다. 정말 피로가 풀리고 에너지가 재충전되는 것은 저녁 식사 시간이었다. 산상의 정찬이 준비되어 있었던 것이다.

　세상에!

　테이블마다 조그만 촛불을 켜놓으며 사람마다 한 잔의 와인을 주는 것이 아닌가……! 이 무슨 생일잔치인가 하는데 산장 주인이 나왔다. 사람들 앞에 서서 우중에 고생했다며 식사를 잘하라고 인사를 하니 열대여섯 정도 되어 보이는 산행인들이 일제히 박수를 쳤다.

　내 앞에 앉은 사람도 혼자 산행 온 청년이었다. 영어와 일어를 적당히 섞어 가며 얘기를 나누었다. 자신도 이 산장의 환대 분위기를 알고 왔다지만 이럴 정도로 좋은 줄을 몰랐다고 한다. 생맥주를 한 잔 추가해 마시면서 한국의 산장에 대해 많은 생각을 했다.

　우리나라는 장기 산행을 할 만한 큰 산이 많지 않기에 산장 숫자도 많지 않다. 주로 설악산과 지리산 정도에 한정되며 보통 1~2박 정도 머물고 하산하는 형태다. 그래서 보통 그 산장들은 대피소 같은 분위기를 유지한다.

나는 북알프스 산행 이후 뉴질랜드 밀포드, 남미 파타고니아, 유럽 알프스의 MTB 일주, 미국의 국립공원 등 해외의 주요 산악지대를 다니면서 그 산속에서 다양한 숙박 경험을 했다. 그런 과정에서 이들의 여유 있는 산장 문화에서 깊은 인상을 받았다.

코로나가 오기 전 지리산을 종주한 적이 있었다. 첫날은 세석산장에서 자고, 다음 날은 연하천산장에서 자는 일정이었다. 세석에서의 밤은 괴로웠다. 좁은 침상 공간에다가 옆에서 코 고는 소리에 잠을 이루기 힘들었다. 무엇보다 지나친 난방에 환기까지 되지 않아 갑갑해서 숨쉬기조차 힘들었다. 할 수 없이 홀에 나가 잠을 청했다. 그 홀 바닥에는 나 말고도 사람들이 몇몇이나 나와 있었다.

다음 날 연하천 가는 길에 리모델링 공사를 하고 있는 벽소령 산장을 지나가게 되었다. 저 산장이라도 침상 공간이 넓어졌으면 좋겠다 하며 앉아서 쉬고 있는데 마침 관리소장이 나왔다. 이런저런 얘기 끝에 세석산장의 상황을 말했더니 자신도 공감을 한다고 했다.

지금 이 글을 쓰고 있는 와중에도 한국의 국립공원에서는 산장을 없애는 분위기로 가고 있다. 자연 보호가 명분이겠지만 자연과 사람 사이의 거리를 멀게 하는 자연 보호가 어떤 의미일까 생각해 보게 만든다. 번잡한 도시를 떠나 깊은 산속에서 여유롭게 지내는 한국의 산장을 꿈꾸어 보았다.

하늘이 열렸다. 거짓말같이 푸른 하늘이 나왔던 것이다. 조용한 성향의 일본사람들도 반갑기는 마찬가지인 듯 부산하게 소리를 내었다. 눈부신 아침 햇살을 받으며 숙소를 나서는 발은 기대에 부풀어 가볍기 그지없었다. 신발은 물도 채 빠지지 않았고 젖은 양말을 신어도 상쾌할 정도였다.

어제 보이지 않았던 산들이 드러나고 올라왔던 깊은 계곡의 끝도 보였다. 그래도 산길은 만만찮았다. 풀포기조차 없는 돌투성이 산길은 거칠기만 하다. 스틱 쓰기를 포기하고 두 손으로 바위를 잡고 나아갔다.

한 시간여를 올랐을 때 야리가타케 입구에 도착했다. 왼쪽에는 야리가타 산장의 큰 건물이 안부의 평지에 널찍하게 자리하고 있다. 수백 명을 수용한다는 그 산장은 단체 산행객들이 이용하는 곳이었다.

야리가다케를 오르는 길은 매우 가팔랐다. 오죽하면 산 이름을 '창날산'(야리가다케)이라고 붙였을까. 거기에다가 자갈과 작은 바위들이 뒤섞여 있다. 사람들은 발을 헛디딜세라 조심스럽게 진행하고 있었다. 연로자들은 큰 바위를 붙잡고 쉬기를 반복한다. 이들에게는 저 산에 오르는 것이 큰 소망일 것이었다. 손에 잡힐 듯 가까이 보였던 정상까지에 반 시간이나 걸렸다. 숨을 몰아쉬고 정상에 섰다.

야리가다케! 드디어 북알프스 정상에 오른 것이다!

3,180m, 조금 남쪽 건너다보이는 3,190m의 최고봉이 있지만 이 야리가다케가 훨씬 큰 의미를 가진 산이다.

사방에 막힘이 없다. 한마디로 일망무제다. 엄청난 산군들이 한눈에 다 들어왔다. 남쪽으로는 북알프스 남쪽 구간의 큰 산들이 솟아 있고, 더 남쪽 아스라한 곳에 보이는 산군들은 중 알프스일 것이다.

북쪽으로 뻗은 능선도 끝이 정말 아득하다. 거의 100km로 이어진 능선 끝에도 산봉들이 늘어서 있다. 그제 오르려고 했던 다테야마가 있는 곳이다. 다테야마가 그곳의 주인공 같은 역할을 하지만 정작 산악인들은 검봉(쓰루기다케)이라는 또 하나의 뾰족한 산을 더 높게 친다. 야리가다케를 오르고 산맥을 종주해서 마지막에 쓰루기다케를 올라야 진정한 완주의 의미를 갖는 것이었다.

산행 전에 그런 것들을 알고 왔기에 야리가다케를 오르자마자 북쪽 끝의 쓰루기다케를 찾으려고 했다. 마침 비 온 후의 맑은 오전은 그 검봉의 날카로운 봉우리를 어렵지 않게 구별할 수 있게 했다. 검봉의 높이 솟아오른 봉우리는 그곳으로 가야 할 나의 가슴도 솟구치게 만들었다.

나와 같은 목적을 가지지 않은 사람에게도 이곳의 조망은 얼마나 장엄한가!

3,000m급의 거봉이 곳곳에 솟아 있고, 그 꼭대기 언저리에는 아직 잔설이 남아 있으며 산허리에는 사태들로 인해 싯누런 속살을 드러내고 있다. 눈을 아래로 향하면 끝이 보이지 않는 수림의 계곡이 이어지고, 그 짙푸른 녹색은 깊은 신비감을 간직하고 있는 듯하다.

일찍이 이곳을 탐방한 영국의 선교사가 유럽의 알프스와 대비해 일본 알프스라 칭했다지만, 나는 이곳 주변을 탐방하고 이번 종주를 계기로 유럽 알프스와 비교하는 것이 약간 탐탁지 않은 기분이 들었다. 유럽 알프스의 아류 정도로 취급해서는 안 된다는 생각이 들었던 것이다.

유럽 그곳이 더 높고 만년설 등 볼거리들이 많았지만, 이곳 일본의 산악은 다른 특징을 간직한 독특한 산악이었다. 어떤 면에서는 야성적이고 자연스러운 면이 더 있어 보였다.

그래도 알프스란 이름을 붙인 것을 인정하기로 했다. 그것은 내가 살고 있는 인근에 영남 알프스란 유수한 한국의 산악지역이 있는 것과 연관이 있다. 그곳에는 1,000m가 넘는 높은 산이 9개나 있다. 한 달에 몇 번이나 그곳 산의 등산로를 조합해 다니는 것이 나의 산행 일상이다. 그곳을 올라 아기자기한 산악미를 느끼는 것은 나름의 매력이 있다. 그래 여기도 알프스다! 하면서이다.

조망을 마치면서 정상 기념사진을 찍으려고 하는데 정상 표지석이 없었다. 이런 유명산에 표지석 하나 없는 것이 이상하다고 생각하는데 옆에 올라온 사람들이 널빤지 하나를 들고 사진을 찍고 있었다.

야리가다케란 산명이 쓰인 나무 명판이었다. 세상에, 그 흔한 표지석 하나 세우지 않고 나무판 하나로 산의 존재를 알리고 있었다.

야리카다케는 3,000m가 넘는 일본의 산 안에서도 몇 손가락에 드는 유명산이다. 우리나라 같으면 커다란 화강암 바위에 반듯하게 이름을 새겨 존재감을 알릴 것이다.

동양에는 오래전부터 산신신앙이 있었다. 그 산신들은 동네를 수호하고 넓게는 국가를 지켜준다는 신앙으로 변한다. 중국의 5악 신앙이 그것이고 그것이 신라에까지 영향을 주었다.

신라 강역이 좁았을 때는 토함산 단석산 같은 산이 5악에 포함되었으나 국토가 넓어졌을 때는 지리산 같은 큰 산으로 확대되었다. 우리가 잘 아는 지리산 서쪽의 노고단이 그때부터 지내 왔던 제사 장소였다.

그렇지만 일본은 토착적 산신신앙이 오랫동안 유지돼 왔다. 산에 대한 신성함이 아직까지 강하게 남아 있기에 산의 이름이 그 산의 신성함을 훼손시킨다고 생각하여 바위 표지석 같은 큰 구조물을 세우지 않는 것이리라.

그래도 나무 명판을 들고 사진을 찍는 것은 특이한 맛을 느끼게 하는 것이었다. 순간적으로 산을 든다는 착각이 드는 신기한 기분이다. 그것은 입간판 옆에 서서 찍는 것보다 정상에 올랐다는 실감을 훨씬 더 들게 만들었다.

야리가다케를 내려와서 북쪽 방향의 길로 접어들었다. 이제부터는 본격적으로 종주길에 들어서는 것이다. 야리가다케 산장을 벗어나고부터는 계속 내리막길이다. 길 형태도 판이해졌다. 가파르고 바위투성이던 어

야리가다케에서 본 북쪽 조망. 츠루기 다케의 뾰족한 봉우리가 보인다.

제의 길이 돌가루가 푸석거리는 마사길로 바뀌었다. 2시간 정도 내리막
길을 걷다가 점차 평평해졌다. 하지만 오른쪽 편은 깎아지른 절벽이었다.

발을 조심해서 걷지만 자꾸 눈은 동쪽으로 갔다. 밑에는 끝이 보이지
않는 긴 계곡이 이어지고, 그 너머로 장대한 산맥이 남북으로 뻗어 있다.
산맥의 중간 부분은 희뿌연하여 그것이 만년설인지 바윗덩어리인지 구
분이 잘 가지 않는다. 어쩌면 사실이 썩 중요하지 않았다. 그 신비스러운
모습이 좋았다. 그 능선은 종주를 마칠 때까지 이어졌다. 그런 산악의 모
습은 이 북알프스 산악이 얼마나 큰 규모로 이루어진 것인가를 보여 주고
있었다.

길은 외롭게 이어졌다. 이제부터는 나 혼자만의 길이었다. 가미코지 안
에서는 번잡할 정도로 사람들이 붐볐지만, 종주 구간에 접어들고부터는
거의 사람이 없었다. 어떤 때는 하루에 한 사람도 못 만날 때도 있었다.

내가 제대로 가는 것인가 혹시 길을 잘못 들어서지 않았나 하는 마음이 들 때도 많았다.

안내판도 거의 볼 수가 없다. 한국산에서 나무를 장식하는 듯한 그 흔한 시그널은 물론이고 방향을 알려 주는 화살표조차 없다. 길이 없는 바위너덜 구간이 제일 난감했다. 유일한 단서는 문명의 흔적인 흰 페인트 동그라미다. 그것도 많지 않았다. 10여 m 이상 거리를 두고 있어 일일이 확인하면서 진행을 해야 했다.

그래도 애매한 때가 있다. 그런 때는 오랜 나의 산행 경험에 의존했다. 그래도 정말 다행스러운 것은 날씨가 맑다는 것이었다. 만일 비가 조금이라도 내리고 안개라도 낀다면 한 치 앞도 전진 못 할 것 같았다.

이런 점을 가장 깊이 인식하고 있었기에 날씨 상황에 그렇게 민감하게 반응했던 것이다. 어쩌면 종주를 마칠 때까지 날씨가 맑은 것은 천운이었다.

겁 없이 달려든 나의 산행 종주 형태를 숙소에서 만난 종업원들은 기이한 눈으로 보고 있었다. 그것은 이들이 나에게 보여 준 배려에서 짐작할 수 있었다.

그런 가운데서도 산행의 소소한 재미는 많았다. 점심때가 되어 산장에서 준비한 도시락을 꺼냈다. 일부러 기분을 내자고 야생화가 핀 편안한 풀밭에 앉았다. 보자기를 풀고 뚜껑을 열자마자 나도 모르게 탄성이 튀어나왔다.

세상에, 이게 도시락이라니!

주변의 꽃밭보다도 더 예쁜 화단이 도시락 안에 전개돼 있었다. 흰쌀밥에 검은깨가 뿌려지고, 그 옆에는 각각의 반찬들이 색깔을 달리했다. 어찌나 정성스럽고 예쁘게 만들었는지 한참 감탄을 하면서 쳐다보기만 했다. 젓가락을 들었지만 꽃밭을 뭉개고 싶지 않았고, 예술품을 보듯이 감상만 하고 싶었다.

일본 여행을 하는 사람들은 이런 '벤또'를 자주 이용한다. 나의 경우도 일부러 마트에서 사와 숙소에서 먹기까지 했다. 그러나 내 앞에 있는 벤또는 그것들하고는 다른 형상을 보여 주고 있었다.

산행을 하는 사람이 산속에서 또 하나의 자연을 대하도록 만든 것이었다. 그것은 예술 속에 담긴 예쁜 작은 자연이었다. 거대한 산악 속에서의 고립된 식사 시간이었지만 인간의 세심한 손길이 간 작은 음식 한 끼는 식사 시간 동안 내가 혼자가 아님을 느끼게 해 주었다.

점심을 먹고 한 시간 정도를 걸었을 때 '슈고로우야'라는 작은 산장이 나왔다. 아담하고 호젓한 분위기가 느껴져서 일정의 여유가 있다면 하루 정도 머물고 싶은 곳이었다. 마음을 접으며 발길을 옮겼다. 오늘 저녁 숙박할 예정인 곳까지는 아직 4시간 정도를 더 가야 했다.

평평한 언덕길은 끝없이 이어졌다. 고산지대의 작은 관목들은 한 키를 넘지 못하고 산비탈에 군락을 지어 점유하지만 대부분 평지는 초지로 덮여 있었다.

인간은 어떤 형태의 길을 선호하는지 궁금해한 적이 있었다. 내가 주로 등산을 좋아하니까 당연히 짙은 나무가 우거진 숲길을 좋아할 것으로 유추했다. 하지만 인류학자들은 다른 견해를 내놨다. 인간은 나무가 띄엄띄엄 분포한 탁 트인 초원 위를 좋아한다고 했다.

어디가 연상되는가?

바로 아프리카 사바나 지역이다. 호모 사피엔스 인류 조상이 오랫동안 살아왔던 땅을 말하는 것이다. 그 땅에서 오랜 기간 진화를 해 왔기에 우리의 머릿속도 그런 형태의 자연을 원하게 되어 있다는 것이다.

숲속의 산길을 걷다가 능선에 이르러 시원한 조망을 보면 기분이 상쾌해 짐을 느끼는 것은 이러한 본능적 욕구를 만족시키는 것이리라….

여기 일본 북알프스 종주 구간은 이런 면에서 완벽한 조건을 갖추고 있었다. 특히 오늘 오후에 걷는 길 모습이 고산 위에 펼쳐진 사바나 초원이었다.

북알프스 산 위 길들은 아주 다양했다. 가장 걷기 좋았던 구간.

하지만 숙소까지는 멀었다. 2,800여 m의 미츠미타렌다케 산을 넘고 긴 언덕길을 따라 내려간 후 마침내 아늑한 숲속에 자리한 아담한 '구로베고로' 산장에 도착했다. 산장 앞에는 늪 같은 조그만 호수가 있고, 그 언저리에는 습지가 넓게 펴져 고산 습지 식물들이 자라고 있다.

이 절해고도 같은 깊은 산속에 이런 산장이 있는 것 자체가 신기하게 다가왔다. 이미 도착한 대여섯 명의 등산객이 따끈한 오후 햇살을 맞으며 쉬고 있었다.

저녁 식사는 6시 반이라고 알려 준다. 내가 조금만 늦게 도착했어도 밥을 못 먹을 뻔했다. 내일 아침 식사도 6시 반이었다. 산에 깊이 들어올수록 식사 시간들이 빨라졌다. 그래서 그만큼 빨리 자고 빨리 일어나야 했다. 그리고 아침 일찍 산행을 시작해야 한다. 산인들의 안전을 위해 산장에서 그에 맞춰 일정을 만들어 주는 것이다. 그들은 해도 뜨기 전에 출발해서 오후 3~4시면 거의 산장에 들어가는 것이다. 이런 리듬은 사실 나의 체질에 맞지 않는 것이었다.

나는 아침에 늦게 일어나는 편이고 잠은 늦게 자는 야행성이다. 거기에다가 일본인들의 산행 문화를 몰랐기에 나는 항상 지각생으로 산장에 등록했고 아침에는 제일 늦게 출발했다.

내가 외국인이기에 이해를 해 주었겠지만, 속으로는 핀잔을 했을 것이다. 물론 내가 하루에 걷는 양도 문제가 있는 것이었다. 종주 기간 동안 나는 거의 1개 이상의 산장을 거쳤다. 우중 산행을 피하기 위한 것이었지만 그래도 과도한 거리를 걷는 것이었다.

오후의 늦은 산장 등록은 한낮의 일정상 그렇다 하더라도 아침 지각 출발은 이유가 좀 달랐다. 이곳의 산장 분위기가 그렇게 만들었다.

앞서 산장 이야기에서도 잠시 언급했지만 이곳의 산장 숙박은 특별한 면들이 있었다. 한식과 별반 차이가 없는 일본 가정식 음식을 기반으로 한 종업원들의 세심한 배려, 거기에다가 숙소들의 위치도 경관이 좋은 곳에 위치해 있었다.

가장 좋은 점은 느낌이었다. 이런 외국의 깊고도 깊은 심산에 내가 홀

로 올라와 잘 수 있다는 것이 얼마나 고혹적인가….

인간은 평범하게 살 때 편안할 수 있겠지만 자신의 독특한 영역을 가질 때, 그때 가지는 존재감을 확인할 때 가장 뿌듯할 수 있다. 나에게 그런 묘한 만족감은 이런 산장에서 잠들기 전에 드는 것이었다. 정말 종주가 끝나갈 즈음에는 하산이 싫어질 정도로 아쉬움이 남았고, 한편으로 일본의 다른 산악 구간에서 숙박하고 싶은 욕심이 생겼다.

하지만 일본의 산에는 산장이 어찌나 많은지 내가 돌고 있는 북알프스 지도상에서만 하더라도 100여 개에 달해 보였다. 거기에다가 중앙과 남알프스에 일본의 100대 명산까지 추가한다면 산장 수가 수백 개가 넘을 것이다.

한국의 설악 지리산 정도에 있는 여남은 개의 산장과는 비교 불가다. 한국의 산야도 충분히 아름답기에 산악을 비교하는 것은 의미가 없지만, 일본의 산장에 대해서는 부럽게 생각하지 않을 수 없었다.

그렇지만 다행스럽게 생각하기로 했다. 이런 곳이 가까운 나라에 있다는 것만 해도 어디인가…. 일기 상황을 보면서 바로 맞혀 날아올 수 있고, 또 언제라도 올 수 있을 것 같았기 때문이었다.

*   *   *

　새벽에 잠을 깼다. 그리고 새벽밥을 먹는다. 또 하루에 대한 기대가 있기에 말끔히 한 그릇을 비웠다. 오늘은 내심 기대하는 바가 있다. 지도에는 길목에 절경이 있다고 소개되어 있었기 때문이었다.

　산길은 약간의 오르막이 계속되었다. 아직 몸이 풀리지 않아 고개를 숙이고 한참 걷는데 앞에 혼자 가는 사람이 있다. 나보다도 나이가 많아 보이는 노인이다. 배낭도 손바닥만 한 조그만 것을 메고 있다. 그것도 버거운지 발걸음 하나하나를 일일이 세듯이 하면서 가고 있다. 내가 지나쳐도 곁눈질 하나 주지 않는다. 어디서 왔는지 어디까지 가는지 짐작하기 어려운 행색이다.

　등산인이라기보다 순례자 행색이다. 묵상하듯이 눈을 반은 감은 듯 가만히 걷는 모습에 나 자신도 소리를 죽여 가만히 지나쳤다.

　일본에는 유명한 순례지가 있고 그곳을 걷는 순례자가 많다고 들었다. 아마 저 사람도 그곳을 걸었을 것 같고, 이곳도 그런 형태로 걷는 것 같았다. 언젠가 나도 기회가 닿는다면 그 순례지를 걷고 싶은 생각을 가지고 있다.

하지만 저런 순례자 형은 아닐
지라도 '혼자서 하는 산행' 흔히
'혼산'은 나도 이력이 붙어 있다.
누구나 그렇겠지만 나 자신도 처
음부터 혼산을 한 것이 아니었다.

직장생활을 할 때는 동료들과 어울려 가는 것을 즐겼다. 주말에 시간이
맞는 사람들과 어울렸고, 주5일제가 시행되면서 1박 2일의 장거리 산행
이 추가되었다.

단풍 시즌 같은 때면 버스를 대절해서 가기도 했고, 전근을 가면 등산
화를 구입하여 대기하는 사람이 있을 정도였다. 그때는 내가 무슨 등산
전도사 같은 사람이었다.

그런 동료들과 백두대간과 정맥 등 한국의 유명산들을 섭렵하다시피
했다. 지금도 그때 같이했던 산인들과 가끔 같이 산행을 하지만 퇴직을
하면서 산행 형태가 달라졌다. 무엇보다 자유로운 시간이 주는 장점이
결정적으로 작용했다. 저녁에 잠이 들면서 산이 그리우면 뒷날 배낭을
메고 나갔고, 때로는 아침에 일어나 상쾌한 공기와 푸른 하늘이 좋다고
느껴지면 등산화를 신었다.

그렇게 홀가분하게 떠나서 걷는 산길은 언제나 머리와 몸을 개운하게
만들었다. 숲과 산의 경관은 잡념이 쌓인 머리를 정리해 주었다.

'혼산은 나에게 자유로움의 반영'이었다.

굳이 유명산을 선택하지 않는다. 그런 곳들은 사람들이 붐비고, 길들도
훼손되어 먼지가 풀풀거린다. 한국은 산이 많은 나라고 현재 숲이 잘 조

성되어 있다. 시내에서 떨어진 산골 동네의 뒷산들은 마을의 내력을 들으면서 오르는 재미가 있다. 그런 곳들을 조합해서 짜면 집에서 한 시간 정도 거리에 좋은 당일 산행지들이 수없이 나온다. 그 호젓한 길을 상상하면서 출발하는 차 속의 아침은 항상 새로운 기분을 들게 한다.

산장을 나와 한 시간여 만에 언덕을 넘어 널따란 분지형의 계곡 속으로 길이 이어졌다. 주변 풍경이 예사로워 보이지 않는다. 산 위에서 흘러내리는 계류는 아래로 내려오면서 키 작은 나무 사이로 작은 갈래의 소류를 만들고 있다.

그 가벼운 물살은 이끼를 잔뜩 품은 검푸른 바위들을 감아 돌아 흐르면서 아침 햇살을 받아 반짝거리고 있었다. 물은 어찌나 깨끗한지 바닥에 깔린 잔모래가 유리 속같이 투명하게 비추어 물의 존재 자체를 분간하기 어려울 정도다.

이런 경치를 어떻게 표현해야 할까? 일본인들의 표현이 흥미롭다. 지도상에는 '대절경!'이라는 딱 한 단어로 표시했다.

길은 반은 물길 반은 자갈길, 또는 바위들을 징검다리 삼아 걷는 형태다. 그제 폭우로 완전히 젖은 신발을 어제 맑은 날씨를 이용해 어느 정도

말렸으나, 이곳에서 몇 번 물에 빠지면서 또 완전히 젖었다. 하지만 너무나 때 묻지 않은 자연에 감탄하기 바쁜 마음에 발은 아무래도 좋았다.

아마 사람의 통행이 많은 곳이었다면 나무다리를 만들어 이 늪지를 보호하자고 했을 것이다. 앞서의 가미코지나 다테야마의 무로도 습지에서는 당연한 설치 목록이었다.

습지 지대를 지나 두 시간 정도를 지나자 왼쪽에서 오르는 등산로가 나타났다. 밑에는 유봉호라는 커다란 댐이 있고 그곳까지 차량 통행이 되는 것이었다. 이곳을 쉽게 오르려고 한다면 이 코스를 이용하면 되는 것이다.

쉽게 접근이 가능하면 산인들도 많을 터, 삼거리에는 태랑평이라는 큰 규모의 산장이 있었고 마당의 벤치에는 꽤 많은 사람들이 붐비고 있었다. 갑자기 많은 사람들의 등장에 잠시 어리둥절했지만 저녁에 도착한 약사 다케 산장에서 그 이유를 알 수 있었다.

태평랑 산장을 뒤로하고 걷는 약사 다케까지의 길은 계속 오르막이다. 이때까지의 평원 같은 산길을 걷다가 오르막이 계속되어 체력 소모가 많았다. 그래도 아늑한 숙소를 기대하고 열심히 걸어 내서 도착한 숙소는 아주 실망스러웠다. 아니 이때까지나 이후의 북알프스 종주 코스에서 만난 산장하고는 성격이 전혀 다른 곳이었다.

위치도 이상했다. 비탈진 산 중턱에 자리 잡아 아늑한 안온함하고는 거리가 멀고, 지하수로 퍼 올리는 물은 부족해서 샤워가 안 되는 것은 물론이고 세숫물도 통제가 심했다.

나야 하루 정도 참는 것은 문제가 없었으나 목욕을 하지 않으면 잠을 못 잔다는 일본인들이 더 참기 힘들 것이었다. 침실도 최악이다. 개인용 공간이 없을 뿐만 아니라 홀 같은 큰 방에 30여 명이 방바닥에 함께 자는 구조다.

지각생으로 오후 늦게 등록한 나에게는 운 좋게(?)나마 하나 남은 빈공간에 자리를 배정받았다. 일본인들도 이런 식으로 숙박을 할 수 있구나 하고 자리에 누웠으나 빽빽한 사람들 틈새에서 쉬이 잠들 수 없었다. 벌써 잠이 든 사람들의 코 고는 소리에 양손은 귀를 막고 있어야 했다.

아, 이런 열악한 상황에서 천사가 나타났다!

아니, 바로 뒷산이 약사 부처가 상주한다는 약사산이니까 보살일 것이었다. 카운터에서 나를 맞이했던 중년의 여자 직원이 방으로 살며시 들어오더니 나를 깨웠다. 영문도 모르고 옆방으로 따라 들어갔더니 똑같은 방 구조였지만 방의 가장 구석진 모서리 부근의 비어 있는 한 자리로 안내하는 것이 아닌가!

그 다다미 한 칸의 빈자리가 남았던 것인지 주인이 다른 손님을 설득하여 만들어 낸 것인지 알 수는 없었다. 하지만 후자의 경우가 맞을 것이었다. 왜냐하면 뒷날 저녁에 답을 알 수 있었기 때문이다.

* * *

약사 다케를 오르는 길은 더욱 가파랐다. 자갈과 모래가 뒤섞인 길은 미끄러지기가 일쑤였다. 정상까지 반도 못 올라갔는데 벌써 내려오는 사람들이 있었다. 역시 일

길 방향을 알려 주는 동그라미.

본인들은 빨리 움직였고 나는 늦장 출발이었다. 산장을 나설 때도 어제의 그 여자 종업원은 빨리 서두르라고 걱정을 했다.

약사 다케의 정상은 뭔가 달랐다. 정상표지석도 없는 다른 산과 달리 산신전 같은 전각이 있고, 안에는 약사 석불이 모셔져 있다. 2,900m가 넘는 산 정상의 전각이 화려할 순 없을 터, 단청이 하얗게 탈색된 목조집은 그것이 겪은 세월보다 훨씬 쇠락해 보였다.

궁금했다….

이곳은 북알프스 전체 구간의 딱 중간 지점이다. 유봉호에서 오르는 진입로가 없다면 이 부처에 불공을 드리러 오는 사람이 몇이나 되겠는가. 이렇게 접근이 어려운 산악 속에 약사불을 모시는 산이 생긴 연유가 궁금할 수밖에 없었다.

분명 어떤 불치병을 가진 불교 신자가 이곳에 와서 치유를 했는지 모르지만 접근성 측면에서 일본 최고의 오지일 것이다. 하지만 신앙심이 있다면 무슨 대수이겠는가?

자신의 집에서 수백 km 떨어진 라사까지 오로지 오체투지로서만 가는 티벳 불교신자들이 흔하고, 한국만 하더라도 비슷한 곳이 있다.

설악산 등산 때였다. 소청산장에서 숙박을 하고 하산을 하는데 한 무리의 할머니들을 만났다. 소청산장 바로 밑에 있는 봉정암에 불공을 드리러 올라가는 노인 신자들이었다. 흰 고무신에 나무작대기 하나에 의지해 한발 한발 오르는 그들을 보고 당시 30대가 많았던 우리 멤버들은 아연했고, 설악산이 힘들다고 투덜댔던 입들이 닫혔었다.

약사 다케는 산행지라기보다 종교 순례지였다. 그러기에 어제의 그 불편한 숙박시설을 감수하고 이용하는 것이었다. 한편으로 다른 생각이 들기도 했다.

이런 불편함을 종교인들만 감수해야 하는가, 그렇게 하는 것은 신앙심이 투철해지고 영혼이 좀 더 순결해질 수 있겠지만 보통의 생활인도 그럴 필요가 있지 않을까?

편리함과 풍족함을 좇는 것이 일상화되어 있고 그것을 누리는 것만이 행복인 양하는 사회에 우리는 살고 있다. 가끔은 불편함과 부족함이 필요할 때가 있다. 그린 것들이 정신과 육체를 더 건강하게 하는 경우가 더 많을 수가 있는 것이다.

약사 다케를 지나서도 여전히 길은 거칠었다. 암릉으로 이어진 좁은 길들이 계속되고 양쪽 길은 가파른 절벽이다. 그 구간을 벗어나는 데에도 한참이 걸렸다.

내리막이 나타나고 또 오르고 기복도 심하다. 오르막에 조금만 차올라도 다리 근육이 부친다. 산행한 지 사흘이 지나면서 허벅지와 종아리의 영양이 다 빠져나가고 대신 젖산만 잔뜩 차 있는 것 같다. 다리도 팔도 붓고 얼굴도 부었다.

산행 마지막 날 다테야마 밑에서 모처럼 따뜻한 물로 샤워를 하고 거울을 보는 순간 깜짝 놀랐다. 눈꺼풀이 퉁퉁 부어 눈이 잘 보이지 않을 정도였다. 처음에는 살이 찐 줄 알고 내가 장거리 산행 체질이라고 잠시 착각했었다.

특히 하루 중의 산행에도 오전이 제일 힘들다. 몸이 풀리지 않아 힘을 쓸 수가 없었다. 굳이 비교하자면 하루 걷는 거리의 3분의 2는 오후에 걸어 내는 것이다. 산장까지의 거리가 많이 남았을 때는 마음이 급해 거의 뛰다시피 해 저녁 시간을 맞추려고 했다.

그렇게 북알프스를 힘들게 걸었던 기억이 오래 잠재돼 있을 때 북알프스와 연관된 산악영화를 우연히 봤다. 몇 년 전부터 시행해 오던 울주 세계 산악 영화제에서였다. 마침(제목은 기억이 안 나지만) 일본에서 출품한 영화가 있었고 그것도 북알프스가 배경이었다.

도쿄의 증권회사에 다니는 주인공 젊은 남자는 어느 날 부친의 부고를 받는다. 아버지는 다테야마 근처의 조그만 산장을 운영하고 있 었다. 갑자기 당한 부친의 슬픔도 잠시고, 자신은 부모의 유산 계승에 대한 큰 고민에 빠진다. 가업 계승의 전통이 강한 일본이기에, 긴 고민 끝에 산장을 자신이 책임지기로 결심했다.

그리고 낡고 초라한 산장을 보수하기로 한다. 마침 그때에 아버지의 옛 친구이던 산악인이 소식을 듣고 도와주러 왔다. 필요한 자재를 둘이서 산 아래 마을에서 지게에 지고 오른다. 앞서 언급한 무로도에서 봤듯이 이곳은 해발 2,500m가 넘는다. 아마 산장은 능선 근처에 있을 것이기에 2,700~800m 정도일 것이다. 우리의 백두산 높이다. 젊지만 도시의 증권맨이 그 높은 곳까지 지게 짐을 져 내기가 쉽겠는가? 채 몇십 m를 걷지 못하고 쉬기를 반복했다. 털썩 주저앉아 쉬는 아들에게 아버지 친구는 근엄하면서 단호하게 말한다.

"등짐을 의식하지 마라. 그냥 걸어라."
"산길도 그냥 걷는 것이다."
"명심해라, 그냥 걷는 것이다!"

이 주문 같은 말을 들은 주인공은 짐꾼으로 또 산악인으로 변해 갔다. 물론 영화 속의 가상적인 이야기지만 나에게는 그 말이 예사로이 들리

지 않았다. 그러면서 실제 산행을 하면서 나에게도 주문을 걸어 봤다. 배낭이 무겁게 느껴지고 산길이 힘들어 지칠 때 마음을 내려놓고 묵상하듯 그냥 걸어 보았다. 신기하게도 힘이 덜 들었다. 그리고 한참 더 걸을 수 있었다. 그러면서 생각했다. 등에 진 짐이 물리적인 짐이 아닌 삶의 짐이란 사실이었다.

 살면서 누구나 많든지 적든지 짐을 지고 산다. 그 짐을 무겁게 생각하면 삶이 더 힘들어질 것이고, 가볍게 생각할 수 있다면 좀 더 쉽게 살아갈 것이다. 어차피 인간은 누구나 짐을 지고 산다. 그것이 인생이다. 그것을 지고 걷는 것이다. 어차피 살아야 하는 인생이라면 그냥 지고 걸어야 하는 것이다. 그렇게 생각한다면 삶이 좀 더 가볍게 다가오지 않을까…. 그 영화의 메시지는 그것이었다.

그 힘든 오전의 산행 중에 기운을 내게 하는 상황과 마주쳤다.

바위가 많은 가파른 길을 오르고 있는데 오전 중에 만난 유일하다시피한 등산객이 한 사람 위에서 내려오고 있었다. 인사할 힘도 부쳐서 길 한편에 서서 그 사람을 보고 "도조…."라고 말하며 먼저 내려오라고 손짓을했다. 그런데 이 사람은 자신이 먼저 내려올 생각을 안 하고 길옆으로 비켜서면서,

"와타시와 촛도 야스미타이…."라고 하는 게 아닌가.

자신도 잠시 쉬고 싶다는 그 말을 듣는 순간 복잡한 생각이 겹쳐 떠올랐다. 먼저 올라오라고 그냥 말해도 될 것인데 그렇게 하지 않고 자신도힘들어 쉬고 싶으니 당신이 먼저 지나가라는 극도의 겸양식 화법도 그랬지만, 이들의 산행 문화가 다르다는 것이 느껴졌기 때문이었다.

나는 오랜 국내의 산행길에서 이런 경우를 무수히 겪는다. 위의 상황같았으면 십중팔구 위 사람이 먼저 내려온다. 그것이 편리하기 때문이

다. 그러나 생각해 보면 산행자는 위로 오르는 사람이 힘든 법이다. 위쪽 사람이 미리 비켜 준다면 올라가는 사람이 리듬을 계속 유지할 수 있을 것이다. 그것은 약자를 배려하는 것이다. 이번 일본의 장기 산행에서는 일본인들만의 산행 모습을 볼 수 있는 기회가 되기도 했다. 단체가 움직일 때는 일렬로 간격을 유지한 채 걷는다. 말소리도 크게 높이지 않는다. 산행에서도 일본인 특유의 배려문화가 녹아 있음을 느낄 수 있었다.

점심때가 되었을 즈음 고도가 낮아지면서 나타나기 시작한 숲은 시간이 지날수록 더욱 짙어졌다. 약사 다케의 험한 산악지대를 벗어난 것이다. 그윽한 숲길을 한참 걷는데 길가에 생뚱맞은 룽다가 나뭇가지에 걸쳐진 채로 나타났다. 전혀 예상치 못한 생경한 풍경에 처음에는 다양한 색깔의 만국기 정도로 생각했다. 그 룽다는 이곳이 북알프스 속에서도 또 다른 곳임을 예고하고 있었다.

룽다 너머로 정말로 아담한 산장이 숨은 듯이 자리하고 있었다. 참으로 높고 깊은 이곳의 산속은 히말라야와 다름이 없다는 것을 룽다가 웅변해 주고 있었다. 그것들은 별로 어색하지도 않은 것이었다. 산장 옆 공터에 있는 헬기 운반용인 커다란 포장 뭉치는 이곳이 또한 얼마나 외진 곳인가를 알려 주고 있었다.

그곳을 지키고 있는 사람도 예상 밖이었다. 커플로 보이는 20대의 젊은 남녀다. 이렇게 외진 곳에 어떻게 저런 젊은이들이 있을까 하는 생각이 들지 않을 수 없었다. 그래도 심심한 것은 어쩔 수 없을 터, 여자는 건물 벽 뒷켠에서 담배 연기를 길게 내뿜고 있었고 남자는 주방 겸 사무실에서 컴퓨터에 빠져 있었다.

건물 안을 구경해 본다. 작은 방 4개, 2명씩 자더라도 수용인원은 10여 명 정도다. 정말 일정에 여유만 있다면 이런 곳에 하루라도 머물고 싶었다. 유일한 점심 메뉴인 카레를 시켰다. 약사 다케에서 받아온 점심 벤또가 있음에도 그냥 지나칠 수가 없어서였다. 내가 아니면 오늘 하루 종일 한 사람도 지나지 않을지도 모르는 곳이었다.

히말라야 속의 산장 같은 스교 산장을 지나고부터도 오르막과 내리막의 연속이었다. 숲은 갈수록 짙어져 앞이 보이지 않으니 내가 어디에 왔는지 얼마나 더 걸어야 하는지 가늠할 수가 없다. 스교 산장부터 오늘의 숙박 예정지인 오색산장까지가 지도에 6시간 정도로 표시되어 있었다.

오르고 내리기를 반복하면서 드는 생각은 내가 오늘 걷는 양이 대충 얼마나 될까 하는 것이었다. 내가 자주 가는 영남 알프스의 가지산과 비교하기로 했다. 1,000m가 넘는 그 산을 나는 평소 7시간 정도로 걸어 낸다. 지금 스교 산장을 지나 걷는 오후의 구간이 그 하루 일정의 구간에 해당될 정도일 것이었다. 피로가 쌓인 몸으로 영남 알프스의 큰 산을 두 개째 타고 있는 것이었다.

내 자신이 특이하다는 생각이 들었다. 강철 같은 체력의 소유자도 아니고 의지 또한 그렇지 않으며 나이도 60을 넘어섰다.

그러면 무엇이 지금 나를 이끌고 있는가?

생존 본능이었다. 앞으로 해가 떨어지기 전에 숙박지까지 가야 되고, 중간에 다치거나 기상이 변하기라도 하여 모든 것이 최악으로 변하면 조난 상황이 될 수도 있을 것이다. 휴대폰이 터지지도 않는 곳이고 터진들만리타향(?)인 외국의 깊은 산속에서 어떻게 구조를 받을 것인가.

여행 출발 전에는 일본의 자연과 산이 궁금했고 지난 며칠 간은 그런 것들을 확인하면서 걷는 과정이었다. 그렇게 심적 만족감이 충족되었지만 지금은 육체적 피로와 함께 긴 산행에 대한 부담감이 압박을 하고 있었다.

회고해 보면 일주일간의 산행 중 오늘이 가장 힘들고 먼 거리를 걷는 날이었다. 그렇게 지쳐 걷는 과정에서 희망을 주는 상황이 전개되었다.

4시간 여를 걸어 월중택악이라는 2,591m의 산에 올랐을 때 오른쪽 계곡 아래에 커다란 댐이 길게 뻗쳐져 보였다. 일본 최대의 구로베 댐이었다. 반가웠다. 몇 년 전 알펜루트 관광여행을 왔을 때 봤던 그 호수였던 것이다. 그러니까 나는 이미 다테야마에 근접해 있었던 것이다.

그 호수를 동반자 삼아 가파른 산길을 한 시간가량 내려갔다가 다시 한 시간여를 올라 2,616m의 경산이라는 산의 정상에 도달했다. 그곳은 전망대였다. 북알프스 북쪽 면의 거대한 산군들이 파노라마처럼 전개돼 왔다. 다테야마를 중심으로 한 산군들이 웅거하고 그 너머에는 마지막 지점을 좌표하는 츠루기다케의 검날이 하늘을 찌르고 있었다. 감동은 몸을 돌렸을 때 더 컸다.

까마득한 긴 산맥 너머로 사흘 전 경원의 눈으로 이쪽을 응시했던 야리카다케의 날카로운 창날이 또한 하늘을 향하고 있었던 것이다. 뿌듯한 마음이 가슴을 채우면서 하산을 재촉했다.

30여 분을 걸어 산언덕을 넘어섰을 때 아늑하고 넓은 분지에 제법 큰 산장이 눈에 들어왔다. 오색 산장이었다. 시계는 6시를 지났고 해는 서쪽 산을 넘어가면서 산장은 그 그림자 안으로 숨어들고 있었다. 산장 이름이 5색이라서 예쁘게 지었다고 생각했는데, 그것은 산장 주변의 경관을 정확하게 대변하는 이름이었다.

온갖 종류의 늪지 수생 식물들은 넓은 늪지를 형형색색의 색깔로 수놓고 있었다. 이름 모를 각종의 식물들이 깜찍하고 다양한 야생화를 피워내고 있었던 것이다. 그 늪지를 산책할 수 있도록 된 낮은 나무 데크 길이 그물처럼 놓여져 있었다. 산장은 늪지 한가운데 위치해 있었다. 아름다운 정원길 같은 데크를 따라 산장 입구에 도착했을 때 깜짝 놀랄 말이 들려왔다.

"박 상 아니십니까?"

"맞습니다만, 그런데 어떻게 저의 이름을???"

"약사 다케 산장에서 전화가 왔었어요. 걱정을 많이 하더라고요. 안 오시면 우리가 마중 나갈 준비를 하고 있었어요.

아, 세상에 어떻게 이런 일이!….

순간 한 방을 맞은 듯 머릿속이 놀라서 하얘지며, 한참 동안 혼미할 정도였다. 도대체 어떻게 이런 사람들이 있을 수 있는가….

살아오면서 이런 일을 경험한 적이 있기는 했는가?

생명부지 외국인에게, 그것도 손님으로 가득 차서 뒤치다꺼리하기도 바쁜 숙박업소의 직원이 나의 안위를 걱정해서 온갖 마음을 써 주고 있었다. 어젯밤 잠자리를 챙겨 준 배려까지 생각하면서, 그 보살 같은 마음씨는 감동을 넘어 숙연해지는 기분이 들게 했다.

우리는 일본이 가까이 있기에 일본 여행을 자주 한다. 그들의 지나칠 정도의 친절과 배려 문화를 감탄하면서도 혼내 문화를 들추어 내며 은근히 폄하하기도 한다.

오늘 낮에 등산길에 만났던 남자의 일화까지 생각나면서 이들이 좀 더 궁금해졌다. 조금이라도 참고가 될까 해서 오래전에 사서 가볍게 읽고 서가 구석에 꽂아 두었던 루스 베네딕트가 쓴 책을 꼼꼼히 다시 읽어 보았다.

일본인의 모든 면을 알려 줄 만한 책은 아니겠지만, 지구상의 다른 세계인 같은 그들만의 의식 세계는 남다른 것이었다. 문화의 특징적인 차이와 개개인의 성향으로도 분류할 부분이 있겠으나, 내가 어젯밤부터 오늘 저녁까지 겪은 개인적인 일화는 일본인이라는 특정 국민을 떠나 인간이 가진 본질적 선에 대한 믿음을 확인하는 것이기도 했다.

이런 가벼운 일본 산행기를 써 봐야 되겠다고 마음먹은 것도 이날에 겪은 감동이 뇌리에 오랫동안 강하게 자리하고 있었기 때문이기도 했다.

그것은 야리가다케를 오른 것보다도, 또 산맥 완주를 해 내고 다테야마에 올라 지나온 긴 산악을 보는 여운 이상이었다.

다테야마

오색 산장은 아침도 아름다웠다. 거대한 구로베 댐에서 퍼져 올라오는 수증기는 운무를 만들어 끊임없이 산 계곡을 감싸면서 피어오르고 있었다. 산장 주변의 습지 식물들은 그 물기를 머금은 채 어제 오후보다 더욱 선명한 색깔을 발하고 있다.

아마 추측컨대 1년 중 지금이 가장 아름다운 색이 나타나는 시기인 것 같았다. 다테야마의 무로도 공원도 1년 중 가을철 색깔이 가장 아름답다고 알려져 있다. 고산이기에 늦은 여름이면 단풍이 들기 시작하고 9월이면 절정기이다.

고산 평원의 단풍은 우리가 흔히 보는 그런 단풍이 아니다. 이곳은 그런 단풍나무들이 자라지 못하며 단풍색을 내는 것들은 키 작은 관목들과 풀들이다.

그 관목들보다 풀색이 더 볼 만하다. 단일 식물들이 띠를 이루거나 군락을 지어 고유한 색을 나타내기에 그것들이 보여 주는 고산의 가을 매력이 특별하다. 그런 모습을 지난 여행에서 볼 수 있었다.

중년 여인 한 사람이 목교를 조용히 산책하며 폰 사진을 찍고 있다. 저 사람은 구로베 호수를 건너는 배를 타고 오는 코스를 이용했을 것이다. 이런 곳을 알고 있는 일본인도 많지 않을 듯했고, 찾아오는 것은 더욱 어려워 보였다.

오색 산장으로 가는 예쁜 길. 산 너머로 산장의 지붕이 보인다.

산장을 떠나 다시 산 위로 오른다. 이제는 정말 하체 근육이 가진 에너지가 모두 소진된 느낌이다. 운무가 산 위까지 감싸면서 등산길을 구분하기도 쉽지 않았다.

2,714m의 사자악에 오르고, 그곳에서 2,872m로 표시된 용왕악까지 도상시간 4시간 30분 거리를 6시간 만에 걸어 냈다. 시간이 많이 소요됐지만 보람이 있었다. 바로 눈앞에 다테야마 연봉들이 손에 잡힐 듯이 다가왔었기 때문이다. 긴 종주도 끝을 향해가고 있었다.

바로 눈 밑 산 아래에는 무로도에서 오르는 고갯길이 있고, 작은 산장도 보인다. 그 고개로부터 단체 등산객들이 수없이 오르고 있었다.

그 등산객들과 다테야마를 보면서 감회에 젖었다. 지금 저 산에 오르는 등산객들은 수백 명에 달하는데, 그 맞은편의 산 위는 내가 유일하다. 내가 처음 한국에서 다테야마를 꿈꾸었을 때는 저 산이 신비롭게 들려왔었기에 다테야마는 상당한 등산 경력이 있는 사람들이 오르는 깊은 심산으로 생각했다.

물론 신비한 산인 것만은 분명했다. 후지산과 함께 일본 3대 명산에 속해 있고 예로부터 신령스럽게 여겨져서 신사도 모셔져 있었다. 나중에 올라가면서 만나는 초 중학생의 단체도 참배의 성격을 띤 것이었다.

실제로 다테야마는 여러 모습에서 신비스러운 모습을 보였다. 산 아래 수십만 평의 넓은 무로도 공원 구석구석에는 유황 냄새가 가득한 연기가 하얗게 뿜어져 나오고 공원 중간에는 다테야마가 신비스럽게 비치는 아름다운 호수도 있다.

눈은 얼마나 많이 오는지 초여름이 돼야 겨우 도로가 열릴 정도다. 다테야마는 멀리서 보면 더 신비롭다. 산 아래 마을에서 보는 다테는 연중 하얀 눈으로 덮여 있고, 긴 능선은 '칼날 끝면같이 날이 선 모습'으로 보이기에 다테야마라는 명칭을 붙였다.

다테야마를 오르는 고개에는 초등학교 고학년으로 보이는 아이들이 수십 명 앉아 있다. 머리에는 안전모를 모두 착용하고 인솔자로부터 등산 채비 점검을 받고 있었다. 안전장치를 확실하게 하겠지만 아이들을 이런 높은 산에 올리려는 어른들의 생각도 대단하다고 느껴졌다. 무로도 버스 터미널에서 4시간이면 왕복이 가능하다. 그래도 3,000m가 넘는 산이고 지금 앞에 있는 오르막은 매우 가파르고 미끄러운 길이다.

나도 개인적으로 담임교사를 할 때 소풍날에 아이들을 데리고 하루 등산을 하기도 했다. 가까운 공원이나 가서 도시락을 먹고 오후에는 게임방에 가고 싶은 아이들을 달래어 산을 오르게 하는 것이 싫지만은 않았었다.

가파르고 미끄러운 길이었지만 근교산을 오르는 분위기다. 많은 사람이 오르내리면서 만든 산길은 도로같이 반질거렸다. 한 시간여를 오르자 3,003m의 오야지산에 도착했다. 정상에 있는 신사 앞에는 참배를 기다리는 사람들로 번잡했다. 사람들을 피해 20분 정도 오르자 다테야마의 중심격의 산인 오난지야마에 도착했다. 3,015m의 최정상으로 다테야마를 대표하는 산이었다. 산의 꼭대기에 섰다.

마침내 다테야마까지 온 것이다!

나 자신도 모르게 스틱을 든 양손을 하늘을 향해 쳐들었다. 그리고 몸을 돌려 남쪽을 쳐다보았다. 까마득히 긴 능선을 가로질러 서 있는 야리가다케를 확인했다.

다테야마란 말을 듣고 그곳으로 가기로 마음을 먹은 후 거의 10년 만에 온 것이고, 그것도 계획하지 않았던 남북 종주를 해 내었다. 다시 한번 종주를 한다면 싱거울 수도 있겠지만, 아무런 정보도 얻지 못하고 주위의 별다른 도움도 없이 혼자서 모든 것을 해 낸 것에 대한 뿌듯함이 매우 컸다.

바로 이런 식이 나에게 맞았다!

숙련된 전문 등반가들에게는 에베레스트 같은 지구상 최고봉이 목표겠지만 내 나름의 모험적 산행은 이런 것이 어울리고 훨씬 흥미롭고 재미있는 것이었다. 사람들의 눈을 의식하고 유행하는 코스였다면 나는 아마 시도하지 않았을지도 모른다.

물론 이 종주 코스가 지도에도 나 있을 정도의 길이었지만 나의 상상력과 추측의 결과로 발견했고, 그랬기에 스스로 미답의 길을 걷는다고 생각했다.

그런 길이었기에 산행을 완료한 후에도 가까운 지인들 외에는 이 완주를 별로 자랑스럽게 말하지 않았다. 오로지 내 마음속의 성취감으로 남겨 두는 것이 가슴을 더 채우는 것이었다.

나에게 장거리 모험 산행은 세상에 내세우는 것이 아닌 내 마음을 지탱하는 정신적 영양제 역할을 하는 것이다.

배낭을 메고 다시 걷는다. 이곳은 다테야마가 상징적 의미를 갖지만 산행인들은 다른 산까지 간다. 북알프스 끝을 지키는 츠루기 다케가 있기 때문이다.

그 산을 오르는 길목에는 두 개의 산장이 있었다.

해가 거의 넘어갈 때 즈음 산 입구에 있는 산장에 도착했다. 빈자리가 없단다. 산행 중 유일하게 입실을 거부당했다. 그러면서 건너편 계곡에 있는 산장을 추천해 주었다. 혹시나 그곳에도 자리가 없으면 큰일이다 싶어 바쁜 걸음으로 이동했다. 어둑해졌을 때에 도착한 그곳은 다행스럽게 빈자리가 있었다. 식사도 가능했다. 오늘도 10시간 이상을 걸었는데 만일 이곳에도 잘 수가 없었다면 정말 난감할 뻔했다. 그래도 운은 여기까지였다.

뒷날 아침에 비가 내리기 시작한 것이다. 만감이 교차하는 비였다. 저 비가 내리기 시작하면 언제 그칠지도 모르고 산 중간에서 만났다면 아찔할 정도로 어려운 일이 생길 것이었다. 이 높은 고산 속의 비는 항상 장막은 운무를 동반하고 있었다.

츠루기 다케를 포기하는 것이 크게 어렵게 생각되지 않았다. 칼날같이 가파른 등산로는 일본 산인들에게도 인정받는 험산이었다. 피로가 누적되어 퉁퉁 부은 몸으로 저곳을 오르기도 만만치 않을 것이었다. 고생도 할 만큼 했으니 이제 쉬라고 하는 것이 다테 산신이 명령하는 것이라고 받아들였다.

실망할 필요도 없었다. 무로도 평원의 초가을 단풍평원이 나를 반겨 줄 것이었기 때문이다. 그 아름답고 넓은 습지를 이어 주는 그림 같은 나무 다리들이 나를 이끌고 있었다.

4

중국의 명산

태산 정상의 옥황상제를 모시는 옥황정. 산 아래는 태산시.

들어가기

퇴직 직후 2년 가까이 중국 중심으로 여행을 했다. 고도성장하는 중국 경제를 보면서 그에 따라 사회 문화의 모습도 급변할 것이기에 조금이라도 그들의 전통적인 모습을 보고 싶은 의도도 있었다. 그리고 무엇보다도 오랜 역사와 함께 그들이 만들어 낸 깊이 있는 문화를 가볍게나마 탐방하고 싶었다.

그런 여행에서 마주친 중국의 거대하고 다양한 지형은 그 크기만큼이나 이채로웠다. 문화유산을 보면서 산행도 자동적으로 연결되었다. 우리의 산하도 그렇듯이 역사의 깊이가 더한 중국의 산도 그만큼 사연을 많이 간직하고 있었다. 하지만 우리와 같은 듯하면서 다른 점도 많았다. 그런 것들이 많은 중국산행을 하게 만들었다.

민족의 영산인 백두산(중국에서도 10대 명산에 포함)은 퇴직 전에 고구려 유적 탐방 겸해서 간도에 갔을 때 올라갔었고, 운강석굴과 용문석굴을 답사하면서 중국 5악 중에 속한 북악의 항산과 중악 숭산을 가볍게 나마 산행했다. 중국 남방 여행 중에는 남악 형산이 중심이었고, 5악을 모두 오를 의도로 동쪽의 태산 산행을 마쳤으며, 마지막 남은 시안에 있는 서악 화산은 코로나 때문에 지금껏 미루고 있다.

실크로드 여행 중에는 우루무치에서 천산에 올라 내륙과 다른 침엽수에 둘러싸인 인상적인 산의 모습에 심취했으며, 티벳에서 네팔에 넘어가는 길에서 본 에베레스트는 중국 쪽에도 속해 있음을 확인했다.

페키지 상품으로 여행사를 따라 산행을 하기도 했다. 야생화가 아름답다는 홍보 문구 하나에 홀려 사천성 깊은 곳의 쓰구낭산을 오를 때는 고산증을 겪기도 했고, 아바타로 더 유명해진 장가계는 아내와 함께 탐방했지만, 개인적으로 가서 오랫동안 머물고 싶은 그윽한 곳이었다.

BBC에선가 세계 3대 트레일이라고 홍보되어진 운남성의 호도협을 1박 2일간 트레킹을 했지만, 과연 세계 3대라고 말할 수 있는지 의문을 갖기도 했다. 그래도 그 배후도시인 여강과 가까운 전통 도시인 대리는 가히 중국을 넘어 세계 최고의 여행지였다.

삼국지의 무대인 옛 촉나라의 수도인 성도를 여행하려고 한 것은 아미산이 그곳에 있기 때문이기도 했다. 3,000m가 넘는 그 산을 하루 만에 올라 피폐해진 육체를, 그 뒤에 산행한 이웃의 푸근한 청성산이 많이 회복시켜 주기도 했다.

문화 탐방보다는 산행을 우선한 목적으로 여행한 곳이 강서성의 노산과 안후이성의 황산이었다. 황산에 비해 우리에게 덜 알려진 노산이었지만 구름이 자욱한 산속에서 느낀 기이하고 수려한 경치는 가히 동양적 산의 전형이었다.

이 정도면 중국의 산에 대해서 좀 말할 수 있지 않겠는가?

위에 열거한 것만 해도 중국인이 내세우는 10대 명산에 6곳이 속해 있고, 5악 중 4악이 들어 있다. 탐방을 자랑(?)하는 느낌이 들 정도로 열거한 것은 중국 산행기를 대한 설명을 보충하는 데 필요하기 때문이다.

하지만 중국 산행기를 쓰려고 하는데 문제가 생겼다. 사진들이 사라진 것이었다. 수많은 여행 사진들을 잘 보관한답시고 대용량의 외장하드까지 구입해서 모두 저장했었다. 막상 산행기를 쓰기 위해 사진들을 확인하는데 세상에! 모든 사진들 중 유독 황산(첨부된 것은 지인이 보내 줌) 아미산 등 주요 산의 사진들이 없는 것이다. 그래서 중국 산행기를 쓰는 것이 망설여질 수밖에 없었다. 사진 한 장 없는 산행기는 너무 밋밋할 것이다. 그런 가운데 정말 다행스럽게도 태산에서 찍은 몇 장의 사진이 다른 여행 사진 속에 남아 있는 것이 있었다.

약간의 고민을 하는 가운데 퇴직한 지인들이 중국의 산에 대해 관심을 많이 보이고 있었다. 사진이 부족하더라도 나의 산행 체험기가 이들에게 조금이나마 도움이 되겠다는 생각을 했다. 산행한 곳들이 거의 10여 년이 다 된 곳들이기에 가장 인상적이고 중심적인 태산과 황산, 아미산만이라도 옛 기억을 다시 한번 추스르기로 했다.

태산

먼저 태산으로 간다.

"태산이 높다 하되 하늘 아래 뫼이로다…"라는 시조에 나오는 태산은 나의 머릿속에 높은 산으로 각인되어 있는 산이었다. 인간의 도전과 노력을 강조하기 위해 교훈적으로 쓴 시조이기에 시조에 나오는 태산은 중국의 태산이 아닌 상상 속의 산이라는 주장도 있었다.

하지만 과장적 표현을 좋아하는 중국인들의 특성을 고려하더라도 그 이름값을 하는 무언가가 있을 것이라는 생각으로 태산을 꼭 오르고 싶었다. 태산은 본격적인 중국산행 가운데 일 번이 되었다.

산행은 하루 일정으로 잡았다. 산 정상에 숙박업소가 있는 것을 알았지만 중국 산에 대한 이해가 부족하여 산 위에서의 숙박은 고려하지 않았다. 그보다는 하루 일정으로 충분히 등정이 가능한 것으로 보았기 때문이었다.

그렇게 나에게 태산은 이때까지 여러 산행에서 그래왔듯이 등정 그 자체가 목적이었다. 계곡을 따라 오르면서 숲을 보고 능선을 타면서 주변의 경관을 즐기다가 정상에 올라 등정의 성취를 맛보는 그런 것이다.

그런데 아니었다. 태산은 우리가, 적어도 내가 생각한 그런 산이 아니었다. 산이 주는 느낌은 개인의 취향이 작용하기에 태산의 자연적인 멋은 호불호가 있을 것이다.

하지만 그런 것을 느끼기도 전에 태산은 초입부터 다른 것을 생각하게 만들었다. 태산의 산행은 중국산뿐만 아니라 우리의 산, 일본의 산 등 동양의 산을 이해하게 만드는 뿌리를 가지고 있다는 것이었다.

유사 이래 자연과 사람은 불가분의 관계를 맺으며 살아왔다. 널찍한 평야는 개간의 대상이 되어 토지를 일구어 농산물을 생산하여 인간을 부양해 왔다. 반면에 주변의 산악은 경원의 대상이 된다. 깊은 숲이 있고, 그 속에는 맹수들이 우글거렸다. 긴 계곡에서 흘러나오는 풍부한 수량은 그들의 농지를 적셔 작물을 키워 주었다.

그런 산들이 많지 않고 유독 큰 산 하나만 우뚝 솟아 있다면 어떤 대우를 받을까? 그것도 대평원 한가운데 있다면….

거의 신적인 대접을 받을 것이고, 실제로 신격화되었다. 중국 전설 속의 창조신 반고의 머리가 변해서 태산이 되었다. 팔, 다리가 나뉘어 나머지 4악이 된다. 그러니 태산이 오악 중 최고의 자리를 차지하게 되었다.

큰 산이기에 신도 많다. 태산 신의 딸도 신이다. 벽하신군이 나중에는 태산에서 가장 인기 있는 자리에 오른다. 인간의 병과 재난을 구원해 주고 소원을 들어준다는 만능 신으로 여겨서다. 태산석감당은 요괴를 물리치는 능력을 가진 신이다. 이 신은 중국 본토보다 해외에 더 인기가 있어 일본, 동남아로 전파되었다.

그래도 태산의 최고 신은 동악대제다. 이 신에 잘 보여야 국가가 부강하고 인민이 편안할 것이었다. 당연히 역대 제왕이 등극하면 신고식을 치르기 위해 이곳까지 왕림했다.

진의 시황이 처음 시작한다. 멀고 먼 시안에서 이곳 동쪽 변방까지 오는 것이 좀 번거로웠을까? 온갖 폼을 잡으려고 했고, 그것은 자신이 천하의 맹주가 되었음을 만천하에 알리는 것이었다. 다분히 정치적인 쇼였지만 엄청난 규모의 행차에 역효과도 컸었다. 진 제국의 단명을 이런 것하고 연관시킨다면 조금 오버되는 측면이 있지만, 이후 황제들은 규모는 줄였을지언정 형식은 지켜야 했다. 태산 아래 있는 제사 건물인 대묘는 그 자체로 볼거리였다. 궁궐의 형식에 따라 짓는 대묘였기에 규모가 엄청났다. 또 중국은 도교가 중심적인 종교다. 도교 신을 모신 신전 격인 대묘를 구경하는 것도 중국 여행의 볼거리였다.

따로 남악의 형산에 대한 탐방기를 쓰지 않을 것이기에 이 대묘와 연관지어 가벼운 형산 이야기를 여기에 곁들이고 싶다.

형산에 오르기 전날 밤, 산 아래 숙소에서 잠을 이룰 수가 없었다. 밤새도록 계속되는 알 수 없는 총포 소리 때문이었다. 그 원인이 궁금하여 등산을 하기 전 현장을 찾아갔다.

남악 대묘 앞이었다. 운동장만 한 넓은 광장에는 향 무더기가 커다란 산언덕 같이 쌓여 불꽃을 내며 폭발하고 있었다. 짙은 향기는 도시를 메웠고 솟아오르는 검은 연기는 하늘을 시커멓게 뒤덮고 있었다.

그 폭죽형 향이 어디서 나올까?

대묘 앞 긴 상가 거리의 모든 가게는 향 한 가지 품목만 팔고 있었다. 그 광장 앞에 있는 대묘는 어떻겠는가?

웬만한 아시아의 궁궐 규모를 능가하며 베이징의 궁궐과 비교될 정도였다. 적어도 그곳에는 유교 같은 윤리적 사상은 자리할 곳이 없었으며,

하루 앞만 내다보기 바쁜 중국 서민의 삶만 있었다. 그런 것들이 아침부터 혼을 빼앗다시피 했기에, 형산의 산악 모습이나 산행에 대한 기억이 별로 남지 않을 정도였다.

그 남악 형산과 내가 지금 오르는 태산도 도교의 본산들이다. 도교에서는 신들이 다양했다. 등산의 시작 지점인 홍문을 지나자마자 나타난 관우묘도, 관우가 신으로 모셔져 있는 사당이었다. 무신인 관우가 재물을 채워주는 신으로 변해 있었다. 못 말리는 중국인들의 재물욕에 후덕한 관우가 체면을 구기고 있었다.

여러 유명 신들이 상주하기도 하며 황제들이 친히 왕림하여 제사까지 지내면서 내로라하는 유명 인사까지 태산을 찾았다. 산 입구의 '공자 등림처'라는 글귀는 공자 방문의 증거였고, 이백, 두보, 구양수 등 수많은 시인 묵객들에게도 필수 방문처였다.

이들이 그냥 갈 리가 있는가….

　모두 한 마디씩 태산을 함축적으로 표현했고, 그것을 바위벽에 새겼다. 그 석각 수가 무려 2,200여 개! 산속의 '야외 박물관'은 그냥 붙여진 이름이 아니었다. 자주 산을 오르는 시대가 아니었기에 그들에게 처음 접하는 태산은 천하기관(天下奇觀)이었고, 동방일주(東方一柱)였다.

　하지만 나에게 다가온 태산 산행의 특이한 면모는 이런 역사 문화적 모습과 함께 나타난 특이한 등산로였다. 이른바 **돌로 된 계단길**이다.

　등산로 입구인 일천문에서 마지막 경사로인 남천문까지 빈틈없이 돌계단으로 깔려 있다. 그 돌계단도 자연석으로 쌓은 것이 아니었다. 어떻게 무슨 도구를 사용했는지 모르지만 너무나 정교하게 다듬어 빈틈없이 짜 맞추어 놓은 것이다. 정 같은 것으로 다듬었겠지만 겉모습은 면도날 같은 예리한 칼로 자른 두부의 단면보다 더 매끈했다.

　처음에는 황제가 다녔던 길이니까 그렇게 만들었다고 생각했고, 그런 길을 걷는 것이 어떤 면에서 우쭐한 기분이 들게 할 정도였다. 적어도 한 시간 정도는 그 계단을 오르는 것이 썩 싫지 않았다.

　하지만 상상하시라….

1,500m가 넘는 높은 산으로 오르는 길이 모두 계단이라니! 무려 7,212 개라고 실제로 세어본 사람이 있었다. 끝없이 이어진 계단을 오르며 싱거운 생각도 들었다. 이것이 아파트라면 몇 층 정도 될까 하는 것이다. 대략 500층에 해당하는 정도는 돼 보였다. 가끔 운동 삼아 이용하는 20층의 우리 집 아파트 '계단 걷기'를 25번 해야 태산 정상까지 도달하는 것이다.

아무튼 나는 그 모든 계단을 완벽하게 걸어 올랐다. 중간에 케이블카도 있었지만, 유혹의 대상에 넣지도 않았다.

태산에서 단련된(?) 계단 오르기는 이후 1,800m가 넘는 황산에 갔을 때도 이어졌다. 황산에서 그렇게 했으니 아미산에서도 고집을 꺾지 않았다. 3,070m의 아미산을 하루 만에 돌계단만 걷고 올랐다. 도저히 재미라고 말할 수 없는 것이었지만, 황산과 아미산에서 걸어서 올라가는 산행인은 내가 거의 유일하다시피 했다.

황산과 아미산의 계단 산행은 산 아래서부터 산의 전면을 체험하려는 나의 의도였지만 일반적인 산행에서는 비추였다. 수려한 두 곳의 산은 고행(?)하는 곳이 아니라고 입을 모아 말하고 있었다. 그곳의 산들은 케이블카는 당연하고 산 중턱까지 버스도 운행하고 있었다.

하지만 태산은 성격이 다르다. 고달픈 계단길이지만 놓칠 수 없는 문화재들이 5시간의 정상 구간까지 깔려 있다. 그러했기에 상당수의 중국인들도 계단 걷기에 동참하고 있었다. 하지만 초행의 관광인들에게는 지난한 고행 같은 것이다.

　혼히 마의 구간이라는 중천문에서 남천문까지는 경사가 장난이 아니다. 밑에서는 윗사람의 엉덩이만 보이고, 쉬면서 밑을 보면 올라오는 사람의 머리만 보인다. 평소에 산을 잘 타지 않는 관광객들에게는 오죽 힘들었을까?

　혹시 미끄러질까 봐 길 끝 난간을 붙들고 가쁜 숨을 몰아쉬기에도 바빠 보였다. 다행히 그 구간은 케이블카가 운행되기에 올라오다가 중간에 도로 내려가 그것을 이용하는 사람이 많았다.

　그래도 끝까지 그 길을 올라간 사람들에게는 충분한 보상이 기다리고 있다. 내려다보는 까마득한 긴 계단 길은 그 자체로도 장관이고 처음 그런 길을 올라간 사람에게는 얼마나 큰 성취감을 주겠는가…. 남천문 입구에는 한참 동안 쉬어야 할 사람들과 경관을 보는 사람들로 빈틈이 없었다.

남천문을 지나면 정상으로 가는 넓은 길이 열려 있었다. 그 길을 '천가 (天街)라고 했다. 길 이름이 쓰인 아치형의 패망은 이름에 걸맞을 만큼 품격있는 하늘 위의 건축물이었다. '하늘에 있는 도시 거리'답게 상점과 숙박시설들이 널찍한 길을 따라 자리 잡고 있다. 하늘 거리에서 사 먹는 국수 맛도 천하제일이란 중국식 과장법에 어울릴 만했다.

천가 거리에 있는 벽하신군 사당 벽하사. 인기가 많았다.

적당한 포만감에 천하제일의 산에 올라 걷는 하늘길은 어디에서도 느끼기 힘든 커다란 충족감을 주었다. 태산이니 천가니 하는 낱말이 주는 심리적 요소도 무시할 수 없는 것이었다.

심리적 충족감을 주는 것이 또 기다리고 있었다. 벽하신군을 모신 사당이었다. 재난을 물리치고 소원까지 들어준다는데 마다할 이유가 없었다. 별로 아깝지 않은 입장료를 내고 들어가 향불도 피운다. 이런 특별한 곳에 올 수 있게 한 것도 저런 신의 도움이 있었다는 생각이 들었다.

산은 낮아도 정상에 올라야 제맛이 난다. 하지만 모든 산을 그렇게 해서는 안 되는 것이었다. 태산을 지극히 아끼는 중국인들은 신이 사는 정상을 인간이 밟는 것을 불경이라 생각하는 것 같았다. 제일 높아 보이는 봉우리 한가운데에는 옥황상제를 모신 옥황정이 번듯하게 자리잡고 있었다. 건물 꼭대기를 올라갈 수 없는 일, 건물 주변을 돌면서 태산을 조망했다.

그때 딱 드는 느낌,

태산은 그 이름값을 한다는 것이었다!

정상으로부터 수많은 능선들이 적당한 기울기를 유지하며 희미한 안개 너머로 아득하게 뻗어 나가고 있었다. 각 능선에는 희고 큰 바위들이 소나무 숲 위로 튀어 올라 야성적 산악미를 보이고 있다. 그 생동감 있는 모습은 어떤 면에서 살아 있는 거대한 생물체를 연상시키는 것이었다. 우주에서 거대한 문어류가 중국 동쪽의 광활한 평원에 막 내려와 여러 가닥의 발을 사방에 뻗은 모습 같았다.

정확하게 온 천하가 산 아래에 깔려 있고 한눈에 다 들어오는 것이다. 이런 산의 형상은 산의 대소를 떠나 내가 지구상에서 보아 온 산 모습 중 가장 특이한 것이었다. 이렇게 거대한 몸체가 온 천하를 꽉 쥐어 밟고 있으니 어찌 감탄이 나오지 않겠는가!

'태산에 오르니 천하가 작아 보이더라'라고 한 공자의 말은 결코 허튼 말이 아니었다.

하산을 한다. 왔던 길을 그대로 답습할 순 없다. 산의 다양한 모습을 봐야 하기 때문이다. 북쪽으로 내려가는 길이 지도에 나와 있었다. 그 길을 따라 내려갔다.

계단 길을 싫어하는 한국 산행인들이 많이 오기에 '한국길'이란 길이 만들어졌다는 말을 듣기는 했다. 그 길을 별로 찾고 싶지 않아 북쪽으로 방향을 잡았다. 중국의 산은 중국산답게 끝까지 걷고 싶었다. 동쪽으로 오르는 길보다 경사가 급하지는 않았지만 변함없는 돌계단이었다. 그 돌계단은 완만한 경사면만큼이나 길고도 길게 깔려 있었다. 차이는 또 있었다. 산 아래 끝까지 내려가는데 한 사람도 만날 수 없었다는 것이다.

황산

　나는 세상사에 대해 꽤 탈속한 체하면서 산다. 명예가 부질없다고 하기도 하고, 자신이 가진 재산을 제대로 써 보지도 못하고 저세상에 가더라는 농담을 하기도 한다.

　하지만 지구의 특별한 유적이나 경관에 대해 탐방하는 것에는 유달리 집착을 가졌었다. 소위 말하는 7대 불가사나 죽기 전에 봐야 할 40가지 여행지라는 상업적 홍보 문구 같은 것도 나에게는 마술적 주문이었다. 그런 것들을 직접 가서 보지 못하면 눈을 감을 수 없을 것 같은 강박관념 같은 것이 있었다.

　실제로 그곳에 가서 본 인류의 문화유산들은 결코 실망시키지 않았다. 엄청나게 도파민을 분출시켰기에 어떤 마약류보다도 중독성이 큰 것이었다.

　적어도 퇴직 전까지 그런 곳들을 거의 탐방했다 할 정도로 부지런히 다녔다. 우연하게도 퇴직할 즈음 그런 여행지가 마무리되었고 마음이 홀가분해지면서 지구의 자연 쪽으로 방향이 옮겨져 갔다. 그렇게 나를 맞이한 세계의 자연은 마음을 편안하게 하며 삶을 여유롭게 했지만, 그것도 또한 강한 중독성을 갖는 것이었다.

　산이 산을 부르는 것이다!

　태산을 갔다 온 지 채 두 달도 되기 전에 다시 배낭을 걸쳐 매었다. 이번에는 황산이다. 중국인들이 제일 좋아한다는 황산이다. 어디 중국인들만 그럴까? 한국인들 중에서도 산행인이나 중국을 다녀온 여행자 중 황산을 모르는 사람이 없는 것 같았다.

사진 작가가 찍은 몽환적인 분위기의 황산 전경.

　나도 개인적으로 가장 먼저 가 보고 싶은 산이었으나 아내와 함께 아바타 영화를 보고 난 후 장가계에 순위가 밀렸다. 가상적 촬영기법으로 찍은 영화 속의 장가계보다 실제로 가서 본 장가계 산속은 더 몽환적이고 환상적이었다. 그런 장가계에 취하고 태산이 감동을 더하면서 황산이 다급하게 손짓했다.

　왕복 10일의 여행 기간으로 난징으로 날아갔다. 패키지 단체 산행이라면 3박 4일 정도겠지만 일주일의 여유 기간을 두었다. 황산을 등반한 후 남은 기간에 주변을 여행할 생각이었다. 그 황산 주변은 중국 여행지 중에서도 손꼽히는 강남지방 문화를 보여 주는 곳이었다. 일주일 정도의 여유 기간을 가지는 것은 특별히 중요한 점을 염두에 둔 것이었다.

날씨를 잘 살펴야 한다!

온난 다습한 양쯔강 이남은 비가 많은 곳이다. 거기에다가 넓은 산악을 포함하고 있는 황산 일대는 비가 많기로 유명하다. 그래서 맑은 날씨에 산을 오르기 위해서는 여유 일정이 필요한 것이다.

나의 예측은 정확했다. 아슬아슬할 정도로 10일이 딱 필요했다. 황산의 배후도시 황산시를 거쳐 산의 입구인 탕구에 도착했다. 산악 속의 깊은 마을은 어둠에 젖어들고 있었고, 거기에 비까지 추적추적 내리고 있었다. 그래도 다음 날을 기대하며 숙소를 찾아 나섰다.

다음 날 아침, 맑은 날씨를 기대했으나 여전히 비는 내리고 있었고 산자락은 운무로 뒤덮여 산의 형상도 제대로 구분하기 힘들 정도였다. 아침을 간단히 해결하고 날씨와 주변의 정보라도 파악해야 하겠기에 등산로 입구로 갔다.

채 9시도 되기 전이다. 산 위로 오르는 케이블카 탑승구 앞 공터에는 빈 공간이 없을 정도로 사람들로 가득 차 있었다. 친절하게도 근처 안내소에는 황산에 대한 기상도를 보여 주고 있었다. 적어도 앞으로 사흘간은 비였다!

약간 아쉬움이 있기는 했지만 일정에 여유가 있기에 산행에 대한 아쉬움을 접고 다시 케이블카 입구 쪽으로 구경을 갔다. 그 많은 대기자들의 동향을 보고 싶기도 했다. 나같이 마음을 바꿔 돌아갈 사람이 있지 않을까 하는 예측을 했지만 세상 물정을 모르는 생각이었다.

모두 1회용 비옷을 입었고, 신발이 젖을까 봐 비닐봉투를 발목까지 감싸 안은 완전 방수 복장으로 제대로 된 줄도 없이 광장을 꽉 채워 순서를 기다리고 있었다.

그들을 데리고 온 인솔자들은 더욱 가관이다. 그들이 들고 있는 현금 뭉치에 눈이 갈 수밖에 없었다. 최고액 단위인 노란색의 100위엔 다발을 손아귀에 꽉 쥐고 매표소 입구에 진을 치고 있었다. 입장료가 몇만 원이나 되는 것을 감안하면 어림잡아 수백만 원이 넘는 돈이었다.

이것도 풍경이라면 하나의 여행 풍경이었다.

중국의 국민소득이 늘어나면서 수많은 사람이 여행대열에 동참하고 있다. 나는 이것을 인지하고 있었기에 가급적 빠른 시기에 중국 여행을 하려고 했다. 퇴직을 하자마자 중국 여행을 본격적으로 했지만, 그것도 늦은 감이 있었다. 이미 중국의 여행 수요는 폭발적으로 늘어나고 있었다. 그것을 온몸으로 체험하는 사건이 있었다.

중국의 고대 문화를 탐방하기 위해 북쪽 지역을 아내와 여행하고 있을 때였다. 운강 불교 석굴 사원을 탐방하고 남쪽으로 내려가면서 핑야오란 데를 들렀다. 핑야오는 명·청대의 중세 도시 건축물들이 거의 완벽한 상태로 보존된 도시였다. 그 건물들 가운데 유명하다는 관청건물을 들어갔다. 하필 그날은 무슨 기념일이었던지 모든 관람처가 무료였다. 수백 대의 관광버스와 함께 깃발을 든 인솔자를 따라 구름 같은 관광객이 조그만 도시를 가득 메웠다.

우리가 들어간 건물의 입구와 출구가 달랐고 빠져나오는 출구는 한두 명이 들락거릴 정도로 좁았다. 수백 명의 사람들이 뒤에서 밀고 있었고, 중간에 끼인 나와 아내는 질식 일보 전이었다. 혹시 아내가 질식할까 봐 완충작용을 하려고 온 힘을 다해서 두 손으로 앞사람의 등을 밀면서 기듯이 문 쪽으로 전진했다. 그때 드는 생각, 내가 만일 실수라도 하여 넘어지면 즉시 압사당한다는 것이었다.

잊혀지지 않는 공포의 경험이었다. 이 글을 쓰는 한 달 전 즈음에 서울 한복판에서 유사한 대형 압사 사고가 났었다. 나는 지인들에게 도저히 믿기지 않은 그 참사 사건의 비슷한 경험을 중국 여행에서 했었다고 얘기했다.

하지만 엄청난 인파의 관광객이지만 개개인에게는 연중 중요한 행사 중의 하나일지도, 어쩌면 평생 한 번의 기회로 온 것일 수 있다. 모처럼의 계획으로 황산에 왔었는데 비가 무슨 대수랴! 혹시나 하는 기대를 가지고 긴 케이블카 대기 줄에서 비를 맞으며 서 있다.

그렇지만 나는 잘 안다. 이런 우중에는 결코 산 경치를 볼 수 없다는 것을 오랜 산행 경험에서 익히 알고 있기 때문이다.

* * *

미련 없이 발길을 돌려 '후이 조우'로 가기 위해 황산시행 버스를 탔다. 사실 비 때문에 황산 등산이 무산됐어도 별로 초조한 기분이 들지 않았다. 황산 인근에는 중국에서도 유명한 관광지가 산재해 있었기 때문이었다. 세계문화유산에 등재된 전통 마을이 있고, 또 중국 남방 지역의 가장 전원적인 농촌 풍경을 보여 주는 곳이 있다는 것을 알고 왔기 때문이다. 산을 오르거나 이곳을 들리는 것은 순서의 차이일 뿐이었다.

먼저 전통 마을인 시디를 찾아갔다. 마을 입구에 있는 패방이 인상적으로 다가왔다. 황산의 정상부 천가 거리를 알려 주었던 그 패방이다. 조정의 허락을 받아야 세울 수 있기에 중국 전체를 통해서라고 흔치 않은 것이라고 했다.

흥미로운 점은 이곳 후이 조우에서는 명망 있는 관료들이 세웠던 패방에 비해 대상인들이 세웠던 것이 많다는 점이다. 국가에서는 대상인들의 체면을 위해 이곳

에 특별한 허락을 했었다. 그 패방들이 마을 입구에 줄을 서듯이 세워져 있다. 그 패방들 아래로 걸어 들어가는 느낌은, 번성했던 고대 로마 시대에 도시 입구 도로에 세워진 기둥들 사이를 걸어 들어갈 때 느꼈던 기분과 비슷했다. 우아하고 오래된 역사 건축물은 그 옛 지역의 품위를 높여주고 있었다.

그런 패방 거리를 통과해 들어간 마을은 또 얼마나 특별하겠는가….

큰 저택으로 채워진 마을이 기다리고 있었다. 하얀 회백색으로 칠해진 넓고 높은 집 담장 위에는 검은 기왓장이 가지런히 덮여 있고 건물 벽면의 높은 공간에 작은 창문들이 달려 있다. 저렇게 높은 창문은 어떤 도둑도 넘나들 생각을 못 하게 만드는 것이었다.

그래도 집안은 밝은 구조를 가지고 있다. 담백한 장식을 한 현관을 지나 들어선 내부는 채광이 잘되어 들어온 빛이 네모진 마당을 환히 비추며 섬세한 조각으로 채워진 내부 벽에 이르고 있었다. 이런 건축 구조를 '후이조우 건축양식'이라고 했다.

건물을 만든 주인공은 명, 청시대 활약한 상인 계급이었다. 젊을 때부터 고향을 떠나 상인의 길을 걸으며 부를 일구어 고향에 돌아와 이런 집

을 지어 안거했다. 이러한 독특한 건축양식은 인근 남반 권역에도 영향을 주었다.

나는 장시성과 안후이성 주변을 버스를 타고 지나면서 온통 흰색의 집들로만 이루어진 마을 모습을 보고 매우 특이한 느낌을 받았다. 검고 칙칙한 마을 모습을 한 하북 지방과는 다른 그것은 오히려 스페인 남부 지방이나 그리스 해변의 하얀 마을을 연상시키는 것이었다.

오후에는 이웃의 홍춘 마을로 들어갔다. 세계문화유산에 등재된 이 마을도 전통적인 건물이 많았다. 아기자기한 마을 구경을 하다가 동네 한가운데 있는 연못에 이르렀다. 버드나무가 커다란 연못가를 장식하고 연못 한가운데를 가로지르는 아치형 석조 다리는 예술적 건축물이었다.

＊　＊　＊

다음 날도 후이조우의 작은 마을들을 구경하고 혹시나 하는 마음으로 저녁에 황산 입구로 다시 갔다. 비는 끊임없이 내리고 있었고, 운무는 여전히 온 산악을 감싸고 있었다. 마음을 좀 더 여유롭게 가져야 했다. 안후이성을 벗어나 멀리 떨어진 강서성의 우이엔으로 떠났다.

그곳은 후이조우 같은 남방 건축물을 보는 곳이 아닌 농촌 풍경을 보는 것이다. 농촌 풍경을 보러 그곳까지 가야 하는가?

그곳은 중국의 남방뿐만 아니라 중국 전토에서도 가장 전원적인 풍경을 보여 주는 곳이라 했다. 나는 그 지역의 마을 이름에서 뭔가 특별한 감을 느꼈다.

우이엔!

한자어로 무원인데, 무릉도원(다른 한자지만)의 그 무원이다. 도연명이 전설적인 이상향으로 설정한 무릉도원은 그가 상상만으로 지어낸 말이 아니란 생각이 들었다. 우연히도 도연명의 고향이 이곳 강서성이었기에, 우이엔(무원)을 그가 어렸을 때부터 보아 왔던 고향의 아름다운 전원 모습을 더욱 이상화하여 무릉도원이란 마을 이름을 만들어 내었다는 것이, 내 나름의 상상의 산물이었다. 거기에 정작 내가 궁금했던 것은 중국인들이 상상하고 동경하는 전원적인 모습이 어떤가 하는 것이었다.

그곳에 사흘을 머물렀다. 샤오리캉이란 마을을 본부로 삼았다. 도저히 숙소나 변변한 식당도 없을 것 같은 지극히 조용한 마을 가운데서도 잠을 잘 곳이 있는 마을이었다.

론리에 소개되는 마을이었지만 가는 길이 쉽지 않았다. 마을에 도착하기까지 버스를 몇 번이나 갈아타야 했다. 상호도 없는 여관을 찾는 것도 큰 수고로움이었다.

배낭을 방에 넣고 바로 동네 구경을 나섰다. 우리는 이런 것을 **마실**이라고 했다. 딱히 어디를 가야 할 필요가 없었다. 나지막한 언덕이 나타나고 언덕을 돌아서면 대나무 숲속에 숨은 듯한 여남은 채의 집들로 이뤄진 마을이 나타났다.

그런 집들은 후이조우 양식의 영향을 받았는지 하얀색으로 칠해져 짙푸른 주변의 녹음 속에서도 밝게 드러나 보였다. 하지만 멀리 떨어져 낮은 구름 속에 반쯤 가려져 구름과 구별이 잘 안되는 마을도 있다.

마실길을 걷는 기분이 솔솔했다. 좁은 골목길이지만 넓적한 돌들이 반듯하게 깔려 있다. 오랜 세월 발에 밟혀 닳아진 돌들은 반들거리며 미끄럽기도 했다. 대문이 열려 있는 집 안을 살며시 기웃거려 본다. 대문 옆의 헛간 같은 공간에 말리고 있는 돼지 뒷다리와 감자를 담은 마대 가마는 주인의 저녁 밥상을 상상하게 했지만, 마당 안쪽 샘 옆에 가꾼 예쁜 화초들은 이들의 생활 여유를 생각하게 만들었다.

이곳의 전원적인 모습에 특별한 점이 있다면 물이 깨끗하고 풍부하다는 것이다. 마을 곳곳에서 솟아 나오는 샘물은 골목의 가장자리 고랑을 타고 흘렀다. 그 물들이 모여 실개울을 이루고 평평한 계곡에 이르러 풍성한 개울을 만들며 햇볕을 받아 반짝거리는 물빛을 반사시키며 흐르고 있었다. 그 물들이 얼마나 깨끗할 것이며, 그 속에 사는 것들은 또 얼마나 청정한 존재들일 것인가!

그 존재를 저녁 식사 때 확인했다.

숙소가 있는 마을은 식당이 제대로 없었다. 겨우 주막집 같은 곳을 발견했고, 그 안에 들어갔을 때 농민 몇 사람이 돼지고기 두루치기 같은 것을 먹고 있었다. 선택의 여지가 없어 그것을 손짓하여 하나 달라고 주문했다. 먹을 수가 없었다. 프라이팬 채로 담아 내온 그것은 돼지 껍데기를 볶은 것이었다. 요즘 한국에도 돼지 껍데기 요리가 있기는 하지만 그때의 그것은 너무나 질겼다. 겨우 몇 개만 씹어 억지로 삼키고 밖으로 나왔다.

배낭 안에 있을 바나나를 생각하며 여관 문을 열고 들어갔다. 여관 입구에 있는 주인의 방에서는 마침 주인 여자와 가족들이 저녁 식사를 하고 있었다. 내가 들어오는 것을 보고 방 안으로 들어오라고 했다. 못 이기는 체하고 들어갔고, 식탁 위에 차려진 음식에 눈이 갔다.

아니, 눈이 바로 갈 수밖에 없었다. 새빨간 색의 요리 하나가 커다란 접시에 수북이 쌓여 주위의 쌀밥과 감자, 죽순 나물을 압도하고 있었다.

그것의 정체는 민물 가재였다!

크기는 또 어찌나 큰지….

작은 로브스터라고 할 만한 것들을 거의 반세기 만에 포식을 했다. 그것도 이틀 동안이나….

어릴 때 고향 개울에서 보지 못했다면 로브스터 새끼라고 착각했을지 모르는 민물가재는 물 1급수를 나타내는 지표 생물이다. 하지만 이곳에서는 1급수니 어쩌니 하는 물의 등급을 구분하는 단어가 존재하지 않는 것이었다.

물 이야기를 여기서 끝낼 수가 없다. 개울들이 합쳐 제법 강 모양새를 낸다 하더라도 그 폭은 30~40m였다. 그래도 다리가 있어야 할 터, 그 다리는 강을 건너게 하는 것이 아닌, 사람을 붙드는 것이었다.

큰 돌을 쌓아 만든 튼튼한 아치형 다리 바닥은 두터운 나무판을 깔았다. 다리 위 양쪽 난간에는 사람이 앉아서 쉴 수 있는 벤치형 의자가 끝까지 놓여져 있다. 놀라운 점은 다리 윗부분에 모두 지붕을 덮어 만들어 놓은 것이다. 멀리서 보면 기다란 건물 같은 것이 강물 위에 놓여져 있는 모습이고, 다리 안에 들어서면 정자 같은 기분이 드는 것이었다.

그 다리를 보고 안에 들어가 묵직한 원통형 목조 의자에 앉아 반짝거리며 유유히 흐르는 강물과 멀리 구름이 낮게 걸쳐진 언덕을 보면서 든 생각, 이 사람들은 참으로 배포가 있다!였다. 이 외진 농촌에 어떻게 이런 멋들어진 다리를 수백 년 전에 놓을 생각을 했을가하는 것이었다.

나이 든 촌노 몇 사람이 의자에 앉아 담소를 나누고 있었다. 그 사람들은 이웃 동네에서 놀러 와서 같이 어울리는 듯했다. 푸근한 정자 다리는 이웃 마을을 하나로 연결해 주고 있었고, 거기서 이야기하는 사람들은 고향의 아름다움을 맘껏 칭송할 수 있을 것이었다.

마침 광주리에 포도를 팔러 나온 사람이 나타났다. 손가락 셈법으로 몇 송이를 샀다. 농민들에게 조금 나눠 주고 한 송이를 손에 쥐고 한 알씩 따 먹으며 다시 유람을 나섰다. 나는 무한히 행복했고, 그 촌노들도 포도를 나누어 먹으며 잠시나마 행복해할 것이다.

그랬다.

행복은 관계를 통해 만들어지고, 그 관계를 만들어 주는 요소와 매체가 필요하다. 이곳에서의 그 작은 요소는 포도이고 큰 매체는 다리였다. 비와 햇볕을 피하기도 하고 땀 흘리며 노동하다가 강물 위 정자에 올라 휴식을 취하다가 이웃 동네의 벗을 만난다. 그 벗이 들려주는 이야기는 폰에 범람하는 상업성 뉴스하고는 차원이 다른 살가운 것들이다. 벗을 만나 즐겁고 그들이 들려주는 생생한 삶의 이야기는 삶의 힘이 되고, 큰 차원에서 보면 인류를 진화하게 한 것이다.

내가 정자 다리 위에서 느낀 것은, 현대 행복 연구가들이 상아탑 속에서 이제 주장하고 있는 것들을, 이곳 깊은 산골의 농민들이 오래전부터 삶의 지혜로서 이미 체득하고 있었다는 것이다.

도연명이 도화원기에서 무릉도원을 몽환적 분위기를 가진 곳으로 그렸지만, 나는 이곳에 사흘을 머물면서 이들의 지혜롭고 여유로운 삶에서 무릉도원을 보았다.

다만 아쉬운 점은 눈에 걸릴 것이 없는 전원적 풍광의 사흘간의 마을 유람이 너무나 유유자적했기에, 이곳의 여행이 황산 산행 이후였으면 얼마나 좋을까 하는 것이었다. 그것은 황산산행이 쉽지 않을 것이라는 예감 때문이기도 했다. 실제로 그 예감은 거의 현실화되었다.

*　*　*

귀국일을 사흘 남겨 두고 다시 황산 입구인 탕구로 왔다. 이제는 비가 오더라도 올라갈 수밖에 없는 상황이다. 행운은 다시 나의 편이었다. 공원 안내소 일기예보 판에는 다음 날 정오 때 비 그침이었고, 이틀 후에는 반짝이는 해가 표시되고 있었다. 일주일 동안 내내 내리던 비가 이틀 동안 멈춰 주는 것이었다.

일주일을 기다렸으니 잠이 제대로 올 리 없었다. 아침 일찍 숙소를 나와 등산로 입구로 올라갔다. 케이블카가 운행도 되기 전의 이른 시간인데도 사람들은 광장을 가득 메우고 있다. 사람이 적든 많든 나의 길을 걸어 올라가는 것이다. 오전 내내 비가 올 것이기에 산에 올라가도 어차피 경치를 볼 수 없을 것이고 그 시간에 걸으면 되는 것이다. 1,800m가 넘는 큰 산이지만 온전히 산을 느끼고 싶은 고집은 이곳에서도 여전히 작용했다. 유명한 산인 만큼 더욱 그러해야만 했다.

붐비는 케이블카 승차장을 지나 도보 등산로 입구에 들어서자마자 사위는 고요해졌다. 오직 내리는 빗방울만이 비닐 비옷을 가볍게 때릴 뿐이다.

등산로 길은 예의 돌계단이다. 이곳이 1,800m로 태산보다 300m나 더 높으니 그 돌계단 수가 얼마나 더 될까? 하는 싱거운 계산을 해 보면서 오른다.

동행인들도 꽤 있다. 어떤 사람들? 짐꾼들이다. 지게를 지고 있을 거라고? 아니다. 큰 소쿠리를 양쪽에 단 긴 장대를 한쪽 어깨에 걸치고 사뿐 사뿐 계단을 오른다. 나 같으면 균형조차도 못 잡아 일어서지도 못할 것이다. 넓은 지구촌의 세상에는 짐을 나르는 방법이 참 다양했다.

히말라야에서는 무거운 짐을 끈으로 묶어 그 여분 끈을 이마에 걸어 가파른 산을 오르내렸다. 아프리카에서는 대부분 머리에 이고 날랐다. 우리도 예전에 그랬지만 그들은 머리에 이고, 서기만 하면 어디라도 걸어갔다.

비를 맞으면서도 장대 짐꾼들은 빈 배낭에 가까운 것을 멘 나보다도 더 계단을 잘 올랐다. 그들을 따라 오르다 보니 어느덧 산의 안부에 이르렀다. 구름은 점차 낮아지고 있었고, 운무가 지나가면서 거대한 바위 봉우리들이 언뜻언뜻 나타났다가 사라지기를 반복했다. 그 봉우리들이 나의 심장 박동을 크게 했고, 가슴을 설레게 만들었다. 이런 경관은 어쩌면 나에게 더 큰 행운이었다.

14억이 넘는 중국인들에게 최고의 명산으로 자부심을 가지는 황산은 명산이 갖춰야 할 세 가지를 모두 갖고 있었다. 구름과 바위와 소나무다. 이 세 가지를 갖춰야 **수려하다!**라는 단어를 부여한다. 그 구름과 바위, 소나무도 예사로워서는 안 될 것이었다. 그들이 모두 기기묘묘한 형상을 가졌기에 삼기(三奇)라고 했다.

　예부터 동양에서는 자연의 아름다움을 묘사할 때 '수려하다.'라는 단어를 많이 사용해 표현했다. '빼어나게 아름답다.'라는 수려란 단어는 그들이 자주 접하는 자연이 대상이었을 것이다.

　특히 북방 이민족의 침입으로 남쪽으로 이주한 남송시대의 지식인들은 내가 지난 며칠 동안 여행한 무원 같은 전원적 풍경을 가장 동경의 대상으로 삼았을 것이다.

　부드러운 선을 가진 산과 그 계곡에 하얀 구름이 깔리고, 골짜기 사이에 숨은 듯이 자리한 몇 채의 민가들 모습이다. 그것이 산수화의 모티브가 되었고, 우리는 그런 중국 산하의 모습을 가진 그림을 그냥 묘사하기에 바빴다. 그것의 허구성을 깨닫고 실제의 우리 산하를 그린 것이 '진경 산수화'의 탄생이다.

　조선 후기 우리 지식인들이 예술성에 대해 정체성을 깨닫고 우리 산하를 그린 진경 산수화였지만, 그 그림 속에는 구름과 바위는 필수 대상이었다.

　아무튼 나는 중국 양쯔강 이남의 하남 여행을 하면서 이런 점을 염두에 두고 탐방을 했다. 동양적 미감의 원류를 보려고 했다면 미치(?)에 가까운 나의 안목으로는 어불성설일 것이기에 그냥 수려하다는 관점에서 접근하고 싶었다.

그 의도는 당연히 산에도 해당되는 것이었다. 그들이 천하제일의 수려한 산이라고 내세우는 황산을 이 관점으로 탐방을 했다. 산정에서 하루를 자는 1박 2일의 일정 동안 최대한 많이 보려고 했다. 그러했기에 보람과 고생과 에피소드가 중첩되었다.

일주일 정도나 산 아래서 기다린 보람이 있을 정도로 이틀간은 날씨가 도와주었다. 그것도 여름의 황산이 보여 줄 수 있는 최상의 것이었다. 특히 여름철에야만 제대로 볼 수 있다는 가장 멋있는 구름의 모습이었다. 계곡에서 솟아오르는 구름은 높은 봉우리만 남기고 드넓게 퍼져 있기에 그 모습은 진정 대양의 바다 모습이다. 그래서 황산에는 북해, 서해라는 바다를 의미하는 단어가 많다. 깊은 산에서 바다를 느끼게 만드는 묘한 단어 차용이지만, 그 구름의 모습은 거의 대양의 모습과 유사했다.

* * *

산행 이틀째, 많이도 걷는 날이었다. 그럴 수밖에 없었다. 하나 같이 모양이 다른 봉우리와 바위들이 나의 발길을 한시도 쉬지 못하게 만들었다. 기묘하고 웅장한 것들이 걸음이 닿은 곳마다 나타났다. 구름은 시시각각 모습을 달리했지만, 그 바위들은 절묘한 형상으로 맞이하고 있었다. 구름은 조연이고 바위들이 주연이었다. 나의 개인적인 견해이지만 황산의 바위 경관은 추종 불허고 비교 불가였다.

남방 여행 중 노산이란 곳도 올라갔었다. 중국 10대 명산에 속했고 수려란 표현을 쓰고 있었다. 그 산의 정상에는 깎아지른 듯한 장대한 절벽이 있었고, 그 아래에는 흰 구름이 깔려 깊이를 가늠할 수 없을 정도였다.

나무랄 데 없는 멋진 경관이었기에 나는 그런 경치를 중국인들이 생각하는 수려의 전형으로 생각했다. 그런데 황산의 바위 모습들을 보면서 다른 분야가 있다는 것을 알았다.

산에서의 바위는 미감의 절대적 요소였다. 그것은 인간이 갖는 미적 본능과 연관되는 것이었다. 나는 이런 것을 우리의 산에서 체험했다.

우리의 산하에서 가장 대표적인 바위산이 어디일까? 설악산! 한국산을 어느 정도 올라 본 사람이라면 주저 없이 튀어나올 대답이다.

한창 전국의 산을 탐방하고 다닐 때였다. 설악산의 바위들이 나의 얼을 빼앗아 갔다. 하나의 거대한 통바위로 이루어진 천불동 계곡의 길고 웅장한 모습과, 그 계곡 안의 수정 같은 물을 담은 아담한 소들은 가파른 산길을 오르는 피로도 느끼기 힘들게 만들었다.

하지만 진정한 설악은 그 계곡을 넘어서였다.

오색코스로 올라 긴 능선을 타고 대청봉에서 건너다보는 내설악이 그 바위의 세계다. 그곳에서 공룡능선이 보이고 그 옆의 더 날카로운 바위들이 길게 늘어선 용아장성능이 쌍벽을 이루듯 나란히 이어진다.

공룡능선을 타면서 용아장성능에 계속 눈이 갔었고, 그 유혹을 뿌리칠 수 없었다.

어느 여름, 바쁜 생활 때문에 개학을 꼭 3일 앞두고 그곳으로 갔다. 빠듯한 일정 때문에 부산에서 양양까지 비행기를 탔었고, 저녁에 설악동에 도착하여 야간 산행을 하여 회운각 산장에서 잠을 잤다. 그렇게 들어간 용아장성능은, 지금은 잦은 사고 때문에 폐쇄된 지 오래되었지만, 당시도 설악산 구조대원 같은 사람의 도움을 받아야 되는 매우 위험한 곳이었

다. 4km 정도밖에 안 되는 구간을 통과하는 데 거의 8시간이 걸렸다!

몸이 겨우 들어갈 정도의 바위 구멍을 통과하기도 하고 수직 절벽에 매달린 철사 사다리는 가늘어 불안하기만 했다. 손끝과 발끝으로 절벽 옆면을 타고 건너다가 맞닥뜨린 큰 바위에는 헝겊을 꼬아 만든 끈이 매달려 있었다. 그 끈의 윗부분이 안전하게 묶여 있는지 알지도 못한 채 바위를 점프하듯이 타고 올랐다.

평평한 바위 윗부분에는 더 소름 끼치는 장면이 기다리고 있었다. 그곳을 오르다가 떨어져 사망한 산인의 명복을 비는 동판이 맞은 편 바위 면에 붙어 있었던 것이다. 아, 나는 다시 이곳에 오지 않을 것이다! 다행스러운 것은 그런 곳이 한국에 유일하게 있다는 것이었고, 지금은 폐쇄되었기에 모험할 일이 없어졌다는 것이다.

기진맥진한 가운데 용아장성능을 무사히 빠져나오고 산행을 마무리 지으면서 드는 생각, 저렇게 위험하고 힘든 산행은 모험도 도전도 아닌 설악산이 가진 바위들의 유혹 때문이라는 것이었다. 그 바위들이 보여주는 경관의 매력은 어쩌면 산인들의 목숨까지 넘보는 마력을 가지는 것이었다.

황산산행을 마치고 귀국하여 이미 황산을 다녀온 지인들과 이야기를 나눴다. 설악산과 비슷하다고… 반 정도는 맞다.

내가 가장 좋아하는 우리의 설악산을 추호도 폄하할 의도는 없다. 다만 조금 양보를 하고 싶다. 그쪽의 규모가 크고 바위 수가 좀 많다. 그래서 좀 더 볼 것이 많다라고….

그랬다. 황산의 주인공은 분명 바위들이었다. 하지만 바위만 덩그러니 남아 있다면 이 또한 얼마나 무미건조할 것인가. 주연이 돋보이는 것은 조연의 탁월함이 있어야 한다.

소나무!

황산에는 중국 어느 산에서도 보기 드문 멋들어진 소나무들이 있었다. 거대한 바위 봉우리와 천애의 절벽에는 어김없이 그것에 걸맞은 소나무들이 장식하고 있었다. 오랜 세월과 모진 풍파를 견디며 비좁은 바위 틈새에 자리 잡은 그것들은 하나하나가 그림 같은 모양새를 갖추고 있다. 아무리 잘 모양을 낸 분재인들 그것들을 흉내 낼 수 없는 모습들이다. 그 소나무들이 있기에 그것과 함께 있는 바위들이 아름답게 보이고, 한편으로 바위는 예술적 소나무의 배경이 되는 것이기도 했다.

저 소나무들이 위험한 때가 있었다. 우리도 지금 홍역을 치르고 있는 소나무재선충이 이곳 황산에도 2000년대 초에 침입해 왔다. 공원당국은 물론이고 국가가 놀랐다. 소나무재선충을 실어 나르는 솔수염하늘소는 3km 이상을 날지 못한다.

산기슭 4km의 벨트를 만들어 그 속의 나무를 모조리 베내었다. 둘레가 무려 800여 리, 200km에 달하는 거리였다. 그렇게 해서 소나무를 살렸고 황산을 지켜냈다.

저 소나무가 없어졌다면 수려한 황산은 없을 것이고, 내가 알고 싶었던 그 단어에 대한 개념도 혼란스러울 것이었다.

오전 내내 부지런히 다니다가 하나의 미션이 기다리고 있었다. 최고봉인 연화봉을 올라야 한다. 입구를 찾아가다가 공원 보수 공사를 하는 중국인 근로자들을 만났다.

"리엔 후아펑 자이나 비엔?(연화봉이 어디 있어요?)"

"???"

뭔가 의사소통이 안 됐다 싶어 손끝으로 하늘을 가리키며, "디엔 펑(정상봉)!" 하고 크게 말하니, 그때 가서야 그들이 모두 박장대소하며 "류엔 펑!" 하며 방향을 알려 주었다.

중국 여행을 준비하면서 동네 중국어 학원에서 초급과정을 이수했다. 거의 반년 가까이 다니면서 공부한 것은 발음 연습을 위해 소리만 쳤다는 것이었다. 고, 저, 장, 단의 4성 중 쉬운 것 같으면서도 어려운 것은 큰 소리를 내야 하는 고성이었다. 처음에는 거의 고함을 질러야 그 발음의 성격에 맞는 것이었다. 그렇게 소리를 질러도 본토(?)에서는 잘 안 통했다. 쌀밥을 주문할 때 미 판! 하고 힘주어 말했으나 식당 주인은 웃으며, 빤!!! 하고 교정시켜 주었다.

우리는 떼거리로 몰려다니는 시끄럽게 떠드는 중국 관광객들의 말소리를 불편하게 생각하지만, 학원에서의 선생님은 중국말이 연애할 때 제일 써먹기 좋은 언어라고 말했다. 실제로 중국 여행 중 버스 속에서 만난 노인들이 대화하는 것을 들으면 거의 시조를 읊는 듯한 느낌이 들 정도로 풍미가 있었다.

"씨에 씨에." 하면 떠나는 나에게 "짜이 찌엔." 하며 웃는 그들을 뒤로하고 연화봉 쪽으로 향했다. 입구 찾기가 어려울 리 없었다. 엄청난 인파가 몰려 있었고, 그 긴 행렬이 계곡 아래로 끝없이 이어져 있었다. 런산 런하이(인산인해)란 말은 황산에서 유래된 것이 아닌가 생각이 될 정도였다. 통로도 좁았기에 양쪽 통행이 불편할 정도였다.

그래도 정상에 오르는 것은 별로 대수롭지 않게 생각했다. 솔직히 고백을 하자.

정상을 오르지 못했다. 정상을 몇십 m 남겨 두고 오르는 거대한 통돌로 된 바윗길은 좁고 미끄럽고 경사가 매우 급했다. 일출을 보겠다고 새벽부터 움직였고, 점심도 제대로 먹지 못한 채 너무 많이 걸었다. 뜨거운 유월의 오후 햇살은 어질한 현기증을 유발시키고 있었다. 포기할 줄도 알아야 했다.

극심한 고산증 속에서 킬리만자로 정상을 올랐고, 피폐해진 체력으로 히말라야 랑탕의 체르고리나 에베레스트의 칼라파타르를 올랐는데도 연화봉 입구에서는 발을 돌렸다. 그래도 변명 거리가 준비돼 있었다.

서해 대협곡이 기다리고 있었기 때문이다. 그곳은 바위 제국인 황산 안에서도 대표주자들이 있다고 했다. 일반 관광객이 잘 가기 힘든 곳, 한국의 어떤 산행 전문 여행사에서는 그 특별한 코스에 간다는 것을 차별화해서 홍보하고 있었다.

그들보다 나는 좀 더 달라야 한다. 협곡만 둘러보는 것이 아닌, 계곡 끝까지 내려가는 것이다. 론리는 그것이 가능하다고 했고 돌아오는 차편을 안내하고 있었다. 하지만 책 속의 정보와 무턱대고 달려드는 이국의 초행 방문자하고의 간격은 아주 컸다.

무리가 될 것이라는 생각이 있었지만 뒷일을 생각할 수 없었다. 4~5시간이 걸리는 긴 계곡이었지만 시시각각 달라지는 풍경은 눈을 뗄 수 없었고 당연히 발길을 돌릴 수 없었다.

서해 대협곡의 풍경이 황산의 최고 풍경이라고 말할 수는 없겠지만, 그 특별함은 분명 볼 만한 가치가 있는 곳이었다. 하지만 계곡을 벗어나고 민가가 나타났을 때에야 정신을 차렸고 해는 서쪽으로 기울어 가고 있었다. 산 입구의 버스 정류장은 텅 비어 있었고 마지막 버스가 이미 떠났다고 동네 주민이 손을 저으며 알려 주었다.

갑자기 정신이 혼미해졌다. 내가 서 있는 이곳은 한국의 산으로 비유하자면 지리산 동쪽의 경상남도 산청 쪽에서 올라 서쪽 끝 전라북도 인월 정도로 내려온 것이다. 앞서도 잠시 살펴봤지만 황산의 둘레는 지리산보다도 더 긴 800여 리다.

오늘 밤 안으로 동쪽의 산 입구인 툰시로 돌아가야만 내일 귀국행 비행기를 탈 수 있을 것이다. 이 외진 산골에 잠을 잘 만한 여건은 더욱 아니다. 돌아가야 하는 방법을 찾아봐야 했다.

안절부절한 마음으로 지나가는 택시나 잡아 볼까 하고 길가에 서성이고 있는데 흑인이 섞인 서양인 청년 4명이 내려왔다. 어디에 가나 나같이 무모하고 바보 같은 산행인이 있기 마련이었다. 그들 중 한 명은 론리의 책장을 넘기며 정보를 찾고 있었다. 나를 중국인인 줄 알고 도움을 청했으나 실망을 줄 뿐이었고, 오히려 그들의 숫자가 나에게 도움이 되었다.

지나가는 모든 차에 손을 들었고 마침내 승합차 한 대가 멈춰 섰다. 중국어, 영어, 손짓 발짓을 동원했다. 동정적 마음과 두툼한(?) 금액으로 즉석 계약이 성립했다. 1인당 만 원, 총 5만 원으로 멀리 가고 있는 버스를 추격해 태워 준다!였다.

가여운 여행자들을 도울 수 있고 빨리 가서 버스를 잡으면 기름도 절약할 수 있다. 승합차 젊은 운전사는 포뮬러 원 카 레이스(?)로 돌변했고, 우수한 기록으로 우승했다. 30여 분이 채 지나지 않아 작은 시골 마을 정류장에서 손님을 승하차시키는 버스에 올라탔던 것이다.

그것으로 끝이 아니었다. 그 버스도 툰시까지 가는 것이 아니었고, 중간의 작은 읍 같은 도시에서 다른 버스로 갈아타야 했다. 그러니까 전북 남원에서 경남 산청으로 갈 때 함양읍에서 차를 바꿔 타야 하는 것과 같은 것이다. 다행스럽게도 그곳에서는 툰시로 가는 버스가 남아 있었다.

세계 최고의 명산, 황산을 제대로 보는 것은 결코 쉬운 일이 아니었다…

아미산

아미산!

이름부터 예사롭지 않다. 미인의 눈썹을 닮아서 아름다울 것 같기도 하고, 유년 시절 잠시 탐독했던 무협 소설 속의 아미산파가 연상되기도 한다.

위치도 그렇다. 광대한 영역을 가진 중국에서도 티벳 옆의 외진 변방 사천성에서도 변두리에 있다. 그런 산이니 그 속에 간직한 이야기는 또 얼마나 신기할 것이겠는가?

중국 사천성은 내가 어릴 적부터 가 보고 싶은 곳의 하나였다. 중국이라는 나라가 아닌 사천성이 먼저였다. 그것은 초등학교 시절 도서관에서 읽은 소설 삼국지가 불러일으킨 궁금함 때문이었다.

정통성을 가진 황제의 후예 유비 아래 천하제일 재사 제갈량에서부터 관우, 장비, 조자룡 등 천하의 내로라하는 무장이 다 모였다. 촉나라에 의한 삼국 통일이 될 것으로 보였는데 중원 세력에 굴복하여 마침내 멸망했다. 그 당시에도 나는 그 원인이 촉이 가진 지세에 원인이 있다고 어렴풋이 생각했다. 그것은 험한 지세로 하여 수비에 유리하나 인구 부양력이 약해 국력이 커질 수 없는 것이다. 그 땅의 모습을 언젠가 직접 보고 싶었다.

이후 그곳에는 내가 꼭 가 봐야 될 중국 여행지가 추가되고 있었다. 구채구이다. 사천성 깊은 산악 속에서 흐르는 수정 같은 옥류를 봐야 하는 것이다. 당연히 산도 찾아보았다. 3,000m가 넘는 산이 유혹하면서 대기하고 있었다.

가이드북에서는 내가 필수적으로 방문해야 할 곳을 안내하고 있었다. 아직까지 그 역사적 의미가 확인되지 않은 신비의 청동기 유적지였다.

대단한 관광거리도 있다. 세계 최대의 거대한 석불상도 당연한 탐방 요소였다.

다른 나라의 산도 마찬가지겠지만 특히 중국의 산은 역사 문화적 요소를 많이 가지고 있다. 그것들에 대해 알고 가는 것이 산행을 더 풍성하게 만든다는 것은 상식적일 것이다. 아미산 등산 이전에 이곳들을 먼저 들렀다. 아미산과 함께한 한 달간의 사천성 여행은 어쩌면 2년여 중국 여행의 대미를 장식하는 것과 같았다.

이런 연유로 아미산 산행기는 앞서의 태산이나 황산 산행기보다 이야기가 많을 수밖에 없었고 이런 이야기를 하지 않고 아미산 산행기를 쓰는 것은 어울리지 않는 일이다.

사천성 주변(구체구, 삼성퇴, 러산 대불)

지형을 살피고 그 모양을 보는 데에는 버스 여행이 제격이다. 성도에서 구체구까지 무려 13시간 정도나 걸리는 거리인데도 일부러 버스를 이용했다.

이른 아침에 출발한 버스는 성도 시내를 벗어나자 곧바로 농촌의 전원 풍경 속으로 빠져들어 갔다. 낮은 구릉 하나조차 없는 대평원에 가까운 모습이다. 옅은 안개라도 깔리지 않았다면 지평선도 나타날 것이었다. 마침 6월에 접어든 들판에는 벼가 한창 자라고 있었다.

이 넓은 곡창지대의 모습을 삼국시대 옛 촉나라와 연관시켜 생각해 본다. 넓은 중원을 차지한 위나라와 풍부한 곡물 생산이 가능한 오나라에 대적할 물적 토대가 될 만한 곳을 유비가 선택했다는 것이었다. 이 정도면 충분히 하나의 나라가 들어설 만하다고 생각을 한 것도 한 시간 정도였다.

버스 전면에 갑작스럽게 높고 기다란 장벽 같은 산악이 나타났고 버스는 그 속의 협곡 속으로 빠져들어 갔다. 그 협곡은 너무나 깊고 좁았다. 도로 양쪽의 산면은 거의 절벽같이 비탈졌기에 그 산의 형상조차도 상상하기 힘들었다. 세계 최고의 산악국가인 네팔이나 스위스 같은 나라에서도 경험하지 못한 도로 모습이었다.

그 산 위 모습이 궁금해서 구채구를 탐방하고 성도로 귀환할 때는 일부러 비행기를 탔다. 하늘에서 내려다본 지상 세계는 온통 하얗게 칠해진 설원이었다. 성도의 서북에는 세계의 지붕인 티벳 고원이 있다. 아미산 등반을 마치고 나서는 중원의 맹주를 꿈꾼다는 중경으로 갔다. 그쪽으로 가는 길도 산악의 연속이었다.

북경으로 통하는 동북 방향은 어떤가?

험하기로 유명한 검문촉도가 가로막고 있다. 그 길은 1명이 만 명을 막을 수 있다고 했다. 그러니까 촉나라의 수도 성도는 사방이 산악으로 둘러싸인 대분지 지형이었다. 내 나름 대략 추정해 보기로는 한국의 경상도 정도의 면적으로 느껴졌다. 온난한 기후에 나름 넓은 평야를 가졌지만 광대한 중원의 땅과는 적수가 될 수 없는 것이었다.

실상이 이러했기에 정사 삼국지를 모델로 쓴 소설 삼국지연의는 촉의 인물들에게는 후한 점수를 주어야 했다. 물량의 부족을 인물로 대체해야 삼국 정립이라는 구도가 맞춰지는 것이다. 그 인물들의 고군분투가 소설을 재미있게 만들었다. 역사는 약자에게 동정을 주었고, 후세인들은 그들에게 끝없는 연민을 느낀다.

성도에 있는 제갈공명 사당은 주군 유비와 동렬의 반열에 올려놓고 있었고, 영원한 충신 관우는 신의 반열에 올라 중국 전역에 사당이 있었다. 그 영향은 임진란 후 조선에도 잠시 영향을 끼칠 정도였다.

2008년 사천성 대지진으로 도로가 완전히 복구되지 않아 구채구까지는 시간이 더 걸렸고 밤이 되어서야 도착했다. 그래도 구채구라는 명소에 도착했기에 새로운 기대로 인한 설렘은 긴 버스 속 여행의 피로를 못 느끼게 할 정도였다. 얼마나 특별한 곳이기에 이렇게 깊은 오지 속에 자리하는데도 수많은 관광객을 오게 만드는가…. 거기에는 분명 이유가 있는 것이다.

*　　*　　*

다음 날 하루 꼬박 물 구경만 했다. 몇 시간을 오르내려야 하는 긴 계곡 속의 물 구경이다. 그 물은 짙은 숲속을 가로질러 흐르기도 하고 풀숲 사이를 새어 나오듯이 흘러나오기도 했다.

천천히 흘러내리며 크고 작은 소에 잠시 머물다가 폭포를 만나 진주알 튀듯이 바닥에 물방울을 튀기며 떨어지기도 했다. 하지만 이런 정도의 모습은 세계 어디에서나 볼 수 있는 것이다.

물속을 봐야 하는 것이다! 한없이 맑고 투명한 물은 물속에 썩어 넘어진 고목의 잔가지 끝까지 명확하게 볼 수 있게 한다. 맑고 깨끗한 물도 세계의 산속에서 흔하게 볼 수 있다.

차이는 물색이다!

비취나 에메랄드 같은 어떤 보석도, 청명한 가을 하늘도 이 물빛을 흉내 낼 수 없을 것이었다. 굳이 보석이나 하늘색을 이용해 표현하자면 그런 물빛이 각소마다 다르다는 것을 나타낼 때 필요할지도 모르겠다. 깊이와 주변의 숲이 주는 효과가 있겠지만, 투명한 물속이 만들어 내는 색의 오묘함은 신기하다고밖에 말할 수 없었다.

그냥 아름답다는 말밖에 안 나오는 풍경이지만 이런 곳은 세계 어디에서도 보기 힘든 경관이었다. 지구상에서 보기 힘든 귀하고 특별한 것이다.

한때 발칸 반도가 여행지로 떠오를 때가 있었다. 아드리아해의 해변을 낀 크로아티아의 두브로브니크의 붉은색 중세건물들이 나의 눈을 현혹시켰다. 그 도시를 찾아 크로아티아를 갔지만 정작 지금도 뚜렷이 남는 기억은 여행 중에 들린 '플로트 비체' 계곡의 아름다운 물색이었다.

그 플로트 비체의 물색과 구채구의 물색은 우연히도 비슷했다. 하지만 우연이란 표현은 여기서 쓸 적절한 단어가 아닐 것이다. 그것은 '당연히'라는 것으로 대체해야 하는 것이다.

지구상에서 가장 오염이 덜되고 순수한 자연 속에서의 물색은 당연히 그런 색을 띠어야 하는 것이다. 내가 플로트 비체와 구체구에서 맑고 아름다운 물색을 보고 감동을 느낀 것은 그런 원시 자연의 모습을 보고 느낀 감동이었다. 한편 마음 한구석에는 그런 자연이 지구상에 많이 남아 있지 않은 것에 대한 아쉬움도 매우 컸다.

무언가 신비한 비밀을 많이 간직할 것이란 느낌을 주는 사천성은 삼성퇴 유적지에서 그 한 부분을 한 꺼풀 벗겨 주고 있었다. 구체구에서 성도로 돌아온 다음 날 그곳을 방문했다.

가이드북에서 가볍게 소개된 곳이었지만 나는 성도에서 가장 먼저 방문한 곳이었다. 세계적 희귀 동물인 판다의 보호구역도, 세계문화유산에 등재된 도강언 수리시설보다도 먼저였다. 그곳은 분명 무언가 특별한 것을 보여 줄 것 같은 예감이 들었기 때문이었다.

예감은 적중했다.

지금으로부터 무려 4,000년도 훨씬 더 된 오래전에 사천성 분지에 고도의 청동기 문화를 가진 집단이 살았다. 그들이 어디서 왔는지, 어디로 이동했는지 알지 못한다. 수수께끼 같은 의문을 던진 그 사람들의 모습을 짐작할 수 있는 단서는 그들이 남긴 청동기 유물이었다.

대규모로 출토된 그 청동기 유물은 신비감을 더욱 증폭시켰다. 짧은 고고학 지식을 가진 내가 깜짝 놀랄 정도였으니까 당시 발굴을 담당한 고고학자들은 얼마나 놀랐겠는가!

중원의 청동기와 달랐다. 인류 4대 문명권의 하나인 중국 문명은 청동기가 그 모습을 대변한다. 나는 중국 여행을 하면서 여러 곳의 박물관을 방문했고, 그 속에 전시된 엄청난 양의 청동기를 관람했다. 제기, 무기, 생활 용구 등의 다양함과 몇백 킬로그램이 넘게 나가는 거대한 청동 향로는 어안을 벙벙하게 만들 정도였다. 가히 고대 중국은 청동의 제국이었다.

많은 의문을 간직한 청동 가면상.

그런 이미지를 갖고 방문한 삼성퇴의 청동 유물은 전혀 다른 것이었다. 청동으로 가면을 만들고 부장품으로 넣었다. 놀라운 것은 그 가면의 모습이었다. 눈이 크고 코가 높이 솟아 있었다! 생전에 가면을 쓴다면 그것은 자신의 본모습을 숨길 의도가 있는 것이다. 흔히 보는 가면무도회처럼이다. 하지만 모든 것을 털고 저세상으로 가는 길에서는 진실된 모습을 보이지 않을까….

그래서 나는 그 가면의 주인공들, 즉 여기 수천 년 전 옛 사천성에 살았던 사람들이 궁금해졌던 것이다.

그들은 먼 저쪽 초원이나 사막 지역에서 건너온 사람들이 아닐까? 코가 크고 피부가 흰 코카사스인들은 오래전에 이곳에 이주해 정착했다. 불교가 전래되는 통로였던 타클라마칸 지역의 불교 벽화에는 코가 큰 서역인이 모델로 그려졌다.

내가 중앙아시아 여행 중 방문했던 카자흐스탄 국립박물관에서는 텐산 너머 고분에서 발굴된 코 큰 서역인 초상화를 전시하고 있었다. 지금 중국의 서부 신장성에 살고 있는 위구르족은 긴 세월을 거슬러 올라가면 그들과 만날 것이다. 오래전에 이주해 와 삶의 터전을 일구었지만 뿌리 깊은 중화 한족의 텃세를 견디지 못했다. 한나라 때 흉노가 물러갔고, 당나라 때는 돌궐이 중앙아시아 초원으로 흩어졌다가 유럽에까지 이르렀다.

그들을 밀어낸 중화 한족은 또 어떤가? 초급 수준 정도밖에 배우지 못한 중국어였지만, 처음 접한 중국어의 어순은 묘한 상상력을 자극했다. 유럽어와 같은 주어 동사 목적어로 이어지는 어순은 동북아권 민족 언어와 달랐다. 이 분야에 깊이 천착한 학자는 한족의 뿌리를 메소포타미아의 수메르인까지 연결시키고 있었다.

역사 속 중국 황제들이 하늘에 제사 지내는 천제는 서부에서 왔을 수 있다는 것이다. 일본 천황의 뿌리가 한반도일 것이 상당 부분 농후한데도 그들의 뿌리를 하늘에서 찾고 있는 것과 같은 맥락이다.

어쩌면 삼성퇴에 묻힌 주인공의 후예가 중국 중원과 연결될 수도 있을 것이다. 하지만 어떤 중국 고고학자가 그런 연구를 하려고 하겠는가…

사천성과 중원과는 아직까지도 먼 거리로 격리된 지역이었고 오랑캐 하부 문화가 중원에 끼워 들 틈이 없어 보였다. 그런 측면에서 그 청동기 가면 유물은 현재 중국 역사의 가면적 모습을 어느 정도 상징하고 있다는 것을 내가 박물관 문을 나설 때 머릿속을 스쳐 갔다.

드디어 아미산으로 떠난다. 하지만 곧바로 산으로 가지 못하게 만들었다. 흥미롭고 재미있는 것이 산으로 가는 길목에 있었기 때문이다. 흥미로운 것은 세계에서 가장 큰 석불상이 그곳에 있었고, 재미있는 것은 71m에 달하는 거대한 불상의 크기를 바로 옆에서 체험하는 것이었다.

관광객들이 자신의 몸집보다도 큰 발톱 위에 앉기도 하고 여러 사람이 어울려 발가락 위에 앉아 깔깔거리며 사진을 찍기도 한다. 그 사진들도 불상의 세부 묘사에 불과할 정도였다.

　가이드북에 나온 전체 모습은 아마 강 속 유람선에서나 찍은 사진일 것이었다. 그렇게 장대한 불상을 바위 절벽을 파내어 무려 1,500년 전에 100여 년에 걸쳐 만들었다고 했다.

　두 개의 강이 합쳐 물살이 세지면서 배들의 침몰 사고가 잦았다. 부처의 염력으로 사고를 막고자 조성한 공사였지만, 불상 조각 과정에서 떨어져 나간 돌들이 강에 들어가 쎈 물살을 잠재우면서 사고가 줄었다고 한다. 과학적 측면에서 관찰했을 때 그런 분석이 됐을지라도 100여 년에 걸친 지난한 공력을 들인 불상 조성에 강물인들 꺾이지 않을까?

　그런 것이 아닐지라도 거대하지만 온후한 인상에 편안하게 앉은 좌불상이 주는 느낌은 뱃사공에게 심리적 안정감은 크게 줄 것이다.

　뱃사람들에게는 그런 감정이 필요했겠지만 관광객인 나는 다른 기분을 느끼고 싶었다. 시간 여유가 있다면 잔잔한 강물 위로 다니고 있는 유람선을 타고 웅장한 불상의 전모를 감상하고 싶은 것이었다.

　광대한 국토에 엄청난 인구를 가졌기에 그들이 조성한 거대한 불교 유적들, 특히 석조 불상의 크기는 상상을 초월한다. 1,000년의 수도 낙양의 용문 석굴 본존불 모습의 그 강렬한 인상은 평생 내 머리를 지울 수 없는 것이었다.

용문 석굴 불상. 도저히 불상 같지 않게 느껴졌다.

여성의 얼굴을 닮은 수십 m 크기의 본존불의 사실적 모습은 동굴에서 멀리 떨어져 보아야 제대로 맛이 났다. 종교적 열정과 권위적인 국가 추구를 위한 욕구가 가미된 목적이 있었기에 과장되게 조성된 점이 있기는 했겠지만, 1,000년이 지난 후세인인 관광객이 보는 그것들은 인류의 큰 꿈을 보여 주기도 한 것으로 느껴졌다. 그러했기에 그런 것들을 보는 나의 마음도 같이 부풀어 오르는 것이었다. 그것들은 중국이라는 한 단위의 국가가 만든 문화유산이라는 협소한 것이 아니었으며, 인류가 오랜 역사 속에서 만든 드문 걸작품들 중에 하나였다. 사실 그것들은 세계 속에서도 결코 흔하지 않은 것들이다.

그곳들을 보고 다니는 여행은 '인생은 짧고 예술은 길다.'라는 상투적인 어구가 아주 강렬한 명언으로 다가옴을 느끼게 만들었다. 현시대 여러 가지 사유가 얽혀 중국을 혐오하는 사회 분위기가 크지만, 이것도 긴 역사 속에서는 파편일 뿐이다. 한때는 중국을 사모하여 정신을 못 차리던 때가 우리 역사 속에 있었다. 수천 년 동안 묵묵히 우리를 기다리고 있는 듯한 예술 역작들이지만 짧디짧은 우리 인생, 그것도 퇴직 후에 갈 수 있는 시간도 지극히 한정적이다. 나는 이런 점을 자각했기에 퇴직 후 2년 동안 중국을 두루 다녔다고 생각했지만, 아직도 마음에 걸리는 곳이 남아 있다. 최근에는 바이러스로 인해 3년이 그냥 흘러갔다.

* * *

낙산 대불만 탐방하는 데도 오전이 금방 지나갔고, 늦은 오후에야 아미산 산자락에 도착했다. 버스 터미널 주변에는 호텔 같은 고급스러운 숙박 장소가 널려 있었지만 못 본 체하며 산속으로 진입했다. 산기슭에는 잠을 재워 주는 사찰들이 많이 있다고 했고, 그곳에서는 채식이지만 밥도 준다고 했다.

길은 금방 짙은 숲속으로 빠져들고 띄엄띄엄 산사들이 자리하고 있었다. 오대산, 보타산 등과 함께 중국 4대 불교 명산이라 불리는 만큼 산속에는 30여 개의 사찰이 있었다. 하지만 넓은 산자락 속에 숨은 듯이 자리한 그것들은 우리의 산속 암자와 같은 모습들이었다.

분위기는 우리 암자들보다 더 은둔적이었다. 오래된 목조 절 문은 삐거덕 소리를 내었고, 그 안의 마당은 쥐 죽은 듯 조용했다. 마당에서 떨어진 텃밭에서 일하고 있는 비구니 스님에게 잠을 재워 달라고 했다. 수다스럽지는 않지만(어차피 말이 잘 안 통할 거니까) 앞장서서 방을 안내해 주고, 저녁 식사 시간은 손가락 숫자로서 알려 주었다.

방에 배낭을 놓아 두고 산속 산책을 나섰다. 내일의 긴 산행에 대비한 가벼운 몸풀기였지만 남방의 짙은 상록수 숲이 주는 호젓하고 그윽한 분위기는 내가 이국의 특별한 산에 왔음을 실감 나게 해 주었다.

식사 시간에 맞추어 식당에 들어가서부터는 중국식 템플스테이가 기다리고 있었다. 예불 같은 의식에는 참석하지 않았으니 템플스테이란 말을 붙이기가 애매하지만, 스님들과 1박 2식을 똑같이 했다.

중국 절에서 먹는 음식을 2끼 먹었다. 특별한 음식을 기대하지 않았지만, 너무 소박하고 간결(?)했다. 어디서 이렇게 간단한 사찰음식을 먹은 것 같은 기억이 있어 생각해 보니, 대구 팔공산 갓바위 기도처 아래 암자였다. 밥과 된장국, 김치 몇 조각, 수많은 사람이 가는 곳이니까 경험한 사람이 많을 것이다.

한국의 사찰이 다 그런 것은 아니다. 경남 양산의 호젓한 절에서 받았던 점심상은 반찬이 10가지가 넘었다. 그 식사 자리는 주지 스님이 합석했기에 그 덕분이라고 짐작했다.

그래도 외국의 깊은 산속 절에서 먹는 특별한 경험이라 생각하며 밥을 두 공기나 먹었다. 약간 이상하기는 했지만 깊은 맛이 나는 장맛이 곁들인 나물 반찬이 그나마 도움이 되었다. 같이 먹는 비구니 스님들은 내가 밥을 잘 먹는다고 칭찬을 은근히 했다. 하나같이 몸이 날렵해 보이는 여자 스님들은 옛 아미산 문파의 무술 고수들을 충분히 상상하게 만들기도 했다. 권법이 경쾌하고 빠른 아미산파의 무술 특징은 저런 비구니 스님들에게서 나올 수 있겠다는 생각이었다.

그래도 저녁을 많이 먹어 두기를 잘했다. 아침은 밥이 죽으로 바뀌었고 나물은 무절임으로 대체되었다.

잠자리는 어떻냐고?

혹시 이 책 전반부 히말라야 산행기 속의 네팔 한국 절 대성사를 기억하시는지….

아무 치장도 없는 방 안에 딱딱한 나무 침대 하나, 그 위에는 솜도 채워지지 않아 무늬만 이불인 얇은 무명 담요 두 장이 목침 같은 베개와 함께 놓여져 있다.

《무소유》란 책을 읽지 않아도 되는 침실 형식의 전범이었다. 스님들은 평생 거의 이런 방에서 잘 것이기에 이곳에 와서 잠자리 타령을 할 양심은 없었지만, 그래도 습기 많은 초여름 숲속의 밤은 초로의 여행자에게는 불편한 것이었다.

내일 밤은 산행을 마치고 느긋하게 한잔하고 편안한 곳에서 잘 것이란 꿈을 꾸고 잤지만, 그다음 날 밤에 이곳 템플스테이가 그리울 줄을 그 꿈 속에서 알려 주지 않았다.

죽만 먹는 아침밥이었지만, 좋은 점은 일찍이 제공하는 것이었다. 아침에 죽 같은 음식이 건강에 좋다고 하지만 고된 산행이 예고되어 있는 사람에게는 어울릴 수 없었다. 믿는 구석은 배낭 속에 빵과 바나나가 있고, 산속 등반로에 상인들이 기다리고 있을 거라는 생각이었다.

절 문을 나섰지만, 어둠이 채 가시지 않은 새벽녘에 가까웠다. 짙은 상록수 숲은 이제 겨우 동이 터 밝아 오는 빛까지 차단하고 있었고, 그것들이 내뿜는 새벽의 공기는 맑고 적당히 차가웠다. 주변은 얼마나 고요한지 가볍게 내딛는 나의 발자국 소리에 내가 놀랄 지경이다.

언제 이렇게 새벽부터 산행을 한 적이 있었던가? 장기 산행을 할 때에도 항상 다른 사람보다 늦게 자고 늦게 일어났다. 100명이 넘게 수용되는 지리산 세석산장 같은 데서도 나는 모든 사람이 떠나고 산장 관리인이 청소할 때 쫓겨나오듯이 마지막에 나왔다. 속으로는 느긋하게 여유롭게 움직이는 산행인이라고 변명하면서였다.

하지만 상황이 다르고 마음을 바꾸니 몸도 다르게 변했다. 가이드북에는 올라가는 거리만 거의 40여 km로 되어 있었다.

40km!!!

높이는 어떤가?

정상 역할을 하는 금정이 3,077m으로 나와 있다. 출발하는 곳이 해발 500m 정도라 하더라도 산악의 형태상 오르내리막을 생각한다면 하루 만에 거의 3,000m를 올라야 하는 것이다. 평소 유유자적하던 나의 산행 형태는 생존(?)이라는 문제의식에 당면하자 몸이 곧바로 대응했다. 마치 아미산 무술 고수의 공중 부양기법을 전수받은 듯이 발걸음은 날 듯이 걸어졌다. 10여 km 거리인 청음각 절 입구에 도착하자 해가 숲 위에 떠 올랐고 화사한 햇빛이 촘촘한 나뭇잎 사이로 비춰들고 있었다.

얼마나 물소리가 좋길래 청음각이란 절 이름을 지었을까? 생각하면서 절 입구 정자에 앉아 휴식을 취할 겸 귀를 계곡 쪽으로 기울었다. 하지만 나 같은 속인들이 기대하는 아름다운 물소리는 그곳에 없었다.

3,000m가 넘는 아열대 고산에서 내려오는 물은 얼마나 풍부하겠는가…. 커다란 바위 사이로 흰 포말을 터뜨리며 흐르는 큰 물살이 내는 물소리는 아름답다기보다는 굉음에 가까웠다. 그 소리는 즐길 소리가 아닌 잡념을 날리는 수행에 도움이 된다고 생각할 수밖에 없었다.

나의 이 주장에는 나름 근거가 있다. 이야기를 조금 샛길로 빼자면, 나는 하동 쌍계사를 1년에 한두 번은 갈 정도로 자주 찾는 편이다. 쌍계사로 들어가 청학동으로 넘어가는 산행 코스를 즐기기 때문이다.

코스 중간에 있는 불일폭포는 당연히 들어갈 수밖에 없다. 지리산 10경에 들어 있을 정도로 경관이 좋은 불일폭포 입구에는 불일암 암자가 붙어 있다. 신라 때는 진감국사가, 고려조에는 보조국사 같은 한국 불교사에서 해 와 같은 분들이 거쳐 갔기에 불일암이라는 이름이 붙었을 것이라고 짐작을 했지만, 그런 대선사들이 왜 폭포의 물소리가 암자까지 들려오는 시끄러운 곳에서 수행했을까 하는 것이었다. 설마 그런 분들이 폭포 같은 경치를 염두에 둘 것은 아닐 것이기에, 물소리와 선 수행과의 연관성을 생각해 보았다.

아무튼 청음각에서 듣는 우렁찬 물소리는 새로운 등산로에 진입할 것임을 예고하고 있었다. 그 길은 산기슭의 길들과 아주 다르다는 것을 큰 소리로 알려 주는 것이었다.

차이는 길 자체에도 있었다. 예의 그 유명한 '돌계단 길'이다. 앞으로 2,000m 높이에 30여 km의 완벽한 돌계단 길을 올라야 했다.

사전 학습은 참으로 중요한 것이었다. 태산이 있었고, 황산이 보충학습이었다. 그 산들의 계단길이 가르쳐 주지 않았다면 도보 산행을 시도하지 않았을 수도, 올라가더라도 중간에 내려올 가능성이 훨씬 높았을 것이었다.

계단 숫자를 상상하는 것도 의미가 없었고, 계산을 한다면 심리적 부담감만 클 것이다. 그냥 계단도 길이란 생각으로 걷는다. 계단 대신 관심을 둘 곳도 많았다. 웅장한 계곡과 희고 거대한 바위들, 그 사이를 타고 흐르는 풍부한 물, 그런 것들을 보면서 눈은 끊임없이 계곡 기슭의 나무와 숲으로 향했다.

그 나무들은 난대성 상록수들이다. 막 떠오르는 아침 햇살을 받은 6월의 남방 상록수들은 그 싱그러움을 유감없이 뽐내고 있다. 무려 3,000여 종의 식물이 서식하여 세계문화 유산에 등재된 정도이니 그 다양하고 풍성한 숲의 모습은 볼수록 매력적이다.

수천 종류의 나무들이지만 내가 아는 것은 거의 없다. 다만 남방의 상록수들이 그렇듯 두툼한 잎에 색이 짙으며 잎 표면이 매끄럽고 윤이 나는 듯 광택이 있다. 그것들은 봄을 지나 초하의 여름에 접어들면서 푸르름을 한층 더하고 있었다.

사실 아미산 산행을 계획하면서 특히 산 아래로부터의 길고 긴 등산로를 걷고자 했던 것도 이런 난대성 숲 모습을 보고 싶은 것이 크게 작용했다. 이런 데에는 한국산에서 가졌던 인상적인 경험이 있기 때문이었다.

아마 10년은 더 지난 것 같다. 오랫동안 입산 금지시켰던 한라산 남쪽 산행 코스인 돈네코 코스를 개방할 때였다. 뉴스를 보자마자 아내와 함께 날아갔다.

영실코스를 올라 돈네코 입구 휴게소에서 컵라면을 두 개씩 먹고 새로 열린 코스로 진입했다. 눈은 거의 무릎까지 차오를 정도로 싸여 있었고 바람은 태풍같이 휘몰아치고 있었다. 그 강풍에 몇 번이나 쓰러진 아내를 겨우 달래어 하산을 시도했고, 등산로 지킴이의 도움을 받으며 마침내 서귀포까지 내려올 수 있었다.

그런 악조건 속의 하산 과정에서도 내 눈에 계속 들어오는 나무가 있었다. 길쭉하고 두툼하며 싱그러운 초록색 잎을 가진 '굴거리 나무'였다. 쏟아지는 하얀 눈과

굴거리 나무. 추운 겨울일수록 잎이 싱그럽고 예쁘다.

그 푸른 잎 색깔의 대비되는 풍광은 잊을 수 없는 아름다움이었다. 아내에게는 내심 미안했지만, 그 당시 이름조차 알지 못했던 굴거리 나무 풍광을 보며 내려오느라 긴 돈네코 코스가 짧게만 느껴졌다. 그 나무가 현재 우리 아파트 정원수로 몇 그루 심어져 있다. 평소에 싱싱하던 그 잎이 영하의 한겨울에는 아래로 축 처지며 힘을 못 쓰는 것을 볼 때마다 돈네코의 굴거리 나무 군락의 싱그러운 모습이 떠올랐다.

그 경험이 있는 이후 활엽수 잎이 다 떨어지는 겨울이 되면 난대성 상록수 자라는 남도 해안가나 섬 산행을 하기도 했다. 싱그러운 푸른색이 그리워서였다. 그런 가운데 잊을 수 없는 경험을 했다.

한반도 남해안 서쪽 끝 완도를 여행하고 있을 때였다. 언젠가 가까운 지인이 "완도 섬 꼭대기에 오르면 아름다운 풍광을 볼 수 있다!"고 한 것

이 기억이 났다. 그 정상은 꽤 높은 상왕봉이었고 하루 산행 코스에 해당되었다.

섬 남쪽 코스에서 오르기로 하면서 산 아래에 도착했다. 차를 내려 먼 발치에서 보는 산의 모습이 범상치 않았다. 무엇보다 산 전면을 덮은 숲의 색깔이 특별했다. 이제까지 우리 산에서 보아왔던 그런 색이 아니었다. 검푸르다고 해야 할 정도로 짙은 숲의 색은 소나무 숲도, 대나무 숲은 더더욱 아니었다.

궁금함과 설렘으로 그 색의 정체를 알기 위해 숲 아래로 접근하는 가운데 일본 삼나무가 빽빽이 들어찬 농장을 지나야 했다.

농장이 끝나는 지점에서 맞닥뜨린 숲의 모습은 한국에서뿐 아니라 세계 어디에서도 볼 수 없었던 처음 보는 것이었다.

그 빽빽함이란!!!

대나무 숲보다도 더 촘촘하게 박힌 회색 줄기의 나무들은 한 발자국의 진입도 용납이 안 되는 것이었다. 후퇴할 수밖에 없었고, 주민들은 정상으로 올라가는 임도를 가르쳐 주었다.

'가시나무!'라는 이름도 함께였다.

그 임도가 없다면 그 숲을 결코 지나갈 수 없을 것이었다. 도로에 가까운 넓은 임로를 비좁게 만들 정도로 길 양쪽은 높고 빽빽한 가시나무가 들어차 있었다. 그 가시나무의 신기함에 매료되어 수려한 다도해가 한눈에 들어오는 정상 상왕봉의 풍광은 관심 밖이었다. 오로지 마음속에는 '한국에 이런 나무와 숲이 있구나!' 하는 가슴을 가득 채우는 신선하고 진한 감동이었다.

가시나무 이름에도 흥미로운 사연이 많았다. 노래에 나오는 가시나무 새와는 상관이 없고, 가시같이 찌르기에 붙은 이름도 아니다. 열매로 달리는 도토리가 배고픔을 '가시게' 해 준다고 붙은 이름이었다는 말이 있으나, 원래 제주도에서는 도토리를 '가시'라고 불렀다. 그래서 가시나무란 이름이 붙었는데, 일본에서도 도토리를 가시라고 부른다고 한다.

제주도의 가시와 일본의 가시가 어떤 연관성이 있는지 언어학자들이 밝혀야 할 것 같지만, 이 나무가 보여 준 외형적 모습은 신선하게 다가왔다.

도토리 6형제라고 불리는 참나무류만 알고 있다가 도토리가 열리는 또 다른 참나무 세계가 있었다. 그 참나무류는 겨울에도 잎을 떨구지 않고 가지에 매단 채 푸르른 색을 유지하는 가시나무류의 상록수 그룹이었다. 이런 것을 알려 준 곳은 상왕봉을 넘어 산 아래에 있는 완도 수목원이었다.

그곳에서도 반가운 것이 기다리고 있었다. 가시나무의 사촌뻘인 '구실잣밤나무'가 그곳의 주인공이었다. 도토리가 구슬같이 생겨 이름이 붙은 나무지만 수목원 안에는 그들만의 넓은 군락지가 있었다. 그것들을 보면서 걷는 탐방로는 한국의 어떤 수목원보다도 특이한 기분을 느끼게 만들었다.

완도 여행을 하면서 뜻하지 않게 조우한 두 종류의 나무는 이후 내가 자주 가는 동네 공원의 발걸음을 행복하게 만들었다. 그 공원 안에 이들 나무가 많이 심겨져 있었기 때문이다.

봄철 어느 날 벤치에 앉아 있는데, 어딘가에서 구구국~ 구구국~ 하는 소리가 끊임없이 들려왔다. 그 소리의 정체는 놀랍게도 바로 옆 나무속에서 나는 것이었다. 자세히 살펴보니 가려진 나뭇잎 사이에 집을 지어

놓고 짝을 부르는 '멧비둘기'였다.

그때 처음 멧비둘기와 집비둘기와의 차이를 알았고, 그들의 보금자리가 되는 나무는 겨울에도 짙은 나뭇잎을 유지하는 가시나무라는 걸 알았다.

평소에 나는 구실잣밤나무가 몇 그루나 있는 것을 몰랐다. 봄철 나무 전체가 희뿌연 꽃으로 뒤덮은 그 존재가 오랫동안 밤나무인 줄로만 알았었다.

이렇듯 우리 가까이 정원수로 사랑받는 소수의 존재들이 완도의 섬에서는 대군락지로 서식하고 있었고, 그들을 한꺼번에 보는 것은 일종의 축복이라는 기분이었다.

우리가 동남아 열대 자연을 여행하고 돌아온 후 그곳에서 보고 온 남국의 흔한 식물들이 국내의 화훼가게에서 화분에 귀하게 재배되는 것을 볼 수 있다.

역으로 그런 가게에서 보았던 귀한 남국 식물을 그곳 여행에서 무한정으로 볼 때 신기하면서도 행복한 감동을 경험하게 된다.

그랬다.

지금 내 앞에 펼쳐진 아미산의 싱그러운 아열대 숲은 내가 겨울에 본 제주도나 남도 해안가의 나무들과 비슷한 류일 것이다. 나무 이름 하나 알 수 없는 것들이지만, 이들을 보는 나의 마음은 남도에서 만난 상록수 숲에서 느낀 것과 같은 반가움이었다.

'아는 만큼 느낀다.'는 것은 맞는 말일 수 있지만, 어떤 면에서 정확하지 않을 수 있다. 조금 알아도 감동은 클 수가 있다. 세상 지식에 부족한 아이들이 크면서 아는 감동이 크다고 했다.

많은 지식을 가진 어른들이 오히려 시큰둥하게 산다. **얼마나 호기심을 가지고 사는 것이 중요한가!** 그것도 나이가 들수록 더욱 그렇다.

아미산에 식물만 풍부한 것이 아니다. 2,000여 종의 동물 종도 보고되었다고 한다. 그것들이 계곡 물속과 숲속에 있을 것이기에 내 눈에 띄지 않을 뿐이다. 하지만 뚜렷한 존재감을 과시하는 것이 있었다.

지금 내가 올라가고 있는 이 계곡 구간이 녀석들의 본거지였다. 어떤 때는 저것들 사이를 어떻게 지나가야 하나 하는 고민(?)을 하게 만드는 원숭이! 무리였다.

아직 이른 오전 시간이라 관광객도 행상인도 없는 혼자만의 길에 순간적으로 길에 튀어나오기도 하고, 무리를 지어 길을 점령하고 있기도 했다.

중국 속담에 '사람 10,000명이 원숭이 1마리 있는 길을 지나기 어렵다.'는 말이 저절로 생각나게 만드는 곳이었다.

녀석들은 내가 음식을 줄 것을 기대하기도 하며 여차하면 내 등 뒤로 점프해 올라타 배낭을 노리기도 할 것이었다. 실제로 아프리카 세렝게티 사파리에서 그런 경험을 했다.

지붕이 없는 사파리용 지프차를 타고 있는 일행의 배낭이 원숭이에게 급습을 당했다. 배낭 속의 우리 점심을 갖고 튀는 녀석을 내가 쫓았고, 녀석은 비닐 봉투를 찢어 바나나만 들고 날랐기에 종이에 싸여 있던 샌드위치가 터져 나와 흙바닥에 굴렀다. 점심을 강탈당한 우리는 주린 배를 참고 물만 마시며 동물들을 구경해야 했다. 그날 사파리 관광에 우리 눈에 들어오는 동물들은 관광용 대상이 아닌, 바비큐가 연상되는, 사냥 대상으로 보이는 사파리의 어원과 연결되는 것이었다.

다른 산행인이 버린 나무 지팡이는 심리적 안정감을 주었고, 돌바닥을 툭툭 치는 무력시위를 하면서 계곡을 무사히(?) 통과했다.

계곡이 끝나갈 즈음 길은 갑자기 가파라졌고 30여 분을 더 오르자 홍춘평이란 절이 나왔다. 이미 15km나 걸었는데 고도는 1,120m에 불과했다. 절을 구경하는 것도 시간 낭비라는 생각에 간식을 먹으며 곁눈으로 구경만 했다.

시계는 10시를 넘어서야 km를 더 걸어야 한다.

두 시간을 더 걸어 올라고 있었지만, 아직 2,000m를 더 올라야 하고, 30 1,750m의 선봉사(仙峰寺)란 절에 도착했다. 신선이 사는 봉우리에 있는 절이라는 이름에 걸맞게 주위의 풍광이 환상적이다. 다만 절이 위치한 곳은 절벽의 옆이었고, 봉우리는 잘 보이지 않을 정도로 뒤쪽 높은 곳에 위치해 있었다.

하지만 그런 뛰어난 풍광도 더 이상 눈에 잘 들어오지 않았다. 새벽에 먹은 죽은 소화된 지 오래였고 배낭 속의 빵과 바나나도 거의 끝이 나고 있었다. 그것들이 주는 에너지는 한계가 있었다.

해는 하늘 위로 올라서면서 기온도 솟구쳤다. 그런 것들이 오르는 것과 비례해서 나의 기운은 아래로 내려갔다. 돌계단이 높아 보이고 하나하나 오르는 것이 버겁게 다가왔다.

비상 대책이 필요했다. 약물을 마셔야 한다. 커피를 마시라고 온몸이 요구하고 있었다. 배낭을 온통 뒤졌으나 헛수고였다. 이런 것 하나 준비 못 한 들뜬 마음이 원망스러웠다.

가게가 나타나길 기다리며 올랐다. 식당이 있을 리 만무하고 혹시나 하는 마음으로 그런 비슷한 것이 있기를 기도하듯 바랐다. 길은 길게만 느껴지고 시간이 얼마나 흘렀는지 자각하기조차 힘들었고, 정말 기운이 바닥에 이르렀다고 느낄 즈음 기적이 일어났다.

허술한 천막 같은 것을 친 가게나 나타났다! 현기증이 있어 처음에는 환각작용으로 보이는 것이라고 생각할 정도였다. 노부부가 좌판에 간식거리 몇 가지를 팔고 있었고, 정말 기적은 그곳에 커피가 있었다는 것이다.

그 스틱 커피는 나에게 최상품(?)이었다. 설탕이 섞이지 않았다면 지독한 쓴맛 때문에 삼키기 힘든 것이었다. 베트남산 부루스타 종이 분명했다. 현재 스틱커피만 하더라도 고급종인 아라비카만 취급하는 한국에서는 찾기가 힘든 하급품종이다. 향과 풍미가 떨어져 2급으로 분류되지만 카페인 농도는 아라비카에 비해 두 배에 가깝다. 그런 찐한 커피라야 이런 고산 등반길에 맞는 명품이 되는 것이다. 두 잔을 시켜 연거푸 마셨고 낱개를 몇 개 사서 배낭 깊숙이 보존시켰다.

가격은? 한 잔 값이 도시 고급카페 못지않았지만, 값을 논한다는 것은 불경에 가까운 것이다. 당연히 값어치는 수만 배에 달했다.

이런 가게가 있는 것도 신기했고 이런 가게를 운영하는 사람은 얼마나 고단하겠는가…. 론리에서는 'hard wok cafe'라는 가게 이름인지, 안내문인지 모를 애매한 문구를 넣고 있었다. 나같이 올라가는 등산객은 거의 전무하다시피 했지만, 가끔 하산하는 사람이 있었다. 아마 사찰에 불공을 드리러 가는 사람도 있을 것이다.

마약 같은 초고농도의 카페인 효과는 놀랍도록 컸다. 그 커피의 힘으로 남은 30여 km의 산을 걸어 냈다. 이곳에서 겪은 체험 효과는 이후 나의 산행에 필수적이며, 어떤 면에서 의식 같은 형태로 변하게 만들었다.

가벼운 국내 산을 탈 때도 오전에 산속에 진입하여 스틱커피를 한잔하는 것은, 아직 풀리지 않은 몸에 자각을 주기도 하지만, 내가 가장 좋아하는 산에 대한 경배와 그 속에 하루 보내는 것을 자축하는 의미를 가지는 것이기도 했다.

그런 의식의 가장 극적인 장면은 이후 남미 여행에서 소개될 것이다.

마침내 정상부 금정에 올랐다. 6월의 긴 해는 내가 올 때까지를 기다린 듯 안간힘을 쓰며 구름이 아득하게 깔린 까마득하게 뻗어 있는 서쪽의 산 끝에 아슬하게 턱걸이를 하고 있었다. 아미산의 일몰이 최고의 경관이라는 것을 논하는 것은 휴지 조각같이 헤쳐진 내 몸에게는 참으로 미안한 것이었다.

정상부에 모셔진 보현보살상은 어떤가?

금박으로 입혀진 코끼리 4마리를 탄, 3단 10면의 50여 m가 넘는 거대한 보현보살상은 석양 햇살을 받아 온통 황금색으로 빛나고 있었다. 그 몽환적 모습은 몰아의 경지에 이르도록 이곳에 올라온 나에게는 도저히 지상의 세계로 생각할 수 없게 했다.

그런 천상의 풍경이었지만 마음을 오래 둘 수 없었다. 내려가야 되고, 잠자리도 찾아야 한다. 발걸음을 돌려 한 시간을 걸어 산 아래로 내려온 곳에는 셔틀버스 정류장이 있었다.

그 버스를 타고 하산할 계획을 세웠었고 산 아래 편안한 숙소를 찾을 생각이었다. 참 순진한 생각이었고 정확한 정보도 없는 계획이었다.

버스 운행은 벌써 끝났고 마지막 셔틀버스가 내려간 지도 오래되었다. 그래도 정말 다행스러운 것은 주차장 주변에 몇 곳의 여관이 있는 것이다. 하지만 밤이 다되어 내려간 나에게 기다리는 빈방이 없었다. 차례차례 물었으나 모두 "메이요우(없다)."란 간단하고 메마른 답만 되돌아왔다. 실망감이 더해지며 초조한 마음으로 마지막 하나 남은 가장 아래쪽의 여관에 들어갔다.

여기에서도 기적 같은 일이 났다. 극심한 피로에 찌들린 나의 모습이 얼마나 불쌍하게 보였든지 주인 여자에게 보현보살 같은 자비심이 발현되었는지 지하의 묵혀 둔 빈방을 내어주었다. 그 방은 여관이 숙박업을 시작한 후 한 번도 대여하지 않은 오래된 방이었다. 습기가 가득한 벽에는 물줄기가 맺혀 흐르고 있었고 이불은 눅눅하다 못해 세탁기에서 막 빼낸 빨래 같았다.

어떻게 불평할 수 있겠는가….

사실 그런 것들에 대해 평가할 만큼 나의 심신 상황이 말이 아니지 않은가! 평가는 다음 날 아침에 해야 했다. 1층의 식당에 올라가 맥주를 시키고 볶음밥도 주문했다. 한 잔의 가벼운 알코올이 나의 개인적 산행 역사의 이정표를 되새겨 주고 있었다.

하루에 40km가 넘는 긴 거리에 상승고도가 3,000m에 이르는 길을 걸었다. 그것도 이국의 열악한 숙식 조건에서 해 내었다. 이런 지난한 상황을 견디어 준 나의 육체에 미안하기도 하면서 무한한 감사함이 따랐다.

또 있다. 아미산이란 특별한 산이 그렇게 만들었다. 겉모습이 미인의 눈썹 같은 예쁜 산이라고 말하기에는 너무 다른 신비로운 산이었다. 산자락에서부터 정상에 이르기까지 오랜 역사를 간직한 산사들이 그렇고,

남국의 싱그러운 나무와 숲, 안개에 싸인 깊은 계곡과 그 속을 흐르는 희고 풍부한 계류… 그것들이 이 밤까지 있게 만들었다. 맥주 한 병과 볶음밥을 채 다 비우기도 전에 무거워진 눈꺼풀이 지하의 방으로 이끌었다.

어떻게 잠을 잤는지, 축축한 이불도 아무 상관이 없이 밤이 지나갔다. 한 줌의 빛도 새어들어 오지 않는 지하세계는 뒷날 해가 중천에 떠올라도 고요한 어둠이 계속되고 있었다. 잠 깰 시간을 알려 주었던 것은 휴대폰의 알람도 아침밥을 요구하는 빈 배 속도 아닌, 배 표면을 덮은 뱃가죽이었다. 뜨뜻한 열기가 배 바닥을 엄습하고 있었다. 불을 켜고 옷을 걷어 올렸다.

아, 배 표면 전체에 걸쳐 천문도가 그려져 있었다! 북극성, 북두칠성, 사자자리, 곰자리, 카시오피아…. 별빛같이 선명한 붉은 점들이 온 배 바닥을 찬란하게 수놓고 있었다. 지하의 방은 그 이름에 어울리지 않는 또 하나의 하늘 세계였다.

지하 세력의 침략군들은 전날의 피로를 느낄 새도 없이 순식간에 잠을 깨게 만들었다. 속옷도 입지 않은 채 버스를 타고 산을 내려가는 나에게 아미산의 불교 세계는 완벽하게 무소유를 실천하게 했지만, 미련이 많은 속세인인 나에게는 전날의 산 아래 산사의 템플스테이(?)가 계속 그리울 수밖에 없었다.

5

밀포드 트레킹

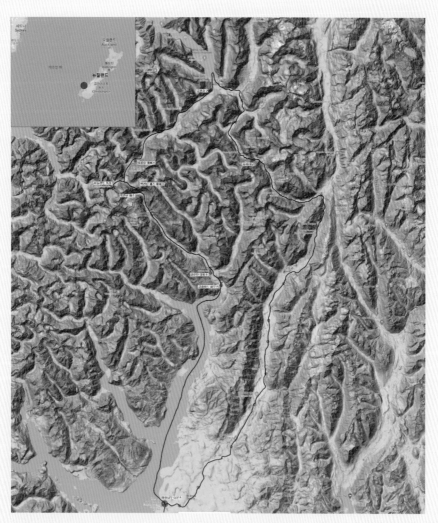

2016년 2월 (5일간) 54km

들어가기

'세상에서 가장 좋은 길', '세계 3대 트레일', 'BBC가 선정한 세계 10대 트레일' 등으로 홍보된 밀포드 트렉을 4박 5일 일정으로 걸었다. 세상에서 제일 좋은(?) 세계 몇 번째(?) 하는 것들이 지극히 주관적인 표현인 것을 잘 안다. 우리가 지구상에서 잘 알지 못하는 수많은 길들을 어떤 사람이 다 걸어 보고 평가해야 할 것인데, 그렇게 길을 걸을 수가 없기 때문이다. 설사 가능하다 하더라도 그것은 어디까지나 그 사람의 주관적 평가일 것이다.

이치가 그런 데다가 사실, 나도 지구의 수많은 곳을 여행하며 여러 곳을 둘러봤기에 그런 말에 더욱 동의하지 않는다.

하지만 주관적 요소가 중첩되고 여러 사람이 동의할 때 객관성을 어느 정도 얻을 것이다. 그러기 위해서 그런 곳은 여러 가지 필요한 요소를 가지고 있을 것이다. 그런 점에서 밀포드는 특이하고 특별한 곳이었다. 5일간 그곳을 보면서 느끼는 감정이 그랬었다.

거대한 호수를 배를 몇 시간이나 타고 들어가 시작하는 수억 년 역사로 만들어진 150여 리 빙하 계곡의 양쪽은 깎아 지른 절벽으로 막혀 있고, 그 높은 절벽 산허리에서 무수한 폭포를 내뿜는다. 그 폭포수와 양동이로 들이붓듯이 쏟아지는 비를 맞는 계곡의 숲은, 우리가 전혀 상상하지 못했던 지구상 가장 특이한 우림 숲을 연출한다.

특이함을 넘어 괴이하여 한 발 내딛는 것에 두려움이 느껴지는, 깊이를 알 수 없는 심연의 숲이었다. 그것은 상상만으로 존재하던 태초와 원초의 우리 지구 모습일 수 있었다.

그런 곳이었기에, 걸어 내면서 내내 드는 의문은 언제, 누가, 어떻게 이런 곳을 알고 길을 만들 생각을 했을까? 하는 것이었다. 그 길도 걷기에 너무 잘 다듬은 아름다운 길이었다.

공원 관리국에서도 얻을 수 없었던 자료를 뉴질랜드를 여행하던 중 크라이스트 처치에 들러 얻었다. 혹시나 하는 마음으로 서점을 찾았고, 그곳에서 뜻밖에 내가 원하는, 밀포드 역사에 관한 책을 구할 수 있었다.

맥킨넌 고개에서 내려다본 밀포드 빙하 계곡 전경.

길의 역사를 알면서 이 길을 사람들에게 알리고 싶었고, 어쩌면 트레킹 과정의 이야기는 그 책이 중심 역할을 할 것이었다.

130년도 지난 오래전에 자연의 아름다움을 알고 그것을 온몸으로 느낄 수 있도록 인위적인 길을 내려고 했다는 것이 가슴에 잘 와닿지를 않았다. 우리에게 그런 일은 20세기 이후 복지란 개념이 인류사에 등장한 이후라야 맞는 것으로 추측할 것이며, 그때쯤이면 이념투쟁과 생산 증대에 몰입해 있었고, 일반 대중은 하루 일상을 살아가기에도 바쁜 때였다.

세계 대중이 일상에 지쳐 있는 시대에 유람하듯 경치 구경을 위해 길을 개척하여 사람들을 유혹했지만, 그것은 어쩌면 우리가 그렇게 살아야 하는 것이었는지도 모른다. 작금 한국이 그렇듯 우리 주변은 자연을 가까이서 접하며 걸을 수 있는 길을 무수히 조성하고 있는 것이 결정적인 증거이다.

그런 길이었기에 만들기가 쉽지 않았다. 당연히 많은 사람의 희생과 수고가 뒤따랐다.

나는 밀포드 길 역사책의 번역을 끝내면서 내린 결론은 밀포드 길이 세계에서 가장 좋은 길은 아닐지라도,

'The oldest walk in the world made by human!'이라는 것이었다.

밀포드 길은 세상에서 가장 좋은 길을 걸으면서, 인간이 순수하게 자연을 즐길 수 있도록 만든 가장 오래된 인위적인 길을 걷는 것이다. 그래서 그 길을 걸을 때 길을 만든 사람들의 이야기를 생각할 수 있다면 감동 또한 더 클 수 있는 것이다.

우리의 올레길이 그러하듯이 모름지기 길은 스토리가 있어야 더 흥미

롭다. 나는 4박 5일간 밀포드 트렉을 걸을 때의 나 자신의 느낌보다 이 스토리를 알리고 싶었다. 밀포드 경관과 길 모습은 인터넷만 잠깐 들어가도 많이 볼 수 있는 것이기에….

첫날

이른 아침에 공원 관리국으로 나갔다. 그곳에서 버스를 타기로 되어 있었다. 숙소에서 10분 정도 걸어서 도착할 수 있는 거리에 있었다.

호숫가로 이어지는 길이 평화롭다. 우람한 덩치의 유칼립투스 나무들이 적당한 거리를 두고 바다같이 넓은 테아나우 호수를 감싸듯이 물가에 서 있다.

사람들은 이미 많이 나와 있다. 모두 설레이는 듯한 상기된 표정들이다. 어제 이곳에서 만난 일본인 여자 히다도 보인다. 혼자 온 데다가 이웃 나라여서 가장 말하기 편한 사이가 되었다.

버스는 테아나우 다운스까지만 갔다. 그곳에서 배를 타고 호수를 건너 트렉 입구까지 가는 것이다. 유명한 관광지답게 보트는 유람선같이 흰색으로 칠해진 데다가 외형도 산뜻했다. 지금은 당연한 것이지만 초기 트레커들이 이용한 배는 한마디로 고물배였다. 그런 배들에는 우스꽝스런 사연도 많았다.

트렉 길이 열리면서 그곳까지 가기 위해서는 배를 타고 바다같이 넓은 호수를 건너가야 했다. 하지만 마땅한 배도 없었고 그런 사업을 하려는 사람도 없을 수밖에 없었다.

그럴 때는 괴짜가 필요하다. 캐나다로부터 표류하듯 흘러 들어온 '브로드 영감'이라고 불린 사람이 그 역을 맡는다. 당시는 호수 안에 '타카헤'라는 양모를 실어 나르는 배가 유일했다. 브로드는 그 배의 선장이자 선원이며 요리사, 가이드, 때로는 친구와 철학자 같은 역할을 맡았다. 그러면서 가끔은 해안에서 방황하는 관광객들을 호수 위아래로 실어 나르기도 했다.

1889년 밀포드 길이 열리면서 모험사업가도 등장했다. 윌리엄 토드라는 사람이 작은 중고 증기선을 인버카길에서 구입한다. 그것을 반으로 잘라 소 수레에 싣고 호수에 와서 재조립해 취항을 시켜 브로드에게 맡겼다.

그런 배가 잘 나가겠는가?

선장인 브로드는 '두 시간이면 도착할 것'이라고 허풍을 친 후, 트레커들을 태워 한참 가다가 산 밑에 배를 대고는 연료가 다 떨어졌다고 엄살을 부리며 사람들에게 산에 올라가 나무를 해 오게 한다. 찌는 듯한 더위 속에서 거의 두 시간이 넘는 엉뚱한 화목 작업에 힘이 빠진 트레커들이 느림보 배 속에서 꾸벅꾸벅 졸고 있을 때, 갑자기 기관실 옆에서 시커먼 연기가 솟아올랐다.

사람들이 혼비백산하며 불이야! 불이야! 하고 고함을 치며 선장을 찾을 때, 이미 알고 있었다는 듯이 물이 채워진 양철통을 들고 나타난 브로드 영감은 한 번에 불을 제압했다. 그리고 자기 몸집을 닮은 그 양철통을 뒤집어 깔고 앉아 태연히 시거에 불을 붙여 연기를 내뿜어내면서 하는 말,

"놀랄 필요없어요, 친구들." 하고 안심시키듯이 말하면서, 시거 파이프를 한 번 더 힘있게 빨고 가래를 뱉으면서, "나는 여행에서 한 번이나 두 번 정도 촛불을 정확히 끕니다." 하며 아주 또박또박하고 침착하게 말했다고 한다.

'번개같이 빠르다.'라는 마우리식의 이름인 '테우이라'라고 처음 명명된 그 배는 시속 3마일을 넘지 못했다. 새벽 1시경에나 도착한 배는 트렉 입구의 부두에 쾅 하고 부딪히며 도착하여 졸고 있는 승객들을 하선시켰다. 낭만스럽기는 했지만 모든 면에서 '무질서의 정수'로 알려진 악명(?) 높은 브로드 증기선에 교체를 시도한 사람은 역설적이게도 그 배에 화목 조달을 했던 도널드와 잭 로스 형제였다.

나무치기에 지친 그들은 자신들을 위한 것을 하나 만들려고 했다. 금융조합을 설립하고 정부의 보조를 받아서 보다 크고 현대적인 배를 만들었다. 1899년 '타워라'라는 이름으로 진수된 석탄을 때는 증기선은 45명의 특별 손님을 태워 첫 항해를 했다. 배 이름 '타워라'는 마오리 언어 '수성'에서 따왔는데 배의 상징으로 뱃머리에 장식했다.

그때 타워라를 취재해서 실은 지역 신문에서는 배 모습을,

"배 몸체에는 노란 줄에 푸른 구리색이 칠해지고 그 아래에는 흰 물결선이 그려졌으며, 항구를 따라 조용히 누워 있는 아름다운 모습이었다." 라고 표현했다.

12노트의 쾌속을 자랑하며 수많은 승객들을 들뜨게 만들며 실어 날랐던 타워라는 무려 100년이나 장수하며 1997년 퇴위했다. "테아나우 호수의 늙은 귀부인"으로도 불리며 퇴위할 당시 100년에서 18개월이 모자랐다.

밀포드 입구의 클린턴 강. 비가 오기 전에는 물 색깔이 수정 같았다.

지금 우리가 승선한 배는 더 크며 디젤 엔진으로 달리는 쾌속선이지만 불과 20년 전만 하더라도 배 몸통 위에 커다란 굴뚝을 달고 있는 배가 통통거리며 달렸을 것이다. 그리고 또 100년을 더 거슬러 올라가면 시속 2노트의 거북이 배가 하루 종일 걸려 호수를 건너야 했다. 그 배의 뚱뚱보 선장은 세상 최고의 경관을 구경하러 온 유람객에게 중노동의 화목 작업을 능글스럽게 시키고 불장난을 해서 혼을 빼놓기도 했다.

그런 당시의 모습을 알 리 없었던 우리는 불과 두 시간도 채 안 되어 호수를 건너 트렉의 입구에 도착했다. 배에서 내리자마자 일행들은 숲속으로 빨려들 듯이 사라져 들어갔다.

길은 클린턴이란 강변을 따라 이어졌다. 강폭이 50m를 넘을 정도로 제법 큰 강이었지만 강물이 얼마나 투명한지 물속의 흰 자갈이 훤히 들여다

보였다.

반 시간 정도 걸었을 때 오른쪽 산 아래 넓은 평지에 자리 잡은 큰 산장이 나타났다. 우리 일행들이 그냥 지나치는 것을 보면 우리가 투숙할 장소가 아닐 것이었다.

트렉에는 자유 여행자용 산장이 있고 가이드 이용 트레커가 투숙하는 산장 2종류가 있다. 자유 여행자는 하루 40명으로 입장이 제한되며, 가이드 투어는 50명이다. 인원도 많고 시설도 좋은 가이드 투어 산장은 규모가 컸었다.

지금 우리 앞에 나타난 것은 '글레이드 하우스'라는 가이드 투어 산장이었다. 초창기 트렉의 역사 속에서 글레이드 하우스는 '편리하고 안락하여 하루의 피로를 푸는' 장소로서 트레킹의 분위기를 바꾸는 데 큰 전환을 가져오게 했다.

가이드 투어가 이용하는 글레이드 하우스. 트렉 입구에 위치.

1895~1896년 시즌기에 맞춰 문을 연 글레이드 하우스 이전의 숙소들은 문자 그대로 대피소였다. 1890년 정부에 의해 지어진 클린턴 대피소는 단순한 두 개의 방으로 된 건물이었다고 당시 트레킹했던 사람의 기록에 남아 있었고, 1894년 도널드 로스와 세 명의 부쉬맨이 지은 제법 튼튼한 대피소와 민타로호수 근처에 1893년 사무엘 스티븐스라는 사람이 민타로 대피소를 짓기도 했지만, 1906년 팜팔로나의 튼튼한 대피소가 지어지기 전에는 휴식 정도에 적합할 정도의 텐트형 숙소가 전부였다.

  이런 숙소들이 겨우 비를 피해 가는 정도의 대피소 역할을 하는 것이었기에 힘든 산행 후 하루의 피로를 푸는 안락한 숙소의 요구는 당연했다. 이런 욕구들이 점증하여 퍼져 나가고 있을 때 테아나우 마라쿠라 호텔의 존과 부인 루이사 가베이가 1895년 테아나우 호수 끝에 도착했다. 그들은 클린턴 강의 동쪽 강둑을 걸어 올라 깨끗하고 아름다운 숲속에 이르렀다. 너무나 목가적인 분위기였다. 강물의 끄트머리에는 풀들이 자라고 수정같이 맑은 강물은 미끄러지듯이 부드럽게 흘러내리는, 그곳은 숲으로 이뤄진 거대한 산들로 둘러싸여 있었다.

  "I would like to build a house in this glade!"(Lousa Garvey, 1895)

  루이사가 남편에게 속삭이듯이 말했다. 사실 그때 루이사의 친구들은 트렉의 아름다움을 알고부터 적절한 숙소를 짓는 것에 흥미를 많이 보이고 있을 때였다. 친구들의 재정적 후원을 받으면서 울타리가 장미로 뒤덮힌 꿈의 집이 1895~1896년의 시즌에 맞춰 준비되었다.

  그 산장은 아이들과 함께한 11명의 가베이 가족이 준비한 저녁 연회와 전통적 환대로 인하여 금방 좋은 평판을 얻었다. 가베이의 여섯 아들들은 가이드나 트렉맨으로 봉사하기도 했다.

1903년 정부 관광청은 밀포드 트렉의 중요성을 인정하며 글레이드 하우스를 구입했으나 가베이는 매니저로 계속 남아 일했다. 1906년에는 확장에 착수하여 양쪽 끝에 날개 같은 숙소 방들을 이어 달기도 했다. 글레이드 하우스는 밀포드 사운드와 전화가 설치되었으나, 폭풍우와 눈사태로 인하여 불통이 잦았고, 오히려 '비둘기 편지'가 연락을 보증하는 수단이었다.

그러나 모든 일에는 상대성도 있고 약점이 있다. 글레이드 하우스의 이용과 함께 트렉의 종주에는 거액의 입장료가 요구되었다.

그러자 트렉을 이용하는 것은 뉴질랜드인의 권리라는 믿음을 내세우며 오타고의 트레킹 클럽 회원들이 반기를 들었다. 그리고 1964년 5월 무가이드인 'Freedom walk'를 시작했다. 다행히 1966년 우호적인 피오르랜드 국립위원회가 이들이 사용할 수 있도록 3곳의 대피소를 세워 주게 되었다. 그 대피소들은 가이드 트레커보다 '앞서가는' 쪽으로 편성되어 앞 지점에 지어졌다.

이런 역사적 배경으로 하여 우리의 자유 트레커들은 지금 글레이드 하우스를 지나 한 시간 정도 거리에 위치한 클린턴 대피소로 가는 것이었다. 글레이드 하우스가 풀밭 너머 멀찍이 떨어져 있었기에 건너다보기만 하고 걸었지만, 며칠 뒤 가이드 트

클린턴 대피소.
이곳에서 이틀을 자는 행운을 누렸다.

렉팀의 팜팔로나 산장을 들어가 건물 내부를 살짝 들여다보았다. 흰 테이블보에 깔려진 탁자 위에는 손님을 위한 와인 잔들이 정연하게 놓여 기다리고 있었다. 넓은 건물 안에는 안락한 침실은 물론이고 비에 젖은 등산 장

비들을 말릴 수 있는 시설도 있다고 알려져 있었다.

글레이드 하우스가 있는 평지를 지나자 강을 건너는 다리가 나타났다. 철제 사슬 다리의 난간 쇠줄을 잡고 맑은 강물을 보기도 하고 상하류 숲들의 전경을 여유롭게 감상해 보기도 한다.

다리를 건너자 본격적인 숲길이 시작되었다. 그런데 그 숲길은 내가 전혀 예상치 못한 그런 숲길이었다. 내가 평생 동안 보아 왔던 숲들 모양하고는 전혀 달랐기 때문이다. 숲은 온통 이끼로 뒤덮여 있었던 것이다.

이른바 '**이끼 숲**'이었다!

난생처음 접하는 특이하고 생소한 이끼 숲을 내일 다시 오게 될 줄도 전혀 예상 못 했다. 내일 다시 올 것이기에 간단하게 서술할 수 없는 이끼에 관한 이야기는 내일로 미루자.

아무튼 신비스런 숲의 등장은 앞으로 나흘간의 트렉에 대한 기대감을 엄청나게 상승시키며 기분을 들뜨게 만들었다. 하지만 이런 나의 기대감은 채 몇 시간이 지나지 않아 너무나 극적인 상황에 부딪히며 반전되었다. 그런 상황이 일어날 것을 상상도 하지 못한 채 도착한 '클린턴 대피소'는 나지막한 나무들에 둘러싸여 아늑하게 자리하고 있었다. 조립식 건축재로 지어진 듯한 두 동의 흰색 숙소 건물은 나무 데크로 이어진 마당을 사이로 마주하고 있었다.

건물 안에는 2층으로 된 침대가 정확히 40개 배치되어 있었다. 먼저 온 사람이 자신이 원하는 곳을 선점한다. 나는 약간 늦은 편이라 방 입구 가까이에 빈자리를 잡았다. 옆 건물은 취사동 건물이다. 가스레인지와 음식을 먹을 수 있을 정도의 긴 테이블 하나가 전부다.

음식은 아주 간편한 이동식이다. 나흘치 식료품을 배낭에 다 넣어야 되기에 그럴 수밖에 없다. 최대한 부피가 적고 가볍고 하나의 재료로서 한 끼를 해결할 수 있는 것이어야 했다. 나는 사흘치의 전투 식량과 비상용 누룽지에 건어물 약간만 준비해 왔다. 그런 음식물들과 여러 가지 필수 산행 용품으로 인하여 배낭은 배가 터질 듯했지만, 날짜가 지나면서 무게와 부피가 줄어드는 즐거움도 있었다.

배가 고프니 김치 반찬 하나 없는 전투 식량이지만 꿀맛이다. 이른 저녁밥을 먹고 숙소 앞 강가에 산책을 나섰다. 하루 동안 잠시 익혀진 일행들이 길에서 만나 반갑게 인사를 한다. 모두 트레킹에 대한 기대에 가득한 듯 목소리가 밝고 표정이 환했다. 가볍게 인사말을 나누며 서로 국적을 알아본다. 캐나다, 독일, 호주, 물론 뉴질랜드인이 제일 많기는 했다. 그런데 이들 대부분이 하룻밤만 지나면 이곳을 떠나야 된다는 것을 상상이나 했을까….

조짐은 그때부터 시작되고 있었다. 비가 내리기 시작한 것이다!

숙소로 돌아오니 사람들이 삼삼오오 모여 웅성대고 있었다. 사람들의 어두운 표정으로 보아 무언가 심상치 않은 일이 있는 것이었다. 방에 들어와 침대 옆자리 사람에게 무슨 일이냐?고 물으니, 기상예보가 좋지 않다는 것이다. 비가 많이 올 수 있다는 예보를 산장지기 레인저가 알려 주었고, 향후 일정에 대해서는 내일 아침에 말할 것이라고 한다.

갑자기 가슴이 답답해져 왔다. 하지만 하늘의 일은 알 수 없고 내가 어찌할 수도 없다. 그래도 믿는 구석이 있다면 행운은 항상 나의 편이었다. 많은 여행의 경험 속에서 느낀 것이 그것이었다. 이번에도 행운을 믿으며 잠을 청했다.

둘째 날

잠이 깊이 들 리가 없었다. 새벽도 되기 전에 침대 주변이 어수선하며 사람들이 들락거렸다. 날이 채 밝기도 전에 전원 마당 앞에 모이라는 레인저의 통보가 왔다.

30대 중반쯤으로 보이는 젊고 호리호리한 레인저는 자연스러운 몸짓을 하며 장황하게 상황 설명을 했다. 분명 비가 많이 온다는 것이며, 일정 진행을 할 수 없다는 것까지는 알아들었으나 구체적인 내용을 정확하게 이해할 수 없었다. 그것이 오랜만에 외국 여행 나온 나의 영어 듣기(?)의 한계였다. 그러나 분명한 것은 불길한 것이었고, 사람들의 표정이 그것을 분명히 알려 주고 있었다.

레인저의 말이 끝나자 모두 침묵으로 답하며 방으로 들어가거나 자신들의 일행과 무언가 의논을 하기 시작했다.

나만큼이나 답답한 사람이 있었다. 혼자 여행 온 일본인 여자 히다였다. 어리둥절하게 서 있는 나한테 쪼르르 달려왔다.

"레인저가 한 이야기 다 알아들었어요?"

"아니요. 비가 많이 온다는 것과 오늘은 트레킹을 할 수 없다는 정도로요….."

"그렇군요. 그럼 레인저에게 가서 다시 한번 들어 봅시다"

그렇게 하여 사람들하고 얘기를 나누고 있는 레인저에게 다가가 설명을 요청했다. 우리를 배려해서 차분하고 꼼꼼하며 친절하게 설명해 준

것은 아주 불길한 소식이었다.

"어젯밤에만 비가 무려 200mm 이상 왔었다. 그래서 지금 물에 잠긴 트렉이 많아 진행이 불가능하다. 예보 또한 비가 계속 온다고 한다. 그 양이 얼마나 될지도 예측할 수 없다. 이곳이 원래 그런 곳이다. 내일도 오늘만큼 비가 온다면 우리의 모든 일정이 취소되고 귀환해야 된다. 왜냐하면 여기에 예약한 사람들이 뒤에 대기하고 있기 때문이다.

그것이 규정이다. 혹시라도 하루를 더 기다려 볼 사람은 '남아도 된다!'였다. 내용은 약간 복잡했지만 한마디로 말하면 청천벽력 같은 날벼락이었다.

여기에 오는 것이 얼마나 힘들고 어려운 일이었던가!!!….

트렉 길은 11월부터 이듬해 4월까지 하절기에만 한시적으로 개방되며, 하루에 딱 40명만 입장할 수 있다. 그렇기에 6개월 전 예약이 시작될 때 며칠 만에 마감이 될 뿐만 아니라 자신이 원하는 날짜는 초를 다투어 맞추어야 했다.

좀 쉽게 참가할 수 있는 가이드 투어는 비용이 만만치 않다.

하지만 이곳은 돈의 문제가 아니다라고 할 정도로 금전 문제 이상이 적용되는 곳이다.

지구상 남극 다음으로 최남단에 위치한 나라에 여행 오는 것도 그렇고, 예약의 어려움도 있는 데다 4~5일 동안 지상 최대의 자연경관과 함께할 수 있다고 알려져 있기에 여기 오는 것 자체가 자연주의 여행자에게는 버킷리스트가 될 수밖에 없다.

아마 그것은 인생에 한 번만 주어진다고 봐야 할 것인지도 모르는 것이다. 그렇게 어렵게 왔다가 실패해서 돌아간다면 어떻게 다시 오겠는가, 또다시 왔을 때도 날씨가 좋을 거라고 보장할 수 있겠는가, 그리고 지구 여행자들에게는 지구 곳곳에 갈 곳이 얼마나 많은가!

이런 생각을 히다와 나는 동시에 했을 것이다. 그러나 두 사람의 현재 상황이 많이 달랐다. 그녀는 돌아가야 된다고 했다. 도쿄의 회사에 10일 휴가를 겨우 내어서 왔고, 하루만 늦어도 비행기 시간을 맞출 수가 없다.

아, 그녀에게 어떤 위로의 말이 들리겠는가?

나는 남아 보겠다는 말에 "행운을 빈다."는 한마디가 우리가 나눈 마지막 말이었다. 배낭을 챙겨서 산장을 떠나는 그녀의 축 처진 뒷모습이 얼마나 안타까운지….

레인저가 다시 한번 통보를 한다. 남을 사람과 떠날 사람을 알려 달라고 한다. 떠나는 사람들이 탈 보트 시간을 맞추어야 하고, 남은 사람의 인원 파악을 위해서다.

그 '남을 사람' 신고 1호가 나였다. 실낱같은 희망에 지푸라기라도 잡는 심정으로였다. 별로 자랑스럽지 않은 1호였지만 금방 소문이 났다. 허망한 마음을 달래려고 비를 맞으며 마당 앞 의자에 앉아 앞산만 쳐다보고 있는데, 떠나는 사람들이 한두 개씩 자신들이 가져온 음식물을 주기 시작했다. 그것들이 테이블에 수북이 쌓였다.

그런 것들이 무슨 소용인가? 내일 트렉이 열린다는 보장이 거의 없는 데다가 길이 열린들 저 많은 것들을 어떻게 지고 갈 것인가?

대부분 산장 보관대에 넣었다. 그것들보다 내가 따로 처리할 일이 있었다. 나의 일정이 뒤틀리면서, 트레킹 후 해야 할 여행 일정에 대한 예약 상황을 조정해야 하는 것이었다.

숙소와 버스 예약을 취소해야 되고 트레킹 마지막 날 가는 밀포드 사운드 크루즈 투어도 취소해야 한다. 하지만 이곳은 최첨단의 휴대폰도 두절되는 절해고도보다 더한 곳이다.

외부와의 소통은 오직 레인저가 가진 무전기가 전부였다. 많은 내용을 한사람에게 부탁할 수 없어 몇 사람에게 나누어 내용을 적어 부탁했다. 자신들의 지극히 실망스런 상황에도 불구하고 부탁을 거절하지 않았다. 하늘이 원망스러울 뿐 사람들 마음이 따뜻한 것 때문에 허망한 하루를 버텨낼 수 있었다.

오전 10시 정도 됐을 때, 대부분의 사람들이 떠난 듯 산장은 침묵 속에 갇힌 듯이 조용해졌고, 레인저만 긴 장화를 신고 분주하게 움직이고 있다.

그냥 있을 일이 아니었다. 어쩌면 오늘 하루가 밀포드에 있을 유일한 시간일 수 있다는 생각이 들면서 마음이 바빠지기 시작한 것이다. 외국인이 준 태국산 라면을 끓여 먹고 주변을 탐색하기 위해 산장을 나섰다.

산장에서부터 앞쪽으로 진행하는 길은 이미 밧줄을 걸어 막아 놓고 있었다. 할 수 없이 왔던 길을 내려가는 수밖에 없었다. 그렇게 하여 오후 한나절을 글레이드 하우스를 거쳐 부두까지 왕복을 했다. 따지자면 어제 한번 걸었던 것까지 합치면 3번이나 되는데, 어쩌면 이것은 외국 여행자에게는 희귀한 사례일 수도 있는 것이었다.

그래도 5km 남짓 되는 구간은 내가 밀포드 트렉을 경험할 수 있는 유일하고 최대치의 공간이라 생각하니 아주 소중하게 생각되어지는 한편 정말 꼼꼼하게 봐야 된다는 의무감 같은 것이 들었다. 이 5km의 구간이 총 50km가 넘는 밀포드 트렉을 대변하는 역할을 해 주기를 바라면서였다. 정말 '하나를 보면 열 가지를 안다.'라는 속담의 수치까지 들어맞는 상황이었다.

그렇게 생각하며 길가의 나무 하나라도 놓칠세라 꼼꼼하게 살피면서 걸었다. 그러면서 이 길이 세상의 길들과 다르다는 단서를 찾으려고 했다. 그렇게 생각하며 편도 5km를 걸으면서 내린 내 나름의 결론은, 이곳은 '세상에서 가장 태초적이고, 원시적인 숲의 모습을 가장 쉽게 접근하여 느낄 수 있는 곳!'이라는 것이었다.

그 원시적이고 태초적인 숲의 모습이란 어떤 것인가?

이끼와 고사리 같은 선태식물과 양치식물류가 원시적인 모습으로 모든 산야를 덮고 있는 것일 것이다. 바닷속 해조류가 육지에 처음 올라오고 난 후 적응해서 진화한 것이 이끼류이다. 물을 이용해 종자를 퍼트리며 물기 많은 습지에 기대어 있기에 자신의 몸체를 세우려고 하는 관다발도 필요 없는 것들이다.

이보다 더 진화한 것이 고사리류의 양치식물이고, 거대하게 자라 땅에 파묻혀 석탄으로 변하기도 했다. 3~4억 년이 지난 지질학 시대의 고생대 이야기다. 그 까마득한 자손들로 만들어진 만든 천국이 내 눈앞에 전개되고 있었다.

물론 한국의 산속에서도 이것들을 흔하게 접할 수 있고 사랑받기도 한다. 나의 지인 중 사진작가인 사람은 오래전에 지리산 뱀사골 계곡에 이끼를 찍으러 간다고 한 적이 있었고, 나도 밀포드 여행 후 이끼에 대한 추억으로 강원도 가리왕산의 '이끼계곡'을 찾아가기도 했다.

하지만 여기 밀포드의 이끼는 시쳇말로 차원(?)이 다르다. 10여 m가 넘는 나무를 온통 휘감아 나무 형체도 알 수 없게 할 뿐만 아니라, 옆으로 늘어진 가지에서는 치마의 하단을 레이스처럼 치장하듯이 치렁치렁 내려 땅끝까지 닿아 있다.

바위에 붙은 것들은 물을 머금고 잔뜩 부풀어 올라 깊이를 알 수 없을 정도다. 측정하고 싶은 욕심에 작대기를 넣어 쑤셔 보기도 했다. 길을 벗어나 이들을 밟으면 발이 빠져나올 수 없다는 생각이 들 정도였다.

불과 10m 안이 채 보이지 않은 이끼 숲은 그 음산한 모습으로 금방 요괴라도 튀어나올 것 같다. 구간 중 숲이 짙어 볕도 잘 들지 않는 곳은 등이 오싹해지는 기분까지 들 정도였다. 비까지 내려 더욱 어둑한 곳에서는 빨리 벗어나고 싶은 곳도 있었다.

누가 이런 모습을 보고 예쁘다거나 아름답다고 할 수 있겠는가? 그래서 나는 한국의 이끼하고 차원이 다르다고 한 것이었다.

그런 음산한 분위기에서도 마음을 안정시켜 주는 요소가 있었다. 길이었다. 그 길은 사람이 다듬고 보살핀 지극히 인위적인 길이었다. 우리가 흔히 보는 사람들이 자연스레 이동하다가 생긴 그런 길이란 전형적인 길의 의미하고도 다른 것이었다.

자로 잰 듯, 폭이 1m 정도로 아주 정밀하다. 길바닥은 흰 모래와 자잘한 자갈이 가장자리의 잔디 같은 푸른 키 작은 풀들과 대비되고 있다. 그 길과 풀의 경계선은 아주 깔끔하게 정리되어 숙련된 미용사가 섬세한 가

위질한 모양새다.

분명 이것은 **의도된** 것이었다!

걷다가 실수라도 하여 무서운 이끼 풀밭으로 **빠지는** 것을 예방할 뿐만 아니라, 그런 실수가 일어나지 않을 것이라는 심리적 안정감까지 주는 것이었다. 공원 관리국이 꾸준히 관리하는 것이 분명히 느껴지는 인위적인 길은 그것을 품고 있는 원시적인 자연과 너무 대비되었다.

그것은 가장 원시적인 자연과 인간의 섬세한 문명이 특별하게 만나고 있는 공간이었다.

신발을 벗고 맨발로 걷고 싶은 유혹을 느낄 정도로 정성 들여 가꾼 길에 감동하면서도 머릿속에는 꾸역꾸역 의문이 차오르기 시작했다. 서두에서 언급했듯이 이건 분명히 누군가 의도적으로 조성한 것이다. 폭이 수십 km가 넘는 큰 호수를 넘어 이런 비경을 발견한 것도 그렇고, 늪 같은 빽빽한 이끼 숲을 파헤치고 길을 내는 것이 좀 어렵겠는가! 하는 것이었다. 어쩌면 발상 자체가 불가능할 수 있는 것이었다.

공원 관리국에는 그런 것을 알려 줄 홍보 책자가 있는 줄 알았다. 그러나 그곳에는 트렉의 지도와 숙소 상황 정도만 알려 주는 간단한 팸플릿 자료만 비치하고 있었다. 이후 답답한 마음으로 뉴질랜드를 여행하던 중 크라이스트 처지를 들렀다. 혹시나 하는 마음으로 서점에 찾았고, 그곳에서 뜻밖에 내가 원하는 책을 극적으로 구할 수 있었다.

그 책은 《Milfod sound an illustrated history of the sound, the track and the road(John Joll Jonos)》였다.

번역을 하면서 알게 되는 밀포드 트렉의 역사는 흥미로움과 함께 하나의 경이, 그 자체였다.

심 봉사가 눈을 뜨고 세상을 본 것같이 이 책은 트렉과 세계적 관광지인 밀포드 사운드의 조성과정을 명료하게 알려 주었다. 그 책은 단순한 역사적 사실을 넘어 그 과정에 있었던 다양한 사람들에 대한 이야기를 더 흥미롭게 전해 주었다.

짧은 영어 실력으로 번역하는 데 상당한 노력과 시간이 소요됐지만, 그 과정에서 알게 되는 내용들 때문에 오히려 즐거움이 더 컸었다. 사실 밀포드 트레킹에 대한 이야기를 이 책에 넣으려고 했던 것도 이런 흥미로운 내용을 사람들에게 이야기하고 싶었기 때문이었다.

정말 운 좋게 하늘이 도와 나는 트레킹을 계속할 수 있었다. 그랬기에 길을 걸을 때의 이야기는 책 속에 실린 사연들을 재구성해 실었다. 이미 앞서 나온 호수를 건너는 보트와 글레이드 하우스와 같은 사연은, 그 책 속에 있는 이야기들이다. 그리고 앞으로 트렉을 걸으면서 하는 이야기는 이 책 속의 이야기와 함께 계속된다.

글레이드 하우스를 거쳐 호숫가의 보트 부두까지 왔다. 내일 다시 이곳으로 와서 배를 탈지 아니면, 비가 그쳐 트레킹을 계속하여 밀포드 사운드까지 가서 그곳에서 버스를 타고 테아나우로 갈지 알 수 없다. 그렇게 되면 평생 이곳을 오지 않을 것이다. 하루 앞의 행로를 예측할 수 없는 기막힌(?) 생각이 들기도 하고, 한편 지극히 미묘한 기분을 안고 산장으로 발길을 돌렸다. 그래도 짧은 구간이나마 3번이나 걸었다는 조그만 만족감이 불안정한 일정에 대한 마음을 약간이나마 해소해 주었다.

산장에서 가진 밤의 시간도 흥미가 있었다.

남은 사람들을 위해 레인저가 특별 이벤트를 꾸몄다. 빈방에 모여 퀴즈 게임을 하는 것이었다. 전부 모인 인원이 13명이었다. 40명 중 27명이 떠

정말 발을 내딛기에도 아까운 예쁜 길이 쭉 이어졌다.

나고 겨우 3분의 1만 남은 것이다. 이들도 자신의 여행이 많이 헝클어졌
을 것이고, 내일에 대한 불안감도 클 것이었다. 이런 우리들을 위해 위로
차 계획에 없는 이벤트를 레이저가 만들어 준 것이었다.

먼저 제럴드라고 자신을 소개한 레인저부터 이어서 우리도 간단한 자
기소개를 했다. 내가 한국에서 왔다고 하니까 아주 반가운 반응을 보인
사람은 오클랜드에서 온 피터 부부였다. 자기 딸이 어학 연수차 서울에
있어 작년에 한국을 방문했었단다.

자전거 마니아인 두 사람은 서울에서 부산까지 자전거로 종주하고 제주
도까지 건너가 한 바퀴 돌기까지 했다. 특히 수안보 온천에서 보낸 좋았던

시간과 그곳에서 먹었던 닭도리탕이 맛있었다고 사람들 앞에서 자랑하듯이 말했다. 트레킹 중에는 그때 찍은 사진들을 가끔 보여 주기도 했다.

퀴즈는 10문제 맞추기였다. 맞춘 사람에게는 상품으로 과자류(아마 떠난 트레커가 남긴 것일)를 나눠 준다. 듣기가 약한 내가 용케도 한 문제 맞혔다. 트렉의 총길이가 얼마냐고 물었을 때 재빠르게 손을 들고 '54km' 라고 말하니 모두 박수를 쳤다.

부모를 따라온 초등학교 형제 마이크와 셰인은 아이들답게 내일에 대한 걱정이 없으니 제일 즐거워했다. 과자를 받고 좋아하니 노래를 요청받는다. 거리낌 없이 일어서서 합창을 하는데, 우리는 함께 박수를 쳐 주었다. 이런 우리들이었기에 행운은 진정 우리 편이었다.

3일차

기적이 일어났다.

다음 날 새벽, 레인저의 힘찬 Congratulations! 소리와 함께 우리 모두 야호!로 답하며 모두 침낭에서 튀어나왔다. 혹시 레인저의 마음이 변하거나 하는 억측도 하고, 일기도 급변할지 모른다는 생각에 모두 번개같이 아침을 해결하고 짐을 급속하게 꾸려 해도 채 뜨지 않은 어둑한 길을 나섰다.

산장을 벗어나자 길은 강과 이웃하여 계속 이어졌다. 계속 내리는 비로 강물은 넘쳐서 길을 덮고 있었다. 신발이 물에 잠기는 것은 당연했고, 어떤 곳은 허벅지까지 차오르는 곳도 있다. 아마 어젯밤 강우량이 조금만 더 많았어도 이 물이 허리를 넘을 것이고, 그러면 길이 차단됐을 것이었다.

산장을 떠나 한 시간쯤 지날 무렵 길은 숲을 벗어나고 낮은 관목 지대로 접어들면서 시야가 열리기 시작했다. 자연스레 좌우의 산들로 눈길이 이동한다. 엄청난 장관이 전개되고 있었다.

셀 수 없이 수많은 '폭포의 행렬'이 그것이었다!

수만 년 걸려 형성된 빙하 계곡의 깎아지른 절벽 아래로 새하얀 물줄기들이 부챗살처럼 펼쳐져 수백 m 아래로 떨어지고 있었다. 형상도 다양하다. 수직으로 떨어져 바닥에 하얀 포말을 일으키는 것도 있고, 계곡 사이로 곡선을 이루며 흘러내리는 것들도 있다.

입이 다물어지지 않을 기막힌 장관은 수십 km 계곡을 따라 이어졌으며 뒷날 넘어간 맥킨넌의 높은 고개 뒤에서도 이어지고 있었다.

세상 어디에서 이런 특별한 경관을 볼 수 있겠는가!

지구상 곳곳을 여행했었기에 폭포의 경관에 대해서는 나름 말할 수 있다. 세계 3대 폭포 중 가장 규모가 큰 아프리카 빅토리아 폭포와 남미의 이구아스 폭포를 직접 가 봤기 때문이다.

100m가 넘는 낙차를 가지며 그 폭만 하더라도 무려 2km가 넘는 빅토리아 폭포는 한마디로 물이 만들어 내는 거대한 휘장과 같은 것이었다. 거기에 비해 엄청난 수량의 강물이 한곳에 모여 떨어져, 그래서 그곳을 '악마의 목구멍'이라 부르는 '이구아스 폭포'는 말로 표현하기 힘든 장관을 보여 주었다.

정말 그곳 폭포들의 장관은 압도적이다. 하지만 기가 죽을 정도이기에 여유롭게 느낄 아름다움은 없었다. 가슴이 뻥 뚫려 후련했지만 아름다움으로 가슴을 채워 주지는 못했다. 또 다른 인상적인 경관 때문에 오랫동안 기억에 남아 있는 폭포가 있다.

티벳과 네팔의 국경 지역인 장무라는 곳으로 넘어가는 때였다. 해발 5,000m에 이르는 티벳 고원에서 3,500m 정도의 장무 국경으로 내려가는 비탈진 산악길 전면의 절벽에 폭포행렬이 장식되고 있었다.

그 폭포가 신기하고 특이했던 것은 정상부의 지표에서 흘러내리는 것이 아니고 절벽 안에서 뿜어 나오는 것이었기 때문이었다. 아마 고원의 빙하가 녹은 물이 지하로 흘러들어 석회암 지대인 절벽 사이로 흘러들어 나오는 것이었을 것이다. 지질학적인 분석을 해 보기 전에 맞닥뜨린 신기하고 아름다운 폭포의 향연은 새로운 나라를 방문하는 여행자에게 큰 감동을 주기에 충분했다.

이런 기억들을 하며 건너다보는 밀포드 계곡의 폭포 경관은 앞서 열거한 두 종류의 폭포 모습을 다 갖춘 것이었다. 압도적인 모습과 아름다움 두 가지를 모두 보여 주고 있었다.

오래된 습관대로 이 모습도 분석을 해 보기로 했다. 긴 빙하 계곡의 양쪽 산 위는 넓은 만년 빙하지대다. 여름철이라 빙하가 녹은 물이 원류가 되기도 하겠지만, 저렇게 많은 양의 폭포를 만들어 내지는 못할 것이다. 원인은 따로 있었다.

며칠째 내리고 있는 수백 mm의 강우량이 산 위의 빙하수와 함께 폭포 행렬을 양산하고 있는 것이다. 비가 오지 않는다면 특별한 경관이 없어지고 트렉의 격도 떨어질 것이다. 이곳을 걸었던 사람들은 하나같이 불평을 넘어 강우 찬양을 하고 있었다.

비가 없으면 밀포드 트레킹도 없는 것이다!

또 의문이 생겼다. 하필이면 이곳에만 왜 이렇게 비가 많이 오는가 하는 것이다. 이곳은 기후적으로 특이한 곳이었다.

'온대우림'이란 용어를 들어 본 적이 있는가?

트레킹을 마치고 퀸즈타운에서 이틀을 머물며 휴식을 취했다. 아름다운 도시를 감싸고 있는 큰 호수 주변을 산책하면서 바라본 주변 산은 하나 같이 풀만 자라는 벌거숭이 산이었다. 어떤 사람은 불이 났거나 벌채가 원인이라 했지만, 이는 어디까지나 지형 구조에 대해 모르는 것이다.

호주 대륙과 뉴질랜드 사이를 흐르는 온난 다습한 공기를 품은 해류는 뉴질랜드 남섬 중간을 가르는 산맥을 넘지 못하고 섬 동부 해안에 집중적으로 뿌려 놓는다.

온대에 속하지만 많은 비가 연중 내리므로 수목이 왕성하게 자라 열대

민타로 호수와 폭포. 이곳에서는 호수에 떨어지는 비 파문이 더 오래 기억에 남았다.

우림과 같은 모습을 보여 온대우림이라 칭하는 것이다. 지구상에 이런 곳이 세 곳이 있다는 것도 알았다. 캐나다와 미국 국경 사이의 북미 대륙과 남미 칠레 해안에도 있다.

밀포드 트레킹 때의 원시성 온대우림 숲이 그리웠기에 미국 여행을 계획했고, 실제로 멀고 먼 미 대륙의 깊은 곳에 자리한 숲을 찾아갔었다. 그 드라마틱한 이야기는 이 책의 미국 여행 편에서 상세하게 이야기 될 것이다.

폭포들을 올려 보는데 고개가 아파 올 즈음 비를 피할 수 있는 정자 같은 작은 건물이 나왔다. 먼저 온 이스라엘 청년 아이작이 간식을 먹으며 아는 체를 한다. 나도 비스킷을 꺼내 먹으며 같이 휴식을 취하며 이런저런 대화를 했다.

그는 군대를 제대하고 여행 중이었다. 내가 이스라엘을 여행한 적이 있다고 하니 깜짝 놀라는 눈치다. 시내에서 실탄을 장전한 군인들을 많이 봤다고 하니 자신은 컴퓨터 관련 부서에서 근무했다고 말했다. 그 말에 속으로 내가 더 놀랐다.

세계적으로 유명한 이스라엘 정보기관인, 어쩌면 미국 CIA보다 더한, 모샤드는 군인들로 이뤄진 컴퓨터 정보 수집 부대를 운영한다고 들은 적이 있다. 이들이 얻은 정보들로 적대국인 아랍국 요인들을 암살하기도 했고, 팔레스타인 저항운동을 무력화시키는 데 이용하기도 한다.

나는 이런 예민한 부분을 묻지 않고 여행하는 과정에서의 이야기만 주로 나눴다. 그는 이미 1년 이상을 여행하는 중이며 호주에서 '워홀'을 하여 번 돈으로 이곳에 왔다고 했다. 앞으로 1년 정도 더 여행할 계획이며, 귀국하면 IT 계통에서 일할 것이라고 한다. 그런 곳이 수입이 가장 높다고 했다.

세계여행을 하면서 혼자 다니는 이스라엘 청년들을 많이 만났다. 인구 비율로 따졌을 때 네덜란드와 이스라엘이 가장 높았다. 네덜란드인들이 타고난 진취적 욕구에 의해 다니는 것이라면, 이스라엘 청년들은 다분히 철학적인 경향을 보인다.

그들은 의무적인 군 복무를 마치고 나면 대부분 사회에 바로 복귀하지 않는다. 사회에 들어가기 전 먼저 여행을 한다. 그들은 대답한다.

배타적인 일신교인 유대교 종교사회에다가 항시 전쟁이 일어나기 때문에 군국적인 통치구조를 가진 국가에서 아무 신념 없이 이들 구조에 매몰되어 편입된다면 세상에 대한 바른 눈을 가질 기회를 영원히 상실할 것이다. 아무것도 모른 채 그런 체제에 편입된다는 것은 위험한 것이다. 최소한 자신의 선택적 요소가 개입되어야 한다. 그러기 위해서는 세상을 알아야 한다. 그 길에 이르는 가장 좋은 방법이 여행이다!

　이래서 이스라엘이 무서운 것이다. 세계 각처에 사는 유태인의 천문학적인 재산도, 몰래 만든 핵무기와 팔레스타인이 쏘는 로켓포탄을 중간에 차단하는 아이언 돔보다도 지금 이런 생각을 가지며 여행하는 젊은이들이 무섭고 강한 것이다.

　아무튼 혼자 나온 아이작하고는 트레킹 내내 가장 많이 어울리는 사이였다. 마지막 날 테아나우에서 헤어질 때 자신이 가지고 있던 렌트카로 버스 터미널까지 태워주기도 했다.

**물이 넘치는 길을 걸어오는 아이작.
첫날 이런 길이 흔했다.**

　휴식을 취하고 여유롭게 앞으로 걷는데 길가에 '민타로호수'라는 안내판이 나타났다. 일정에 여유가 있어 길에서 약간 벗어난 그곳을 탐방했다. 절벽 가까이 아늑하게 자리한 아담한 크기의 호수가 그림같이 아름답다.

　전면의 절벽에는 예의 폭포들이 배경 장면같이 줄을 서서 흘러내리며 호수의 아름다움을 배가시키고 있었고, 마침 내리는 빗방울이 호수의 물 위로 떨어져 조그만 파문들을 일으키는 풍경 또한 예쁘기만 했다. 쳐다보기만 해도 아름다운 호수다.

초기 이곳을 최초로 탐사한 맥킨넌과 미첼은 "Beutiful!"을 연발했다. 그리고 그냥 'Beutiful Lake'라고 불렀다. 당시 이 호수를 첫 상면한 미첼은, "내가 봐 온 호수 중 가장 아름다운 것이었다. 호수 주변에는 잔디와 수풀이 깔려 있고, 수면에는 거대한 산들이 원형극장의 계단같이 겹쳐져 있으며, 그 사이로 수많은 천국의 오리들이 놀고 있었다."라고 썼다. 그래서 둘은 그냥 아름다운 호수라고 호칭했다.

하지만 이곳은 나중에 온 명망 있는 탐사가에 의해 이름이 붙여진다. 1888년 오타고의 수석 탐사가인 찰스 아담스는 정부의 지원을 받아 밀포드 사운드의 중요 지점을 탐사하기 위한 팀을 꾸렸다. 그 팀 속에는 사진작가 민타로가 속해 있었는데, 그 민타로의 공로에 보답하기 위해 '아름다운 호수'가 '민타로호수'로 명명되었다. 한편 테아나우 호수의 끝에서 클린턴 밸리로의 트렉 개척을 '퀸턴 맥킨넌'에게 요청했었다.

드디어 맥킨넌이란 이름이 나오기 시작했다!

밀포드 트레킹을 해 본 사람이라면 다른 건 몰라도 이 사람 이름은 꼭 듣고 가기 마련이다. 퀸턴 맥킨넌은 밀포드 트렉과 뗄 수 없고, 그 없이는 말할 수 없는, 트렉의 상징과 같은 사람이다. 오늘과 내일 일정에서는 맥킨넌의 이야기를 빼고 걸을 수도 없다.

당시 맥킨넌이 테아나우 호수 주변에 대한 탐험 기록을 정부에 올린 것이 아담스의 눈에 띈 것이 그가 임명된 주요인이었다.

트렉의 개척에 관한 과정도 미첼의 기록을 통해 약간 전해졌다.

"두려운 작업이었다!
바위들을 넘고 계곡으로 진입할수록 점점 더 힘들었다. 비는 며칠씩 계속해서 내렸고 텐트 속에 있는 모든 것들이 젖었다. 그리고 가끔 해가 나왔고, 그럴 때면 검정 파리 떼들이 우리들의 담요를 덮었다. 나의 개는 푸른 오리 둥지를 급습해서 여남은 개의 알을 빨아 먹었다. 우리는 총으로 다섯 마리의 카카포를 쏴서 잡았고 그들은 우리의 음식감이었다. 거위도 잡았으나 먹기에는 고기가 질겼다."

단편적인 내용이지만 이끼로 뒤덮여 한 치 끝도 잘 안 보였을 숲을 헤쳐 나갔을 그들을 생각하면 어떤 면에서 겸허한 기록이었다. 아일랜드 출신이고, 트렉 개척이 끝난 후 남아공으로 가는 경찰군에 합류해 떠났다.

"굿바이!" 한마디의 간단한 인사로 맥킨넌과 헤어진 미첼은 조용하고 멋진 젊은이로 주위 사람들에게 기억되었다. 후에 역사가들은 아름다운 호수가 민타로호수로 작명된 것에 아쉬움을 나타냈다.

나의 개인적인 생각도 미첼의 자격이 크다고 생각되었고, 전체적으로 수많은 지명 가운데서도 미첼의 이름이 빠진 것이 아쉽게 여겨졌다.

숙소인 민타로 산장에는 오후 4시경에 도착했

민타로 산장. 트레킹 중 가장 의미 있는 밤을 보냈다.

다. 비에 젖어 생쥐 같은 나의 모습을 보고 앞서 도착한 사람들이 엄지를 추켜세우며 격려를 해 준다.

이곳의 관리자인 레인저는 여자였다. 50대 중반쯤으로 되어 보이는 그녀는 뚱뚱한 몸집만큼이나 과묵했다. 그래도 여성다움의 섬세함으로 우리를 배려해 주었다. 클린턴 산장에도 없었던 난로에 미리 불을 피운 식당 칸은 따뜻했고 젖은 옷가지도 약간 말릴 수 있었다.

점심 겸 저녁을 끓여 먹고 모두 난롯가에 모였다. 모두 성사된 트레킹에 지상 최대의 행운이라도 된 양 얼굴에 만족감이 넘쳐 보인다. 어쩌면 재생의 환희 같은 특별한 기분이 들 만도 한 것이리라…

축축한 침대에 일찍 들어갈 생각이 없으니 화제가 끊이질 않았다. 설익은 영어 때문에 어설픈 대화 상대였지만, 가끔은 화제 중심이 나에게로 모여지기도 했다.

나의 세계여행 이야기가 그들의 관심을 끌기에 충분했다. 특히 아프리카와 관련된 이야기를 할 때는 "Wonderful!"을 연발했다.

한국을 방문한 적이 있는 피터 부부는 한국 여행을 적극 추천하기도 했다. 특히 한국의 음식이 다양하고 맛있다고 열변했다. 이 점에 대해서는 나도 동조하여 말했다. 사실 트레킹 후 2주일 정도의 뉴질랜드 여행을 했지만 썩 먹을 만한 것이 없었다. 식당에는 피자 파스타 등 내 입에 안 맞는 것만 있을 뿐 종류 또한 단순했다. 물론 대도시의 고급 레스토랑은 다르기는 할 것이다. 그랬기에 중국집이나 가끔 한인이 운영하는 한식당을 이용하기도 했다.

다양한 화제에 피로도 잊은 채 대화에 열중한 여남은 명의 가족 같은 분위기는 이후 트레킹에서 앞서거니 뒤서거니 하면서 오래된 친구같이 길을 걸을 수 있게 하였다.

나흘째

오늘은 매킨지 고개를 넘는 날이다. 길고 긴 클린턴 빙하 계곡이 끝나고 앞에는 커다란 장벽 같은 거대한 능선이 막아서고 있었다. 산장에서 출발한 지 한 시간쯤 지나고부터 짙은 숲은 사라지고 키 작은 관목 지대로 대체되었다. 시야가 좋아지기는 했으나 길은 꽤나 가팔랐다. 그래도 트레커를 위한 배려인 듯 경사도를 줄이기 위해 길은 매우 꾸불꾸불하게 만들어져 있었다.

트레킹을 시작한 지 4일째 접어들면서 피로가 쌓인 데다가 10kg이 넘는 배낭 무게가 어깨를 짓누른다. 가져온 음식들을 많이 소비한 듯했지만, 배낭은 여전히 배가 부른 채였다. 거기에 여전히 끊임없이 내리는 비는 그 무게에 기여를 하고 있었다.

오전이라 몸이 잘 풀리지 않은 상태로 가다 서기를 반복했다. 그래도 쉬면서 뒤쪽의 클린턴 빙하 계곡을 돌아보는 경치는 기분을 전환시켜 주었다.

수십 km에 이르는 빙하 계곡이 1,000m가 넘는 깎아 지른 수직형 양쪽 절벽을 따라 끝이 보이지 않을 정도로 이어져 있다. 먼 끝 쪽은 운무에 뒤덮여 신비감을 더하고 있다.

오르막을 오른 지 거의 두 시간여 만에 안부에 올라섰다. 무려 1,100m가 넘는 맥킨넌 패스였다. 고개의 평지에는 조그만 호수가 있고 비바람을 견뎌 낸 마른 풀들이 고개 평지 바닥을 장식하고 있다. 고개 양쪽에는 비슷한 높이의 높은 산봉우리가 치솟아 있고, 그 너머로 긴 산맥이 이어져 있다. 그 능선상에는 만년설들이 쌓여 있을 것이 쉽게 상상이 되었다.

한눈에 의미가 커 보이는 고개라서 당연히 무슨 기념물이 있을 것으로

맥킨넌 고개의 맥킨넌 추모탑. 튼튼한 돌탑이 그의 강렬한 생애를 느끼게 만들었다.

여겨졌다. 길을 약간 벗어난 언덕에 한국산에서 흔히 볼 수 있는 돌탑이
눈에 들어왔다.

돌탑의 중간 몸통 부분에 밀포드 트렉을 개척했다는 킨턴 맥킨넌의 기
록이 있었다. 돌탑은 밀포드 트렉이 만들어진 간단한 역사를 알려 주는
한편 맥킨넌을 위한 추모 역할을 하고 있었다. 그 비는 맥킨넌이 이 고개
에 최초로 오른 후 100년이 된 것을 기념해 1988년에 세운 것이었다.

아, 이 길을 낸 지가 무려 130년이 지났구나!

역사 교사였기에 시대적 감각에 예민하여 습관적으로 그 시기의 우리
나라 상황을 상기해 봤다. 1882년에 임오군란이, 1884년에는 갑신정변이
일어났다. 두 개의 사건은 개화기 때 일어난 가장 대표적이며 상반되는

성격을 가진 사건이다. 은둔의 나라인 우리는 개화기에 접어들면서 엄청난 홍역을 치르고 있었다.

그 대격변의 시기에 지구 최남단 우리와 비슷한 면적을 가진 나라에서는 자연 탐방을 위해 목숨을 거는 사람들이 있었다. 그리고 꼭 120년이지나 2007년에 제주 올레가 열렸고, 그해에 지리산에서는 둘레길 조성계획이 발표되었다.

시기를 가지고 우열을 논하자는 것이 아니다. 취향은 다분히 주관적이다. 우리나라 길들이 밀포드에 결코 뒤지지 않을 만큼 인기도 있고 매력도 있다.

내가 주장하고 싶은 것은 맥킨넌 같은 선각자의 노력으로 밀포드 같은 세계적인 길의 성공이 있었고, 현재에도 지구적으로 걷기 열풍이 이어지고 있다는 것이다. 지금 이 순간에도 한국에는 동해안의 해파랑길에 이어, 남해안에는 남파랑길이 조성 개통되고 있고, 서해안까지 수천 km에 이르는 길이 만들어지고 있다. 좀 쑥스러운 여담을 곁들이자면, 나의 아내는 제주 올레에 빠져 정신없이 걷다가 엄지발톱에 멍이 들기도 했고, 챙만 있는 캡모자를 눌러쓰고 걷다가 그 모자와 머리카락 사이의 빈틈이 검게 타 일등병 계급장이 새겨지기도 했다.

맥킨넌은 자신이 개척한 길에 사람들을 직접 안내하는 일을 시작한다. 그 트레킹은 지금과 같은 길이 제대로 되지 않았을뿐더러, 임시 대피소 같은 숙소를 이용하는 모험과 같은 산행이었다. 아무것도 알려지지 않은 미지의 밀림을 탐사하고, 그곳에 길을 내려고 하는 사람은 분명 남다른 데도 있을 것이었다.

그 당시 맥킨넌을 접했던 사람들이 의미 있는 기록을 남겼다.

퀸턴 맥킨넌은 1851년 스코틀랜드에서 장로교 목사의 아들로 태어났다. 뉴질랜드에 오기 전 20세 때 프랑코-프러시안 전쟁에 참전해 프랑스에 대항해 싸우기도 했다.

측량 간부 후보생이며 열정적인 럭비선수로서 1877년 뉴질랜드 투어에서 무패를 기록한 오타고 럭비팀에서 뛰었다. 그때 그의 경기를 본 참관자는, "어떤 면에서 작은 몸집이었지만 파워풀해서 자신보다 두 배나 됨직한 큰 몸집의 상대편 선수를 머리 너머로 집어 던지기도 했다."고 한다.

그는 1885년 테아나우 호수로 왔다. 호수 서쪽 외진 물가에 통나무 집을 지어 이웃을 도우면서 생계를 유지했다.

그때의 관찰 기록은 이러했다.

"가난한 맥킨넌! 그는 항상 자신을 파괴했다. 결혼까지도…. 그래서 잊기 위해서 사랑스러운 이곳 태아나우로 왔고, 그래서 잊을 수 있었다."

하지만 곧 피오르랜드의 야성적 매력에 빠졌고, 그곳들을 탐험하기 시작했다. 그런 탐험들의 보고서를 본 찰스 아담스가 앞서 언급했듯이 밀포드 개척의 적임자로 고용하게 되었던 것이다.

적절하게도(그가 아니면 아무도 할 수 없었겠지만) 맥킨넌은 밀포드 트렉의 최초 가이드가 되었다. 아주 인상적이었을 초기 트레킹이었기에 흥미로운 기록도 남아 있다. 1891년 작가 윌리엄 맥 휴처슨은《피오르랜드 속의 야영 인생》이란 책에서 맥킨넌과 함께한 생생한 이야기를 남겼다.

…. 뚱보 영감 선장의 느림보 테우이라를 타고 눈이 반쯤 잠긴 상태로 새벽녘의 클린턴 강 입구에 내렸다. 그곳에서 우리를 기다리는 사람은 맥킨넌이 고용한 화가인 멕빌레 던킨이었다. 그는 "투덜거리지 말고 잠자리에서 일어나!" 하고 우리를 깨웠다.

던킨의 안내를 받아 강의 서쪽 둑을 타고 숙소인 클린턴 대피소에 도착했다. 이 대피소에 대해 휴처슨은,

"우리가 처음 본 대피소는 누추했으나 안락한 두 개의 방으로 된 방갈로가 있었다. 방갈로는 양철지붕에 판자로 된 벽으로 지어진 것이었다. 벽 옆에는 낮고 거친 침대들이 놓여 있는데, 두 사람이 잘 수 있을 정도로 넓고 길었다. 창가에는 허리 받침형 의자가 있고 단순한 테이블 위에는 약간의 접시와 밥그릇이 놓여 있었다. 몇 가지가 더 있다. 야영용 주전자, 짐 보따리, 양초 상자들, 빈 석유병, 그래도 던킨이 화가인지라 그가 그리다 남은 그림이 걸린 이젤이 방갈로의 품위를 높이고 있었다."

클린턴 대피소에서 이틀이 지난 후 우리를 인솔할 가이드 맥킨넌이 도착했다. 첫눈에 인상적인 맥킨넌의 모습을 본 휴처슨은 유명한 탐험가에 걸맞는 묘사를 한다.

맥은 딱 생긴 모습에서 스코틀랜드 아길레 왕국 출신임이 증명되었다. 튼튼하고 넓은 어깨를 가졌으며, 풍찬노숙에 단련된 구릿빛 얼굴은 결단성과 어떤 고난에서도 강인한 인내를 보여 줄 것임을 나타내고 있었다. 그럼에도 빠른 눈빛과 타고난 재치는 자연스러운

위트와 좋은 유머를 만들어 주는 자산이
었다. 그의 복장도 여러 가지 의미를 부
여하는 듯 특이했다. 느슨한 플레넬 니
커 바지는 어떻게 보면 옷에 비해 몸집
이 큰 아이 같이 보였다. 바지 위의 색깔
있는 셔츠는 부쉬 패션임을 증명하고 있
었으며, 허리 둘레에는 오래된 가죽 주
머니와 양날로 된 사냥칼을 걸치고 있었
다. 한 손에 총을 들고 30L의 배낭을 메
고 있으며, 깃털로 장식된 붉은 색 중절

Quintin Mackinnon in "Italian brigand" garb,
gun and hunting knife. *(Hocken Library)*

모를 쓰고 있는 모습은, 그가 이탈리아 산적과는 구별되는 모습이
기에 어떤 곳에서도 직업을 구하기에 문제가 없을 것이며, 요청만
하면 거의 첫 번째로 얻을 수 있을 것이었다.

붉은색 모자는 확실히 강렬했다. 아마 이전 여행자가 선물로 준 것
이라는데, 착용자가 보여 주는 생생한 분위기는 결과적으로 우리
에게는 정글 속에서 그를 따라잡는 데 결코 놓칠 수 없는 횃불 같은
신호등 역할을 했다.

맥킨넌의 인솔에 따라 우리는 클린턴 강의 서쪽 편 둑을 따라 오르
기 시작했다. '우리는 일렬로 줄지어 섰다'. 휴처슨은 회상했다. '그
리고 피오르랜드의 태고적 숲의 심연으로 빠져들어 갔다'. 그리고
8마일을 걸어 맥킨넌의 팜팔로나 대피소에 도착했다. 그곳에서 긴
밤을 슬리핑 텐트 속에서 보냈다.

렌트 속의 마루 위에는 고사리류가 깔려 있었다. 식당 방 안의 거친 판석 테이블 위에는 널직한 갤리코 천이 깔려 있었다. 부엌은 식당 방에 연결된 부속 시설로서 식당 방과 분위기 비슷했으나, 커다란 화덕은 황소도 구워 먹을 수 있을 정도로 튼튼했다.

레시피를 모르는 상황에서 우리는 맥이 직접 요리하는 모습을 볼 수 있었다. 맥이 통조림을 열고 양초 두 개를 꺼내어 프라이팬에 던져 넣었다. 양초가 녹아서 기름진 양고기 기름으로 변하는 것을 놀랍게 쳐다보았다.

'부대 아침 집합' 하는 힘찬 기상 소리와 함께 걸쭉한 스프와 스콘을 먹은 후 우리는 맥킨넌 고개를 넘어 돌아오는 긴 하루의 여행을 시작했다.

맥킨넌 고개 앞에는 웅장한 발룬산이 우뚝 솟아 있다.

우리는 검게 빛나는 화강암으로 이뤄진 발룬산의 스카이라인을 랜드마크로 삼아 전진했다. '작은 호수' 민타로가 나오고 나서 정부가 지은 대피소를 지났다. 평평한 숲 지대와 이끼로 촘촘히 덮힌 헝클어진 나무들 사이를 통과하며 고개를 오르기 시작했다. '직선으로 등반하기에는 길이 너무 가팔라서' 지그재그 형태로 올랐다. 꼭대기에 도착했을 때는 눈이 무릎까지 차올랐으나 그에 대한 보상으로 엄청난 경치를 조망했다.

우리를 둘러싼 가파른 바위 절벽들은 계곡 밑에서 위로 솟구치듯 한 모양을 이루고 있었다. 꼭대기의 오랜 비바람에 씻긴 화강암은 벌거벗은 채로 드러나고 주변에는 폭풍 구름이 감싸고 있었다. 저 멀리 아래의 아더 계곡에는 작은 개울이 수풀 속으로 물줄기를 그리며 흘러 들어가고 있었다.

부츠에 들어간 눈을 털어내고 양말의 물기를 짜낸 후 재시동을 걸었다. 가파른 트렉을 하산한 후 '로어링 번' 둑길을 지나 비치 대피소에 도달했다. 비치 대피소는 소박했지만 방 안에는 화로와 낮은 침대 2개가 벽에 붙어 있었다. 문짝, 천장, 벽난로에는 지나간 여행자의 성과 이름들로 덮여져 있었다.

우리는 곧 화롯불을 피우고 물을 끓이며 스트레칭을 하기도 하고, 비스킷과 마른 생선을 먹는 것으로 에너지를 보충했다. 그리고 다시 힘을 내어 비치 나무숲을 위풍당당하고 즐거이 통과하여, 서더랜드 폭포로 가는 길에 차오르는 물을 건너면서 '서더.' '서더.' '서더.' 하고 소리를 높여 전진했다. 마침내 웅장한 서더랜드 폭포 앞에 섰을 때 깊은 인상을 받았다. 떨어지는 거대한 원통형 물줄기 앞에선 우리는 오랫동안 서 있었다.

당일 날 계속 움직였고 고개를 넘어 팜팔로나 캠프로 귀환해야 했다. 저녁의 어둠이 우리 앞을 덮치기 시작함과 함께 바로 팜팔로나 속으로 밀려들어 갔다. 다음 날 아침 기상했을 때도 비는 계속 오고 있었다. 그래도 철벅거리는 길을 따라 클린턴 대피소에로의 계곡 길을 따라 내려갔다. 그렇게 걸어 마침내 오후 3시와 4시 사이에 대피소에 도착했다.

그곳에는 우리를 따뜻하게 맞이하며, 트렉의 종주를 축하하는 던컨 선장이 기다리고 있었다. 차가운 호숫가에서 옷가지들을 뻘 속에서 씻어 내고 문지르고 닦았다. 한 시간도 되지 않아 커다란 화덕의 불가 주위로 모였다. 통나무 불에 얹힌 구리 주전자에서 나는 짭짤하고 비릿한 냄새는 배고픈 우리에게 큰 호기심의 대상이었다. 던컨 선장은 우리가 문명 세계에 돌아옴을 축하하기 위해 5일 동안 준비한 만찬이 국가적인 수준이 될 것이라고 선언했다.

열린 화덕의 주전자 속에서는 정성을 다해 만든 크리스마스 자두 푸딩이 따뜻하게 데워지고, 잘 지어진 밥이 우리를 기다리고 있었다. 그것들을 한입 가득히 음미하는가 했는데 어느 순간 미끄러지듯이 내려가 배 속을 채웠다. 그날 밤 우리는 바짝 말린 럭셔리한 옷을 입고서 잘 마른 밀집 매트리스 침상에서 온몸을 쭉 뻗으며, 양철 지붕에서 나는 톡톡거리는 리듬감 있는 빗소리를 들으며 누웠다.

다음 날 아침 "부대 몸을 굴러라."라는 아침 기상 소리를 듣고 일어나 배낭을 메고 맥킨넌의 보트 '줄리엣'에 승선했다. '삼나무로 잘 만든 널찍한' 보트 줄리엣은 줄리엣 풀턴이 그녀가 여행한 팀의 안내에 대한 보답으로 선물한 것이었다.

울부짖는 듯한 강풍 소리를 뒤로하고 보트는 호수 아래로 씽씽 달렸다. 항해 기간 내내 맥킨넌은 최대치의 힘을 사용해 조종했고, 한 번은 그가 거의 물속으로 떨어질 뻔한 것을 보았다.

여기까지가 맥 휴처슨의 트레킹 참가기이다.

다음 해에 맥킨넌이 죽은 것은 그 줄리엣 배 안이었다. 1892년 맥킨넌은 실종으로 보고되었다. 뉴질랜드 정부는 그에게 석 달에 걸쳐 트렉 주변의 풀들을 제거하는 등 정글을 정비하도록 하였다. 그래서 그는 식량 공급을 위해 양고기 등을 싣고 호수로 들어간 것이 그의 마지막 모습이었다. 긴 수색 끝에 맥킨넌의 배가 호수의 만에 발견되었지만, 시신은 찾을 수 없었다.

내가 지금 보고 있는 돌탑은 그가 한때 뛰었던 오타고 럭비 팀이 1912년에 처음 세운 것이었다.

열정적인 혁명가는 자신이 하고자 하는 일을 끝내거나 못 이루면 에너지를 분출하기 위해 다른 곳으로 떠난다. 그곳은 지구가 아닌 다른 행성일 수 있다. (갑신정변의 주역이자 시대의 풍운아 김옥균도 비슷한 시기에 지구를 떠났다.)

고개 정상에는 임시 대피소가 있었다. 급속 전기 주전자가 있어 뜨거운 물에 커피를 타서 들고 밖으로 나가 이때까지 걸어온 긴 빙하 계곡을 내려다보았다. 한없이 봐도 질리지 않는 풍경이다. 한국에 돌아와서 등산

맥킨넌 고개를 넘어가는 트레커의 모습.

을 할 때 긴 계곡이 나타나면 그 빙하 계곡이 눈앞에서 종종 겹쳐지기도
했다.

다시는 돌아오지 않을 그 계곡을 뒤로하고 고개를 내려갔다. 눈앞의 비
탈진 경사면에는 여전히 많은 폭포들이 맞이해 주고 있었다. 가파른 길
은 좁은 계곡으로 이어지고 계곡의 합류점에는 급류가 폭포같이 빠르게
흐르고 있었다.

아래로 내려갈수록 숲이 나타나고 점차 짙어지기 시작한다. 그런데 그
모습이 앞서의 클린턴 계곡과 사뭇 달랐다. 식생의 모습이 전혀 다른 것
이었다. 그 흔했던 이끼류는 볼 수가 없고 고사리류가 주인이었다. 나물

로 해 먹는 고사리를 상상하면 안 된다. 그런 것들보다 100배는 됨 직한 나무같이 큰 고사리들이다.

신기했다. 고개 하나를 사이에 두고 이렇게 식생이 다른 것이다. 트레킹 첫날 계곡 속으로 발을 디뎠을 때 이끼가 나를 홀리더니 여기서는 고사리가 나를 혼미하게 만들었다.

맥킨넌 고개 너머에 나타난 고사리류. 키가 10여m가 넘었다.

생물의 진화 관계를 따지자면 이끼 같은 선태류가 먼저이고, 고사리 같은 양치류가 후배일 것이다. 그래도 지금으로 보면 고생대 시기인 까마득한 수억 년 전에 나타난 것들이다. 지구가 따뜻했던 그 시기에는 수십 m 높이에 달하는 양치류가 늪지를 꽉 채우고 있었고, 그것들이 묻혀 석탄이 되었다고 교과서는 일러 준다.

가벼운 지식만으로도 이곳의 고사리류가 그 시대의 후손임을 알 수 있고, 그렇기에 지금 내가 보고 있는 모습이 그 시대를 상상하게 해 주었다.

유달리 키가 큰 고사리류들이 자라고 있는 곳도 있었다. 트레킹을 마친 후 뉴질랜드를 여행하던 중 뉴질랜드 남섬 동부 해안가의 조그만 마을인 '그레이 마우스'란 곳에 이틀을 머물렀다. 마을을 등진 뒷산에는 야자수 같이 생긴 키 큰 나무들이 숲속에서 삐쭉삐쭉 솟아오른 특이한 형상을 보여 주고 있었다.

그 나무들이 궁금하여 점심을 먹고 등산을 했다. 산 능선을 타고 숲속을 들어가 확인한 그것들은 고사리류였다. 신기한 나무들을 보는 재미에 빠져 제대로 등산로도 없는 곳으로 깊이 들어갔었고, 마을로 돌아오기 위해 계곡에 진입했다가 길을 놓쳤다. 그곳은 덩굴나무들이 얽혀 있는 또 다른 밀림이었다.

길을 찾는 일이 진행되지 않아 등에는 식은땀이 흐르고 머릿속에는 수많은 생각이 교차했다. 그 수많은 생각 속에 계속 떠오르는 것이 있었다. 열대 밀림 속에서 아찔한 순간을 경험한 적이 있었기 때문이었다.

자연을 좋아하는 관계로 밀림에 대한 막연한 동경심이 있었다. 인도차이나반도를 종주하는 배낭여행 중 일행을 이끌고 말레이시아의 **타만네가라**라는 밀림으로 들어갔다. 무려 1억 5천만 년 전에 형성되어, 현재 지구상에 남아 있는 것 중 가장 오래된 열대 밀림이라고 했다.

빽빽한 열대 밀림 숲속에 들어간 지 30분쯤 되었을 때, 내 뒤를 따르던 일행이 "쌤님! 발뒤꿈치에 피가 보여요." 하는 것이 아닌가…. 별거 아니라는 듯이 신발을 벗고 양말을 벗는 순간 기겁을 했다. 거머리가 발뒤꿈치에 붙어 열심히 피를 흡입하고 있었고, 이미 내 피로 가득 채워진 몸뚱아리는 송충이만 하게 부풀어 올라 있었다. 순간적으로 손톱 끝으로 털어 내고 주변을 살폈다. 물기 있는 길바닥에 거머리들이 우글거리고 있을 뿐만 아니라, 심지어 머리 위의 나뭇가지에도 실낱같은 빨간 생명체가 아래를 향해 말미잘 같은 촉수를 움직이고 있었다. 그들의 특급 적외선 감지기는 우리의 체온을 느끼면 언제든지 하강을 시도할 것이었다.

"큰일 났다. 빨리 이곳을 벗어나자."

나의 한마디가 떨어지기 무섭게 일행들은 혼비백산하여 뛰기 시작했다. 세 명의 여자 일행이 남자 두 명보다 더 빨리 뛰었다. 얼마나 놀랬으면 처녀들이 그렇게 빨리 뛸 수 있는지…. 5분 정도도 채 지나지 않아 개인차가 생기면서 행렬이 벌어졌다. 이러다 길을 잃으면 큰일이다 싶어 일행을 모아 내가 앞장서서 겨우 정글을 빠져나왔다.

나오자마자 화장실로 직행하여 거머리 수색 작업을 벌였다. 다들 배와 등, 종아리 등에서 제거한 침투물 수량을 얘기하는 상기된 얼굴들은 방금 전투 현장에서 귀환한 병사의 모습과 다름없었다. 아마 아직 결혼도 하지 않은 20대 직장 초년생의 처녀 교사들에게는 그동안의 생애 중 가장 무서운 경험이었을 것이다. 비 온 후 열대 정글에 들어가면 안 된다는 것도 모르는 인솔자를 꽤나 흉도 봤을 것이다.

교실에서 아이들이 가끔 여행 이야기를 듣고 싶어 하면 이 거머리 일화를 해 주면서, 약간 과장스럽게,

"만약 그때 그놈들이 내 몸속에 들어갔다면 나는 지금 너희들 앞에 없을 거야." 하고 너스레를 떨었다. 하지만 나중에 우연히 인터넷을 검색하다가 거머리가 실제로 핏줄을 타고 들어가 혈관을 막으면 사망할 수도 있다는 것을 알았다. 밀림에 있을 때보다 인터넷을 볼 때가 더 소름 끼쳤다.

계곡 덤불 속에서 헤매기를 몇 시간, 해가 산을 넘어가려고 하자 마음이 더욱 초조해질 때쯤 숲속의 나뭇가지에 걸린 동그란 물체가 기적같이 눈에 들어왔다.

카톡에 쓰이는 이모티콘 같은 미소가 그려진 얼굴만 한 둥근 나무판이었다. 인간의 흔적을 발견했기에 살았다는 생각이 들었다.

그것들은 몇십 m 간격을 두고 산 아래까지 이어졌고, 산 아래 입구에는

'Orienteering'이란 안내판이 세워져 있었다. 그 계곡은 나침반을 소지해야만 길을 찾을 수 있는 밀림 속의 훈련 장소였다. 태초적이고 원시적인 뉴질랜드의 고사리는 그렇게 나를 홀렸다.

경사진 계곡의 길이 끝나고 평평한 길을 한참 걷는데 '서더랜드 폭포'로 가는 삼각지가 나타났다. 폭포로 가는 진입로에는 가이드 트레커들이 머무는 산장이 있고, 그 정문 앞에는 간이 휴게소가 있었다. 폭포를 찾는 사람들이 이용할 수 있도록 배려된 휴게소인 듯 간단한 음료를 마실 수 있도록 비품까지 비치되어 있었다. 무언가 폭포가 갖는 위상을 의미하고 있었다. 이미 들어갔다 돌아오는 우리 일행들도 정말 볼 만했다고 추천한다. 왕복 1시간 정도 걸리지만 반드시 가야 된다고 강조하는 사람도 있다.

그런 말을 하지 않더라도 명소들을 빠뜨릴 수 있겠는가 하면서 방향을 틀어 들어갔다. 짙은 숲길을 따라 수량이 꽤나 풍부한 강이 흐르고 있었다. 아마 그 강물은 폭포에서 흘러 내려오는 것이기에 폭포의 장관이 눈에 그려지기도 했다. 채 10여 분도 지나기 전에 수풀 너머로 이슬비 같은 물보라가 바람을 타고 날아왔다. 다시 그 희뿌연 물보라 너머의 산 위에는 폭포의 상단이 보이기 시작했다. 100여 m 정도 앞으로 진행하자 물보라는 폭우로 변해 온몸을 향해 퍼부었다.

서더랜드 폭포.거대한 물보라 때문에 근처에 접근하기도 힘들었다.

그때 마침 아이작이 물통에 빠진 모습으로 나오다가 나를 보더니 환호를 질렀다. 그 소리도 폭포 물소리에 흡수되어 금방 사라졌다. 마지막 수풀을 통과하여 맞닥뜨린 폭포는 상상했던 것보다 훨씬 장대한 물기둥이었다.

아니, 물기둥이란 표현이 적절치 않다. 그 기둥 전체가 눈에 다 들어오지 않았기 때문이다. 엄청난 물 덩어리가 앞에서 쏟아부었고 바닥에 떨어진 물 파편이 물보라를 일으켜 시야를 가리기에 그 크기를 가늠조차 할 수 없었다. 비가 많이 올 때 폭포가 볼 만하다고 하지만 지금 눈앞의 서더랜드 폭포는 수량이 지나쳐 관찰이 불가능했다. 이러한 폭포이니 위상도 세계적이다. 폭포가 많기로 유명한 뉴질랜드에서도 제일이며 지구상에서도 다섯 손가락 안에 든다.

압도적으로 거대한 모습에 높이는 수천 m나 된다고 소문이 났지만, 앞서 언급한 수석 측량사 찰스 아담스 팀은 밀포드 사운드 탐사 때 폭포 높이를 재기로 한다.

거의 5,000피트는 될 것이라고 자신도 믿었지만, 실제 높이가 1,904피트(580m)밖에 안 되는 것에 약간 실망했다. 그러나 눈앞에 전개된 폭포의 모습은 진실로 인상적이었다고 회고했다.

> "물은 내려가면서 바위 절벽을 두 번 부딪친다. 3단계 형태를 가지는데, 제일 상단은 850피트, 중간은 751피트, 제일 하단은 338피트다. 내가 풀밭에 누웠을 때 내 앞에 있는 거대함에 사로잡혔다. 그것은 때때로 햇살 속에 있었고, 때때로 구름 사이로 항해해 가는 듯했다. 나는 나 자신이 이름을 부여할 수 있는 위치에 있다면 이 폭포를 '무지개 폭포'라고 불러야만 할 것이다.
>
> 엄청난 스프레이의 작동들에 의하여
> 이들이 바위벽에 장막을 치고
> 우리는 빛나는 광막의 곡선을 본다.
> 무지개 폭포의 영광이여!"

아무튼 이런 폭포였으니 이 폭포가 발견되고 사람들이 찾게 되는 과정에 사연이 좀 많겠는가! 대단한 폭포이니 만큼 그에 붙은 '서더랜드'란 이름도 예사롭지 않아야 할 터였다.

서더랜드 폭포란 이름은 이곳을 탐험하고 발견한 사람에 의해 붙여졌다. 그랬다. 서더랜드는 세계적인 관광지 밀포드 사운드의 역사와 같이한 사람이었다.

킨턴 맥킨넌이 밀포드 트렉을 상징하는 사람이라면, 서더랜드는 트렉동쪽의 밀포드 사운드를 대변한다. 서더랜드는 트렉이 개척되기도 전에이곳에 와서 밀포드의 비경에 취해 주변을 탐험하며 평생을 보낸 사람이었다. 그의 행적은 맥킨넌 고개 동쪽의 모든 지역에 걸쳐 있었다. 그래서그의 행적은 밀포드 사운드 개척의 역사와 궤를 같이할 정도다.

스코틀랜드 북쪽 지방에서 태어난 서더랜드는 모험 인생으로 선택받았다. 16세 때 스코틀랜드 민병대에 소속되었고 이후 이태리에서 가리발디 애국군에 참가하여 싸웠다. 뉴질랜드에 건너와 항해선의 선원으로 일하면서 인생의 탈출구로 삼기 위해 마오리 전쟁에 참전하기도 했다.

수많은 방랑 끝에 그를 생애 마지막까지 붙잡은 곳은 밀포드 사운드 깊은 만안의 강가 수풀 위였다.

1877년 12월 1일 조그만 배, 포우 포이스 안에는 개 두 마리와 적당한 식량을 싣고 밀포드 입구에 도착한다. 만 안으로 항해를 계속해 탐험을 하면서, 현 밀포드 사운드 관광센터 자리에 '희망의 집'이라는 거창한 이름의 초가형 주택을 지었다.

1879년에는 두 채를 더 지어 정착촌 형성이라는 작업을 분명히 하면서 '밀포드 도시'라고 이름 짓기에 이르렀다.

매우 개척적인 모습에 퀸즈 타운 정부는 보조금을 지불하였고, 그의 탐사작업은 탄력이 붙었다.

1880년 11월 10일 3단계에 걸친 절벽을 타고 내리는 거대한 폭포를 발견하고 '서더랜드 폭포'라고 명명한다. 이런 과정 속에서 시빗거리도 있었다.

서더랜드 폭포까지 왔으니 바로 앞의 맥킨넌 패스까지 왔을 수도 있었을 것이다. 실제 맥킨넌 고개 바로 옆에 불룩하게 솟은 산을 '발룬산'이라고 그가 명명했듯이,

고개의 첫 발견자는 맥킨넌이 아닌 서더랜드라고 주장할 소지가 있었다.

여러 뒷받침되는 조사 끝에 고개의 첫 발견자는 맥킨넌으로 마무리되기도 했지만, 나의 개인적인 생각도 역사적 진실 여부를 떠나 밀포드 트렉의 발전 공헌도 측면에서 '맥킨넌 패스'라고 이름 붙여진 것이 적절해 보였다.

탐험을 계속하면서 이곳이 세계적인 관광지가 될 것임을 믿어 의심치 않은 서더랜드는, 이후 40여 년을 호숫가에 머물며 크루즈 탐방자에 대한 숙소 제공과 폭포 안내자로서 역할을 수행했다. 하지만 천성이 탈속한 그였기에 도시의 수다스러운 관광객이 귀찮게 굴면 조용히 숲속으로 사라졌다가 나타나기를 반복했다.

그는 진실로 '피오르드 랜드 속의 은둔자(Hemit of fiordland)'였다.

폭포에서 흘러내린 물과 여러 계곡의 물들이 아더강에 합류된다. 트렉의 길은 이 강을 따라 이어졌다. 강변을 넘칠 듯한 풍부한 수량이지만 편평한 평지를 흐르기에 길쭉한 호수 같은 분위기를 연출했다. 강기슭에는 커다란 나무들이 쓰러져서 강가에 걸쳐져 있고, 물속에 자리 잡은 버드나무는 긴 가지를 반쯤 물에 잠기게 하고 있었다.

죄수들이 만든 절벽 길.
그들의 노고가 느껴졌던 거친 길 모습.

푹신한 모래 흙길은 발걸음을 가볍게 만들었으나 곧 끝날 것 같은 트렉에 아쉬움이 생기기도 했다. 그렇게 호젓한 길이 계속 이어지지는 않았다.

강물이 휘어지면서 길은 바위 절벽 옆으로 이어졌다. 그 절벽 밑으로 길이 나 있었다. 전체 트렉 구간 중 유일하게 바위를 깎아 낸 길이었다. 아마 밀포드 트렉 구간 중 길을 내는데 가장 힘든 곳임이 분명했다. 역사책에서는 이 길을 만드는 과정에서의 흥미로운 내용을 소개하고 있었다.

크루즈 배를 타고 서더랜드 폭포로 가는 관광객이 늘면서 트랙에 대한 보완의 필요성이 꾸준히 제기되었다. 정부도 이를 인식하고 작업팀을 편성했다. 저비용을 추구한 정부는 죄수들을 이용하기로 했다.

1890년 45명의 죄수를 태운 배가 피오르드 랜드에 들어와서 아더강 하류에 막사를 설치했다. 무급에다가 중노동을 이들이 잘 받아들였겠는가? 몇 달이 지나지 않아 2명이 탈영하여 맥킨지 고개를 넘어 클린턴 계곡을 따라 하산하여 테우이라 배를 타고 테아나우까지 도망갔다. 잠시 탈출을 자축했겠지만, 곧 경찰에 붙잡히는 신세가 되었다. 이어 세 명이나 병들어 죽었다고 보고되었으나 내부적으로는 자기들끼리 싸워서 죽었다는 소문이 무성했다.

작업 능률은 오르지 않고 문제가 자꾸 발생하자 남은 40명에 대해 정부는 철수를 결정했다. 당시 이들의 작업과 생활 과정을 지켜본 서더랜드는 혀를 차면서 '40명의 도적들'이라고 풍자스럽게 이름을 붙이며, (이렇게 말했다.)

"이들이 떠나기를 결정한 것은 국가를 위해서 진정 잘한 것이다. 다시는 저들을 보는 일이 없기를…."

2년간의 죄수 노동을 거울삼아 다시 들어온 사람들은 나름 숙련노동자들이었다. 폭파 경험이 있는 노련한 일꾼들은 1실링 3센트를 받고 하루 10시간의 노동을 수행했다. 적당한 임금으로 치부된 노동을 했기에 '가격대 무리들'이란 이름이 붙었다. 새로운 숙련 노동에 의해 절벽 폭파 작업이 이어졌지만, 길 작업은 1898년까지 거의 10년에 걸쳐 이어졌다.

죄수들을 고생(?)시키기도 하고 저임금으로 이뤄진 오랜 작업 끝에 길

이 완료된 것임을 잘 알 리 없는 나 같은 현재의 트레커들은 편평한 바윗길을 걸으며 경관에 감동과 행복감을 느낀다. 세계적인 아름다운 길이 그냥 만들어진 것이 아니겠지만, 좋은 길을 걸으며 훌륭한 경관을 감상하는 것은 과거 많은 사람들의 노고 덕분이었다.

어쩌면 밀포드 트렉이 아름답다고 하는 것은, 길 자체의 아름다움과 함께 이 길을 내어 수많은 사람들이 행복감을 느낄 수 있도록 하기 위한 또 다른 사람의 따뜻한 마음이 깔려 있는 것이 아닌가 하는 것이었다.

우리는 과거에, 역사에 많은 빚을 지며 산다. 그 빚을 갚는 방법은 미래인을 위해 조금씩이나마 마음을 쓰는 것이다. 사실 대부분 그렇게 살고 있다. 지금 인류가 생존하고 번성하고 있으므로 명백하고 그것이 엄연한 증거이다.

마지막 숙소인 덤플링 대피소에 도착했을 때는 저녁에 가까운 시간이었다. 높은 고개를 넘고 폭포 구경에 시간을 많이 소요하기도 했기 때문이었다. 다들 내일이면 이곳을 떠난다는 사실 때문이거나 저간의 피로가 누적되기도 해서인지 일행들은 조용하게 자신들의 침대로 찾아 들었다.

닷새째, 밀포드 사운드의 역사

마지막 날, 아침 일찍 출발해야 했다. 배 타는 시간을 맞춰야 하기 때문이다. 걸어야 하는 거리도 만만치 않았다. 18km를 오전 내에 걸어야 한다.

다행히 길은 아주 좋았다. 잔돌 하나 없는 적당히 단단한 모랫길이 강변을 따라 이어졌다. 별 특징도 없고 이미 보았던 경관들과 유사한지라 주변 경관을 훑듯이 하면서 걷는다. 이전까지는 자기 취향대로 걸었던 일행들이었지만 오늘만큼은 거의 한 줄로 이어 걸었다. 파워 워킹 수준으로 걸어 4시간 만에 공원 출구에 도착했다.

공원 출구를 빠져나올 때는 정말 섭섭한 기분이 그득했다. 모두 출구 안내판을 배경으로 사진을 찍는다. 나도 독사진을 찍기도 하고 피터 부부와 아쉬운 작별 사진을 찍었고, 단체 기념사진도 찍었다.

우리를 태운 쾌속 모터보트는 부두에서 채 5분도 걸리지 않아 밀포드 사운드 선착장 가까이 도착했다. 선장은 우리의 섭섭한 마음을 위로라도 하려고 하는지 배를 바다 쪽의 호수 안으로 제법 들어가 밀포드 사운드만의 모습을 조망하게 해 주었다.

아주 단편에 불과한 맛보기였지만 지구상 가장 아름답다고 하는 빙하 계곡 연안의 비경을 전체적으로 유추할 정도는 되었다.

시퍼런 바닷물 위로 깎아지른 절벽으로 이뤄진 해안을 따라 예의 폭포들이 진열되어 있었고, 가끔 나타나는 수직으로 솟구친 송곳같이 뾰족한 산을 올려다볼 때는 목이 아플 정도로 얼굴을 치켜올려야 했다.

이런 비경을 감춘 곳이었기에 관광객이 모이기 시작했고, 마침내 1954년 영국 엘리자베스 여왕이 크루즈 배를 타고 오기에 이르렀다. 물론 그렇게 되기까지에도 많은 시간이 필요했다. 앞서 서더랜드 같은 선구자적인 사람이 이곳에 정착하러 온 것도 이미 이곳은 이전에 많이 알려져 있었기 때문이었다.

우연의 일치인지는 모르지만 밀포드 사운드 개척의 역사와 관련된 사람들은 스코틀랜드 사람 일색이라고 할 만큼 그쪽 사람들이 많았다. 맥킨넌이 그렇고 서더랜드도 그 지역 출신이었다.

밀포드 피오르드 해안을 체계적으로 탐사한 시도는 1951년 뉴질랜드 정부 탐사선인 증기선 '애크론'이었다. 그 배에 승선했던 언론인 조지 한사드는,

"밀포드 사운드는 애크론이 방문한 뉴질랜드에서 가장 훌륭한 항구이다."라고 썼다.

이때 사용된 '밀포드 사운드'란 명칭은 당시 배 선장 존 로드 스토커스가 명명한 것이었다. 하지만 이미 그 해안은 '밀포드 헤이븐'이라고 불리고 있었다. 그 밀포드 헤이븐이란 이름은 1709년 이곳에 바다표범을 사냥하러 온 존 그로노가 붙인 것이었다. 존 그로노 선장은 스코틀랜드 웨일즈의 자기 고향 항구 이름을 그대로 사용해 붙였다. 탐사선 애크론의 선장 스토크스는 존 그로노 선장의 집에서 7km 정도 떨어진 집에서 살았다. 고향의 항구도시와 유사한 지형 형상을 가진 곳이었기에 친숙한 의미로 밀포드란 이름을 자연스럽게 사용했고 스토커스는 '작은 만'이란 뜻의 '사운드'를 덧붙였다.

아무튼 고향과 연관되어 이름이 붙여진 데 대해 밀포드 사운드의 역사 저자 존스는 이 부분에 흥미를 느꼈다. 그래서 그는 직접 웨일즈에 답사 여행을 했다.

존스는 웨일즈의 밀포드 헤이븐 해안에서 배를 타고 항구 안으로 진입하는 강을 따라 들어갔다. 그 강이 '클라다우' 강이고 강 옆 언덕 위에는 거대한 성벽을 가진 '펨브로크' 성이 있었다. 또 이어서 '벤톤' 성곽과 '라우러니' 마을이 있었다.

이들 이름은 모두 밀포드 사운드 안의 유명한 산 이름에 그대로 차용되었다. 위치도, 모양도 적절히 맞추어 적용했다. 지도를 작성하면서 스토

커스 선장은 고향 땅 이름을 붙이는 데 재미를 느끼는 듯했을 것이다.

하지만 이곳은 1951년의 스토커스 방문과 1709년의 그로노보다도 훨씬 전에 원주민인 마오리 족에게는 친숙한 곳이었다. 그들은 마오리어로 이곳을 '피오 피오 타이'(피오 피오 새)라고 불렀다. 아마 지금은 멸종된 그 새가 당시는 많이 서식하고 있었는지 모른다.

마오리들은 이곳 해안가의 절벽에서 '타가와이'라는 보웬 옥석을 채집해 공예품으로 사용했다. 타가와이는 '떨어지는 눈물'이라는 의미를 가진 것으로, 다양한 전설을 가지고 있었다. 유럽의 보석업자들도 이 보석에 홍미를 느껴 채광사업을 벌여 수출을 시도하기도 했다.

한국에도 왔었다는 피터 부부. 이별을 아쉬워했다.

보트를 내려 일행들과 마지막 작별 인사를 나누었다. 5일 동안의 짧은 일정이었지만 정이 많이 들었는지 서로 부둥켜안고 이별을 아쉬워하며 행운을 빌어 주었다.

그들이 떠나가는 것을 보면서 크루즈 운항 사무실로 향했다. 어제 타기로 예약한 배의 승선 여부를 확인했다. 날짜가 지났기에 환불은 되지 않는다고 한다. 다만 오늘은 운항이 종료되었고 내일 탈 수가 있다고 한다. 잠시 고민을 하다가 포기하기로 했다. 내일 크루즈를 타려면 여기서 하루 더 숙박을 해야 하고, 그러면 앞으로 예약된 일정에 차질이 생기는 것이었다. 그보다도 밀포드 트렉을 5일이나 걸었기에 밀포드 사운드의 경치는 그 아류로 생각되어 큰 미련이 생기지도 않아서였다.

테아나우로 돌아가는 길은 버스를 타고 가는 것이었다. 트렉의 입구로 들어가는 길은 호수를 건너야 했지만, 수십 km를 지나서 돌아가는 길은 육로였던 것이다. 민타로 산장에서 하루 연기를 부탁했던 버스는 나의 예약상황을 인정해 주었다. 그때 전화 부탁을 들어준 젊은 커플이 눈에 떠오르고 고마움이 느껴졌다.

돌아가는 도로도 밀포드 사운드의 역사에서 놓칠 수 없는 매우 중요한 길이었다. 버스 기사는 운전을 하면서 마이크를 사용해서 길에 대해 자주 이야기를 했다. 특히 '호머 터널'이란 긴 터널을 지난 후 전망대에 이르러서는 차를 세워 주변 경관을 볼 수 있도록 했다. 정확히 알아듣기 힘들었지만 다행히 존스의 책에서는 도로 건설의 역사에 대해서도 자세한 설명을 곁들이고 있었다.

이 도로를 건설하기 전 초기 밀포드 사운드 관광은 크루즈 배를 타고 해안에서 만으로 들어가 구경하는 형태였다. 1874년경부터 시작되었으나 가끔 들르는 형태의 크루즈 관광은 이후 여름 정기 투어 크루즈가 투입되면서 수백 명에 이르는 관광객이 피오르드를 찾았다.

하지만 이 형태는 어디까지나 소수의 여유 있는 선택된 사람들에 해당되었고, 비경을 구경하려는 대중의 열망을 충족하는 방법은 차를 타고 직접 방문하는 것이어야 했다. 도로 작업의 시작은 1929년 경제회복을 위한 정부의 공공 작업 정책으로 시작되었다. 삽과 곡괭이, 리어카 등 단순 작업 도구들을 갖춘 200여 명의 인부들이 투입되고, 그들이 기거해야 하는 임시 숙소들이 도로 작업을 해 나가면서 지어졌다.

그렇게 시작된 도로 작업이 완공되는 데 25년이 걸렸는데, 호머 터널을 뚫는 데 대부분의 시간이 소요되었고, 그 기간이 무려 20여 년이었다. 당시의 기술 수준으로 어쩔 수 없었겠지만 많은 노력과 희생이 뒤따랐다. 터널이 완공되면서 즉시 도로도 개통되었다. 그와 함께 밀포드 사운드는 뉴질랜드 사람뿐만 아니라 연간 수백만 명이 찾는 세계인의 관광지가 되는 것은 당연한 수순이었다.

도로 개통을 기념하면서 앞서 잠시 언급했다시피 엘리자베스 여왕의 크루즈 방문이 있었고, 이것을 환영하기 위해 수십 대의 관광버스가 개통된 도로를 이용해 밀포드 사운드에 진입했다.

이것은 이미 1878년 로버트 파울린이 예견한 대로,

"뉴질랜드의 비경을 보기 위해 세계의 수많은 사람들이 방문할 것이다!"란 말이 실현되고 있는 것이었다.

어쩌면 그 예측은 세계의 아름다운 자연을 기꺼이 보려고 하는 나 같은 사람에게는 결코 비켜 갈 수 없는 운명과 같은 예언이기도 한 것이었다.

하루 트레킹 코스로 다녀온 삼형제봉. 압도적인 경관을 보여 준다.

6

파타고니아

2017년 2~3월 (2개월)

들어가기

흔히 여행도 중독이 된다고 한다.

세상에 감미로운 것 치고 중독이 안 되는 것도 없을 것이기는 하다. 산도 중독증 요소를 다분히 함유하고 있다. 오히려 여행보다 더 독할지도 모른다. 그러면 이 두 가지를 합친 경우는 어떨까?

산 여행 중독자란 말이 성립되는데, 이런 말은 별로 들어보지는 못했다. 나의 경우는 두 가지 요소를 다 갖추고 있지만 별로 내세우고 싶지는 않다. 그러나 이런 경우는 가능하지 않을까?

파이네 공원 입구에서 조망한 토레스들(탑). 잊기 힘든 매력을 보여 주는 경관이었다.

여행도 하면서 멋진 산이 있는 곳으로 가는 것이다. 그것은 아마 그 상승효과로 인하여 대단히 만족스런 결과를 보일 것이다.

남미가 그런 곳이었다. 그것도 이 두 가지를 가장 완벽히 만족시키는 지구상 최고의 조건을 갖춘 곳이었다. 퇴직 후 4년에 접어들었을 때 두 번째의 남미 여행을 했다. 재직 중에 갔던 첫 번째 여행은 일반적인 유명 관광지 중심으로였다. 그랬었기에 내가 가고 싶고 하고 싶었던 트레킹 지역이 빠져 있었다. 그것은 퇴직 후에도 내내 마음에 걸렸다. 흔히 말하는 '신이 만든' 경관 지역을 가서 걷고 싶었던 것이다.

한 달 반에 걸쳐 남미 최남단 파타고니아, 볼리비아 우유니 사막, 에코아도르의 갈라파고스 세 곳을 탐방하면서 걷기도 했다.

이곳들은 결코 나를 실망시키지 않았다. 너무나 인상적이고 감동적인 경험들을 했었다.

짧지 않은 기간에 많은 곳을 방문하였지만, 집필의 목적에 부합되게 파타고니아와 갈라파고스를 중심으로 이야기하기로 한다.

토레스 델 파이네는 생소한 이름만큼이나 멀었다. 공원의 배후도시인 푸에르토 나탈레스까지 오는 것만도 한국에서 출발해 꼬박 나흘이 걸렸다. 그렇게 힘들게 왔어도 공원에 들어갈 수가 없었다. 국립공원 내의 숙소에 빈자리가 없었기 때문이다.

파이네 국립공원을 트레킹 하는 방법은 몇 가지가 있다. 120km에 달하는 공원 한 바퀴를 도는 데에는 일주일 정도가 필요하다. 야영을 해야 해서 장비를 준비해야 하고 그런 무거운 짐을 지고 걸어야 한다. 보통의 일

토레스 델 파이네의 배후도시 푸에르토 나탈레스.

반적인 트레킹은 2박 3일이나 3박 4일이 추천되고 있었다. 그것은 산 전면부의 반쪽을 W 자 모양의 트렉을 따라 걷는 것이다. 그것만 해도 긴 거리라서 공원 내의 숙박시설을 이용해야 하는데 그것은 인터넷으로 사전 예약을 해야 한다.

하지만 공원 내의 숙소 빈자리가 좀처럼 나지 않았다. 방심이 문제였다. 일본 북알프스 종주 때와 같이 예약 없이 쉽게 잠을 자는 곳이 아니었다. 정보가 부족했고 방문객이 그렇게 많을 줄도 예상 못 했다.

무려 5일이나 초조하게 기다린 끝에 하룻밤의 숙소 자리가 나왔다. 2박은 물론이고 3박은 꿈도 꿀 수 없는 상황이라 하루라도 감지덕지하고 바로 예약을 했다.

다행히 기다리는 동안 공원 내의 삼형제봉을 당일치기로 트레킹했다. 그곳은 공원의 서부 지역의 중심 탐방지였다. 3,000m가 넘는 화강암 덩어리로 된 세 봉우리를 보는 트레킹만 하더라도 파이네 공원의 경관을 엿

보는데 부족함이 없을 정도였다. 공원 내 숙박 계획이 없는 일반 관광객은 이 코스를 많이 이용하기도 하는 코스였다. 그런 만족감이 있었기에 1박 2일 트레킹에 선뜻 결정을 할 수 있었다.

비몽사몽 밤을 지새고 새벽에 잠을 깼다. 이른 버스 시간에 맞춰야 하기도 했지만 방이 너무 추웠다. 하룻밤 20달러의 허름한 호스텔 방은 밤마다 남극에 가까운 추위를 상기시켜 주었다. 연이은 나의 하소연에 사람 좋은 주인은 여분의 이불을 몇 개나 주었지만, 그것으로도 막지를 못했다. 나중에는 카펫을 가져와 찬바람이 들어오는 창문을 가려 주었지만, 방 안을 동굴과 같이 어두컴컴하게 만들기도 했다.

5일간이나 떨었던 그 방을 탈출하는 것이 좋았고, 세계 최고의 비경을 보러 간다는 기대감에 새벽의 찬바람을 맞으며 호스텔을 빠져나왔다.

공원으로 가는 긴 도로는 볼 것이 많았다. 푸에르토 나탈레스 앞의 큰 호수를 벗어나면서 구릉을 낀 초원이 연이었다. 가끔 나타났다가 사라지는 북쪽의 하얀 설원이 펼쳐진 공원이 가슴을 설레게 만들고, 이따금씩 눈에 띄는 콰야나코 같은 야생동물들이 이곳 자연이 살아 있음을 확인시켜 준다. 100여 km가 넘는 두 시간여의 버스 속 시간은 공원 트레킹 여행의 예고편으로 부족함이 없었다.

버스를 내리고 트렉의 입구인 푸데토까지는 페리로 호수를 건넜다. 배에서 내려 공원 입구에 다다르니 어디나 그렇듯 카페가 근사하게 자리 잡아 사람들을 그냥 지나가게 두지 않는다. 트레커들이 당연하다는 듯이 들어가니 나도 빨려 들어갔다. 커피를 시키는데 아메리카노가 없다. 할 수 없이 카페라테를 시켜 파이네 공원의 입성을 자축하며 잔을 비웠다.

그런데 이것이 얼마 지나지 않아 큰 수난을 가져올지 예상하지 못했다.

카페 밖으로 나와 뒷산을 배경으로 인증 사진을 한 장 찍고 바로 트레일로 접어들었다. 오늘 걸어야 되는 거리가 20km가 넘는 장거리 길이다. 트레일이 어떤 형태인지 몰라 마음이 약간 급하기도 했다.

트레일은 산 아래의 편평하고 완만한 언덕길로 계속 이어졌다. 회색의 낮은 풀들이 언덕 너머까지 펼쳐져 전망이 시원했다. 그러나 시야가 너무 트인 것은 문제가 있는 것이기도 했다. 산길로 접어들면 당연히 나타나야 할 숲이 보이지 않을 뿐만 아니라 나무조차 한 그루 보기 힘들었다. 풀숲 여기저기에는 타다남은 나무 밑둥치들이 거무틱틱한 모습으로 남아있다. 화재의 흔적이었고, 그 화재는 이스라엘 청년이 불을 냈다고 하는 것을 인터넷에서 지나가다가 본 기억이 났다. 청년의 실수에 혀끝을 찼다. 그러나 혀끝을 찰 정도로 무마하기에는 수준이 부족했다. 특히 나에게 그랬다.

한 시간 정도를 걸었을까 하는데 갑자기 아랫배가 아프기 시작했다. 배탈이 난 것이 분명한데 해결할 장소가 보이지 않는다. 사람들이 뒤따라오는데 사방이 탁 트인 공간이다. 허겁지겁 언덕 아래로 한참 내려가 바위를 발견한 것은 이날 오전의 큰 행운이었다.

불낸 사람이 원망스러워 잠시 천불이 났지만, 추운 방에서 계속 자고 거친 음식을 먹어 장이 편치 않은 상태에서 잠시 들뜬 기분에 젖어 카페

라테를 마신 유당불내증자인 나의 실수가 컸다.

한바탕 수난을 치르고 다시 트레일로 접어들었다. 그리고 마음을 다시 잡는다. 사실 오지 같은 다양한 세계 여행을 다니면서 배탈이 한두 번 났었던가? 배탈 정도야 거의 일상에 가까웠고 집 떠난 것을 확인시켜 주는 절차 정도였다.

그런 마음에는 길 분위기도 도와주었다. 불난 자리가 끝나면서 숲이 나타났다. 우리가 흔히 보는 그런 숲이 아니다. 5~6m 정도의 작은 키에 잎도 엄지손톱 정도 크기다. 내가 아는 식물학 지식 정도로는 너도밤나무 계통인 것으로 짐작했다. 그러나 몸통은 야무져 보였다. 그것은 이들이 춥고 매서운 광풍 속에서 견뎌 냈음을 보여 주는 것이었다.

파타고니아로 불리는 남한 면적의 4배에 이르는 이 지역은 빙하의 땅이다. 지구가 빙하 시기를 가졌다는 것을 보여 주고 지금도 진행되고 있는 곳이 이곳이다. 빙하는 산을 깎아 깊은 계곡을 만든다. 그들의 흔적이 긴 빙하 계곡이고, 거대한 덩어리들이 오랫동안 머물며 호수를 만들었다.

그 호수들이 지역적으로 가장 많이 모여 있고 크기가 큰 것도 여기 파이네 공원이었다. 그리고 가장 아름다웠다. 포에오, 노던 스키올드, 토로 등의 이름을 가진 큰 호수들과 이름 없는 작은 호수들이 트렉을 걷는 내내 숲이나 언덕에 가려졌다가 나타나기를 반복했다.

그 물색들이 어찌나 예쁜지!

우리가 흔히 표현하는 에메랄드나 크리스탈 같은 것으로는 적절하지 않았다. 그런 것들은 여행기나 인터넷 후기에서나 볼 수 있는 그런 표현들이었고, 내 자신의 눈으로 직접 본 것은 단순한 한두 가지 예를 들어 대비할 것이 아니었다.

단순히 색깔 이상의 아름다움이 있었다. 그것은 청명한 하늘과 함께 끝없이 펼쳐진 파타고니아의 푸른 초원들과 어우러진 아름다움이었다. 그런 주변의 다양한 색이 농축되고 응집되어 호수에서 나오는 것이었다. 정말 호수가 없다면 파이네 공원도 없는 것이고 아름다움도 없을 것이었다.

몇 시간을 걸어 점심때가 지날 때쯤 길 전면에 거대하고 장대한 바위벽이 가로막아 섰다. 산 전체가 통바위로 된 데다 높이도 수천 m는 되어 보인다. 몸통 전체가 하얀색을 띤 것으로 봐서 화강암이 분명한데 정상 부분은 검은색을 띠고 있어 뾰족한 모자를 쓴 형상이다. 그 거대한 바위산은 구름에 가려 사라지기를 반복하면서 신비로운 모습을 더하고 있었다.

가이드북의 지도에서 말하는 '쿠에르노스' 봉이었다. 무려 2,600여 m의 봉우리였다. 이런 거대한 봉우리가 W코스에 4개나 있다. 나머지 3개가 3,000m가 넘었지만 거리가 멀어 오히려 쿠에르노스 봉보다 낮아 보였다.

특히 '뿔'이라는 의미를 가진 스페인어 이름이 붙었다시피 높이는 가장 낮지만, 검은색을 띤 뾰족한 꼭대기가 더욱 도드라져 보였다.

이 4개의 산봉우리를 트레킹 과정에서는 한눈에 볼 수 없지만 호수 건너편에서 공원을 바라보는 전망처에서는 전체를 조망할 수 있다. 인터넷이나 가이드북에 올려진 토레스 델 파이네 사진들이 그것이다. 특히 멀리서 보는 흰색 화강암 봉우리들은 은은한 푸른색을 띠고 있다. 그래서 푸른색을 의미하는 원주민어 '파이네'와 탑을 의미하는 스페인어 '토레스'를 합성해서 '토레스 델 파이네'라는 이름이 만들어졌다.

현장에서 직접 대하는 절묘한 경관은 지구상 어디에서도 볼 수 없는 비경에 속한다. 이렇기에 흔히 회자되는 "죽기 전에 꼭 봐야 할 세계 경치" 몇 군데 안에 넣고 있으며, 그 속에 들어가서 하는 트레킹을 '세계 3대 트레킹'에 넣기도 하는 것이었다.

다행히 나는 행운이 따랐기에 이틀간의 산속 트레킹을 할 수 있었지만 여행으로 방문하여 하루 일정의 버스 투어만 해도 전체 경관을 충분히 조망할 수 있다. 거기에 조금만 체력이 따라준다면 숙박과 예약의 제약이

따르지 않는 W코스 오른쪽의 삼형제봉을 하루만 걸어도 파이네 공원의 트레킹 묘미를 충분히 만끽할 수 있다.

봉우리 모습 자체만 따진다면 한눈에 들어오는 삼형제봉의 형상은 압권이다. 봉우리 전망대 격인 호수 앞에 비치는 3봉우리의 실루엣은 어디에서도 볼 수 없는 환상적 그림이었다. 나에게는 그 봉우리가 어디선가 본 듯했는데 나중에 생각해 보니 캄보디아 앙코르 와트 사원 탑과 유사한 것이었다.

그랬다. 토레스 델 파이네 공원은 버스 투어도 좋고 삼형제봉 당일 트레킹도 권할 만하며 여건이 따른다면 장기간 트레킹도 좋을 것이다. 오직 차이가 있다면 이 아름다운 공원 속에서 갖는 시간의 차이다. 나는 이틀간의 트레킹을 마치고 호수를 건너는 배를 타고 공원을 뒤돌아보면서 순간적으로 이것을 느꼈다. 그래서 이곳을 방문한 사람들은 하나같이 '또 방문하고 싶은 곳'이라 했다.

　W 자 코스에 들어왔다면 A 자 형태의 코스도 들어가야 한다. 이른바 '브리타니코 전망대' 코스였다. 왕복 5시간이 걸린다고 되어 있었지만 머뭇거리지 않고 들어갔다. 숙소가 멀리 떨어져 있었지만 고려하지 않았다. 이런 순간은 나에게 '내일은 없다.'였다. 짧지도 않은 거리였지만 경사가 진 산 위로 가는 난코스에 속하는 트레일이었다.

　숲은 짙어지고 범람한 계곡물 영향으로 툭툭 튀어나온 바위와 큰 돌들이 발길을 조심스럽게 만들었다. 그래도 눈은 수시로 변하는 계곡 속의 새로운 경관을 주시하기에 바빴다. 계곡 건너편 산면에는 작은 계곡들이 주름 지듯 늘어서 있고, 그 주름의 안쪽에는 어김없이 만년 빙하들이 하얀 줄을 심은 듯 박혀 있다. 이곳에서 나는 평생 잊지 못할 특이한 경험들을 한다.

　빙하 사태들이었다.

　때는 여름이라 벼랑에 붙어 있던 얼음들이 수시로 쏟아져 내렸다. 처음에는 길에까지 덮칠까 봐 걱정을 했지만 나중에는 아주 흥미로운 볼거리로 여겨졌다.

우르릉 큰 소리와 함께 쏟아져 내리는 엄청난 양의 얼음덩어리를 세상 어디에서 구경할 수 있겠는가! 빙하 사태에 재미를 붙이면서 숲속 길을 걷다가 우르릉 소리만 나면 나는 전망이 가능한 개활지를 쏜살같이 뛰기도 했다.

계곡 끝에 위치한 브리타니코 전망대도 힘들게 올라온 것에 대한 보답을 했다. 더 이상 접근하기 힘든 먼 곳에 있었지만, 손에 잡힐 듯이 가깝게 느껴지는 엄청난 규모의 빙하가 깊은 계곡을 가득 채우고 있었다. 쳐다만 보아도 냉기가 느껴지고, 실제로 가끔씩 불어 내려오는 찬바람은 흘렸던 땀을 식히는 것도 잠시 이내 몸을 오싹하게 만들었다.

예약한 쿠에르노스 산장에는 어둠이 젖어 들었을 때 도착했다. 산장은 길에서 잘 보이지 않을 정도로 숲속에 자리하고 있었고, 규모도 아담할 정도로 소박했다.

처음에는 잘못 찾은 줄 알았다. 번듯한 산장 건물을 예상했으나 방갈로형 숙소 몇 동과 사무실과 식당을 겸한 작은 단층 조립식 건물 하나가 전부였다. 호텔급의 비용을 지불했고, 너무나 예약이 어려웠기에 안온한 밤을 보낼 것이라는 기대는 커다란 착각이었다.

언 몸을 녹이면서 여정의 피로를 풀 수 있는 히터가 나오는 기대도 방갈로 안에 들어가자마자 접었다. 고정형 큰 텐트에 불과한 방갈로 내부에는 간이침대마다 침낭 하나만 달랑 놓여 있었다.

식사도 야영자 수준에 맞추었다. 파스타에 감자 칩으로 주린 배를 채울 수밖에 없었고, 따뜻한 물 한 잔이 그날 밤 온기를 느낀 유일한 것이었다.

옷을 모두 껴입은 채로 침낭 속에 들어갔지만 잠이 올 리가 없었다. 사무실을 찾아 여분의 침낭을 빌렸다. 난생처음으로 동절기 침낭을 이중으로 만들어 밤을 보냈다. 이런 상황을 어느 정도 예상했기에 이곳에서 텐트를 지고 야영까지는 생각하지 않은 것이었다. 토레스 델 파이네는 지극히 아름답기는 했지만 쉽게 접근을 허락하는 호락호락한 곳이 아닌 진정 '빙하의 땅'이었다.

피츠로이 산

파이네 트레킹을 마친 다음 날 바로 엘 찰텐으로 떠나는 버스를 탔다. 엘 찰텐은 아르헨티나에 있는 도시이기에 이제 칠레를 떠나 아르헨티나로 가는 것이었다. 다음 차례에 등산하려는 '피츠로이'가 아르헨티나 국토 내에 있었기 때문이다.

이틀간의 트레킹으로 많이 걷기도 하여 몸이 피곤했지만 우선 추위를 벗어나고 싶었다. 정이 들기는 했지만, 일주일이나 머문 호스텔을 떠나 좀 더 따뜻한 방을 기대하며 북쪽으로 올라가고 싶었던 것이다. 온기가 필요한 철새 같은 동물적 본능이 북쪽으로 이끌었다. 거기에 더해 후천적으로 습득된 산으로 향하는 갈망이 만족을 모르고 계속 솟아오르고 있었다.

하지만 한반도 3배가 넘는 광대한 파타고니아는 여행자를 쉽사리 벗어나지 못하게 했다. 이동하면서 휴식도 취할 겸 중간에 위치한 엘 칼라파테에 들러 유명한 관광지 '모레노 빙하'를 볼까도 생각했다. 보통의 느긋한 여행자였으면 모레노를 먼저 들릴 것이다. 하지만 나에게는 산이 먼저였다. 몸이 움직일 수 있다면 산을 먼저 가는 것이다.

어쩌면 파이네에서 느낀 감동이 피츠로이에 대한 기대를 더 크게 했는지도 모른다. 두 곳은 비교를 떠나 개성이 아주 다른 독특함을 가진다고 했다.

버스는 채 한 시간도 지나지 않아 아르헨티나 국경에 도착했다. 작은 검문소 건물보다도 건물 입구의 깃대에 매달린 국기가 아르헨티나 국경임을 알려 주었다. 우리의 눈에 익숙한 그들의 축구 대표팀 유니폼 때문이다. 흰색과 하늘색 줄이 세로로 이어진 바탕 무늬이다. 간단한 수속을 마치고

평생 잊지 못할 피츠로이 일출의 장관.

들어선 아르헨티나 땅은 국가가 바뀐 느낌만큼이나 분위기가 달랐다.

　우선 초원의 색이 달랐다. 풀은 짧게 자랐고 회색에 가까웠다. 그리고 그 단순한 초원이 나즈막한 구릉 사이로 끝없이 전개되었다. 지리 교과서에 단골로 나오는 '팜파스 초원'의 전형적 모습이다. 그 끝없는 초원 너머로 해가 넘어갈 때 즈음 엘 찰텐에 도착했다.

　도착했다라고 가볍게 표현하면 안 되는 것이었다. 버스가 마을이 있는 곳에 이르렀을 때 달리는 차 전면에 산악 지형이 나타나는가 했는데, 차 속의 사람들이 갑자기 웅성거리기 시작했다. 이어 전면의 낮은 산 너머로 뾰족한 봉우리를 가진 바위산들이 버스 앞 유리창 위로 솟아올랐다. 순간적으로 피츠로이라는 것을 직감하면서 심장이 쿵쾅거리며 뛰기 시작했다. 피츠로이는 그렇게 전혀 예상치 못한 상태에서 조우했다. 차가 마을로 다가가면서 피츠로이는 앞산에 가려져 사라졌지만 잠시 일었던 흥분이 잘 가시지 않았다.

* * *

숙소를 잡고 잠을 자는 둥 마는 둥 이른 새벽에 기상을 했다. 알람을 해 두었지만 혹시나 해서 몇 번이나 자다가 깨어 시간 확인을 했다. 오전 5시도 되기 전에 숙소를 나섰다. 하루 종일 걸어야 하는 긴 산행 코스이기도 했지만, 무엇보다 피츠로이의 일출에 대한 기대감이 컸다. 정확하게 말하면 일출 때의 피츠로이산의 모습이다. 가이드북에서 본 사진 장면을 실제로 체험하고 싶었다.

새벽의 추위를 대비해 패딩을 입는 등 흡사 겨울 산행 같은 복장을 했다. 먼저 하늘을 올려다보았다. 찬란하게 수놓은 별들은 어두운 하늘을 온통 수놓고 있다. 조짐이 좋은 것이다. 날씨가 변덕스러운 이곳은 평소에 피츠로이를 보기 힘들다고 했다. 하루 종일 트레킹을 하는 중에도 수천 m 높이의 산봉우리는 구름 속에 잠겨 있는 경우가 허다하단다. 게다가 일출 시간에 날씨가 투명하기란 매우 어려운 확률일 것이다.

등산로 입구는 숙소에서 멀지 않았다. 작은 마을 엘 찰텐은 오로지 피츠로이 등산만을 위해 존재하는 마을이었다.

산속을 들어서자 짙은 숲속 산길은 칠흑 같은 어둠으로 변했다. 오직 헤드랜턴에 의지해 땅바닥을 확인하며 걷는다. 한밤중의 산속은 쥐 죽은 듯 조용하기만 하다. 가끔 백두대간 같은 국내산을 야간산행할 때는 익숙한 한국산이기에 그 고요가 좋은 느낌을 주었다. 하지만 여기는 이역만리 외국에서도 깊은 산속이다. 그 칠흑 같은 어둠 속 고요가 가끔 머리를 쭈뼛하게 만들기도 했다.

한 시간 반 정도 걸었을까 하는데 피츠로이 전망대라는 안내판이 나왔

다. 옆에는 큰 바위가 있고, 그 바위의 편평한 넓은 면이 전망대 역할을 하는 것이었다.

바위 위에 서서 사방을 둘러보지만 아직 어둠이 가시지 않고 동이 틀 기미조차 보이지 않았다. 내가 너무 일찍 올라온 것이다. 추위를 떨치려고 몸을 한참 움직이고 있는데 먼동이 트면서 주변 산의 윤곽이 드러나기 시작했다.

조금 있으니 중년의 남자 한 명이 올라왔다. 한 달째 남미 여행을 하고 있다는 독일인이었다. 둘이서 이런저런 얘기를 하고 있는데 사방이 밝아지면서 멀리 피츠로이가 서서히 모습을 드러내기 시작했다. 막 빛을 받기 시작한 봉우리들과 그 아래의 빙하들은 거무스름한 회색을 띠고 있었다.

그런데 어느 순간, 정말 어느 순간 도저히 믿기지 않는 놀라운 변화가 일어나기 시작했다. 수천 m가 넘는 거대한 바위산이 위에서부터 붉게 변하기 시작한 것이다. 그 붉은 색은 점차 아래로 칠해 내려가기 시작한다. 몸체 전체를 완전히 칠한 다음 색감의 강도를 더해 갔다. 처음 옅은 붉은

색이 시간이 지나면서 나중에는 태양보다 더한 빛을 내뿜는 황금 덩어리로 변해 갔다. 그 찬란한 광채 덩어리가 손에 잡힐 듯 가까이 다가왔다.

아! 세상에! 어떻게 저럴 수가!

감탄과 감동이 어울려 온몸이 감전된 듯 전율에 감싸였다. 언제 이런 대자연의 연출을 본 적이 있었던가!

한 번도 이런 특별한 경험을 해 본 적 없고 평생 처음 접했기에 적절한 표현을 하기 힘들 지경이다. 장엄하다 경이롭다는 것은 이 경우에 어울리지 않은 약소한 표현이고, 그보다 그냥 '숨이 막히고 어안이 벙벙할 정도로 충격을 받았다.'라는 것이 그때 내가 느낀 솔직한 감정이었다.

세계 여행을 다니면서 접한 대자연의 연출은 보통 예기치 않게 다가왔었다. 대자연의 연출은 주로 큰 대륙에서 경험했었다. 나는 주로 아프리카 여행 중 이런 광경들과 자주 접했다.

말리의 사막도시 몹티에서였다. 해질녘에 니제르 강변을 산책하다가 어느 순간 해가 서쪽 지평선을 넘어가면서 갑자기 하늘이 붉게 변했다. 그냥 하늘이 아니라 하늘 전체를 빈틈없이 완벽히 채운 노을이었다. 너무나 인상적이어서 전에 쓴 서아프리카 여행기를 출판할 때 그때 찍은 사진을 한 페이지 전체에 가득 채워 주기를 요청할 정도였다.

광활한 벌판에서는 비 오는 모습도 특별하게 보일 때가 있다. 수십 km 떨어진 평원에서 내리는 빗줄기들이 하얀 폭포수같이 하늘에서 땅까지 선을 이어서 내린다. 그리고 그 물줄기들이 구름을 따라 옆으로 이동해 간다. 이런 모습을 아프리카와 미국의 서부 광야에서 운 좋게 볼 수 있었다.

요즘 국내에서는 소소한 자연 연출을 즐긴다.

구름 보기다.

여름철 산 능선 너머로 시커멓게 솟아오르는 적란운 뭉게구름도 볼 만하고, 가을철엔 솜뭉치처럼 하얀 덩어리들이 파란 하늘을 더욱 아름답게 장식한다. 그 구름도 가을이 깊어지면 더 높이 올라가면서 잘게 부서져 긴 띠를 만들기도 한다. 그런 구름 변화를 보는 것도 은근한 즐거움을 준다. 나만 좋아하는 줄 알았는데 나중에 알고 보니 '구름 관찰 동호회'라는 세계적 규모의 모임도 있었다. 구름이 흘러 다니는 것은 덧없는 것이 아니고 의미 있는 것이었다.

10여 분의 일출 쇼가 끝나고 태양이 하늘 위로 치솟으면서 피츠로이는 본연의 화강암 색으로 돌아갔다. 이쯤 되면 독자들이 궁금해할 것 같다. 한국에도 화강암이 지천이다. 설악산의 울산바위 같은 큰 바윗덩어리는 왜 불타지 않는 것일까? 같은 화강암이지만 질이 다르다고 했다.

파타고니아 빙하지대 혹한 속에서는 암석 표면이 거칠게 부서지고, 그 거친 결에서 반사된 빛의 형상이 표면의 색깔을 다르게 한다.

이래저래 지구는 다양한 모습을 보인다. 원인을 알아도 좋고 모르면 신비해서 좋다.

오로지 나에게 준 커다란 행운에 감사하며 피츠로이에 가까이 다가가기 위해 능선 아래의 계곡으로 접어들었다. 널찍하고 편평하여 평원 분지 같은 계곡 길은 걷기에 그만이었다. 해는 중천에 떠오르면서 산속을 더욱 안온하게 만들었다.

가끔 나오는 늪지대에는 통나무로 만든 나무다리가 놓여 있는데 늪의 식물들과 잘 어울려서 그 위를 걷는 걸음을 사뭇 가볍게 만들었다. 적당히 키 작은 나무숲과 풀밭, 그 너머로 이어진 산의 여유로운 사면들은 정말 눈을 편안하게 만들었다.

무아지경에 빠져들어 한참 계곡 아래로 걸어 내려가는데 캠핑장이 나타났다. 계류를 낀 숲속에 자연스럽게 조성된 야영장이었다. 사무실도 없

고 관리 요원도 없다. 처음
에는 이해하기 힘들었다.
세계 5대 미봉이라는 피츠
로이산을 낀 세계적인 국립
공원 안에 야영장을 두는 것
도 그렇고…. 하얀 자갈이

깔려 있는 그 사이로 옥빛 같은 개울 물이 흐르는 물가에 자리를 잡았다.

내 나름의 의식을 치르기에 절묘한 곳이었다. 배낭 속에서 버너와 코펠
을 꺼낸다. 물을 끓인다. 라면을 끓여 먹으려고 하는 것이 아니다. 등산용
컵을 꺼내 그 속에 1회용 스틱커피를 풀어 끓는 물에 부었다. 그리고 주
변의 마른 나뭇가지를 주워 천천히 젓는다. 천천히 커피를 음미한다.

맑은 공기에 퍼지는 커피 향이 코끝에 이르고 달작지근한 그 맛이 조화
를 이루면서 온 머릿속을 휘감는다. 이 의식은 오랫동안 꿈꾸어 왔던 파
타고니아의 토레스 델 파이네와 피츠로이 트레킹의 성공을 자축하는 의
미이기도 했지만, 무엇보다도 그곳들이 보여 주었던 지상 최대의 경관에
대해 내 자신이 치르는 소박하지만 숭고한(?) 의식이었다.

혹시 기억하실는지?

전편 중국 아미산 등산 때 한 잔의 스틱커피가 지난한 산행을 해 내게
했다는 것을…. 그 이후로 스틱커피를 마시는 것이 나의 하루 산행에 대
한 일종의 의식으로 변했다는 사실을….

그 의식을 위해 오늘 10시간이 넘을 장시간 트레킹에 다른 물건을 제쳐
두고 커피 한 잔을 타 먹기 위한 도구들만 배낭에 넣어 왔다.

어쩌면 이곳에 와서 행하는 이 의식 형태는, 먼 위쪽의 멕시코 옛 아즈테카 전사들이 경기를 앞두고 마셨던 카카오 음료와 같은 것이라고 내 나름의 의미를 부여했다.

마침 지나가는 트레커가 있어 나의 이 장면을 사진으로 담았다. 요즘 유행하는 '나의 인생 사진'이 탄생한 것이었다. 여기서 찍은 사진과 갈라파고스에서 찍은 푸른발부비새 사진을 합성하여 카톡 프로필 사진에 담았다. 카톡 프로필 사진은 현재 자신의 생활 모습이나 정체성을 나타내는 것일 게다.

이 사진은 내가 남미에서의 강렬했던 기억들을 더욱 오래 기억하고 싶은 것이기도 하지만, 이후 나의 **'인생 후반의 방향을 정하는 좌표'**와 같은 의도를 담은 것이다. 이 인생 사진은 단순히 명산을 답사했다는 기념이 아닌, 앞으로 살아갈 나의 인생의 방향을 지정하는 것이다!

앞으로 자연 속에서 살아가고, 그 속에서 삶의 의미와 여유를 가지려고 하는 의미이다. 그 자연은 세계적인 명산도 좋고, 근교의 야산도 좋을 것이다. 그곳에서는 고급스러운 커피가 아닌 100원짜리 스틱커피도 충분하다는 것을 수많은 산행에서 체험했었다. 커피는 매개체일 뿐이고, 성스러운(?) 자연 속에 하루를 할 수 있다는 자체가 아주 중요한 것이다. 그

래서 나는 이것을 '**자연에 대해 치르는 의식**'이라고 내 나름의 의미를 부여했다.

이 프로필 사진은 당연히 지금까지 바꾸지 않고 있고, 앞으로도 아주 오래 갈 것이다.

피츠로이에 가장 가까이 다가가는 마지막 한 구간이 남았다. 그 길은 앞서의 길들하고 판이하였다. 매우 가파른 데다가 풀하나 없이 자갈이 구르는 모랫길이다. 숨을 몰아쉬면서 한 시간여에 걸쳐 올랐다.

야영을 했던 사람들인지, 많은 사람들이 하산을 하고 있었다.

힘든 길에서도 흥미로운 현상이 발견되었다. 모든 사람이 빠짐없이 인사를 하는 것이다. 스페인어의 인사말 '올라'다. 하나같이 인사를 다 하기에 나중에 인사를 하지 않는 사람을 발견하려는 짓궂은(?) 발상도 해 보았다.

하지만 뒷날 관광지인 모레노 빙하 투어에서는 인사하는 사람을 보기 힘들었다. 깊은 산속을 걷는 산행인들은 깊은 유대감을 갖는 것이라는 생각을 해 보았다. 국내에서도 마찬가지였다. 동네 뒷산 산책코스와 큰 산행을 할 때 만나는 사람들은 반가움이 다르다. 숨 가쁘게 걸어서 산을 오를 때 스페인식 '올라' 같은 간단한 인사말이 떠오르곤 했다.

마침내 능선에 올라서고 피츠로이와 마주쳤다. 3,400m가 넘는 거대하고 날카로운 화강암 봉우리를 중심으로 좌우에 보위하듯 두 개의 봉우리가 버티고 서 있었다. 일출 때 보았던 그 붉고 찬란했던 봉우리들이 이제는 희고 차가운 빙하를 바닥에 깔고 순백의 몸체로 변한 채 서 있었다.

다른 여행기에서는 상아 이빨 같은 날카로운 모습으로 표현했으나 나에게는 다르게 다가왔다. 바로 눈앞에 떡 버틴 그 모습은 너무나 당당하고 위압적이어서 전장에 나가는 전사들 모습 같은 긴장감이 느껴졌다. 중심의 큰 봉우리를 사이에 둔 양쪽의 두 봉우리는 지휘관을 가운데 모시고 보위하는 호위무사 같은 느낌이다. 산 바로 아래 두 개의 아름다운 에메랄드 호수가 없었다면 피츠로이는 어쩌면 살기가 느껴지는 메마른 전장에 온 듯했을지도 모르겠다.

사람들도 긴장감을 느꼈든지 아니면 기념인지 호수까지 내려가 물을 마시기도 한다. 이런 것은 따라 해도 좋은 것이다. 물가에 내려가 양손으로 맑고 차가운 빙하수를 떠서 마신다. 이런 것도 의식이다.

인도 바라나시 갠지스강에서도 화장하는 곁에서 힌두 순례자들을 따라 그 강물을 떠서 마셨다. 그들은 영원회귀를 염원하며 마시겠지만, 우리 산행 순례자들은 이런 곳에 다시 오기를 기원하며 마시는 것이다.

피츠로이 트레킹 코스는 이웃의 세로토레라는 또 다른 트레킹 코스와 연결되어 있었다. 가뜩이나 업(?)된 기분은 몇 시간이 더 걸릴지도 모르는 긴 산행길로 빠져들게 했다. 육체는 분명 많이 지쳤을 것이지만 머릿속 정신은 한껏 고무되어 쉽게 하산을 허용하지 않았다.

거리를 별로 따지지 않고 손목의 시계와 남은 해를 보기만 했다. 해가 남아 있는 한 걷는 것이다. 어쩌면 해가 떨어져도 걷고 싶었다. 어차피 어두운 밤에 나오지 않았던가! 어두울 때 나왔는데 아직 해가 남았는데 귀가하면 격에 맞지 않는 것이다.

세로토레 트레일의 가장 인상적인 부분은 후반부였다. 숲의 분위기가 앞의 피츠로이와 달랐다. 나무는 키가 컸고 고목이 많았다. 썩어 넘어진 거대한 고목들을 보면서 머릿속은 피츠로이 산에 대한 생각으로만 가득 찼다.

피츠로이란 산에 자신의 이름을 붙인 피츠로이는 누구인가?

비글호의 선장이었다. 그는 대영제국의 명을 받고 지구탐사 항해를 한

다. 그 정도는 당시 세계로의 팽창정책에 혈안이었던 스페인, 네델란드 등이 행했던 일상적인 활동이었다. 하지만 비글호의 항해는 세계사적이었다.

이 배에 다윈이 승선했던 것이었다! 다윈에 대한 이야기는 뒤편 갈라파고스에서 계속 언급될 것이지만, 비글호 5년간의 항해 기간 중 여기 파타고니아에서 가장 오랜 기간 머물렀다. 그는 단순히 박물학자적인 지식 소유자였기에 피츠로이의 대화 상대자로서 운 좋게 승선이 된 청년이었다.

나는 다윈이 5년간 승선해 남긴 여행기 《비글호 여행기》가 너무 두터워 엄두를 내지 못해서 오래전에 만화로 된 것을 쉽게 읽은 적이 있었다. 하지만 미련이 남아 코로나 기간 중에 완독해 냈다. 무려 1,000페이지가 넘는 '벽돌 깨기(?)'를 했었다. 책 속에서는 머문 기간만큼이나 파타고니아에 관한 분량도 꽤 되었다.

피츠로이 등산 후에 탐방한 장대하고 아름다운 모레노 빙하.

배를 떠나 내륙을 탐험할 때 비친 파타고니아의 거친 자연은 다윈에게 큰 영감을 준다. 엄청난 규모의 빙하들을 보았고, 그것들이 이동하는 것도 알았다. 그 속에서 자연이 변화하는 것을 실감한다. 빙하와 함께 떠내려온 거대한 바위가 있었고, 그 바위들이 하류로 내려와 자잘한 자갈로 변해 드넓은 계곡을 채우고 있었다. 그것은 오랜 세월이 필요한 것이었다.

우리에게 알려진, 갈라파고스에서 생물의 진화를 생각했다는 것도 나중에 귀국해서 자료를 정리하면서였다는 설이 있고, 책 속에서 다윈은 파타고니아에서 본 자연계의 변화에 대해 인상적인 느낌을 받았다고 했고, 그것을 강조하고 있었다. 그때는 대륙이동이라는 '판게아 이론'의 싹도 트기 전이었던, 지구는 고정불변의 세계였던 시대였다.

그런 다윈을 배에 실은 사람이 피츠로이였다.

말동무로 승선시킨 다윈이었지만 말다툼도 잦았다. 세상에 대한 인식이 많이 다르기 때문이었다. 특히 노예 문제로 심하게 논쟁을 벌인 후 한참 동안 대화를 끊기도 했다.

세계사에 큰 획을 그은 공적으로 따지자면 산의 이름은 다윈으로 붙여야 된다고 생각할지 모르지만, 이는 우리들의 순진한 생각이다. 산 이름에 이들 이름을 붙이는 것은 어디까지나 제국주의적 유산이고, 현지 원주민들은 '찰텐'이라는 '항상 구름이 낀 산'으로 불렀다.

우리식으로 부른다면 '백운산'이다. 한국에는 수많은 백운산이 있다. 우리가 먼저 세계 탐험에 나섰다면 지구상에는 우리 국내와 같이 수많은 산이 백운산으로 명명됐을지도 모른다. 서구인들 같이 대자연을 사람과 같이 동격으로 치부하지 않을 것이었다. 자연관에 대한 그들과의 차이가 있기는 하지만, 세계인을 감탄시키는 대자연에 사람 이름은 별로 어울리지는 않았다.

그만큼 피츠로이는 우러러보이는 아름답고 경이로운 산이었다.

볼리비아 우유니 소금 사막. 고소증 속에서도 풍광에 얼이 빠짐.

7

갈라파고스

갈라파고스의 상징 푸른발부비새.
사막 분위기를 풍기는 선인장 속에서 기품있는 모습을 유지하고 있었다.

들어가기

남미에 들어온 지 거의 한 달이 다 되어 갔다. 피츠로이를 거쳐 모레노 빙하 투어를 하면서 엘 칼라파테에서 사흘을 보냈다. 거대하지만 짙푸른 색깔을 띤 빙하를 보는 것도 좋았지만, 그곳 도시의 아늑하고 편안한 분위기가 좋았다. 특히 한인 민박에서 숙박하면서 잠시 따뜻한 밥과 편안한 숙소가 그동안 추위에 떨었던 몸을 어느 정도 회복하게 해 주었다. 하지만 그것도 잠시였다.

우유니 소금 사막을 보기 위해 들렀던 볼리비아는 만만치 않은 고지대였다. 10여 일 볼리비아에 여행하는 동안 절반은 고소증 적응에 시간을 보낼 정도였다. 고소에 어느 정도 적응했을 즈음에 에콰도르 키토에 들어갔다.

에콰도르는 적도란 의미답게 열대에서도 가장 중심 지역에 들어간 곳이다. 추위에 질리고 고도에 시달리다가 들어간 그곳은 가히 천국에 가까운 곳이었다. 이제는 더위를 피해 다녀야 했고, 유난히 많이 파는 아이스크림에 눈이 자주 갔다.

갈라파고스는 수도 키토에서 비행기를 타고 가야 했다. 당연한 얘기지만 육지에서 무려 1,000km나 떨어진 태평양 한가운데 있는 곳이었기 때문이다.

　공항으로 향하는 기분이 참으로 묘했다. 오래전 해외여행을 처음 떠날 때 느꼈던 그 설렘보다 더했다. 언제 이런 설렘이 있었던가…. 잊다시피 한 그런 설렘의 근원이 궁금하기도 했다.

　우리에게는 고립의 의미로 많이 사용하기도 하는 갈라파고스답게 거리도 멀었다. 수도 키토에서 두 시간이 넘게 비행하여 대양 한가운데 점 같이 모여 있는 섬에 착륙했다.

　하지만 도착한 갈라파고스는 무인도 같은 작은 곳이 아니었다. 이십여 개의 크고 작은 섬들로 이뤄진 군도였다. 공항도 2개나 있어 입출항이 달랐다. 입항 공항이 있는 작은 섬은 산크리스토발이었다.

　섬 보호 기금으로 100달러라는 거금(?)을 내고 입도 절차를 밟았다. 그런데 단순한 섬의 방문이 아니었다. 여권에 국경을 통과할 때 찍어주는 것과 같은 입국 스탬프를 찍어 주었다. 단순한 섬 방문이 아닌 특별한 제국에 입국함을 환영하는 스탬프였다.

산크리스토발섬에서 도시가 있는 중심 섬인 산타크루즈섬으로 배를 타고 이동해야 했다. 키토의 한인 민박집 주인은 배를 타고 이동하는 중에 때가 맞으면 하늘을 나는 날치 고기떼의 장관을 볼 수 있다고 했다. 계속 바다 위를 주시했지만 고기는 보이지 않고 다양한 새 떼들이 푸른 태평양 바다 위를 덮듯이 날고 있었다.

다시 버스를 갈아타고 숙소가 있는 가장 큰 동네로 향했다. 버스는 키가 썩 크지 않고 줄기가 가는 나무숲 길로 계속 나아갔다. 나무의 키가 작고 줄기가 가는 데다가 잎 색깔도 옅은 것은 이곳의 토양이 척박함을 일러 주는 것이었다. 마을이 있는 데까지 거의 한 시간이 걸렸다.

가이드북에 나와 있는 작은 민박집은 마당에 알록달록한 열대 꽃들이 심겨 있는 수수한 가정집이었다. 뚱뚱한 남자 주인의 안내를 받아 들어간 방은 침대만 하나 달랑 있고, 일주일간의 적도 더위를 식혀 줄 선풍기 하나가 천장에 매달려 있을 뿐이었다.

휴대해 온 작은 가방을 침대 위에 던지다시피 올려놓고 동네 구경을 나섰다. 작은 슈퍼, 미용실, 아이스크림 가게, 수수한 단층집들…. 여느 평범한 나라의 작은 섬도시 풍경이다. 우리나라로 치더라도 서남해안 외진 섬의 큰 동네에 온 듯한 느낌이 들 정도다. 호텔은 물론이고 그 흔한 모텔들도 눈에 띄지 않았다. 혹시나 유별난 관광지 모습이 아닐까 우려했지만 기우였다. 세계적인 인지도에 비한다면 더욱 조용한 모습으로 다가왔다.

1535년 파나마의 한 카톨릭 주교에 의해 발견되고, 그 후 꼭 300년이 지난 1835년에 다윈의 배가 기항했을 때는 200여 명의 주민이 내륙으로부터 건너와 기거하고 있었다. 그들로부터 다윈은 섬에 대한 많은 이야기를 들을 수 있었다.

이곳 섬에서는 반드시 가이드 투어를 통해서만 섬 탐방을 할 수 있다. 그 투어는 이웃섬인 이사벨라섬 투어가 많이 추천되고 있었다. 이사벨라섬은 갈라파고스군도에서 가장 큰 섬으로서 볼 것이 많다고 했다. 그런 투어 상품을 파는 여행사도 소박하기 그지없었다. 굳이 여행사라고 할 것도 없었다. 동네 길가의 구멍가게 같은 작은 점포는 길가의 안내판으로서 구별할 수 있을 정도였다.

혼자 사무실을 지키는 중년 여자에게서 1박 2일 왕복 배삯과 투어 요금을 지불하고 일정표를 받아들고 나오니 저녁때가 다 되었다.

식당을 찾았으나 적당한 가게가 보이지 않았다. 도로를 따라 한참 걷는데, 골목 안에 노점 식당이 펼쳐져 있었다. 길 양쪽에 10여 곳의 식당이 모여 있고 길 가운데에는 테이블과 의자를 펼쳐놓고 영업을 하고 있었다. 인기가 있는 듯 관광객들이 이미 빈자리가 없을 정도로 자리를 꽉 채우고 있었다.

겨우 자리를 잡아 메뉴판을 보았다. 태평양 속의 섬답게 모두가 해산물이다. 빨간 생선을 한 마리 구워 받고 맥주도 한 병 시킨다. 불과 한 달 전만 하더라도 빙하의 땅에서 추위에 떨다가 이제 열대 밤의 친구인 맥주를 눈앞에 둔 것이다.

여행은 항상 엉뚱한 곳에서 예기치 않은 보상으로 다가온다.

지구상 가장 외진 곳의 동네 골목에서 갖는 만찬은 한 달간 외로이 여행해 온 나에게 충분한 보상이 되고도 남았다.

이럴 때 항상 드는 기분이 있다. '살면서 이런 데까지 오는구나!'이다. 멀기도 하지만 정말 특별한 곳이기 때문이다.

맥주 한 잔은 내가 이 순간, 이 외진 고도에 와 있음을 실감케 하기에 부족했으나, 한편으로 가볍게 솟아오른 취기는 분명 가슴을 가득 채우는 자축의 분위기를 만들어 주었다.

* * *

이른 아침 배를 타기 위해 해안가 선착장으로 나갔다. 선착장 옆 백사장에는 나를 맞이하는 먼저 온 손님이 따로 있었다. 모래 위에 널부러지듯이 자고 있거나 놀고 있는 바다사자들이다. 배를 바닥에 대고 뒤뚱뒤뚱 움직이면서 사람이 가까이 다가가도 개의치 않는다. 어떤 녀석은 어떻게 올라갔는지 벤치 위에 떡하니 올라 자리를 혼자 독차지하고 있다. 눈을 게슴츠레 뜨고 작은 입을 오물거리는 모습은 천연덕스럽기까지 하다. 오늘의 낮잠 자리를 선점한 듯한 여유 있는 모습이다.

11명의 일행을 태운 보트는 쾌속선이었다. 빠른 것은 좋으나 거친 파도 위를 탈 때는 많이 요동을 쳤다. 이사벨라섬까지는 꽤 멀었다. 산타크루즈섬에서도 관측되었던, 그 섬까지 가는 데에 거의 두 시간이 걸렸다.

섬에 도착하자 가이드가 부두에 마중을 나와 있다. 수염을 덥수룩하게 기르고 머리는 어깨에 닿을 듯하게 기른 장발의 청년이었다. 공원 레인저 조끼를 걸치지 않았다면 아마존 밀림 속에 살고 있어야 하는 것이 어울리는 모습이었지만, 갈라파고스는 자연 그대로 두어야 한다는 것을 자신의 모습에서 암시하고 있었다.

설명하고 있는 가이드. 포스에서 갈라파고스의 분위기가 느껴짐.

가이드를 따라 들어간 곳은 지형부터가 범상치 않았다. 주위가 온통 현무암 천지였다. 방금 화산이 분출하고 막 용암이 식은 듯한 생생한 현무암이 한 덩어리로 되어 바다 전체를 덮고 있다. 아직 침식의 흔적도 없어서인지 따로 떨어진 돌덩어리도 하나 발견할 수 없다.

그런 태곳적 땅에도 생명 활동은 분주히 일어나고 있었다. 앞서가던 가이드가 손짓을 하는 곳으로 사람들이 일제히 주시한다. 바위 사이의 고랑같이 파진 바닷물 속에 뭔가가 움직이고 있었다. 작은 거북이 유유히 헤엄치며 지나가고 있었고, 그 뒤에는 기다란 고기가 따르고 있었다. 상어 새끼였다. 천연 수족관 같은 모습에 사람들이 감탄을 한다. 새끼들이었지만 깊은 바다에서나 볼 수 있는 것들이었다.

이곳이 정말 사람의 발길이 닿지 않는 곳이구나 하는 느낌을 가질 즈음 그 느낌을 확실히 각인시키는 것이 눈앞에 나타났다. 도저히 육상 식물이 서식할 수 없을 것 같은 시커먼 현무암 돌바닥 위에 아이 키만 한 선인장들이 듬성듬성 자라고 있다.

날카롭고 긴 가시나무 위에 난생처음 보는 특이한 모습의 새 한 마리가 앉아 있었다. 멀리서 볼 때는 갈매기인 줄 알았다. 가까이 다가가서 본 모습은 전혀 달랐다. 가장 큰 특징은 발이 온통 푸른색으로 칠(?)해져 있다는 점이다.

세상 어디에서도 볼 수 없는 새의 발 색깔이라 일부러 칠했다고 볼 수밖에 없는 것이었다. 어떻게 보면 푸른 양말을 신은 것 같기도 했다. 새의 이름도 발 색깔 때문에 '푸른발부비새!'라고 했다.

갈매기보다도 더 클 듯한 새의 자태도 의연하고 맵시가 있다. 갈라파고스섬 속의 수많은 동물 중에서 섬의 상징으로 선정된 것이 이해가 갈 정도다. 하지만 정작 이 새가 나에게 준 충격은 따로 있었다.

우리가 손에 잡을 수 있을 만큼 다가가도 꿈쩍도 하지 않고 바다 쪽만 의연하게 응시하고 있을 뿐이다. 우리에게는 눈길조차 주지 않는 것이다! 야생의 새가 사람을 두려워하지 않는 것이다. 신기함을 넘어 충격이었다.

소리를 지르지 말고 새에게서 2m 이상 거리를 두어야 된다는 가이드의 설명이 없더라도 이미 학습이 된 탐방객들은 조용히 자연 관찰만 했을 것이다. 이렇게 손에 잡힐 듯 가까운 거리에 있어도 자리를 뜨지 않는 야생의 새가 세상 어디에 또 있단 말인가?

나는 개인적으로 자연 관찰에 관심을 가지면서 새에 대해서도 잠시 관심을 가진 적이 있었다. 그래서 《우리가 꼭 알아야 할 우리 새 200가지》라는 책을 사서 들고 다니면서 새 공부를 하려고 했었다. 그러다 포기했다. 그 야생의 새들은 사람의 기척만 느껴도 울음소리만 남기면서 날아가 버렸기 때문이다.

어디 새들만 그런가….

야생의 포유류 동물들은 또 어떤가? 호랑이, 표범은 물론이고 늑대와 여우까지 우리 땅에서 사라진 지 오래되었다. 맹수라 할 수 있는지 모르지만, 현재 우리 땅의 최상위 포식동물은 담비라고 한다.

그 담비를 산행 중 우연히 목격했다. 사람이 잘 다니지 않는 야산의 숲속을 걷다가 목덜미에 황금색 띠를 두른 두 마리를 보았다. 나무를 타다가 나를 잠시 힐끗 보더니 순식간에 나무를 타고 사라졌다.

오소리도 본 적이 있다. 느리지만 행동이 지극히 조심스러운 녀석은 바람이 등 쪽에서 부는 관계로 나의 출현을 알지 못하고, 등산길에 먹이를 구하러 나왔다가 나의 존재를 확인하자마자 살그머니 숲속으로 들어갔다.

가장 놀랐던 것은 산돼지와의 조우였다. 겨울철 야산에서 큰 바위 앞을 지나갈 때였다. 억새풀 속에서 오수를 즐기다가 갑작스런 나의 출현에 얼마나 놀랐던지 송아지만 한 체구가 공중으로 점프를 하더니 도망을 갔다. 아마 놀래기는 그 녀석보다 내가 훨씬 더했을 것이다. 순간 몸이 경직되는 듯했다. 야생의 동물은 그런 것이었다.

그런 경험이 있었기에 푸른발부비새와의 조우는 충격적일 수밖에 없었다. 동시에 머리 한 켠에 계속 잠복해 있었던 것이 튀어나왔다. 다윈이 생각났고 진화론이 밀고 나왔다.

여기에 사람들이 일찍부터 거주했다면 이들은 잡아먹혔을 것이고 존재하지 않을 것이었다. 우리 옆에 사는 새들은 용케 학습을 하여, 적응하고 도태되지 않은 소수의 종들이라는 것이 나의 생각이었다.

실제로 다윈은 비글호 항해기의 갈라파고스 편에서 이런 부분에 대해 많이 할애하고 있었다. 이곳을 방문했던 배들은 모자로 덮어씌워 잡기도 했고, 회초리 하나로 수십 마리 새를 수 분 만에 잡았다고 했다. 이곳의 새들은 영국의 까치나 까마귀들이 목장에 있는 소나 말 대하듯이 사람을 대했다고 흥미롭게 표현했었다.

그러면서 자신의 생각을 나름대로 펼쳤다. '새들이 사람을 두려워하게 되는 것은 한두 마리 희생으로 이루어지는 것이 아니고 몇 대에 걸친 희생의 결과에 의한 것이다.'라고….

우리는 다윈이 갈라파고스를 탐방한 후 진화론이라는 이론을 제시했으며, 그 이론에 영감을 준 것은 여러 섬 들에서 수집한 핀치새들의 부리 차이에서 발견한 것으로 안다. 하지만 실제로 그는 수십 마리의 새 표본들을 제대로 분류를 하지 않은 상태로 영국까지 가져갔었다.

그런 면에서 나는 개인적으로 다윈이 처음 이 섬에 도착했을 때 새들의 행동양식에 주목하지 않았을까 하는 생각이 들었다. 각 섬들에 있는 선인장 가시 크기에 따라 핀치새의 부리 크기가 다르게 변했다는 것을 알기 이전에, 푸른발부비새와 같이 '사람을 보고 놀라지 않는다.'라는 것, 새가 사람을 보고 도망감으로써 자신을 보존하게 되었던 것은 오랜 기간에 걸처 습득되고 유전되어 온 '행동양식 진화'라고 생각하지 않았을까 하는 것이었다.

이런 견해는 후기 진화론자에게서도 나왔다. 도킨스도 《조상 이야기》란 책 속에서 다윈이 핀치새로부터 진화론의 영감을 직접 얻지 않았을 것이라고 언급하고 있었다.

또한 다윈은 갈라파고스보다 파타고니아에서 훨씬 오래 머물렀고 그곳에 대한 기록도 더 많이 남겼다. 앞서 피츠로이산 부분에서 언급했지만 다윈은 파타고니아의 장대한 빙하와 그것들이 움직이면서 자연을 변화시키는 데서 깊은 인상을 받았다. 갈라파고스 편에서 생물의 진화에 대한 언급은 없지만, 파타고니아에서의 자연변화에 대해서는 신념에 가득 찬 강조를 했다.

푸른발부비새를 보면서, 어쩌면 다윈은 파타고니아에서의 우주적 변화를 보고 느끼면서, 그것이 연결되어 갈라파고스에서 생물적 변화의 영감을 얻었을 것이 아닌가 하는 생각을 했다.

푸른발부비새를 보고 내 나름의 어쭙잖은 생각을 했지만, 아무튼 이때 받은 충격은 큰 것이었다. 남미 여행의 종착지에서 만난 이 새와의 인연은 나의 명산 탐방 기간에 만난 가장 인상적인 것이었다.

인류 역사에서 가장 큰 획을 그은 것이 다윈의 진화론이었다면, 내 명산 탐방 과정에서 가장 마음속에 남는 것은 어쩌면 이 순간이기도 했다. 그랬기에 부비새 사진과 피츠로이산 사진을 합성해서 만든 것을 카톡 프로필에 올려 당시의 기억을 자주 반추하고 있는 것이다.

나 혼자 부비새를 오랫동안 보며 사진을 찍고 있을 때 가이드는 사람들에게 다른 곳에 있는 두 마리의 부비새에 대해 설명을 하고 있었다. 구애 행동을 하고 있는 새들의 행동들이 우스꽝스럽기도 하고 귀여웠다. 수놈이 양쪽 발을 들었다 놓았다를 반복하다가 고개를 이쪽저쪽으로 뽑았다 놓기를 반복한다. 한껏 값을 올린 암컷이 수컷의 부리에 자신의 부리를 대면 마음에 든 것이다.

한 시간가량 계속 이어진 자연 관찰을 마무리하고, 가이드는 우리를 해변으로 인솔해 갔다. 이제 물속 관찰이란다.

어, 물속에 들어가야 된다니….

사전 정보도 몰랐기에 준비가 전혀 되지 않은 내가 엉거주춤해 있는데, 서양인들은 이 과정을 기다렸다는 듯이 그 자리에서 겉옷들을 홀라당 벗어 곧바로 수영복 차림으로 나선다.

수영복 차림이 아니면 어떠랴, 누가 볼 것도 아니고….

평상복 팬티 차림으로 사람들과 떨어져 바다 한가운데로 들어갔다. 산에만 심취하느라 너무 오랜만의 바닷속 수영이었지만, 어릴 적 동네 저수지에서 익힌 개구리 영법이 녹슬지 않았다.

이곳 바다 물속에서도 단골 방문지가 있었다. 바다 한가운데 한 사람이 겨우 오를 만한 바위가 툭 튀어나와 있었고, 그 바위 밑 동굴에 상어 새끼 보금자리가 있었다. 가이드가 위치를 얘기하고 잠수하여 구경하는 법을 실연해 보여 준다.

마지막으로 내 차례가 되어 물속으로 들어갔다. 물속의 가이드가 손짓하는 곳에는 동굴이 하나 있었다. 입구에 다가가 속을 들여다보니 제법 1m는 됨직한 상어 새끼 한 마리가 우리들의 방문에도 아랑곳하지 않고 자기 집을 고수하고 있었다. 심해 속의 백상아리는 아니더라도 바다 물속에서 상어를 직접 보는 것이 신기하기만 했다. 저 녀석이 다 자라면 우리가 근처라도 갈 수 있을까 하는 생각도 들었다.

다음은 자유 관찰 시간이다. 사실 처음에는 바닷속 놀이라는 생각이 들었다. 사람들은 모두 잠수경 공기 빨대만 물 위로 내놓은 채 가이드를 따라 이리저리 옮겨 다니며 물속 구경을 하는 듯했다.

나는 몰려다니는 것에 별 의미가 없는 듯해서 혼자 떨어져 물속을 별생각 없이 구경하기 시작했다. 그런데 정말 놀라운 광경이 내 눈 밑으로 전개되었다. TV에서나 본 적이 있는 그 광경이었다.

형형색색의 열대어들이 떼 지어 내 눈앞에 나타났던 것이다!

바다 물속을 가득 채운 그 수많은 무리들은 하늘을 가득 채운 겨울 철새 무리의 모습과 비슷하다고나 해야 할까….

그들의 군무에 가슴이 뛰고 얼이 빠질 정도였다. 그 순간 드는 생각 하나, 물속에 이런 세계가 있었나 하는 것이었다.

이런 광경은 스킨 스쿠버들이 다이버 장비를 완비하고 수십 m 깊숙이 들어갔을 때, 그것도 태평양의 심해에만 있는 광경이라고 생각하고 있었다. 달랑 스노클링 장비 하나로 이런 광경을 보는 것이 믿기지 않았다.

세계 여행 중에 단 한 번 스노클링을 한 적이 있었다. 동아프리카 잔지바르섬에 갔을 때였다. 너무나 맑고 푸른 바닷물에 하얀 모래는 가히 세계 최고였다. 그런 곳이었기에 물속에서 뛰어난 비경과 수많은 열대 고기를 볼 줄 알았다. 한나절을 물속에서 헤매면서 바다 안쪽까지 들어갔지만 바닥은 산호 대신 검은 뻘이었고, 고기들은 멀리 외출을 나간 것이었다. 그 한 번의 시도는 스노클링에 대한 한계점을 확실하게 각인시켜 주었었다.

그런데 아니었다. 이곳의 스노클링은 또 한 번 더 나에게 평생 잊기 힘든 것을 경험시켜 주었다. 고기 떼를 따라가는데 물속에 커다란 검은 물체가 움직이는 것이 눈에 들어왔다. 자세히 살펴보니 거북이 분명했다. 물 밖에서 관찰했던 새끼 거북이 아니라 완전 성체의 가마떼기만 한 몸집을 가진 거구의 거북이다.

순간 나는 가슴이 쿵쿵 뛰었다. 놀란 가슴에 본능적으로 도망을 갈까 하다가 거북이 유순하다는 학습적 지식을 믿고 가만히 관찰을 했다.

머리를 내밀고 바닥의 해초를 열심히 뜯어 먹고 있는 녀석은 등 바로 위에 있는 이방인에게 전혀 관심이 없는 듯했다. TV 다큐멘터리 프로 속에서도 본 적이 없었던 바닷속 용왕(?)은 또 다른 나의 호기심과 장난기를 유발시켰다.

물 위에 올라 한껏 공기를 폐 속에 집어넣고 녀석의 등 위까지 잠수했다. 두려움을 무릅쓰고 녀석의 그 넓은 등짝에 발끝을 올려 보았다.

그 짜릿함이란!

단단할 것 같았던 등판은 의외로 이끼가 낀 듯 미끄럽고 부드러웠다. 살짝 한 번 더 눌러보다가 발을 거두었다. 식사 시간에는 개도 건드리지 말라는 말이 있듯이 자칫 몸을 돌려 내 발목이라도 문다면 대참사가 일어나게 될 것이었다.

나 같은 탐방객에는 바닷속 거북과의 조우가 행운에 가까운 특별한 만남이었지만, 사실 갈라파고스섬에는 사람들이 거주하기 전까지만 해도 거북이 널려 있었다.

오죽하면 섬 이름이 스페인어 거북을 뜻하는 갈라파고스였겠는가?

종이 다른 육지 거북은 뱃사람들의 주요 식량이었다. 수백 마리씩 잡아 배에 싣고 가면서, 거북의 심낭은 긴급 식수 대용으로도 쓸 정도였다. 다윈도 구운 등 밑 살이 가장 맛있었다고 했다. 남획은 필연적으로 절멸을 가져오는 것이기에, 나는 나중에 다윈 연구소에 가서야 인위적으로 양식되는 거북들을 볼 수 있었다. 바닷속에서 너무나 자연스러운 모습을 보았기에 자리를 잘못 잡은 육지 거북에게 연민의 감정이 느껴질 수밖에 없었다.

아무튼 투어에 참여해서 본 푸른발부비새와 바닷속 거북이와의 만남은 갈라파고스에 대해 내가 기대하고 예상했던 것보다 훨씬 더한 감동이었다. 주체하기 힘들 정도의 감동들을 받았기에 이후 사흘밖에 남지 않은 갈라파고스에서의 귀한 시간들이 별로 아쉽지 않았다.

그래서 다른 섬 투어를 더 하지 않고 숙소가 있는 산타크루즈섬에서만 시간을 보냈다. 그 섬만 하더라도 볼거리가 넘쳐났다.

그 볼거리 중에 이구아나를 빼놓을 수 없었다.

처음에는 이들을 보고 무척 놀랐다. 도마뱀류가 그렇게 크고 무섭게 생겨서 놀랐고, 나중에는 녀석들의 생긴 모습들과 전혀 다른, 순한 행동에 놀랐다. 동네를 벗어나면 어디에서나 볼 수 있는 녀석들이었다. 바닷가 돌산 위에 여러 마리가 진을 치듯이 모여 있기도 하고, 숲속의 데크 길에는 길 가운데 떡 버티고 선 채 전혀 비켜 줄 생각을 하지 않는 녀석도 있다. 순하다는 것은 알지만 길이가 1m가 넘는 데다가 악어같이 생겼으니 감히 어찌할 수가 없었다.

관찰력이 높은 다윈도 이구아나에 대해 많은 이야기를 남겼다. 육지와 바다 이구아나 2종이 있는데, 바다 이구아나에 대한 관찰이 흥미로웠다. 말이 바다 이구아나지 바다를 무서워하더라는 것이다. 녀석의 꼬리를 잡아 바다 한가운데로 던지면 꽁지가 빠질 듯이 쏜살같이 다시 돌 위로 되돌아왔다. 녀석들의 천적이 상어였기에 무늬만 바다 이구아나였다. 얕은 물가의 해조류만 뜯어 먹는 초식성의 이들에게 상어는 바닷속 염라대왕이었다.

다윈이 방문했을 시기에는 이들의 개체도 엄청났다. 섬 탐사를 다니면서 야영을 할 때 현무암 바위 바닥이 고르지 않아 텐트 바닥을 편평하게 만드는 데 사용할 정도였다.

갈라파고스는 자연경관도 아름답지만 다양한 생물들이 넘쳐났다. 탐방객들은 아침 수산물 시장에서 귀한 참치를 무척 싼 값에 살 수 있다. 그곳만 가도 수산물 상인들과 친해진 바다사자와 펠리컨 떼들이 진을 치며 생선을 얻어먹으려고 재롱을 떠는 모습을 구경할 수 있었다.

지금도 핀치새가 환경 변화에 따라 변하고 있으며, 이들을 관찰하며 연구하는 학자들에게는 이들이 특별한 존재일 것이다. 그런데, 우리 같은 탐방객에게는 푸른발부비새, 거북이, 바다사자, 이구아나가 가장 인기가 좋다. 나는 개인적으로 이들을 갈라파고스 '4대 동물'이라고 칭했다. 물론 이 4대 천왕은 인간들과 무척 친숙했다.

태초에 만물이 서로 경계하지 않고 평화롭게 어울려 살았던 시대가 있었다면 아마 이곳과 가장 유사한 모습이었을 것이다.

그러한 상상 속의 세계를 정말 실제로 체험할 수 있는 곳이 갈라파고스였다.

갈라파고스에서는 사람과 동물들이 모두 친구였다.

8

야
쿠
시
마

2017년 6월 중순 (7일간)

들어가기

"일본의 어디가 좋아요!?"

내 주변에는 가깝게 지내는 일본어 교사가 여럿 있다. 이들에게 사람들이 가끔 묻는 것을 들어 본 적이 있다. 공통적으로 돌아오는 말들은,

"다 좋아요!"

이 대답에 나도 거의 전적으로 동의한다.

나는 일본을 자주 가거나 많은 곳을 방문하지 않았지만, 30여 년 동안 나름 두루 여행한 편이다. 가까운 대마도에서부터 온천 지역인 큐슈, 벚꽃 시기가 아름다운 도쿄, 고운 단풍과 고도의 분위기가 어울리는 쿄토, 맛집 탐방이 즐거운 오사카뿐만 아니라 최북단 섬인 홋카이도를 두 번씩 방문했고, 한민족 문화 탐방단에 섞여 고대 역사 여행을 하기도 했다.

오래된 전통 길을 걷고 싶어 에도 시대의 우편 도로를 며칠씩 걸으면서 그들의 시골 마을을 여행할 기회를 갖기도 했다. 앞서 서술한 북알프스 종주기에서 밝혔다시피 일본의 자연미를 구경하기 위해 북알프스 일대를 세 번씩이나 여행하기도 했다. 그래서 나름 일본의 다양한 지역을 다니면서 여러 모습을 보았다고 말할 수 있을 것 같다. 그중에서 개인적인 취향과 연관이 있겠지만 가장 인상적인 곳은 야쿠시마였다.

시라타니운스이 계곡 정상에서 내려다본 깊은 숲의 모습.

그랬기에 만약 어떤 사람이 나에게,

"만약 일본에 딱 한 번만 가야 된다면 어디를 추천할 거예요?"라고 묻는 다면, 나는 별 주저 없이 "야쿠시마!"라고 대답할 것이다.

그리고 일본에서 다시 가고 싶은 곳이 있느냐고 하면 또 야쿠시마라 고 말할 것이다. 실제로 언젠가 기회가 되면 또 그곳에 여행을 하려는 생 각을 가지고 있기도 하다. 어쩌면 재방문 계획이 있는 유일한 외국의 지 역이다. 유한한 인생에 비해 세계는 얼마나 갈 곳이 많은가? 그래서 나는 한 지역에 두 번 여행하지 않는 것이 원칙이다. 그 원칙을 깨기로 작정하 고 있는 곳이 야쿠시마이다.

내가 지인으로부터 들은 야쿠시마는 특별한 자연을 가진 곳이라는 것 이었다. 하지만 그곳은 으레 특별한 자연이 그렇듯 쉽게 접근하기 힘든 큰 산이 있었다. 그런 측면에서 작은 섬이라고도 할 수 있는 곳이었지만, 세계 명산 대열에 세울 수 있는 명산이 있는 곳이기도 했다.

그 명산은 세계 어디에서도 경험하지 못했던 특별하고 진귀한 자연과 함께하는 것이기도 했다. 불과 일주일 정도의 짧은 기간 다녀온 여행이었지만, 가장 길고 먼 곳에 갔다 왔다는 느낌을 갖는 곳이었다.

시마가 섬을 뜻하는 일본어이듯이 야쿠시마는 섬이다. 그것도 긴 열도를 가진 나라에서도 최남단에 위치해 있다. 구글 지도를 검색해서 일본 열도를 크게 확대해야 겨우 찾을 수 있다. 푸른 식탁보 위에 홀로 남겨진 동그란 과자 같이 생긴 모습이 여느 섬 모습하고 다르다.

가는 방법은 가이드북에서 잘 알려 준다. 북 큐슈 중심도시 후쿠오카를 가서 그곳에서 큐슈의 최남단 도시 가고시마까지 가서 페리를 타고 가거나, 후쿠오카에서 국내선 비행기를 타고 바로 날아가는 방법이 있다.

나의 취향은 당연히 전자이다. 그런데, 이번에는 일본 여행 팬인 아내가 동행하는지라 혹시 모를 배멀미를 대비해 하늘길을 이용하기로 했다.

방문객이 많지 않은 듯 비행기는 아주 소형이었다. 정원이 채 50여 명이 안 될 듯한 프로펠러형이다. 이런 작은 비행기를 타 보는 것이 처음이라는 아내는 재미있어 한다. 작은 비행기는 높이 날지 않는다. 비행기에서 내려다보이는 큐슈의 산하를 구경하기가 바쁘게 어느덧 바다가 나온다.

큐슈섬에서 야쿠시마까지가 60여 km, 푸른 바다 위를 채 10여 분도 날지 않은 것 같은데 야쿠시마 공항에 도착했다. 작은 비행기가 이용하는 활주로도 짧다. 몇백 m도 되지 않아 보이는 활주로에 비행기는 사뿐히 착륙했다.

활주로 옆에는 바다가 펼쳐지고 반대편은 바로 산에 막혀 있다. 섬 전체가 산이었다. 짙푸른 상록수 숲으로 가려진 가파른 산면이 예사롭지 않아 보인다. 그것도 산 중턱까지이고 그 너머에는 구름에 가려 형태를 알 수 없다.

앞에 보이는 산은 수백 m에 불과해 보이지만 저 속 깊은 곳에는 2,000m에 가까운 높은 산이 있다고 했다. 그곳으로 가는 곳에는 심연과 같은 깊은 계곡과 나이를 상상하기 어려운 고목들이 자리하고 있을 것이었다. 잠시 쳐다보면서 상상하는 것만으로도 가슴이 두근거렸다.

시라타니운스이 계곡

야쿠시마의 첫 방문지를 시라타니운스이 계곡으로 정했다. 10여 곳이나 되는 야쿠시마의 중요 탐방지 중에서 이곳을 가장 먼저 탐방한 이유가 있었다. 내가 기대하고 예상하며 보고 싶은 것이 이곳에 있을 것이었다.

마침 어젯밤에 계속 내리던 비도 아침에 그쳤다. 하늘은 언제 다시 쏟아질지 모르게 구름이 낮게 깔렸지만 큰 걱정은 하지 않는다. 이곳은 한 달 30일 중 35일이나 비가 온다고 하지 않았는가?

공원 입구의 사무소를 지나자마자 분위기가 예사롭지 않다. 길 아래 깊이 패인 계곡에는 지리산 깊은 계곡에서나 볼 수 있는 산더미 같은 바위들이 늘어서 있고, 그 바위들에 부딪친 폭포수 같은 계곡물이 하얀 포말을 일으키며 쏟아져 내리고 있었다.

주위의 짙푸른 상록수 나무색에 대비된 그 흰색이 더욱 돋보인다. 그 물들에 오랫동안 씻긴 화강암 바위들은 뽀얀 흰색의 원색 본바탕을 여실히 드러내 주고 있다. 안내서에 적힌 시라타니운스이의 한자어 '白谷雲水' 계곡의 명칭이 참으로 적절하게 지어졌다는 생각이 들게 했다. 하지만 이것은 이 계곡의 프로필에 불과한 것이었다.

계곡에 진입한 지 불과 채 30여 분이 지나지 않아 우리는 전혀 다른 세상에 들어선 것을 느끼지 않을 수 없었다. 거목들의 출현이 그것이었다.

상록수의 짙은 숲 사이로 거대한 몸체를 가진 것들이 숲속 깊이 은둔한 듯 자리하고 있었다. 몇 아름이 넘을 우람한 몸체에다가 상부는 나뭇잎에 가려 높이는 짐작하기도 힘들다. 압도적인 모습에 속으로 감탄을 하며 쳐다보는데 별로 수다스럽지 않은 일본인 탐방객들도 "스고이."를 연발했다. 그 스고이는 야쿠시마 탐방지에서 듣는 유행어 같은 것이었다.

거목이니 당연히 나이도 많을 터, 작게는 천 년 많게는 수천 년 된 것들도 있다고 했다. 천 살 이하는 취급도 하지 않아 그냥 '삼나무'라고 하고 적어도 1,000년이 넘는 것이라야 대접을 해 준다.

그런 삼나무가 '야쿠 스기'다.

사실 일본산 삼나무 '스기'는 우리 주위에서도 쉽게 접할 수 있는 나무다. 제주도에서는 방풍림으로 조성돼 흔하게 볼 수 있고, 남부 지방에서도 '히노기'라 부르는 편백나무와 함께 많이 조성돼 있다. 일본 원산이지만 한반도 남부 지방에서도 잘 자라는 나무다.

일본에서는 국가 정책으로 너무 많이 심어 봄철에 알레르기 수난을 일으켜 원성을 받을 정도이지만, 일본 시골 도보 여행 길에 만난 야산의 스기 숲은 그 규모와 치밀한 밀집도 때문에 접근이 두려울 정도였다. 산길의 입구에는 곰의 습격에 대비해 방울 종을 치면서 지나가라고 주의를 주고 있었다. 그때 그렇게 크게 보였던 나무들을 신기하게만 생각했는데 이곳 야쿠시마의 나무에 비하면 잔솔가지라고 해야겠다.

거목들의 형상도 다양하다. 굵은 둥치의 아랫부분이 썩어 문드러져 구멍이 휑하니 뚫려 있고 그 속에 사람이 들락거리며 사진을 찍기도 한다.

삼대를 이어 가며 사는 나무도 있다. 이미 죽은 커다란 그루터기가 있고, 그 위의 몸통이 잘려져 나간 자식 나무 속에서 손자뻘의 나무가 자라고 있는 것이었다. 그 손자 나무가 야쿠스기라고 하니 할아버지 나무의 나이는 가늠하기 어렵다. 무수한 세월이 이 숲속에 녹아 있음을 보여 주고 있었다.

대만 여행 중 '아리산' 삼나무 숲에서 이와 유사한 형태를 본 적이 있었다. 이름도 유사하여 '삼대목'이라 하였는데 그 신기한 모습 때문에 삼나무는 불멸의 존재로 생각했었다.

물론 야쿠시마를 탐방하는 코스에는 거목을 집중적으로 볼 수 있는 스기랜드가 있다. 우리는 이틀 뒤 그곳에서 집채만 하게 인상적인 거목들을 목도할 수 있게 되지만, 오늘 이곳 시라타니운스이 계곡에 마음이 빼앗긴 탓인지 감동이 덜했다.

특히 나는 개인적으로 뒷날 미우라다케 종주에서 거목 구간을 지났고, 무려 7,000살의 믿기지 않는 '죠몬 스기'를 친견한 이후에는 거목에 대한 감동에 많은 내성이 붙어 있었다.

거목 보는 재미는 우리를 더욱 깊은 계곡으로 이끌고 들어갔다. 숲은 갈수록 짙어지면서 구름 속의 약한 빛까지 차단해 주변이 어둑할 정도였다. 작은 개울이 이어지고 징검다리 돌들이 걷기에 알맞게 자연스럽게 놓여져 있다. 그래도 물기를 품고 있는 돌들이라 조심스레 걷는다.

비탈진 곳에는 나무 조각들을 이용해서 계단을 만들었다. 원래 이곳에 있던 나무 조각들을 주워 모은 것들로, 별로 손질을 가하지 않아서 인위적인 느낌이 들지 않았다. 모두가 숲속과 어울리는 것들이었다.

그런데, 거목이 이 숲속의 주인이 아니었다. 이들은 예고편이었고 조연이었다. 주인공은 마지막에 나타난다고 하지 않던가? 이 숲속의 주인공은 이끼였다!

사실 야쿠시마 여행을 결정한 것에는 이끼가 한몫했다. 짐작이 되겠지만 앞장의 뉴질랜드 밀포드 트레킹에서 받은 깊은 인상의 이끼를 다른 곳에서 보고 싶다는 생각을 가지고 있었기 때문이다. 야쿠시마의 깊은 산속에도 이끼 천국이 있다고 전에 들은 기억이 머릿속에 남아 있었던 것이다.

앞서 거목을 보면서도 곁눈으로는 이끼에 눈이 가고 있었다. 그 이끼들이 숲속으로 깊이 들어갈수록 분포도 넓어지고 농도도 진해졌다. 길바닥에서 돌 위, 나무 밑둥치까지 그들이 차지하고 있다.

다시 외국의 이끼 나라에 왔다. 하지만 전의 밀포드와 다른 점이 크다. 밀포드의 그것들은 주름을 단 장막같이 온 숲속을 뒤덮어 한 치 앞의 숲속도 들여다보기 힘들게 했다. 그들은 마치 태곳적 모습을 상상하게 만들었지만, 차단된 숲속 모습은 두려움을 주는 곳으로 느껴지기도 했었다.

이곳은 어떤가? 우선 색깔이 친숙하고 예쁘다. 초록색 바탕에 잎끝들은 연한 색을 띠고 있어 싱그럽기까지 하다. 마침 어젯밤에 내린 비에 물기를 품어 더욱 생기가 돌고 있다.

나무에 차단된 빛 속에 이끼군락이 계곡 전체를 덮다시피 하여 숲은 고요를 넘어 적막한 분위기를 연출하고 있었다. 이런 모습을 사람들은 원시적이라고 표현한다. 태곳적이나 원시적이나 하는 것은 시기를 표현하는 단어겠지만, 나는 원시적이란 것이 좀 더 자연적인 느낌이 든다.

원시 세계에서는 인간류보다는 영계에 가까운 족속들이 살 것이다. 그래서 이곳에 방문했던 사람들 중 상상력이 풍부한 사람들은 훌륭한 예술작품들을 만드는 영감을 얻었는지도 모르겠다.

일본인에게는 너무나 익숙한 미야자와 다카오 감독의 애니메이션 작품인 〈원령 공주〉를 들먹이는 것은 이제 진부한 이야기다. 한국에서도 이곳을 배경으로 〈시간의 숲〉이란 다큐멘터리 영화를 만들었다.

이 작품들 속에서 사람들은 고요한 숲에서 상처받은 마음을 치유하기도 하고, 자연이 얼마나 소중한 것인가를 깨우치기도 한다. 그러면서 한 발 더 나아가 지속 가능한 자연을 위한 메시지를 던지려고 한다.

인간은 치유가 되면 새로운 기운을 얻는다. 이런 현상이 당장 우리 가족에게도 나타났다. 언제부턴가 무릎이 약해진 아내는 멀리 걷기를 싫어했다. 산행은 접은 지 오래고, 이제는 집 주변 작은 강변 길 걷기 정도로 전환했다. 그런 사람이 이 계곡에서 멈출 생각을 않고 앞장서서 걷기까지 한다. 잘 가꾸어진 길도 아니고 여차하면 미끄러져 물에 빠질 수도 있는 곳인데….

시라타니운스이 계곡의 종료 지점은 타이코와라는 곳이었다. 해발 1,000m가 넘는 곳이었다. 막바지는 꽤나 가팔라서 나도 숨이 가쁠 정도였다. 코스 끝 안부에는 커다랗고 유달리 하얀 화강암 바위가 종료 지점임을 알리고 있었다.

그 바위 위에 올라서 본 장쾌한 바위 위의 조망은 무척 오랜만에 등산을 한 아내에게는 잊지 못할 선물을 선사하는 것이었다. 그리고 어쩌면 그만큼 높은 산을 앞으로 오를 가능성이 거의 없을 수도 있을 것이다. 시라타니운스이 이끼 계곡은 유달리 소심한 노년의 여자를 현혹시키는 마법을 부리는 곳이었다.

당연하지만 대가도 제법 컸다. 뒷날 숙소에서 아내는 하루 종일 두문불출하면서 무릎 찜질을 했고, 덕분(?)에 나는 자유롭게 11시간에 걸친 미우라다케 종주 산행을 할 수 있었다.

미우라 다케를 오르다

숙소 종업원이 방문을 가만히 두드렸다. 꼭두새벽인 데다 아주 조심스러운 일본인 종업원의 노크 소리였지만 온 방 안이 울리는 듯했다.

이미 깨어 있었고, 몸은 전투에 나가는 병사 모양 긴장을 하고 있었다. 로비에서 도시락 두 개를 받아 들고 호텔 문 앞에서 시동을 건 채 대기하는 택시를 탔다.

동도 채 트지 않은 새벽길을 택시는 달리기 시작한다. 해변 길을 잠시 가다가 이내 산속의 좁은 길로 진입했다. 좁고 꾸불꾸불한 길 양쪽은 잎이 짙은 상록수가 드리워져 긴 터널을 연상케 한다. 한 시간여를 달려도 차 한 대 만날 수 없다.

그 외롭게 달리는 차는 내가 전장에 나가는 군인이거나 중대한 임무를 완수하기 위해 파견되어 가는 특파원 같은 기분이 들게 만들었다. 그런 기분이 든 데에는 오늘 내가 오르는 산이 미지의 세계를 탐험하는 요소와 약간의 위험 요소를 감수해야 하는 모험적인 산행을 해야 하는 곳이었기 때문이었다.

미우라 다케는 그럴 만한 이유가 있는 곳이었다.

산 높이만 하더라도 1,936m! 한국산으로 따져도 한라산, 지리산 같은 최고의 산이다. 도로 상황 때문에 원점회귀가 안 되고 무조건 종주를 해야만 한다.

문제는 산행의 전체 거리를 알려 주는 데가 없고 총 소요시간도 잘 알 수가 없었다. 섬의 홍보 자료집에는 1박 2일 코스라는 점만 명시했고, 산 중간에 있는 몇 개의 대피소에서는 야영이 가능하다는 정도였다.

미우라 다케의 정상부 모습.
산 아래의 짙은 숲과 달리 낮은 키의 산죽과 큰 바위들로 이뤄져 있었다.

산속에서 하루 잘 수는 있겠지만 숙소에 여행을 같이 온 동행인을 이틀 동안 기다리게 할 수는 없었다. 그렇게 고민을 하면서 인터넷을 검색하던 중 당일 산행을 했다는 산행기가 있었다.

그렇다면 '나도 한다!'였다.

문제는 또 있었다. 하산 지점의 차편 시간을 맞춰야 한다. 통행이 허용된 국립공원행 버스는 오후 6시까지였다. 만약 그 차를 놓치면 택시가 다니는 마을까지 거의 20여 km를 걸어야 한다. 그러니까 한정된 시간 안에 주파해야 한다.

거기에다가 혹시 산속에서 무슨 변수라도 생긴다면 정말 곤란한 일이 될 것이다. 길도 예측 불허다. 어제 시라타니운스이 계곡에서 경험했다시피 이곳은 이끼가 덮힌 곳이고 산 위는 습지도 많을 것이다. 미끄러운 그 길은 분명 속도를 지체시킬 것이다. 상황이 이러다 보니 어찌 긴장이 되지 않을 수 있겠는가?

나를 긴장시키는 것이 또 있었다. 어둡고 좁은 산길에서 가끔 툭 튀어 나오는 사슴이나 원숭이 같은 야생 짐승들이다. 이곳의 원숭이들은 인구 수보다 많다고 했다. 여행 마지막 날 서부 임로를 렌트카로 지나갈 때는 원숭이 떼를 만나기도 했다. 차가 두 대 교차하기도 힘든 좁은 길을 원숭이 떼들이 길을 비켜 주지 않아 한참 난감했었다.

로드킬을 예방하기 위해 택시 기사는 초저속으로 운전을 했다. 그렇게 달리기를 1시간 반이나 했을까 하는데 등산로 입구인 요도가와란 곳에 도착했다. 작은 초소에서 직원이 나와 서류에 간단한 인적 사항을 적게 했다.

은근히 긴장을 느끼게 만드는 서류를 건네주고 나서 배낭을 메고 아직 어둠이 가시지 않은 숲속으로 진입했다. 숲속의 등산로는 한밤과 마찬가지로 더욱 어두웠다. 길도 거칠다. 나무뿌리들이 엉켜있고 바위들도 많다. 헤드랜턴을 하지 않았다면 한 발도 떼기 어려워 보였다.

한 시간가량 올랐을 때, 길이 밝아 오면서 편평한 공터가 나오고 그 속에 요도가와 대피소가 있었다. 전형적인 대피소답게 허술한 조립식 작은 건물이다. 텅 빈 창고 같아 보이는 내부에는 나무 데크판들이 널찍하게 깔려 있을 뿐이다. 침낭을 필수적으로 사용해야겠지만 깊은 숲속에서 하룻밤을 보내는 것도 나빠 보이지는 않을 듯했다.

건물 밖 공터에 텐트가 하나 쳐져 있는데, 그 속에서 수염을 덥수룩하게 기른 남자가 코펠을 들고 나왔다. 이 남자는 오늘 하루 산 정상을 넘어 사람들이 많이 방문하는 죠몬 스기에 이르기까지 만난 유일한 사람이었다. 나를 보고도 곁눈질도 주지 않고 곧바로 물가로 걸어갔다.

　마음이 바쁜 나도 별로 대화할 사정이 아니었다. 대피소를 지나 해가 뜨면서 등산로는 일변했다. 칠흑같이 어두웠던 숲속에 햇살이 나무 사이로 들어오면서 숲은 아늑하고 찬란한 공간으로 변했던 것이다.

　무엇보다도 그 숲은 내가 또 상상하지 못했던 숲이었다. 어제 시라타니운스이 계곡에서 보았던 그런 고목 못지않은 삼나무들이 등산로를 따라 계속 이어지고 있었다. 그 거대한 고목들은 군락을 지어 형성돼 있었기에 그들을 보는 것은 수천 년의 세월을 가진 신령스러운 집단들과 시간을 같이하는 것이었다. 나무 하나하나를 따로 떼 놓으면 세상 어디에서나 당목 대접을 받을 몇 아름이 넘는 고목들이다. 이런 나무를 찬찬히 계속 볼 수 있는 등산로가 이곳 말고 세상 또 어디에 있을까!

　이들을 앞에 세워 놓고 앉아서 아침 도시락을 먹었다. 아직 온기가 남아 있는 따뜻한 밥맛을 음미하면서.

　아무리 봐도 질리지 않을 것 같은 삼나무 숲길도 몇 시간 지나자 끝이 났다. 고도가 높아지면서 식생이 달라지는 것이다. 키가 큰 교목지대가 끝나고 중간 키 지대인 관목 지대로 변해 갔다. 관목 지대도 주인이 따로 있을 것이었다. 그 주인공 또한 특별한 것이었다. 이미 숙소에서 이야기를 듣고 왔다.

호텔 로비의 벽면에 꽃 군락을 찍은 커다란 사진이 걸려 있었다. 그 사진 속의 꽃이 너무 매혹적이어서

"저 꽃이 있는 곳이 어느 산이에요?" 하니

"저 뒷산이에요. 내일 손님이 가는 산이요." 하는 것이 아닌가!

그 말을 듣는 순간 가슴이 요동쳤다. 저 천상의 화원에 내가 가다니! 사실 등산을 하면서도 그 꽃들을 조우하기까지 긴가민가했다.

그런데, 그 꽃 군락이 갑자기 나타났다. 우리 산속의 진달래나 철쭉 군락이 숲을 벗어나면 갑자기 나타나는 것과 같은 모습이었다.

짙고 푸른 관목 사이로 흰색과 붉은색으로 이뤄진 꽃 무더기들이 산자락을 덮듯이 넓게 펼쳐져 있다. 한참을 멀리서 응시하다가 가까이 다가가 찬찬히 살펴본다. 아직 덜 핀 꽃 봉우리는 진홍색이고 활짝 핀 것들은 흰색이다.

개화하는 과정에서 색깔이 변해 가는 것이었다. 그런 분홍과 흰색의 조화가 절묘하다. 흰색 바탕에 빨간 무늬를 수놓은 것이다. 다르게 상상해 봤다. 빨간 바탕에 흰 무늬는 어울리지 않을 것이다.

그 꽃들을 감싸고 있는 잎들도 보통 모양새가 아니다. 주인공이 돋보이려면 조연도 좋아야 한다. 난대성 상록수가 그렇듯이 도톰하고 아담한 잎의 맵씨가 꽃들을 포근하게 감싸고 있다. 꽃이 없고 잎만 있더라도 관상수로 대접받을 만했다. 아파트나 공원 정원수로 심겨져 있는 돈나무나 후박나무가 생각이 났다.

짧은 야생화 지식을 동원하여 이 꽃들이 '만병초'라고 짐작했다. 백두대간 산행 때 어디선가 본 듯했고, 모든 병을 치료할 수 있다는 이름이 붙은 탓에 우리 땅에서는 목숨 부지하기가 어려운 존재가 되었다.

우리 땅에서는 사라진 듯한 이 귀한 것을 처음 무더기로 상면했을 때는 그 자체가 감동이었다. 하지만 여기는 우리 땅과 바다로 가로막힌 곳, 당연히 변종일 것이었다.

야쿠시마에서만 서식하는 것이라 **'야쿠시마 만병초'**였다.

태평양 한가운데 깊은 산속에서 고고히 핀 것들이지만 그 아름다움을 숨길 수 없었다. 유럽에 알려지면서 세계 꽃 품평회에서 당당히 금상을 수상했다고 한다.

물론 이런 것들은 나중에 안 것들이지만, 자연적인 미는 타고나는 것이다. 아름다운 것은 누구에게나 아름답게 보인다. 그래도 대자연 속에 펼쳐진 꽃의 향연이 건물 속에서 홀로 전시되는 것하고도 차원이 다를 것이다.

야쿠시마섬 속의 산 미우라다케 종주 산행에서 조우했던 만병초의 만남은 참으로 행운이었다. 여행 시기만 달랐어도 모르고 지나쳤을 것이었다.

만병초 군락 서식지 구간을 벗어나면서부터는 길이 가팔라졌다. 앞에는 툭 튀어나온 바위들이 많은 산봉우리가 보였다. 가쁜 숨을 몰아쉬며

야쿠시마 만병초. 다 피고 나면 붉은색에서 흰색으로 변한다.

정상부에 올랐다. 안내자료에는 안보다케라고 되어 있다. 1,847m로 최정상인 미우라노다케와는 100여 m 차이밖에 나지 않는다.

주변은 나무가 사라지고 산죽이 온산을 뒤덮고 있었다. 잘 정리된 잔디 같은 산죽 너머로 시야가 트이면서 사면이 훤히 드러났다. 그 산죽 너머의 산악풍경이 장관이다. 옅은 푸른색의 키 작은 관목 지대가 바로 눈앞에 보이고 그 뒤로 예의 삼나무 거목 지대가 검은색을 띠면서 띠를 두른 듯했다.

산을 자주 다니는 사람은 안다. 봄철 새싹이 돋을 때 산의 고도에 따라 색깔이 다르다는 것을. 활엽수가 잘 자리 잡은 상림 단계의 나무들이 쏟아 내는 새순들의 색깔은 아름답기 그지없다. 가을철 단풍보다 예쁘다고 하며 꽃 색깔보다도 더 찬란하다고 말한다. 그것은 초봄 식물들이 긴 겨울철 동면기를 벗어나 드디어 중요한 생명 활동을 시작하는 모습이기 때문이다. 모든 생명체는 어릴 때 보이는 색깔들이 생기가 있고 예쁘다.

게다가 이곳 야쿠시마섬은 고도에 따라 식물이 분포한 세계적으로 드문 '초 수직분포 식물 지대'라고 했다. 해수면과 맞닿은 최하단의 아열대 식물로 시작하여 난대를 거쳐 내가 있는 정상부는 아한대 식물들이 자리 잡은 세계적으로 희귀한 곳인 것이다.

지금이 6월 중순이지만 정상부의 산 위쪽은 아직 초봄 분위기였다. 이런 시기 때문에 산 중턱에는 봄꽃 종류인 만병초를 볼 수 있었고 2,000m에 가까운 산 정상부는 이제 새싹들이 막 돋고 있는 것이다.

당장 더 큰 즐거움은 등산길이 좋아졌다는 것이다. 출발한 지 4시간여 만에 가파른 오르막 부분을 끝내고 이제는 평탄한 길이 펼쳐졌던 것이다. 1시간 정도면 미우라다케 정상에도 도착할 것으로 보였다.

긴장했던 마음이 어느 정도 풀리면서 걷는 흙길은 경쾌하기까지 했다. 멀리 미우라다케의 정상부와 연결된 웅장한 산 능선을 조망하며 걷는 맛은 오늘 산행에서도 가장 즐거운 시간임이 분명했다. 내가 귀한 손님인 듯 마중을 나온 환영객도 있었다.

길옆 풀 속에서 기척이 나면서 뭔가 움직임이 보였다. 동물이 그 속에 있는 것이 분명하여 처음에는 자주 보았던 원숭이인가 했다. 긴장을 하며 유심히 쳐다보는데 사슴 한 마리가 얼굴을 빼꼼히 내밀었다. 예상하지 못한 동물이지만, 귀한 만남에 반갑고 신기하여 가만히 주시하는데 정작 사슴 자신은 내가 생뚱맞은 불청객인가 보다.

풀밭을 튀어나오더니 멀리 도망가지 않고 주변에서 깡충거리며 뛰기만 했다. 특이한 행동거지가 나의 시선을 끌기 위한 목적이라는 것을 눈치챌 수 있었다. 아니나 다를까 녀석이 원래 있었던 자리에서 새끼 사슴이 조그맣고 귀여운 머리를 풀밭 위로 내밀어 주위를 두리번거리며 보기 시작했다. 집 나간 어미를 찾는 것일 텐데 정작 멀리 떨어진 어미의 마음은 얼마나 졸이겠는가! 그 어미 마음 때문에 새끼 사슴 구경을 포기하고 발걸음을 옮겼다.

점심때가 다 됐을 즈음에 마침내 미우라다케 산 정상에 도착했다.

일망무제 천상의 고봉에 섰다.

수없이 많은 고봉이 사방에 솟아 있고 초원 너머 드러난 능선에는 하얀 큰 화강암 바위들이 하나같이 개성 있는 모습으로 장식하고 있어 묘미를 더해 주고 있다. 산허리 중간에는 하얀 구름들이 계곡을 감싸 안으며 솟아오르고 있다. 검고 짙푸른 숲 위로 툭 튀어나온 흰점 같은 고사목들이 수놓은 듯 점점이 박혀 있었다. 감탄사가 절로 나오고 형언할 수 없는 감동이 복받쳐 올랐다.

세계 곳곳 명산들의 정상에 올랐을 때도 특별한 기분을 느꼈지만, 그것들은 다 잊은 것들이고 지금 이 순간 느끼는 기분은 각별했다. 꿈꾸지도 기대하지도 않았던 뜻밖의 보상을 받은 느낌이었다.

이럴 때 나는 항상 나도 모르게 내뱉는 말이 있다.

"아, 살면서 이런 곳에도 오는구나!…."였다.

살면서 이런 때보다 큰 감동을 느꼈던 때가 있었던가 하는 것이기도 했다. 이때는 가슴 속에 희열이 터질 듯 차오르면서 그것이 액화되어 눈 끝에 이슬로 맺힘을 느낀다. '스탕달 신드롬'이란 말이 있듯이 감동도 수치가 다르다고 했다. 작게는 수십 배에서 많게는 몇천 배에 이른다는 것이

정상에서 하산하면서 조망한 야쿠시마.
도저히 작은 섬이라 할 수 없는 산악 한가운데 있는 느낌이었다.

다. 내게는 이런 경우가 어떤 분야에 종사하는 사람들이 특별한 경험을 통해 감동을 얻는 것과 같은 것이었다. 고고학자가 특별한 발굴을 했을 때나, 과학자가 뜻밖의 발견이나 발명을 하는 그런 순간들….

하지만 이 감동에서 우리는 놓치는 중요한 부분이 있다. 감동이 큰 장면이나 순간이 많으면 좋겠지만 **감동 그 자체**가 아주 의미 있는 것이다. 우리가 살아가면서 어떤 일에 열정을 쏟는 것은 알게 모르게 감동을 찾아가는 것이다. 감동이 우리 삶을 이끄는 원동력인 것이다. 감동이 없는 삶은 그만큼 살아가는 열정이 시든 것이다.

또 있다. 그 감동을 큰 것에서 찾으려고 해서는 안 된다는 것이다. 나이가 들고 다양한 경험을 한 사람들은 주변 일이 시들해질 수 있다. **작고 가까운 것**에서 감동을 찾아야 한다. 가벼운 취미, 놀이, 간단한 행위 등에서 찾을 일이다.

나는 이런 경험을 자연 여행, 산행을 통해서 체득했다. 그 과정에서 만나는 작은 꽃과 나무, 맑은 공기와 따뜻한 햇빛, 덧없이 흘러가는 구름만 봐도 좋았다. 가깝고 작은 것에도 감동이 있었다. 작아 보이지만 무궁무진한 힘을 가진 이들을 생각만 해도 좋고 언제나 가슴 설레게 한다. 이들이 영원을 같이 할 진정한 벗들이었다.

정상부의 표식은 일본의 산들
이 으레 그렇듯 소박했다. 나무
판에 한자 이름으로 새겨진 글자
는 풍상에 해어져 이곳이 얼마나
외진 곳인지 대변하고 있었다.

배고픔에도 목이 메어 잘 넘어가지 않는 점심 도시락을 천천히 먹는다. 그렇게 해서라도 이곳에서 보내는 시간을 더 갖고 싶었다. 언제 다시 오겠는가!

초지로 이뤄진 긴 능선이 끝나고 고도가 낮아지면서 다시 키 작은 교목 지대로 들어섰다. 철쭉으로 보이는 중간 키의 관목 숲이 빽빽하기만 했다. 땅 위에 드러난 뿌리들은 길을 가로지르면서 드러나 있어 신발 끝에 자주 걸려 몇 번 넘어질 뻔하기도 했다. 그런 나무 숲길을 헤치고 내려가는데 왼쪽 편에 신다츠오카 산장이 나타났다.

잠시 쉴 겸 구경 삼아 들어간 내부는 썰렁하기 그지없었다. 첫 번째로 다가오는 느낌은 건물 안에서 자느니 차라리 밖에서 자는 것이 낫겠다는 것이었다. 물론 온도가 올라간 한낮이기 때문이기도 했다. 그래도 일반 등산인들은 이곳이나 조금 밑에 있는 다츠오카 대피소를 이용해야만 미우라다케 종주가 가능할 것이다. 체력과 안전상의 문제가 있기도 하겠지만 다른 면도 있었다.

대부분의 일반 산행자들은 이 대피소에서 밤을 보낸 후 보는 일출의 장관에 기대를 많이 하는 것이었다. 하지만 비가 매일 오다시피 하는 이곳에서의 일출은 매우 기대하기 힘들 것이다. 그런 것들을 제쳐 두더라도 두툼한 침낭을 구비해서 이런 신령스러운 곳에 하룻밤을 보낼 수 있다는 자체만 해도 큰 행운일 것이다.

내가 이곳 산장들이 특별히 신령스러운 곳이다라고 표현한 것은 바로 아래에 야쿠시마의 산신이 거주하고 있기 때문이다.

다츠오카 산장을 지나 반 시간쯤 내려갔을 때 멀리서 사람들이 웅성거리는 소리가 들려왔다. 직감했다.

'죠몬 스기!'

야쿠시마의 주인공을 보기 위해 사람들이 올라온 것이었다. 그 신목 앞에 나도 섰다. 20m나 떨어진 전망대에서 바라보는 몸체지만 장대했다. 나뭇잎들에 가려져 전체 몸통을 제대로 볼 수 없었지만 거대하게 드러난 중간 몸통만 보더라도 그 크기를 충분히 가늠해 볼 수 있었다.

몸통 둘레가 16m가 넘으니 어른 10명이 껴안아야 할 정도다. 높이는 30여 m에 이른다지만 그 또한 나뭇가지와 잎들에 가려 위쪽은 잘 보이지 않았다.

크기뿐만 아니라 신비감을 주는 것은 몸통의 모습이었다. 몸통 전체가 울퉁불퉁한 모습으로 불거져 나와 거무스름한 수피 색깔과 함께 괴기스럽기까지 했다. 나무 덩치가 주는 위압감과 함께 몸통의 주름진 모습에서 세월을 느끼지 않을 수 없었다.

죠몬 스기. 가까이 다가갈 수 없고 나무숲으로 가려져 있기에 크기와 수령을
가늠하기 힘들어 아쉽기는 했지만, 오히려 신비스러움은 더했다.

무려, 7,200살!이라고 했다.

일본 역사에서 신석기 시대에 해당하는 죠몬 시대와 같은 시기에 태어난 나무이기에 죠몬 스기란 이름이 붙었지만, 세계사적으로도 문명 시기 이전의 때이다. 당연히 허구에 가까운 수치라는 비판을 받으면서 과학이 개입했다. 내부 속살을 파내어 방사성 탄소 동위 원소 측정 방법으로 연대를 측정했다. 2,500년 정도라고 했다.

이 과학적인 측정 방법에도 문제는 있었다. 내부의 가장 깊은 속살 부분을 파내어 사용했다고 했지만, 정작 대부분의 고목이 그렇듯이 오래된 나무들은 속이 사라지고 비어 있다. 앞서 7,200살의 추정도 다른 곳에 남아 있는 고목의 그루터기 나이와 그 둘레의 크기를 재서 낸 수치였다. 나름 합리적인 근거에 의해 산출한 수치였다.

앞서 시라타니운스이 계곡이 다카오 감독에게 영감을 주었듯이 이 오래된 고목은 수많은 사람들에게 영감을 주었을 것이다.

미국의 사진작가 '레이첼 서스만'도 그 대표적인 한 사람이었다. 일본에 여행을 왔다가 우연히 야쿠시마까지 오게 된다. 신비로운 나무 얘기를 듣게 되고 그 나무가 상상 이상으로 오래 살고 있다는 것에 충격을 받았다. 그리고 10년의 프로젝트를 진행한다. 지구상의 가장 오래된 나무를 찾아다니는 것이었다.

몇 년 전 우연히 접한 그녀의 책 속에는 몇천 년이 아닌 몇만 년에 걸쳐 살고 있는 식물이 지구상에 있다는 것을 알았다. 동물과 함께 지구상에 같이 진화한 생물로서 수명 차이가 그렇게 크다는 것도 충격적이었다.

'식물 같은 존재'라는 표현으로 식물을 하등시하는 우리(동물)를 저들은, 하릴없이 싸돌아다니다가 에너지만 낭비해서 단명한다고 비웃을 것 같기도 했다.

10여 년에 걸쳐 전 세계를 헤집으며 고목들을 찾아 책을 낸 레이첼이지만, 뉴질랜드의 고목인 '카우리 나무'가 있는 곳을 가지 못하고 자료만 올렸었다.

나는 뉴질랜드 여행 중 그 카우리를 보기 위해 북섬을 일부러 찾아 올라갔었다. 북섬에서 유일하게 여행한 곳이기도 한 카우리 군락지는 공교롭게도 북섬에서도 북쪽 끄트머리에 위치해 있었다.

남벌을 당하여 얼마 남지 않은 소규모 군락지였지만 명성은 여전했다. 우람한 덩치에 비해 하얗고 뽀얀 색을 가진 수피는 몸매를 날씬하게 보일 정도로 매끈했다. 상 하체가 고른 원통형의 체형은 어쩌면 인간들의 탐욕의 대상이 될 수밖에 없는 운명을 타고 났었다. 인상적인 매력을 지닌 아름다운 거목이어서 머릿속에 오랫동안 남겨 두고 있다가 서울 교보 문고에 서가 전시용으로 수입해 사용하고 있다는 얘기를 들었다.

그 나무를 회상하고 싶어 일부러 서점을 방문했다. 나무의 속살은 외양의 수피보다 더 우아한 색을 나타내고 있었다. 서점 관리인에게 물었다.

"특별히 이 카우리 나무를 여기까지 가져와 사용하고 있는 이유가 있나요?"

"전에 이 나무에 관한 사연을 옆에 안내하고 있었는데…. 잘은 모르지만 좋은 나무와 좋은 책은 연관이 있지 않을까요?"

내가 기대한 것이 아닌 좀 모호한 대답이었지만 천 년이 넘은 거대한 고목이 실생활에서도 쓰일 수 있음이 신 선했다. 그리고 우아하게 아름다운 카우 리 나무의 속살 위에 책을 올려놓거나 잠 시 읽으면 아주 기분이 좋을 것으로 보였 다. 그것은 교보문고의 품위를 높이는 것 이 될 것이었다. 누가 나에게 그 나무 테 이블 설치 이유를 물으면 그런 대답을 하 고 싶었다.

아무튼 레이첼을 만날 수 있다면 뉴질랜드 카우리 나무 본 것을 자랑하 고 싶었다. 레이첼의 책 속에서도 죠몬 스기 수령을 6,200~7,000년으로 기술하고 있었다.

조몬 스기의 나이 논쟁 때문에 얘기가 길었지만 사실 나는 커다란 나무 보기를 좋아하는 '거목 숭배증'이 있는 사람이다. 수령은 많으나 크기가 작으면 신기하기는 하지만 시각이 주는 맛이 덜하다. 차를 몰고 국내 여 행을 다니다가 천연기념물이 있다는 안내판이 나오면 꼭 들른다.

한반도 지형을 닮은 모양을 가지고 있어 유명한 관광지가 된 영월의 남 한강 조망지 산기슭에는 500살이나 된 회양목 천연기념물 지역이 있다. 그 나무의 줄기는 어른 팔뚝 굵기 정도밖에 안 되었다.

그것에 비해 남해군 창선면 섬에 있는 천연기념물 후박나무는 멀리서 봐도 외양이 큰 고분을 닮은 듯하게 압도적이었다. 임진왜란 때 이순신 장군이 이끄는 수군 부대가 상록수인 그 나무 그늘 아래에 모두 들어가 휴식을 취했다는 설화가 있는 데다가 사시사철 주민 쉼터 역할을 하고 있었다. 어디에 내놔도 손색없는 기품있는 외양에 오랜 수령까지 가졌으니 외국에까지 소문이 났을 터, 내가 방문했을 때는 중국 항주의 대학생들이 학술탐사차 방문하여 나무의 여러 가지 크기들을 재고 있었다.

수많은 사람들이 찾아오는 조몬 스기는 나무 보호를 위하여 아래위에 전망대 두 곳을 설치하여 구경하게 했다. 크기가 실감이 잘 나지 않아 아래위를 돌아가면서 구경을 했다. 어쩌면 이 특별한 나무를 더 오래 보고 싶어 하는 마음이기도 했다.

일본 사람들도 오래 머무르는 것 같지는 않았다. 등산로 입구에서 나무를 탐방하고 원점 회귀하는 시간이 거의 10시간이 소요되기 때문이다. 마지막 버스 시간을 맞추기 위해서 서둘러 내려가는 것이었다.

죠몬 스기 방문 코스에는 인기 있는 곳이 더 있었다. 죠몬 스기 나무를 보고 조금 아래로 내려가자 전혀 예상치 못한 신기한 것이 나타났다. 두 거목의 삼나무가 긴 가지를 뻗어 서로를 연결하고 있었다. 연리지 삼나무였다. 키 큰 나무가 2,000살, 작은 나무가 1,500살 정도라는 '부부 삼나무'라고 안내문이 설치되어 있었다. 현기증이 나는 수치들이다. 500년의 햇수 차이가 나는데 그 긴 세월을 기다려 만나다니….

큰 나무가 가지를 뻗어 작은 나무의 줄기에 붙어 남편이 아내에게 영양분을 나눠 준다고 하지만 거의 공생관계를 넘어 한 몸으로 보였다. 죠몬 스기의 긴 수명으로 인해 식물에 대한 경이를 느끼다가 이 부부 삼나무를 보면서는 이들의 생존 전략에 감동을 받았다.

하지만 이들 나무들도 영원하지 못할 것이다. 그래도 이곳 야쿠시마 삼나무는 죽어서도 덩칫값을 하고 있었다. 부부 삼나무에 대한 잔영이 채

가시기도 전에 그 현장에 도착했다. 앞서간 탐방객들이 깔깔거리며 모여 있는 곳이었다.

죽은 삼나무의 밑둥이, 즉 그루터기 앞에서였다. 그루터기가 얼마나 큰지 나무 가운데 생긴 큰 구멍 사이로 사람들이 들락거리고 있다. 속에서 나온 사람들이 휴대폰 사진을 보며 깔깔거리고 있었다.

안내판을 보고 눈치를 챘다. 안에서 구멍을 향해 사진을 찍으면 하트 모양을 얻을 수 있는 것이다. 그 사진을 휴대폰에 넣어 두면 사랑이 이뤄진다는 것이다. 그래서 이 그루터기는 청춘남녀에게는 인기 있는 포토존이 되었다.

둘레가 13m나 되는 그루터기 안은 밖에서 보는 것보다 훨씬 넓었다. 구멍 안으로 들어가니 사람들이 각도로 재어 가며 찍고 있다. 여러 사람이 돌아다니면서 사진 구도를 맞출 만큼 그루터기 안이 넓었다.

비가 오면 피하기 딱 좋겠다고 생각했는데 아니나 다를까 이곳을 알린 사람도 폭우를 피해 들어온 미국 식물학자 '윌슨'이었다. 일본의 여러 곳을 탐사했지만 야쿠시마를 가장 인상 깊게 생각하면서 처음으로 서구에 소개했다. 그 과정에서 안락한 피난처였던 그루터기도 언급이 되었다. 일본에서는 그에 대한 보답으로 그루터기에 그의 이름을 붙여 주었지만 정작 이곳이 유명해진 것은 우연히 찍힌 하트모양 사진이었다. 나는 사진 기술이 부족해서인지 관심 부족인지 내가 찍은 것은 한쪽 귀퉁이가 떨어진 미완성 하트였다.

긴 하산길의 마지막 지점에서 만난 것은 생뚱맞은 철로였다. '이 깊은 산속에 웬 철로?'라고 생각했지만 삼나무 벌채용이었다는 것을 금방 알 수 있었다. 일본은 삼림 벌채용 철로 건설에 이력이 나 있는 것을 나는 대만 여행 과정에서 볼 수 있었다.

대만 섬을 일주하는 동안 나에게 가장 인상 깊었던 여행지는 2,000m 고지 '아리산' 속의 삼나무 원시림이었다. 그때 보았던 수천 년 된 거목들은 내가 난생처음 접한 거대한 나무들이었다.

그 높은 아리산으로 올라가는데 관광철도가 있었다. 일본이 2차대전 때 대만을 점령하고 나무를 수탈하기 위해 재빠르게 건설한 삼림벌채용 철로였던 것이었다. 불순하게 건설된 역사를 가진 철로였지만, 2량으로 꾸며진 관광용 열차는 급격한 산악을 기어오르다시피 하여 당시 여행자인 나에게는 나름 흥미로운 경험이었다. 그런 산악 철도를 직접 체험했기에 여기 산악 속에서 만난 생뚱맞은 것 같은 철도도 그 사용처를 직감했던 것이다.

그러나 지금 이곳이 어떤 곳인가?!

1993년 일본 최초로 세계자연유산에 지정되었고, 이제는 세계인이 찾는 유명 관광지로 변했다. 당연하지만 그것들의 바탕에는 수천 년 된 삼나무가 있기 때문이다. 이런 귀한 나무들을 남벌하기 위해 철로까지 깔았다고 생각하니 혼란스러울 수밖에 없었다. 벌채와 보호 과정에는 많은 사연과 세월이 있었다.

우리가 잘 아는 도요토미 히데요시가 쿄토에 절을 짓기 위해 전국에 목재 징발령를 내렸을 때 야쿠시마의 삼나무가 이용되기도 했다고 하나 주민들은 삼나무를 신목으로 여겨 감히 베어 내지 못하게 했다.

상황이 바뀐 것은 에도 시대였다. 주민들의 어려운 생활 형편을 본 토마리 죠치쿠라는 고승이, 신이 허락해서 나무를 베도 된다고 주민들을 설득하여 나무를 베서 팔 수 있게 하였다. 주민소득이 향상되면서 그만큼 나무는 베어져 나갔다. 여기에 가속이 붙은 것은 2차대전 후 일본의 고도 성장기였다. 경제성장을 위해 삼나무는 희생되어 나갔다.

이런 무분별한 남벌에 문제를 자각한 사람들이 있었다. 1965년 어느 날 도쿄의 신쥬큐에 40여 명의 섬 출신 젊은이들이 모였다. 섬 지키기를 결심한 이들 중에는 아예 이삿짐을 싸서 귀향했고, 평생을 삼나무 지키기에 헌신하게 된다. 이들의 길고 지극한 노력은 주민들의 지지를 얻어 내면서 국가의 정책변화까지 이끌어 내었다. 그 결과가 국가 공원의 지정이고 세계자연유산의 등재였다.

긴 철도 길을 걸어 내는 데에만 거의 두 시간은 소요되었다. 좁은 협궤에 양쪽은 굵은 삼나무가 빽빽이 자리 잡아 무한한 터널이 이어진 느낌이었다. 바쁜 마음에 빠르게 걸으면서도 대규모 벌채 속에서도 살아남은 죠몬 스기가 끊임없이 머리에 떠오르고 불행하게 베어져 나간 윌슨 그루터기 나무 같은 신목들이 머리를 지배했다.

그래도 시라타니운스이와 스기랜드 계곡, 오늘 산행 중에서 만났던 거목들이 존재하고 있음을 참으로 다행스럽게 생각했다. 아마 이들의 존속에는 야쿠시마 주민들이 진정한 나무 신의 우두머리로 믿는 죠몬 스기가 도왔기 때문이 아닌가 생각되기도 했다.

버스 종점에는 마지막 버스 시간이 임박해서야 도착했다. 안락한 버스에 오르니 만감이 교차했다. 불과 하루 만에 뛰어나고 수많은 경관을 감상하면서도 장시간에 걸친 고산 산행을 무사히 해 낸 것이다. 그것은 나 자신의 행운이라기보다는 죠몬 스기 나무 신이 도운 것이 아닌가 하는 생각이 들었다.

9

미국
국립공원을 가다

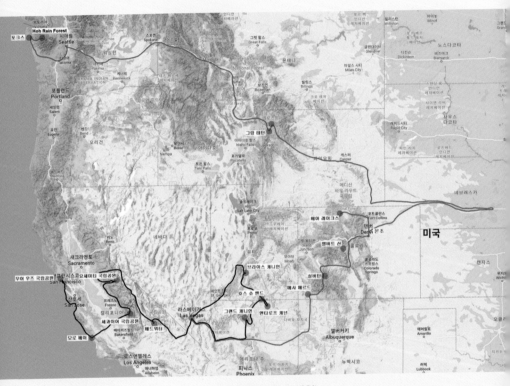

2019년 7~8월 (2개월)

들어가기

두 달여에 걸친 미국 여행을 했다. 쉽게 갈 수 있는 곳이 아니며 대륙 또한 거대하기에 시간을 나름 여유롭게 잡았다. 미국은 자동차가 없으면 움직일 수 없다고 했다. 차를 렌트했고 그 차로 무려 1만여 km를 운행했다. 아내도 동행했다. 체력 안배를 고려해 아내는 한 달 만에 귀국하고 남은 한 달을 혼자 여행했다.

광대한 대륙의 표면만 훑었을 뿐이었지만, 미국 국립공원 50여 개 중 20여 곳을 방문하고, 지나가는 길에 유명한 명소를 많이 탐방했다. 그런 곳들은 대부분 미국 서부에 모여 있기에 가능한 일이기도 했다.

미국 여행 동기가 된 것은 두 가지였다. 뉴질랜드 밀포드 트레킹 때 보았던 인상적인 온대 우림이 미국 서부 북부에도 있다는 것이었고, 다른 하나는 야쿠시마 탐방 때의 삼나무 거목과 유사한 삼나무류가 미 서부 깊은 산속에 있다는 것이었다. 그것도 크기가 엄청나다고 했다.

이 두 가지가 나를 미국으로 이끌었지만 사실 여행은 과외의 소득을 많이 얻는다. 아직도 개발되지 않은 채 남아 있는 거대하면서도 거친 서부 대륙을 자동차 하나에 의지해 남북으로 종단하면서 보기도 하고, 우리나라 작은 도만 한 국립공원을 차로 관통하면서 탐방했다. 그 거대한 공원들이 너무 잘 보호되고 있었기에 그런 공원 속의 탐방은 자연 속에 일체가 되는 경험을 선사했다.

그랬기에 이 미국 여행기는 이런 자연 탐방에 대한 가벼운 보고서라고도 할 수 있겠다.

서부 영화 단골 장면용의 모뉴멘트 밸리. 미국 서부를 대표할 만큼 인상적이었다.

뮤어 우즈 공원

공원행 서틀버스 주차장에는 출발 시간보다 무려 1시간 정도나 일찍 도착했다. 어제 시내 구경차 나와서 출발지점까지 확인해 두었다. 하루 1대 밖에 없다는 버스를 놓치면 모든 여행 계획이 엉망이 될 것이었다.

오후에는 예약한 렌트카를 찾아야 하고 내일은 샌프란시스코를 떠나야 한다. 그다음 날은 세쿼이아 공원의 산장 숙소가 예약되어 있다. 앞으로 20여 일은 모든 일정이 빈틈이 없을 정도로 빠듯하게 짜여 있었다.

시내를 벗어난 버스는 아직 안개가 채 걷히지 않은 해변 길을 달리기 시작했다. 유명한 캘리포니아 서부 해안의 안개였다. 하지만 관광객에게는 더 유명한 것이 곧 나타났다.

금색으로 치장한 긴 교각이 안개 속에서 실체를 드러내기 시작했다. 샌프란시스코 명물 1호라고 했다. 사람들이 웅성거리며 창가로 얼굴을 돌리며 셔터를 누르기 시작한다. 나는 별거 아닌 체하며 눈길만 가볍게 준 채 지나쳤다. 속으로는 한국에는 이제 저것보다 크고 멋진 다리가 수없이 많다며 무시하는 체하기는 했지만 사실 머릿속에는 관심이 온통 오늘의 탐방지 공원의 레드우드 나무에 가 있었기 때문이다.

공원에는 한 시간 정도 걸려 도착했다. 그렇지만 그 한 시간이 주는 시간의 느낌은 평소보다 수십 배나 길게 느껴졌다. 오로지 레드우드 나무 하나를 보기 위해 일부러 샌프란시스코에 왔었고, 그것도 도심에서 멀지 않은 곳에 있었기 때문이었다. 더 많은 레드우드가 남아 있는 곳은 이곳에서 무려 600여 km나 멀리 북쪽에 떨어져 있었다. 차로 이용해 방문해도 며칠이 필요한 곳이었다.

버스에서 내리자마자 곧장 공원 입구로 향했다. 셔틀버스로 귀환해야 하는 두 시간 동안의 짧고 한정된 시간에 최대한 공원 안을 돌아볼 욕심이었다.

공원 입구 공터에서 숲을 잠시 올려다보는 동안에 목이 아팠다. 정문 뒤에 삐쭉하게 높이 솟은 나무를 목이 꺾어지도록 올려 보아야 했기 때문이다. 그 나무를 찍자니 휴대폰을 수직으로 세워야 했고, 공터 뒤로 한참 물러서야 나무가 화면에 다 들어왔다.

아, 레드우드다!

레드우드는 이 지구상에서 키가 가장 큰 녀석!

흥미로운 것은 정작 숲속을 들어섰을 때 그들 키쟁이들의 진면목을 제대로 볼 수 없다는 것이었다. 빽빽한 숲의 천장은 나뭇잎들로 가려져 윗모습이 보이지 않았다. 북쪽의 레드우드 주립공원에는 110여 m에 달하는 것이 있다지만, 그것도 위를 올려다볼 수 없을 것이 뻔했다.

나는 이것을 이미 눈치채고 있었다. 언젠가 TV에서 캐나다의 거목 관찰자들이 나무의 키를 재기 위해 밑에서는 보이지 않는 나무 위로 올라가는 힘든 모습을 보았기도 했다. 그러니까 숲속에서는 나무의 키를 짐작만 하고 몸통을 구경해야 하는 것이다.

정말이었다. 공원을 들어서자마자 바로 눈앞에 직면한 그들 몸통에 갑자기 얼이 빠져 버렸다. 큰 덩치일 것이라는 예상은 했지만, 갑자기 맞닥뜨린 그 우람한 모습들에 숨이 턱 막혔다.

거무틱틱하고 칙칙한 색의 두터운 수피는 나무를 더욱 우람하게 보이게 만들었다. 썩어 문드러진 나무 밑둥의 구멍만 하더라도 사람들이 들락거리며 그 속에 들어가 사진을 찍는다. 우리는 큰 나무를 보면 본능적으로 안아 보면서 그 크기를 재 보려고 한다. 그러나 7~8명이 필요할 듯하니 그럴 순 없고 나무 앞쪽에 서서 자신의 양팔을 벌려 어림짐작하려는 행위만 한다.

이곳 레드우드와의 첫 대면에서 충격이 상당히 커서 여행 내내 영향을 주었다. 이후에 조우하게 되는 세쿼이아 공원의 세계 최대 세쿼이아 나무나 요세미티 공원의 마라포사 세쿼이아 군락지뿐만 아니라 마지막 방문지인 올림피아 공원의 수많은 거목들도 시큰둥할 정도로 내 머릿속에는 내성이 생겨 버렸다.

이미 나는 거목 숭배자가 되어 있었기에 세계의 큰 나무들을 많이 봐 왔었다. 앞편의 야쿠시마 삼나무뿐만 아니라 십여 년 전에는 아프리카의 바오밥 나무를 찾아 마다가스카르까지 여행했었다. 마다가스카르 모론도바의 소위 '바오밥 스트리트'라고 불리는 곳의 바오밥 나무들은 크기도 거대했지만, 그 늘씬한 몸매들이 보여 주는 경관은 가히 지구상 최고였다.

그러나 수년의 세월이 흐르면서 그것들은 기억에서 많이 지워진 듯 이곳 레드우드의 첫 대면은 감동을 주기에 충분했다.

공원에 들어오자마자 압도적인 나무들 모습에 충격을 받아 얼빠진 듯이 쳐다보고 있는데 아내는 뭘 그리 오래 볼 것이 있느냐 하는 듯 안쪽으로 들어가자는 몸짓을 보였다.

산책로도 어찌나 좋은지…. 진흙으로 다져진 편평한 길은 맨발로 걸어도 될 듯하다. 오로지 나무만 편안히 감상할 수 있도록 만들어진 길이었다. 방문객이 꽤 있으나 모두 다 말들이 없고 오로지 나무에만 집중하고 조용히 걷고 있어 사방은 정말 고요하기만 하다.

안으로 진입할수록 나무들은 더욱 빽빽해지면서 숲은 더욱 깊어졌다. 얕은 개울들이 몇 가닥으로 나뉘어 흐르고, 그 위쪽으로 나지막한 나무 데크들이 연결해 준다. 짙은 나뭇잎 사이로 살며시 새어 들어오는 빛은 옅은 안개와 더불어 지극히 그윽한 분위기를 연출하고 있었다. 이 숲속에서 하룻밤이라도 지낼 수 있으면 얼마나 좋을까 하는 생각이 들었는데, 아예 영면을 하고 싶은 사람이 있었다.

여행 후 귀국하여 리차드 도킨스의 책을 읽는데, 책 속에는 그가 이곳에 묻히고 싶다는 것을 소망하고 있었다. 잠시 고개를 끄떡거렸으나 레드우드 공원이나 세쿼이아 공원을 방문했으면 마음이 변하지 않았을까 하는 생각이 들었다. 무척이나 바쁜 세계적 유명 인사인 도킨스가 그런 곳까지 방문했을 것 같지 않아 보였기 때문이다.

하지만 깊은 오지에 위치하고 크기만을 비교하는 것은 의미가 없을지 모른다. 도심에 가까워 쉽게 접근하는 이 공원도 들어서고 나서 조금만 지나면 숲의 은근하고 고요한 맛에 빠져서 어쩜 이곳이 그곳들을 능가할 수도 있을 것 같았다.

그러면서 드는 당연한 생각의 수순, 도심에서 멀지 않은 곳에 이런 특별한 곳이 있다는 것은 그만한 사연도 있을 터였다. 세상에 그냥 얻어지는 것이 어디 있던가?

　대도시 인근에 나무를 살려 내고 공원을 만드는 데에는 미래를 내다보는 선각자가 있었다.

　한때 캘리포니아 해안을 따라 밀집해 있었던 레드우드는 그 우수한 목재의 효용성 때문에 남벌의 운명을 피할 수 없었다. 이러한 상황을 안타깝게 바라보던 당시 윌리엄 켄트 하원의원은 사재를 털어 소살리토섬 속의 숲을 사들였다. 하지만 개발주의자들과의 충돌은 불가피했다. 댐을 만들기 위해 숲을 수용하고자 했다. 이에 켄트는 숲을 연방정부에 기증한다. 그리고 정부에 공원으로 추진할 것을 건의했다.

　이 과정에서 더욱 감동적인 드라마는 계속되었다. 당시 대통령 루스벨트는 당연히 공원의 이름은 켄트가 되어야 한다고 했으나, 정작 본인은 환경운동가이자 미국 국립공원의 아버지인 존 뮤어의 이름을 넣을 것을 강력히 주장했다. 그의 건의대로 1905년 '뮤어 우즈 국립 천연기념물 공원'이 탄생했다.

　미국 국립공원을 방문하면서 뮤어의 이름을 빠뜨리지 않을 정도로 들을 수 있기에 요세미티 방문 때 언급하고자 한다.

다만 공원을 빠져나오면서 다시 보기 힘든 레드우드의 큰 몸체를 한참 음미하는 가운데 켄트라는 사람이 클로즈업되었다. 그 사람의 외모를 사진으로도 본 적이 없지만 아마 저 나무보다도 큰 사람이라는 생각이 들었다.

뮤어 우즈 공원의 탐방은 레드우드 나무의 외형의 모습에 감탄하기도 했지만, 한편으로 미래를 내다보는 혜안을 가진 사람의 행위에 감동을 받는 것이기도 했다.

버스를 타고 돌아올 때는 자욱했던 안개가 걷히고 시야가 완전히 트였다. 안개에 묻혀 희미했던 황금빛 금문교가 푸른색 바다 물색에 대비되면서 유난히 도드라져 보인다. 안개가 많은 지역의 특성상 배들이 지나다닐 때 다리를 잘 볼 수 있도록 교각에 금색을 칠했다고 알려져 있지만 나에게는 조금 다른 생각이 들었다.

다리를 건설할 때는 미국의 경제 공황, 즉 세계 경제 공황기였다. 서부 개척과 이어진 골드러시 바람을 타고 동서 횡단 철도를 개통시키면서 미국 경제는 폭풍 성장하여 영국과 버금가는 황금기를 구사한다. 주식은 하늘 높은 줄 모르고 뛰기만 했다. 하지만 자본주의 경제는 순환의 곡선을 그리는 체제다. 산이 높으면 계곡도 깊은 법, 폭락장의 결과는 참혹했다.

길거리에 나 앉은 사람들에게 다시 희망을 주는 행위를 해야 하고, 그런 것을 시각적으로 표현할 필요가 있었을 것이다. 뉴딜 정책의 추진에는 단순한 경제 정책만이 아니라 다시 번영하는 이미지도 같이 합성해야 했다.

인류는 역사의 시작부터 황금을 숭배했고, 미국의 서부는 황금을 품은 엘도라도였다. 그 미국 서부의 끝인 대도시 샌프란시스코는 그런 점에서 상징적인 도시 중의 하나였다. 그랬기에 공황기에 건설된 다리에 황금색을 입히는 것은 대중들의 마음을 전환시킬 수 있는 상징적인 결과물이지 않았을까?

그리고 그 다리도 태평양으로 향하고 있는 다리다. 어쩌면 새로운 엘도라도는 태평양 건너에 있다는 것을 암시하고 있는지 모른다. 이런 속내는 곧 현실로 드러났다. 일본의 도발을 유도한 태평양 전쟁을 불사했고 현재는 중국과 첨예한 대립을 하고 있다. 미국은 태평양을 자신들의 바다로 생각하는 듯하다.

이런 위험스러운 속물적인 인간 행위를 성인들은 간파하고 교훈을 주었다. 빈자를 위해 살았던 성인 프란치스코의 이름을 딴 도시 샌프란시스코는 은연중 통제할 수 없는 우리의 탐욕을 일깨우기 위해 지었으리라!

다리를 건너고 조금 지나자 바다 위에 있는 미국을 상징하는 또 하나의 구조물이 눈에 들어왔다. 나도 예전에 본 적이 있는 영화 〈더 록〉의 배경이 된 '앨커 트레즈'섬이다.

앨커 트레즈 섬.
가까이 보여 그런지 '탈출 불가능'이라는 말이 별로 어울리지 않아 보였다.

갱 두목 알 카포네가 갇히기도 했으며 절대 탈출 불가능의 감옥으로 유명했지만, 한편 다른 측면에서는 미국인들이 얼마나 자유를 중요하게 생각하는가를 나타낸다.

내가 저 절망의 감옥을 주목한 것도 위치의 흥미로움이었다. 잘 알다시피 미국의 시작은 동부이고 그 관문은 뉴욕이다. 뉴욕의 랜드마크는 자유의 여신상일 것이다. 그것은 미국이 자유의 나라라는 것을 천하에 공표하는 것이다. 그런 자유도 제약될 수 있다는 극단적인 모형이 감옥이다. 동부 입구에서 보여 주었던 자유의 제약점이 서부 끝에 있다. 그것은 거대한 대륙 속에 자유와 제약이 양쪽 끝까지 공존하고 있음을 보여 준다.

술 마실 자유와 술 먹일(?) 자유까지 원했던 무한 자유자인 알 카포네를 이곳에 수감시킨 것도 상징적인 표현일 것이다.

점심을 부둣가 식당에서 간단히 해결하고 곧장 렌트카를 찾으러 시내 중심에 있는 영업소에 갔다. 내가 한국에서 미리 계약해 간 H사의 렌트카 영업소만 하더라도 샌프란시스코에 10군데가 넘게 있었다. 동부에 사는 사람이 이곳에 볼일이 있으면 당연히 비행기를 타고 와서 자동차를 빌려 이용해야 할 것이다.

드넓은 대륙이고 자동차의 나라이니 당연한 것이었다.

나를 맞이한 중국계 남자 직원은 한국산 K3를 매장에서 가지고 왔다. 내가 중형차를 계약했다며 계약서를 보여 주며 "Mid Size!" 하고 말하니 기다리라고 한다. 30여 분을 기다린 후 도착한 차는 흰색의 중형 말리부였다. "Good!" 하면서 운전석에 앉아 몇 가지 작동법을 문의했다.

가장 중요한 것은 크루즈 기능이었다. 하루 절반 이상을 고속도로를 달릴 때 가장 필수 기능이다. 생산된 지 몇 달이 안 된 듯 운전 거리가 3,000마일 정도밖에 안 된 새 차를 잔뜩 긴장한 채 몰고 시내로 운전해 나왔다. 시내서 오래 운전할 필요가 없다. 여행에 필요한 장보기를 하기로 한다. 한인 민박집 젊은 주인이 소개해 준 한인 마트로 직행했다.

짐작은 했지만, 한인 마트는 한국의 웬만한 마트보다 물건이 다양하고 풍부했다. 간식거리로 건어물 같은 것들을 한국에서 조금 준비해 갔으나 그럴 필요도 없을 것이었다. 나중에 알았지만 굳이 한인 마트에 안 가도 되었다. 대륙 중심부의 한적한 시골길 가에도 있는 초대형 마트에는 없는 것이 없었다. 한국인의 필수 반찬인 김치도 대중화된 듯했다.

처음에는 준비를 철저히 한답시고 카트가 넘치도록 먹거리를 샀다. 여행용 트렁크와 함께 차 뒤쪽 짐칸이 비좁을 지경이었다. 아무튼 이제 미 서부와 중부를 가로지르는 장거리 로드 트립의 준비는 끝났다.

여러 가지로 의미 있는 긴 하루였다.

세쿼이아 킹스캐니언 공원

민박집 젊은 부부의 살가운 배웅을 받으며 집을 나섰다. 이틀간의 짧은 숙박이었지만 정이 제법 든 것 같았다. 심호흡을 하며 운전대를 잡았다. 앞으로 수십 일을 한 번도 가 보지 않은 길을 혼자서 운전하며 가야 한다.

휴대폰 구글 내비게이션을 보면서 시내의 중심도로에 들어섰다. 차들이 좌우로 씽씽 달린다. 여행의 운전 기간 중 가장 신경 쓰이는 곳이 시내였다. 가벼운 접촉사고만 나도 바로 여행이 망가지는 상황이 될 것이다.

그들이야 어떻게 달리던 나는 앞만 보며 간다. 한국에서 운전면허를 따고 도로 연수를 받을 때보다 더 초보자라는 마음으로 운전했다. 그렇게 1시간여를 달려 시내를 빠져나오고 캘리포니아 1번 국도에 들어섰다.

처음 미국에서 나의 운전 방식은 시내에서는 구글 내비게이션, 그것이 작동되지 않는 시외로 들어서면 도로 번호를 확인해 다녔다. 물론 전날

밤에 지도에서 행선지와 도로 번호를 숙지해 두어야 한다. 나중에 국내에서 가져온 시외용 가민 내비게이션 작동법이 익숙해진 후부터는 큰 어려움이 없었다.

길가의 카페에 차를 세우고 커피를 시켜 마신다. 적어도 로드 트립에서의 1차 관문은 통과했다며 안도의 한숨을 내쉬었다. 시내를 벗어났으며 이제 캘리포니아 1번 도로라는 일방통행의 길만 달리면 된다. 그 과정에서 새 차와 이 나라 도로에 대한 적응도 많이 될 것이다.

그랬다. 시내에서 멀어질수록 도로는 한적해지면서 운전이 수월해졌다. 어느 순간 바다를 낀 해안로에 들어서면서부터는 좌우에 눈이 가기 시작하면서 경관을 조망하는 여유까지 생겼다. 그 바다의 경치도 눈을 떼기 힘들 정도로 뛰어났다.

해변의 뽀얀 백사장이 끝없이 이어졌고, 군데군데 물 위로 솟아 나온 바위들과 그 바위들에 부딪친 물들이 하얀 물보라를 일으키고 있다. 마침 하늘은 활짝 개었기에 가없이 열려 있는 태평양 끝 너머로 수평선이 검푸른 선을 긋고 있으며, 그 위로 뭉게구름이 피어오르고 있었다.

입국 후 며칠 동안 긴장했던 마음에 여유가 생기면서 다양하게 전개되는 경치에 몰입하게 되었다. 정말 '태평양 해안 고속도로'라는 이름에 걸맞게 하루 종일 태평양을 끼고 달렸다.

자동차광들이 사는 미국에서조차 이 도로에서의 드라이브를 버킷리스트 1호로 삼을 만큼 이 도로는 인기가 높다고 했다. 거리도 무척 길다. 북부 시애틀에서부터 남부 도시 로스앤젤레스까지 1,000km가 넘는 거리다. 내가 마지막 숙박한 시애틀의 한인 모텔 주인도 가끔 부인을 태우고 이 도로 여행을 한다고 했다.

점심때 즈음 스페인 음식점이 길가에 나타나 들렀다. 나름 맛집인 듯 사람들이 제법 있다. 그들이 먹는 음식들을 곁눈질해 보며 주문해 먹었다. 동양 음식에  영향을 받은 스페인 음식들은 우리가 먹기에도 크게 어렵지 않았다.

가이드북에는 몬테레이라는 곳에 들르라고 추천하고 있었다. 하지만 우리는 그 이웃의 조그만 마을인 카멜을 들르기로 했다. 잘한 선택이었다. 바닷가의 작은 마을이었지만 정원같이 예쁘게 꾸며진 소도시였다. 해변가의 언덕에는 꽃잎같이 두꺼운 잎을 가진 키 작은 풀들이 바닥을 장식하여 넓은 꽃밭을 연상시켰고, 자갈이 부딪히는 해안가의 파도는 발을 떼지 못하게 만들었다.

카멜을 지나고부터는 도로 풍광이 급변했다. 해안이 절벽으로 바뀌고 도로는 그 허리를 관통하면서 이어졌다. 200~300m에 이르는 높고 가파른 벼랑 사이를 달리니 차가 공중을 달리는 기분이다. 저 멀리 절벽 사이로 이어진 도로를 보는 것만으로도 오금이 저릴 정도였으니 운전은 얼마나 긴장이 되는지 손에 땀이 날 지경이었다. 소심한 아내는 아예 눈을 감은 채 차 천장에 달린 손잡이를 잡고 놓지를 않았다.

아무튼 이 도로가 유명한 것은 이런 다양한 매력이 있기 때문으로 보였다. 해질녘이 되어서야 숙박 예정지 모로 배이에 도착했다. 해안가 바다 위에 모로라는 커다란 바위가 있어 이름이 붙여진 조용한 항구 도시였다.

예약한 숙소에 차를 주차하고 나니 온몸을 억누르던 긴장이 풀렸다. 마침 숙소 주변에 일본식 스시집이 있어 간단하게 저녁을 먹고 운전으로 보낸 하루를 마무리했다.

둘째날

오늘은 내륙 운전이다. 이른바 캘리포니아주의 내륙을 관통하고 그리고 주의 중심에 깊숙이 자리 잡고 있는 시에라네바다 산맥 속으로 들어가는 것이다.

이날도 하루 종일 운전했다. 운전 상황은 전날보다 난해했다. 지도로 봐서 대충 5~6시간이면 도착할 것으로 봤지만 오산이었다. 무엇보다 미국 국토에 대한 이해가 아직 정리돼 있지 않았다. 캘리포니아 주만 하더라도 남한의 4배가 넘는 면적이었다.

숙소를 떠나 들어선 도로는 구릉성 산지로 이어졌다. 이렇게 빈 땅을 그냥 내버려 둬도 되는가 하는 의문이 드는 텅 빈 야산 지대가 수십 km로 이어졌다. 우리 같으면 당연히 개간하거나 뭔가 이용할 만한 땅이었다. 2시간 정도 지나서야 완전한 평원이 나타났다. 끝이 보이지 않는 평야 지대가 저녁이 될 때까지 이어졌다.

그 넓은 들판에 무엇이 있을까?

한국의 마트 과일 판매대에서 매일 보다시피 하는 과일들이 그곳에서 자라고 있었다. 가장 흔한 오렌지, 체리, 포도 등등이다. 그 과수원이 차지하고 있는 면적만 하더라도 남한 땅 전체보다도 넓어 보였다.

군데군데 길가에는 여행자들을 위한 과일 판매대가 있다. 농민들이 자신들이 직접 가꾼 것을 내놓는 것이었다. 이런 곳에서 산 과일들이 이후 우리의 여행 과정에서 좋은 점심 대용이 되었다. 값싸고 잘 익은 과일과 빵을 들고 전망 좋은 곳에 주차하면 여유로운 피크닉이 되는 것이었다.

늦은 오후 저 멀리 기다란 산맥이 눈앞에 나타나면서 오늘의 목적지가 얼마 남지 않은 것으로 짐작했다. 하지만 오히려 그때부터가 여정의 시작이라 할 만했다. 해발 제로에 가까운 평원에서 3,000m에 이른 시에라네바다 산맥 속의 숙소로 가는 길은 말 그대로 산악 도로 운전이었다.

공원 입구의 비지터 센터에 신고를 하고 숙소 예약 서류를 보여 주며 산장 위치를 물었다. 서류만 봐서는 숙소 장소를 잘 알 수 없다며 가까운 숙박지를 일러 주었다. 도로를 따라 찾아간 숙박지는 우리가 예약한 곳이 아니었다. 그래도 그곳 직원이 우리의 숙박지를 정확하게 알려 주었다.

하지만 이때 이미 해는 지물고 비까지 내리기 시작했다. 그 어둑한 길가에는 아직 녹지 않은 잔설들이 싸여 있어 마음을 더욱 초조하게 만들었다. 바쁜 마음으로 조심스레 고원의 산길을 따라 달리다가 길옆의 이정표를 보고 들어가 마침내 숲속에 고요히 자리하고 있는 롯지에 도착했다.

예약 서류를 본 직원의 "Wellcome!"이라는 인사가 얼마나 반갑게 들리던지!

방을 배정받고 방문을 열고 방 안을 들어서는 순간 또 한 번 감탄사가 튀어나왔다. 2층 모서리에 위치한 방 양쪽의 창문 밖은 세상 어디에서도 볼 수 없는 전망이 전개되고 있었다. 한쪽은 숲속에 둘러싸인 작은 호수가 내려다보이고 건너편 창문 너머로 빽빽한 세쿼이아 숲이 손에 잡힐 듯이 자리하고 있었다.

세상에!라는 말밖에 나오지 않는 전망이었다.

세쿼이아 나무들의 그림자가 반사된 조그만 산정 호수의 물가에는 하얀 잔설들이 거울 같은 호수를 치장하듯 싸여져 있어 지금이 여름이라는 사실을 잊게 만들었다.

창밖으로 세쿼이아 숲이 내다보이는 것이 나에게는 참으로 귀중한 경험이기도 했다. 앞서 뮤어 우즈 공원에서 하룻밤이라도 보내고 싶은 소망을 가졌었는데, 그보다도 훨씬 더 깊은 산속의 세쿼이아 숲속에서 자는 것이었다.

그것도 이틀씩이나!

이번 미국 서부 국립공원의 방문 중 가장 큰 난관은 숙소 예약이었다. 여행을 결정하고 항공권을 구입한 후 출발하기까지는 한 달 반 정도밖에 여유가 없었다. 여름 성수기의 미국 국립공원 내의 롯지들은 예약이 어렵기로 유명했다. 좀 과장스럽게 말하면 로또에 당첨되는 것만큼 어렵다고 했다.

매일 그 공원 사이트들을 붙잡고 예약을 시도하여 몇 군데에 성공했다. 세쿼이아, 데스 밸리, 그랜드 캐넌의 세 곳이었다.

특히 세쿼이아와 데스 밸리는 인근 도시에서의 접근성 때문에 공원 내 숙박이 안 되면 탐방에 많은 어려움이 있는 곳이었다. 수십 km 떨어진 외곽 도시에서 숙박을 하고 몇 시간이나 운전을 하고 와서 이 넓은 공원을 잠시 보고 나간다면 얼마나 아쉬울 것인가!

그 무엇보다도 이런 깊고 깊은 심산, 지구상 유일의 세쿼이아 거목 숲 속에서 밤을 보낼 수 있다는 것이 짧은 인생에 자주 있을 행운이겠는가!

두 달여의 미국 여행 중 밤마다 다른 형태의 숙소를 이용했지만, 나에게는 이곳이 단연 제일이었다. 여행 중간에 아내가 먼저 귀국한 후 나 혼자 다닐 때는 숙소에 대해서 별로 개의치 않았다. 도둑이나 강도가 들지 않을 만한 곳이면 그냥 투숙했다.

그랬기에 나 혼자 한 달 동안 대륙을 주유할 때는 별로 예약에 신경 쓰지 않고 다녔다. 현시점 한국에 널려 있는 모텔의 본고장답게 문자 그대로 '차를 타고 다니다가 들어가는 호텔'로 이용했다.

좋은 숙소라고 잠을 잘 자는 것 같지는 않았다. 아침 일찍 깨워 호수를 한 바퀴 돌면서 가벼운 산책을 하고 나서 뷔페형 아침밥을 먹고 곧바로 공원 탐방을 나섰다. 오전은 제너럴 셔먼 나무와 그란트 나무를 탐방할 계획이다. 셔먼 나무가 숙소 인근에 있어 먼저 찾아갔다.

워낙 유명한 나무인지 오전부터 탐방객이 몰려와 있었다. 차를 주차하고 산책로를 따라 조금 오르니 개미같이 작아 보이는 사람들 앞에 세상에서 가장 큰 생물체가 툭 튀어나오듯이 우뚝 솟아 있었다.

나무라 하기에는 너무 덩치가 크다. 뮤어 공원에서 이미 큰 녀석들을 많이 봐 왔기에 내성이 붙었다고 생각했으나 막상 엄청난 덩치를 보니 도저히 나무라는 느낌이 오지 않는다. 그냥 거대한 기둥 앞에 선 느낌이다. 갑자기 이집트 여행이 떠올랐다. 엄청나게 큰 고대 궁전의 석조 기둥은 그것이 도저히 바위를 깎아서 만들었다고 상상이 되지 않았다.

밑둥 둘레가 30m가 넘고 높이가 80m에 이르니 축구장에 옮겨 누이면 딱 사이즈가 맞을 것이었다. 무게가 1,000톤이 넘는다니까 분해해서 덤프트럭에 싣는다면 100대분에 해당되고 집을 지으면 대사찰을 짓고도 남음이 있음 직했다.

나무 높이와 몸체의 크기를 실감 나게 보여 주는 사진을 찍지 못해
나의 사진 기술의 한계를 느끼게 만든 세콰이어 거목.

지상에 이런 생물체가 있다는 것이 실감이 나지 않을 것이기에 여행 중 지인들에게 사진을 송부했더니, 어떤 이는 쥐라기 시대의 가상적 합성사진 아니냐며 너스레를 떨었다.

그럴지도 모른다는 생각이 들었다.

수십 톤이 넘는 무게를 가진 공룡들의 세상에 어울리는 나무가 아직 이 지상에 남아 있다는 것이 어쩌면 비현실적이다. 한때는 그런 공룡들과 어울려 지구 표면을 덮고 있었을지도 모르는 것들이 지금 시에라 네바다 깊은 산속에서 조용히 자신의 존재를 숨기고 있다. 그러기에 이들은 얼마나 많은 사연을 안고 있겠는가?

또 하나의 나무를 보기 위해 발걸음을 옮긴다. 돌아서는 발걸음에 갑자기 엉뚱한 생각이 떠올랐다. 역사 교사였던 나에게 제너럴 셔먼은 익숙한 이름이었던 것이다.

신미양요의 배경이 되었던 '제너럴 셔먼호 소각 사건'이다.

평양감사 박규수는 당시의 쇄국정책 때문에 통상목적으로 접근한 미국 배 제너럴 셔먼호를 대동강에서 불태웠다.

만약 그때 문호를 개방하여 통상을 했더라면 이후 우리의 역사는 어떻게 전개되었을까? 조금 더 가정하여, 우리가 일찍 개화하고 근대화하여 일본의 식민지를 겪지 않고, 또한 통일된 나라로 안정된 국가를 이뤘다면….

방금 내가 보고 온 셔먼 나무는 나에게 더욱 남다른 느낌을 주지 않았을까? 하는 부질 없고 싱거운 생각이 머리를 스쳐 지나갔다.

아무튼 미국인들은 큰 나무에 장군 이름 붙이기를 좋아했는가 보다. 공원 안의 두 번째 큰 나무, 지구상에서 세 번째 큰 생물체라는 그랜트 세쿼이아에 갔다. 두 번째 큰 나무라지만 육안으로 판단이 안 되는 것은 뻔한

일, 전문가에 의해 측정된 수치일 뿐 눈앞에 보이는 모습은 앞의 셔먼 나무와 쌍둥이 같은 거대함이었다.

홍미로운 점은 그랜트와 셔먼은 미국 남북 전쟁 기간 때 북군의 지휘관이었고 그랜트가 상관이었다. 그랬기에 공원 당국에서는 일견 외관이 크고 나아 보였던 그랜트 나무에 상급자 이름을 붙였던 것이다. 지금도 크리스마스 때는 그랜트 나무를 크리스마스트리로 지정하여 나무에 치장을 하는 행사를 한다. 그 때문인지 탐방객들이 셔먼 나무보다 오히려 더 많아 보였다.

보통 대부분의 탐방객들은 이런 나무들을 직접 보고는 거대하다!라는 단순한 표현 이외에 적절한 단어 정도를 구사하며, 또한 사진으로 표현하기 위하여 사람과 같이 찍어 비교하려고 한다.

내 개인적인 경우는 오래전에 나무 밑둥이 사이로 차가 다니는 것을 보고 충격을 받은 적이 있었다. 그 허구적으로 보이는 나무가 캘리포니아 주립공원 안의 레드우드란 것을 나중에 알았는데, 그런 나무들은 앞서 지적했다시피 세쿼이아 나무보다 몸체는 작다.

레드우드 공원의 명물이 서 있는 나무 속으로 차가 지나가는 것이라면 여기 공원에서는 쓰러진 나무 밑으로 차가 다닌다. 도로에 거대 세쿼이아 나무가 쓰러지자, 공원에서는 나무를 치우지 않고 나무의 절반도 안 되는 부분을 파내어 그 사이로 차가 다니게 만들었다.

이른바 '나무 터널'이란 이름이 붙었다. 그 나무 밑으로 우리의 차도 지나갔다. 오후에 세쿼이아 '군락지 탐방길'에 가는 길에 그 나무 터널이 있었기 때문이었다.

 그 터널을 지나자 나를 유혹하는 것이 나타났다. 사람들이 커다란 바위를 타고 오르고 있었다. 차를 세우고 아내에게 눈짓을 하니, 당연 NO! 나만 갔다 오란다.

 모로록 트레일이라고 안내판이 붙어 있다. 가이드북에는 꼭대기에서 절묘한 풍경을 볼 수 있다고 소개하고 있었다. 왕복 1km도 안 되는 바위벽 길이었지만 난이도는 최고였다. 난간이 설치되어 있는 바윗길의 옆면 아래는 천애의 낭떠러지였다. 숨 가쁘게 오른 정상의 풍광은 빼어날 정도로 훌륭했다.

 시에라 네바다 산맥의 준봉들이 파노라마처럼 남북으로 이어져 끝없이 뻗어 있었다. 그 봉우리마다 이고 있는 하얀 만년설과 그 아래 산록의 검푸른 세쿼이아 숲의 색깔은 절묘한 대비를 이루며 신비로운 분위기를 연출하고 있었다.

낭떠러지 아래로 뻗어 내려가는 계곡은 끝이 보이지 않을 정도로 깊어 보였다. 그 깊이로는 그랜드 캐니언 계곡을 능가한다고 하여 '킹스 캐니언'이란 이름이 붙은 계곡이었다.

'빅트리 트레일'이라는 세쿼이아 군락지는 군락지라는 표현이 어색해 보이는 곳이었다. '거목들의 왕국'이나 '거목들의 세계' 그보다 좀 더 적절한 표현이 없을까?

'공룡나무들의 세상'은 어떨까?….

단순히 큰나무라는 의미의 빅 트리라는 영어식 표현보다는 한자어 '거목'이 좀 더 커 보이는 느낌을 주지만 이것만으로는 어딘가 부족해 보인다. 이 나무들이 거의 2,000살이 넘는 수령인지라 현 시대적 제한을 넘는 중생대 지질시대에 거대함을 상징하는 공룡과 결합시키는 용어를 쓰면 어떨까 하는 것이 이곳 트레일을 걸으면서 드는 생각이었다. 커다란 늪을 가운데 두고 한 바퀴 도는 거목 관찰로에서는 엄청난 크기의 나무들만 보는 것이 아니었다.

제너럴 셔먼 나무나 그랜트 나무 못지않게 큰 녀석들이 형제끼리 붙어 있다시피 이웃해 있는 모습들을 상상해 보시라….

거인 왕국에 간 난쟁이가, 그 나라의 성벽으로 만든 목채의 성벽을 바라보는 느낌이 드는 것이었다. 늪지대로 쓰러진 녀석은 자신의 몸체를 반도 담그지 못하고 있으며, 지상에 드러난 뿌리는 괴기스럽기까지 했다.

그래도 탐방로 중간중간에는 나무 생태에 대한 설명문이 붙어 있어 이 신비로운 나무에 대한 이해를 돕고 있었다.

거목들이 붙어 있는 것도 이유가 있었다. 땅속 조금만 내려가면 단단한 화강암 층이 막고 있어 뿌리를 깊이 내릴 수 없다. 강풍에 버티기 위해서는 서로 손을 잡듯이 뿌리를 서로 연결시키고 있다. 연리지가 아니고 연리근이다. 이것은 영양을 서로 나눌 수 있는 이점도 있어 보험을 드는 형태다.

상식에 가까운 식물학적 지식도 이들에겐 안 통한다. 키가 너무 커 광합성에 필요한 물을 뿌리로부터 상부의 잎까지 올릴 수 없다. 모세관의 원리에 한계가 있는 것이다. 이들은 잎으로도 수분을 공급받는 지구상 유일한 식물종이라는 것을 근래에 알아냈다고 한다.

태평양에서 매일 발생하는 안개는 앞서 방문했던 뮤어 공원의 레드우드에게는 영양 공급원이었다.

정말 흥미로운 뜻밖의 존재 방식은 씨앗의 발아였다.

불이 필요했다!

산불이 나서 딱딱하고 단단한 씨앗의 껍질을 열로써 벌어지게 하고 태운 낙엽 속으로 들어가 싹을 틔우는 것이다. 그 무서운 산불이 이들 숲을 재생시키는 매개체였다.

거목 앞에 걸어 나오는 아이는 한 마리의 예쁜 나비였다.

그리스 신화와 인도 신화에 번개와 벼락의 신들이 등장하는 것은 우리가 모르는 자연의 세계를 알리려는 의도인지 모를 일이다. 나중에 요세미티 공원을 방문할 때 넓은 면적의 산불 발생 현장을 보면서 생각이 복잡했던 것은 이런 세쿼이아 나무의 생태 때문이었다.

안내판에 소개된 것은 여기 와서 알게 된 신기한 것이었지만, 사실 내가 이 깊은 산속까지 오게 만든 것은 이 나무에 대한 신비로운 이야기가 있었기 때문이었다.

식물계의 계보에서 나자식물은 대선배 격이다. 그중에서도 생물학적 지식을 거부하는 삼나무류 이 세쿼이아의 기형적 삶은 식물학자들에게는 흥미로운 연구 대상이었다. 그러던 중 깜짝 놀랄 만한 사건이 터졌다.

때는 1941년, 2차 세계대전이 한창 중인 때로 일본이 중국을 반쯤 잡아 먹고 있을 시점이었다. 일본의 식물학자 미키 시게루는 우연히 세쿼이아와 닮은 화석을 발견한다. 이미 멸종한 것이라서 '메타 세쿼이아'란 학명으로 학계에 보고했다.

하지만 너무나 우연하게도 2년 후인 1943년 중국 양쯔강 상류 사천성 깊은 오지 산악에서 현지 주민에 의해 살아 있는 똑같은 나무가 발견되어 중국 학계에 보고되었다.

수백만 년 전에 절멸하여 화석 속에서만 그 존재로 남아 있던 것이 실존해 있었던 것이다!

미키 시게루의 마음은 어땠을까?

보통 너무 놀라서 까무러친다고 한다. 그럴 만할 것이다. 나는 이 드라마틱을 넘어 신기한 이야기에 매료되었다. 메타 세쿼이아에 대한 사연을 알고 나서 한국의 가로수로 흔하게 보던 것이 예사롭지 않고 매우 귀하게 다가왔다. 외양이 멋있고 단풍도 아름답다고 생각했던 나무가 너무 귀한 존재였던 것이었다.

그런 나무이기에 가을이 깊어지면 남도 여행길이 더욱 달라졌다. 이들을 보기 위해 한국 제일의 '아름다운 길 1위'로도 선정되었던 담양의 메타 세쿼이아 가로수 길을 찾아가는 길은 항상 가슴 설레었다.

귀하기로만 따진다면 한 수 위가 '은행나무'다.

생물 분류학상 종, 속, 과, 목을 넘어 강과 문까지 한 계통밖에 없는 지구상 유일의 식물이다. 2억 년 전에 나와서 아직까지 살아 있다! 열매의 퀴퀴한 냄새 때문에 사람들에게 괄시를 받지만, 사실 그 냄새는 공룡류가 좋아했을 것이라 했다. 어쩌면 이 시대에 멸종할 수 있었던 것이 역설적으로 인간에 의해 보호받고 전 세계에 퍼져나갔다.

메타세쿼이아와 은행나무는 인류와 운명을 같이할 것으로 보인다. 수억 년 살아온 것들이 인류라는 수명이 별로 길어 보이지 않아 보이는 종에 의지한 것은 어쩌면 약간 불운으로 보인다. 하지만 다른 측면에서 우리와 운명을 같이할 존재라는 측면에서 연민의 정이 갔다.

아무튼 나는 이런 존재들을 보는 것이 신기하고 흥미롭다. 이들을 친견하는 것이 가슴을 뛰게 만들어 수만 리 이국의 깊은 산속까지 찾아들었다.

언젠가는 원산지이며 가장 나이가 많은 은행나무가 있는 중국 땅으로 찾아갈 꿈을 가지고 있다. 그런 생각을 하는 자체로도 즐겁다.

잘 떨어지지 않는 발길을 내밀며 자꾸 뒤로 돌다 보면서 거구들과 작별을 고한다. 수천 년 동안 자리를 지켜온 이들에게 우리 같은 방문객은 찰나에 지나가는 존재일 것이다. 자신들에게는 수천 년 동안 친밀하게 지냈던 인디언이 그리울 것이다. 그래서 지금은 사라진 그 체로키 인디언 지도자 이름인 '세쿼이아'를 붙였다. 방문객들이 세쿼이아란 단어를 속삭일 때마다 친구가 가까이 있다고 느낄 것이었다.

요세미티

요세미티!?….

이름부터가 예사롭지 않은 게 아닐까? 어감이 신비스러운 만큼 공원 안에는 신비스러운 경관도 많다고 했다. 이렇게 사람들을 댕기게 만드는 것이기에 미국인에게는 가장 인기 있는 방문지이고, 그래서 미국의 국립공원 방문자 수는 항상 최고 순위에 있었다.

그런 곳이기에 공원 안의 숙소 구하기는 언감생심 꿈도 꾸기 힘들었다. 거의 1년 전에 예약을 시작해야 한다고 하니 한 달 정도 전에 시작한 나로서는 무리였다.

외곽 지역의 도시에 예약을 했으나 막상 미국에 와서 차를 몰아 보니 그곳들이 공원과는 상당히 먼 거리라는 사실을 알았다. 그래서 예약을 모두 취소하고 공원 입구의 여행 안내소에 들러 도움을 청했다.

내 나이 또래의 할머니 안내원은 무척 친절했다. 우리의 사정을 감안해서 최대한 공원과 가깝고 값도 적당한 곳을 물색해 주었다. 인터넷에 접속하고 직접 숙소에 전화까지 해서 숙소의 시설까지 확인해 주었다.

외국의 공원 여행을 하면서 느낀 것이지만, 여행 안내소 직원들은 정말 친절했다. 단순한 정보 전달에 그치지 않고 시간이 허락되면 일일이 직접 전화를 해서 확인까지 해 주는 것이었다.

뉴질랜드 북섬의 카오리 나무 탐방 때의 안내소 여직원은 하루 렌트카 빌리는 데에도 일일이 대여소에 전화해서 연결해 주었다. 국제 면허증뿐만 아니라 국내 면허증을 소유해야 함에도 렌트카 직원을 설득해서 운전하게 해 주었다. 사흘 동안의 숙박지가 모두 달랐고 공원 내부까지도 거

글레이셔 포인트에서 본 요세미티. 가장 좋은 전망대라 여겨졌다.

리가 상당했다.

시에라네바다 산맥의 가운데 자리한 요세미티는 면적도 아주 넓었다. 공원 입구에 있었던 숙소였지만 내부까지는 한 시간 이상을 운전해 들어가야 했다. 일반적으로 요세미티로 들어가는 입구는 2곳인데, 우리가 이틀간 숙박했던 남서쪽 통로는 산맥을 넘어가야 했다.

다행인 것은 이 통로에 공원 전체를 조망할 수 있는 최고의 전망대가 있었던 것이었다. 다른 통로로 들어온다면 전망대로 가기 위해 한나절이 소요되는 것이었다.

글세이서 포인트!

그 전망대는 한마디로 눈을 번쩍 떠지게 했다. 주차장에서 몇 분 걸어 전망대에 올라서는 순간 눈 앞에 펼쳐지는 환상적인 풍광은 가히 미국 최고라 해도 전혀 손색이 없을 것이었다.

지구상 최대의 단일 화강암 바윗덩어리인 '하프 돔'이 문자 그대로 반쪽 난 모습으로 손에 잡힐 듯이 다가서는데, 떨어져 나간(?) 단면의 절벽은 안쪽으로 약간 파인듯하여 경사도가 90도를 넘어 중간에는 안쪽으로 약간 파인 모습이다. 그런 곳을 타오를 암벽 등반가를 상상하니 오금이 저려 왔다. 그 옆에는 더 높은 것이 있다. 지상에서 1,000m가 넘는 거대한 비석을 세워 놓은 것 같은 '엘 캐피탄' 바위가 그것이다.

남북으로 수십 km가 넘을 듯한 빙하 계곡의 양안 산 중턱에는 하얀 우유가 뿜어져 내리는 듯한 거대한 폭포들이 늘어서 있다. 그 물들이 계곡의 푸른 수풀 사이로 뱀 모양같이 허리를 수없이 꼬아 가며 흐르고 있다.

눈을 조금 위로 향하면 더 장엄한 경관이 기다린다. 하늘 끝으로는 4,000m급의 하얀 만년설을 머리에 인 고봉들로 이뤄진 시에라 네바다 산맥이 끝없이 펼쳐져 있다. 가히 이 지상의 모습이 아닌 외계 행성에 온 것 같은 착각이 들었기에 이곳은 외계 거인들의 놀이터가 아닌가 하는 상상이 들게 했다.

바위 공 구슬치기를 하다 반쪽으로 깨진 것이 하프 돔이 되었고, 할 수 없이 비석치기 놀이로 바꿔 이용한 것이 엘 캐피탄 바위다. 그렇게 놀다가 땀이 나면 폭포 물로 세수를 하기도 하고, 빙하수 얼음물에 뛰어들어 물놀이를 하면 딱 좋을 곳이었다.

이런 환상적 풍경을 자국에 가진 미국인들은 얼마나 뿌듯하겠는가? 론리 플레닛 여행 가이드북에 의하면, 이 광경을 보고 들어오는 미국인들이 자부심에 겨워 저절로 애국가를 부른다고 말하고 있었다.

또 이런 풍광을 천천히 음미하며 걸으면 얼마나 좋겠는가!

걷기를 좋아하는 사람이라면 이런 곳을 차만 달랑 타고 올라와 가려고 하지 않을 것이다. 그럴 만하기에 당연히 트레일 코스가 있다. 그것도 아주 유명한 것이었다.

미국에는 세계적으로 유명한 3곳의 트레일이 있다. 영화 〈Wild〉로도 알려진 미 동부 애팔레치아 산맥을 따라 걷는 무려 4,300km의 것과(나도 이 영화를 보고 그 트레일의 존재을 알았다), 미 중부 지역을 관통하는 것과 서부 시에라 네바다 산맥을 따라 걷는 이곳 '존 뮤어 트레일'이 그것이다.

존 뮤어!

귀에 익은 이름이다. 이 장 처음에 소개된 뮤어 우즈 국립공원 편의 그 뮤어다. 미국 서부 공원을 여행하다 보면 뮤어의 이름과 자주 접하게 된다. 그만큼 이 사람과 미국 공원과의 연관이 깊다는 것이다. 뮤어의 간단한 약력을 아는 것도 미국 국립공원을 이해하는 데 약간의 도움이 된다.

위스콘신 대학교에서 자연과학을 공부한 뮤어는 여기 요세미티에 정착한 후 평생을 바친다. 그의 노력으로 요세미티가 1890년 미국에서 3번째로 국립공원으로 지정되고 이후 13개의 국립공원 지정에 그가 영향력을 끼쳤다.

그는 진정 '미국 국립공원의 아버지'라 부를 만했다. 많은 곳을 여행한 뮤어였지만 죽을 때까지 요세미티를 가장 사랑했다고 알려져 있다. 당시 대통령 시어도어 루스벨트도 그와 함께 눈 속에서 사흘간이나 야영을 했고 공원의 확장 보호에 영향을 끼쳤다.

　내가 처음 미국 여행 계획을 세울 때 아름답다고 소문난 요세미티 공원만큼은 뮤어 트레일을 단 며칠만이라도 걸어서 관통하고자 했다. 그런 여행은 당연히 혼자서 해야 하는 것이었다.

　어느 정도 마음속으로 계획을 세우고 나서 가장 중요한 관문을 통과해야 했다. 아내의 허락이다. 예전의 아프리카 여행 같은 오지는 동행을 할 수 없었으나, 퇴직 후에는 같이 여행하는 것으로 원칙을 세웠다. 그래도 산악 트레킹 여행은 같이할 수 없는 것이었다. 그런 점에서 미국은 애매한 곳이었다.

　어느 봄날 날을 잡았다. 남도에서 제일 유명한 '화개 10리 벚꽃길'을 유람하고 돌아오는 길에 차 속에서,

　"나 이번 여름에 미국에 가려고 하는데…."

"뭐 미국! 나도 가야지!"

"근데 장기간이고 장거리 운전, 며칠 산악 트레킹 계획도 있어서….."

"혼자 가겠다는 생각인 모양인데, 안 돼 나도 갈 거야, 기분 나쁘네….
좋은 벚꽃 보고 기분 망쳤다!"

"…."

벚꽃 구경도 안 하고 말했으면 쫓겨났으리라….

모든 계획을 수정했다. 뉴욕에서 샌프란시스코까지 대륙횡단 열차를
타고 미국을 관통해 보는 것도, 뮤어 트레일을 배낭을 메고 야영을 하는
것도 일장춘몽이었다.

잔병이 많고 체력이 약한 아내가 고된 여행을 해 내도록 해야 할 과업
을 떠안았다. 그래도 중간에 협상은 있었다. 두 달 중 한 달은 나의 자유
여행이라는 보너스를 얻어냈다. 여행을 끝내고 나서 가끔 미국 여행에
대한 소감들을 나눌 때면 아내는

"투쟁 끝에 얻은 최고의 여행이었지. 흐흐."

아무튼 뮤어는 북극 지방까지 여행할 정도로 지구의 특별한 자연을 찾
아다니는 여행을 했지만, 가장 오래 머무르고 사랑한 곳이 이곳 요세미티
였다.

그가 자주 다닌 산중 길에 그의 이름이 붙는 것은 어쩌면 당연한 수순
이기도 했다. 385km 정도로 짧아(?) 보이기도 하나 실제로 다른 트레일
에 비해 험난하다고 했다. 4,000m가 넘는 설산의 고봉들은 거의 한 여름
이 돼야 접근이 될 정도다. 그런 곳이었기에 사흘 정도의 일정으로 요세
미티 인근만이라도 걸을 계획을 했었다. 그마저도 아내가 여행에 합류함

으로써 관광여행(?)이 되면서 포기했었다.

아무튼 전망대에서 요세미티의 환상적인 풍광을 보면서 한편으로 회한이 들어 가벼운 코스나마 잘 걷지 않으려는 아내를 달래서 전망대 능선 코스를 걸었다.

그래도 요세미티의 매혹적인 분위기에 끌려 미국 공원 탐방 기간 중 가장 긴 시간인 사흘을 머물렀다. 아침부터 긴 여름의 해질녘까지 공원의 구석까지 걸어서 돌아다녔다.

마지막 날 마라포사 거목 지대는 마감 시간이 임박해서까지 천둥 번개에 소나기를 맞으면서 탐방했다. 공원 내부에서 차로 한 시간 이상 걸리는 곳으로 짧은 일정으로 방문하는 사람은 놓치기 쉬운 곳으로, 개인 여행 일정을 짤 때 꼭 방문하기를 추천하고 싶은 곳이었다.

평소 나무에 관심이 덜하더라도 마라포사의 삼나무 거목들을 보면 그 경이로운 모습에 분명 감탄을 할 것이다. 나는 세쿼이아 공원에서 원 없이 거목들을 봤지만 요세미티를 떠나면 다시는 못 볼 것 같아 악조건 속에서도 갔었다.

입구 주차장에서 마주친, 이미 탐방을 마치고 내려오는 여행자들은 엄지손가락을 곧추세우면서 원더풀!을 연발했다. 혹시 우리가 강우 때문에 포기할까 봐 용기를 주는 것이었다. 이렇듯 요세미티는 정말 다양한 경관들을 가지고 있었다.

데스 밸리에서 라스베이거스로

사흘을 머물렀던 요세미티를 떠난다. 이제 여행 시작한 지 열흘 정도 되면서 제법 여유가 생겼다. 아내도 그런대로 잘 버텨내고 있다. 몸은 고되겠지만 내색은 하지 않는다. 혹시나 자신이 짐이 된다면 여러 면에서 곤란하다는 것을 잘 알고 있을 것이었다.

오늘은 장거리 운전이다. 3,000m의 시에라 산맥을 넘어 미국에서 두 번째로 크다는 데스 밸리까지 가야 한다. 긴 산맥이니 고개도 많을 터, 요세미티에서 넘어가는 '티

오가 고개'가 경치도 좋고 길도 가까웠다. 하지만 정상부에 눈이 녹아야 길이 열린단다.

공원 측에 문의하니 아직! 이란다. 7월이 다 된 한여름인데 산 위는 눈으로 덮여 있다니…. 하는 수 없이 공원을 빠져나가 북쪽으로 한참 올라가 산맥을 넘어가는 108번 국도로 향했다.

주요 국도이지만 대산맥을 넘는 길은 예사롭지가 않았다. 산 중턱도 도달하기 전에 길옆에는 잔설이 보이기 시작하더니 정상부의 도로 양쪽은 설벽으로 이어져 있었다. 아마 이 도로도 개통이 된 지 얼마 되지 않은 듯했다. 고개를 넘어 산맥의 동부 산기슭에 도달하는 데 오전이 다 지나갔다.

산맥의 동부는 서부와 분위기가 사뭇 달랐다. 과수원 같은 것은 보이지 않고 끝없는 목초지만 이어졌다. 군데군데 간단한 경계 표식이 있는 목장이 산록을 따라 계속 이어지고, 멀리 건너다보이는 소 떼들은 풀을 여유롭게 뜯고 있다.

풍광은 뛰어나고 길도 좋으나 오늘의 목적지 데스 밸리는 좀처럼 나타나지 않았다. 해가 거의 서쪽 지평선에 올려질 무렵에 주위 풍광이 달라졌다. 목장은 언제부턴가 사라졌고 풀도 잘 보이지 않는 황량한 땅이 나타났을 때 데스 밸리 사막 공원이 인접함을 느꼈다.

비지터 센터를 통과하면서 예약된 숙소의 위치를 물었다. 한참 가야 된다는 사막 같은 건조한 답변이 돌아왔다. 30여 분을 갔을 때 롯지 건물이 나타나 들어가서 물으니 우리의 숙소는 더 안쪽에 있다고 한다.

데스 밸리 공원이 그렇게 큰 줄 몰랐다. 아니 그렇게 길쭉한 모양을 가진 줄을 몰랐다. 폭은 20km 정도인데 길이는 200km가 넘었다. 아주 길쭉하고 좁은 협곡이 끝없이 이어진 지형이었다. 키 작고 메마른 풀들이 듬성듬성 나 있는 황량한 언덕들을 수없이 넘어 해가 넘어갈 때 사막 한

가운데 작은 롯지 건물이 신기루 같이 나타났다.

반가움은 잠시였고, 차 문을 열자마자 기겁을 했다. 뜨거운 열기가 온몸을 덮쳐 왔다. 아내는 비명을 지르며 빨리 방 열쇠를 가져오라고 소리를 질렀다. 체크인을 재빨리 하고 열쇠를 받아와 방 안으로 들어갔다. 작은 방의 벽면에 달린 에어컨을 작동시켰다. 그것도 최대치로다. 지금도 기억이 생생하다.

에어컨 소음이 얼마나 심하던지…. 그렇게 나온 바람은 왜 그리도 시원하지 않던지….

나는 세계 여행을 하면서 나름 사막에 대한 다양한 경험들을 가지고 있었다. 세계 최대의 사막인 사하라 사막에서는 담요만 깔아 놓고 잠을 잔 적이 있었고, 우즈베키스탄과 투르크메니스탄의 국경에서는 비자 수속을 위해 기다리면서 피부를 태우는 듯한 사막 열풍의 진면목을 체험했다. 서부 아프리카 여행 때의 말리 구간은 국가 전체의 영토가 사막 지역에 속했었다.

그런 경험을 다 잊은 듯 데스 밸리의 첫 대면은 최악이었다. 사막 저지대는 해발 -85m에 이르고, 20세기 초에 낮 기온이 57도까지 올랐다고 했다.

사막의 밤은 기온이 급강하한다지만 우리의 숙소에는 해당 불가였다. 한낮의 열기를 받은 단층 건물은 밤새도록 식을 줄을 몰랐다. 아마 이 숙소는 데스 밸리라는 '죽음의 계곡'을 체험할 수 있도록 지어진 의도가 있는 듯했다.

그나마 이 숙소마저도 예약에 성공하지 못했다면, 저 옛날 서부 개척민들이 이 계곡을 건너다가 죽음을 맞이하면서 붙인 이름인 'Death Valley'

에 걸맞는 경험을 할 뻔했다.

　잠을 잘 이루지 못하면서 뒷날의 계획을 머릿속에 짰다. 이곳은 오래 있을 곳이 못 된다. 한낮은 더욱 더울 것이니 오전 내에 탐방을 끝내고 잽싸게(?) 벗어나는 것이다!

　그래서 다음 날 오전에는 여러 유명 탐방지 중에서 딱 2곳만 들렀다. 먼저 들른 곳이 '단테스 뷰'라는 곳이었다. 1,600m 고지에서 계곡의 진면목을 볼 수 있는 곳이었다.

　남북으로 까마득히 이어진 계곡 옆 산에는 검은 돌들로만 채워진 듯한 거무틱틱하게 주름 잡힌 계곡들이 질서 없이 얽혀 있다. 그 아래의 계곡 바닥도 마찬가지다. 검붉은 색깔이 바닥을 채우고 있는 가운데 군데군데 나타나는 흰색 줄기들은 그것들이 소금 지대라는 것을 나중에 알았다.

　생기라고 전혀 느낄 수 없는 황량하고 이질적인 모습에 지옥이 이 같은 모습일 것이라고 명명한 것이 이해가 되었다. 푸른 지구의 모습과는 너무 대조적이기에 외계 행성과 관련된 영화 촬영지로 선택된 것도 적절해 보였다.

　이어서 방문한 '배드 워터'는 아내에게 가장 오래 기억에 남는 장소가 되었다. 소금 덩어리로 된 바닥 옆 언저리에는 샘이 솟아 나온다. 말이 샘이지 소금기로 가득한 지독히 짠맛이었다. 손가락으로 짠맛을 보며 구경을 하고 있는 사이, 아내가 보이지 않았다. 사람들을 따라서 하얀 소금 바닥 길을 따라서 저 멀리 가고 있는 것이 아닌가….

　뛰어가서,

　"이 사람아, 어디까지 가는 거야!"

　"……. 사람들이 다 가는데 저기 구경거리가 있는 거 아니야?"

　인터넷의 여행 후기들을 읽어 보면 소금 바닥 끝까지 갔다 온 것을 자랑한 사람들이 꽤 있었다. 그들은 모두 20~30대의 청춘들일 것이다. 귀국해서 미국 여행에서 가장 인상적인 곳을 물을라치면 아내는 항상 "소금 들판길!" 하고 말한다. -85m 저지대의 50도에 가까운 열기는 그녀가 평생 처음 경험한 것이었다.

　죽음의 땅이나 지옥이 가까운 곳에 있어도 썩 그리 걱정을 하지 않았다. 우리의 앞길에는 정반대인 환락의 땅이 기다리고 있었기 때문이다.

　라스베이거스로 간다! 사막 속의 도시 라스베이거스….

　그래도 도시가 가까워지면서 선인장과 함께 키 작은 풀들이 듬성듬성 나 있어 그런대로 사막의 황량함을 지우고 있었다.

도심에 가까워질수록 긴장  이 되기 시작했다. 미국의 대도 시는 어디에서도 시내 가운데 를 관통하는 도시 고속도로가 발달되어 있었다. 시 외곽보다 도심에서 차들이 더 빨리 달리 는 것 같았다.

한쪽 눈으로 내비게이션을 보면서 램프로 빠져나가려고 했다. 하지만 쉽지가 않았다. 출구 쪽의 끝 차선에는 수많은 차들이 쏜살같이 들락거렸다.

끝내 정확한 램프를 놓쳤다. 한 구역 지나친 램프를 빠져나와 새로운 내비게이션의 안내를 따라 움직였다. 그래도 우리가 예약한 호텔을 멀리서도 볼 수가 있었다. 에펠탑과 똑같은 탑이 세워져 있는 패리스 호텔을 예약했기 때문이다.

어찌어찌하여 호텔 주변에 도착했으나 호텔 주차장 입구를 찾을 수 없었다. 할 수 없이 차를 뒷골목에 주차하며 혹시나 경찰이 견인해 가지 않도록 아내에게 지키게 한 후 체크인하러 들어갔다.

정말 큰 호텔이었다. 체크인 창구가 10개는 돼 보이고, 그 창구마다 사람들이 긴 줄로 대기를 하고 있었다. 30분 정도 기다린 시간이 몇 시간 같이 길게 느껴졌다.

키를 받아 들고 주차 문제를 해결하고 방 안에 들어섰을 때 미국 여행이 완성된 것 같은 기분이 들 정도였다.

창문을 열고 그 유명하다는 사막 속의 대도시 라스베이거스의 야경을 감상하는 것도 잠시, 맛집을 찾는 미션을 수행하러 나섰다. 마침 우리 호텔 맞은편에 있는 시저스 펠리스라는 호텔 안의 뷔페가 좋다고 했다.

그 호텔을 찾아갔다.

도저히 호텔이라고 상상이 안 되는 곳이었다. 시저나 아우구스투스 같은 로마 시대의 유명 인물 조각상들이 내부 곳곳에 장식돼 있어 박물관 같은 분위기가 났다. 안쪽으로 들어가면 수많은 카지노 시설이 펼쳐져 있고, 그곳을 벗어나면 카페나 명품관들이 있다. 우리에게는 슬픈 일이었지만 비운의 복서 김득구 선수가 이곳에서 사망한 특설 링도 이곳 어디에 설치했었을 것이다.

그런 곳들을 통과해야 뷔페 식당에 도달할 수 있었다. 당연히 긴 줄이 우리를 기다리고 있었다. 그런 곳이니 식당은 좀 크겠는가?

그것에 대한 에피소드….

좌석을 배정받고 음식을 받으러 음식 코너로 갔다. 수많은 음식 종류는 그 진열대 길이가 대변한다. 낮은 실내 조명으로 앞뒤 끝이 안 보이는 줄을 따라 큰 접시를 들고 나섰다. 나는 해물류, 아내는 스테이크류를 찾아 수집에 나섰다.

많은 사람들이 모여 있는 곳에 가 보니 대게 코너였다. 옳거니 잘됐다 했다. 샌프란시스코 명물이라는 던지던스 게 요리에 얼마나 실망을 했던가, 저거 하나만 공략하겠다 하며 알래스카에서 오전에 비행기로 공수해 왔다는 것을 접시 하나 가득 담고 우리 좌석 쪽으로 이동했다. 우리 좌석을 찾을 수가 없었다. 큰 접시를 들고 축구장만 한 식당 안을 헤매기를 한참 만에야, 다른 코너에서 똑같이 접시를 든 채 황당해하고 있는 아내를 만났다. 라스베이거스에서 일주일을 머무는 동안 그 뷔페를 두 번이나 갔다.

시저스 호텔을 나오면 벨라지오라는 호텔이 있었다. 그 앞에 인공호수가 있고 마침 분수 쇼가 펼쳐지고 있었다. 무지개색 조명을 비추고 배경음악에 맞춰 솟아오르는 물줄기들이 다양한 형태로 춤을 춘다. 수많은 관광객이 탄성을 지르고 사진 찍기에 바쁘다.

이 호텔로 이어진 시내 1km의 중심도로를 스트립이라 불렀다. 밤 중의 그 도로는 현란하기 그지없었고, 가히 지나칠 정도로 환상적이었기에 환락적 분위기라고도 부를 만했다. 라스베이거스에는 유명한 쇼 공연이 많이 열린다고 했지만, 우리는 별로 흥미를 가지지 않았다. 한밤중 스트립 도로를 따라 걷는 것만 해도 세상의 어떤 쇼보다도 더 볼 만한 것이라고 생각했기 때문이었다.

객실 수로 따진다면 패리스 호텔은 어디에 뒤지지 않을 만큼 컸다. 대충 추측해 봐도 1,000여 개는 넘을 것 같았다. 최고급 5성급이었지만 방값은 한국의 일반 호텔 수준이었다. 이것을 귀국해서 지인에게 말했더니,

"카지노에서 다 벌지요!"

그래도 우리는 하루만 그곳에 숙박하고 남은 날은 외곽의 모텔급에서만 숙박했다. 그런 곳도 방은 널찍했고 오히려 지내기가 좋았다. 아침은 누룽지탕 같은 간단한 음식도 해 먹을 수 있도록 전기 레인지 정도도 갖춰져 있었다.

그곳도 어김없이 카지노 시설은 있었다. 심심할 때 가끔 들어가 구경을 할 뿐 한 푼도 걸지 않았다. 어차피 기계와 씨름할 생각이 없었다. 행운을 시험해 볼 생각도 없었다. 지금 이곳에 와 있는 것보다 더 큰 행운이 어디

있을 것인가!

"돈 좀 따 오세요^^"라고 했던 지인의 배웅 인사만 카지노 안에 들어설 때 생각났다. 카지노 마니아에게는 라스베이거스가 게임을 하러 오는 곳이겠지만, 우리에게는 미 서부 여행의 중요 베이스 캠프 역할을 하는 곳일 뿐, 그동안의 피로를 풀고 재충전하여 또다시 장거리 로드 트립을 하기 위한 중간 기지였다.

그랜드 서클

그랜드 캐니언

라스베이거스에서 사흘을 머물렀다. 충분한 휴식을 취하는 가운데 2주 간의 여행 피로가 적당히 풀린 데다가 미국 여행에 대한 적응도 된 듯했다. 그러면서 새롭게 탐방할 곳에 대한 기대가 부풀어 오르기 시작했다.

앞으로 2주 기간은 우리들에게 이번 여행의 2부 행사라 할 수 있을 것이었다. 그것도 미국 서부 여행의 백미라 할 수 있는 그랜드 서클 지역이다. 이미 지나왔던 데스 밸리를 포함해 그랜드 캐니언, 브라이스 캐니언, 아치스 공원, 자이언 공원, 캐니언 랜즈, 캐피 틀리프 등의 국립공원뿐만 아니라 모뉴먼트 밸리, 앤텔로프 캐니언, 더 웨이브, 호스슈 밴드 등 이름난 국가 기념물이나 유명한 관광지가 몰려 있다.

우리의 영토 감각으로는 수천 km의 원 안에 들어 있는 거대한 지역이지만, 광대한 미국 영토로 봐서는 적당한 원안에 한꺼번에 몰려 있는 모습이다.

그렇기에 미국인들이 가장 많이 방문하는 곳이 되는 것은 당연했다. 라스베이거스는 도박을 위한 도시라기보다 이들 관광지들을 방문하기 위한 배후기지로서 급속히 성장한 도시였다.

열흘이 지나면 다시 돌아올 라스베이거스를 뒤로하고 고속도로에 접어들었다. 앞으로 3,000km의 장거리를 돌아야 한다. 가장 먼저 탐방할 곳은 그랜드 캐니언, 유명하기도 했지만 라스베이거스에서 가장 가까운 곳에 있었기 때문이었다.

그래도 우리의 경부 고속도로보다 긴 450km가 넘는 장거리다. 점심때

오직 유구하고 장구한 세월만 느껴졌던 그랜드 캐니언의 모습.

가 지나서야 투사안이라는 공원 앞 작은 도시에 도착했다. 공원 안에 숙소를 예약하지 못한 사람들은 이곳을 이용한다.

이번에도 숙박의 행운이 따랐다. 공원 안이었다. 그것도 숙소를 나서면 바로 캐니언 계곡과 맞닿아 있는, 옆면에서 보면 절벽 위에 세워진 롯지였다.

대강 위치 짐작은 했었지만 이렇게 가깝게 붙어 있을 줄을 몰랐다. 이틀 동안 숙소에서 수시로 들락거리며 일출과 일몰 등 평생에 한 번도 보기 힘든 장엄한 경관을 원 없이 볼 수 있었다.

물론 예약이 쉽지 않았다. 방문 한 달 전부터 국립공원 사이트를 매일 켜놓다시피 하여 취소한 자리 두 개를 얻을 수 있었다. 그러다 보니 이틀간의 방이 달랐다.

일 년에 400만 명의 관광객이 찾는다는 곳, 그중에서도 외국인이 절반이 넘는 유일한 곳, 그중에서도 한국인 숫자가 제일 많은 곳이라 했다. 그러다 보니 내가 아는 지인 중에서도 이미 방문한 사람이 더러 있었다.

너무 유명한 곳을 피하려고 하는 나의 여행 취향으로 그랜드 캐니언을 애써 무시하려고도 했다. 처음에는 하룻밤만 숙박하려고 생각까지 했다. 내 취향만을 생각해서 안 되겠기에, 그리고 영국 BBC가 세계 제일로 추천한 이유가 있을 것이라는 생각으로 이틀을 결정했던 것이다.

그 결정에 대해서 다음 글귀를 예상할 수 있을 것이다. 이틀 가지고는 당연히 부족하다고 말할 것이라는 것, 다시 또 가고 싶다고 말하게 될 것….

정말 짧았다. 그래서 부지런히, 많이 보려고 했다. 일몰을 두 번 일출도 두 번씩이었다. 유명하다는 뷰 포인트는 거의 다 들르다시피 했다. 그렇게 한들 길이가 450km나 되는 계곡의 모습을 얼마나 제대로 보겠는가?

단지 관광지인 사우스 트림만 보는 것만으로도 거대하고 장엄한 계곡의 맛을 느끼고도 남음이 충분했다. 처음 가장 많이 찾는다는 마더 포인트란 데를 가서 본 계곡의 어마어마한 규모에 입이 다물어지지 않았다.

계곡의 전면에 보이는 절벽까지 거리만 해도 거리가 20여 km에 이르지만, 그곳이 손을 내밀면 닿을 듯하게 가까이 느껴졌다. 그것은 계곡이 아주 깊었기 때문이라는 것을 알았다.

밑바닥까지가 무려 1,500m에 이르는 것이다. 우리의 설악산 높이 정도인데, 외형적 모습은 전혀 다른, 계곡 아래까지가 거의 절벽으로 이뤄져 있다는 것이다. 그 까마득히 내려다보이는 콜로라도의 큰 강도 푸른색 실가닥같이 가늘게 보였다. 그 강까지도 내려가는 트레일이 있었다. 한여름철에 그곳까지 내려갔다 오는 길이 좀 힘들겠는가? 내가 잘 아는 지인은

가이드를 따라 강바닥까지 갔다가 돌아오는 트레킹을 했었다고 했다.

"정말 힘들었어요. 죽는 줄 알았어요!"

점잖은 사람의 표현이 그랬다.

그랜드 캐니언은 그 웅장한 스케일과 또 다른 모습을 보이고 있었다. 어쩌면 이것이 이 캐니언이 가진 가장 인상적인 부분일 것이다. 수백 길이나 되는 절벽의 색깔이 층마다 다르다. 그런 것을 보고 '켜켜이 쌓인 세월'이란 표현을 쓴다.

하지만 정작 캐니언을 처음 본 사람은 강물이 계곡을 깎아 내는 데 얼마나 오래 걸렸겠냐고 놀리는 것 같았다(사실 나도 처음에는 그랬다). 그것은 순진한 생각이다. 이렇게 깊은 계곡이지만 형성되는 데 몇백만 년이면 충분하다. 지질학책에서는 산 계곡 하나 형성하는 데 백만 년이면 충분하다고 했다.

그러니까 벼랑의 지층을 봐야 한다는 얘기다. 최하단은 무려 20억 년의 역사를 가진다고 추정하고 있었다. 지구 전체 역사의 절반이 넘는다. 감을 잡을 수 없는 장구한 세월 앞에 마주 서서 그것을 보고 있는 것이었다. 허무는 잠시, 숙연해지면서 마음이 편해졌다. 하루만 더 묵었다면 도인이 돼 나올 수 있는 그런 곳이 그랜드 캐니언이었다.

그렇게 2박 3일 동안 캐니언을 탐방하고 공원을 떠나면서 드는 생각은 역시, 경치는 '직접 봐야 한다!'는 것이었다. 그랬다. 경치는 직접 봐야 한다. 아무리 뛰어난 카메라도 결코 인간의 눈을 뛰어넘을 수 없고 영원히 그럴 것이다. 초대형 멀티화면을 통해서 보더라도 실제로 보는 느낌과는 엄청난 차이가 있다.

사진과 TV 화면 속 그랜드 캐니언을 은근히 무시했지만, 실제 대면해서 보는 감각은 전혀 다르다는 것을 다시 한번 느꼈다.

호스슈 밴드

미국의 국립공원들은 대부분 광대한 면적을 차지하고 있다. 모뉴먼트 밸리 같은 국가 기념물들도 차로 몇 시간 돌아야 되는 곳들이었다. 하지만 좁은 면적을 가지고 있으면서 강렬한 인상을 주는 곳들도 많았다. 그런 곳들도 그랜드 서클 안에 많이 모여 있었다.

호스슈 밴드와 앤털로프 캐니언이 이웃하고 있어 그곳을 찾아갔다. 앤털로프는 보통 오전에 탐방해야 하는 곳이기에 가는 호스슈 밴드는 그곳에 가는 길에 들르는 형태였다.

제대로 된 길 안내판도 없는 황량한 길을 가다가 갑자기 불쑥 나타난 길가의 안내판을 보고 들어가니 주차장도 썰렁한 들판 안에 있었다. 밴드가 어디에 붙어 있는지 알 수가 없었기에 사람들이 움직이는 곳을 따라갔다.

주차장에서 10여 분이면 도착할 수 있다는 안내문과 달리 앞에 가로막힌 언덕을 넘는 데에만 10분이 더 걸렸다. 파라솔도 챙기지 않고 나온 아내의 입에서 불평이 나왔다. 걷기 좋은 여건이면 10분이면 운동 축에도 들지 않겠지만, 한낮의 사막 열기는 무척 뜨거웠기 때문이었다.

언덕을 넘어 내려가는 길도 사납기만 했다. 자갈이 섞인 모랫길에 발이 자주 미끄러졌다. 언덕 아래에 사람들이 모여 있는 것이 보일 뿐 사방은 황량하기만 했다. 그 사람들이 모여 있는 곳에 도착해서 그 사람들 사이를 들어가 눈 아래 전개되는 장면과 대면했다.

단 하나뿐인 장면이지만 단연 압권이었다!

까마득히 내려다보이는 절벽 아래 푸른 강물이 휘돌아 흐르면서 '말발굽 같은 형상'의 거대한 바윗덩어리를 만들어 내고 있었다. 수백 m 낭떠러지 아래의 푸른 강물 위에는 개미만 한 사람들이 낙엽 같은 보트를 저어 가고 있었다. 보호대 하나 없는 벼랑 끝을 이리저리 옮겨 다니면서 내려다보지만 어디서나 오금이 저렸다.

갑자기 일순간 전개된 기막힌 경치에 가슴이 먹먹해질 지경이다. 우리는 이런 곳을 비경이라 말한다. 밖에서는 예상치 못할 정도로 숨은 듯이 있다가 비밀스럽게 보여 주는 것이다. 보통 접근이 어렵기에 사람들이 잘 찾지 않아 많이 알려지지 않는다.

우리 땅에도 이런 곳들이 많이 있다. 흥미롭게도 호스슈 밴드와 유사한 비경이 있다. 강원도 정선과 영월을 잇는 남한강 상류 구간의 동강과 서강 일대가 그곳이다. 아직도 승용차로도 접근이 까다로운 곳이라서 사람들이 많이 가지 않는 곳이다. 하지만 새해 첫날 아침 TV에서 항공 촬영으로 한반도 남쪽 지방을 보여 줄 때, 단골 메뉴로 빠지지 않는 비경이 그곳에 숨은 듯이 있다.

앤털로프 캐니언

앤털로프 캐니언에 가까운 소도시 페이지의 모텔은 우리의 민박집과 유사했다. 단층집에 앞마당이 넓어 지내기가 좋았다. 날이 새기도 전에 그 마당에서 버너를 피워 누룽지탕을 만들어 먹고 미리 예약한 캐니언으로 갔다.

주차장에 차를 대놓고 긴가민가했다. 어떻게 보면 미국 유수의 관광지일 텐데 주변 시설이 도저히 어울리지 않았다. 대피소 같은 엉성한 건물에서 예약을 확인받고 대기 장소로 이동했다. 그 직원들이 인디언들이었다. 이들이 이곳을 운영했지만 열악한 시설은 그들의 자본력을 보여 주기도 한 것이었지만, 정부의 인디언 홀대 정책의 단면을 보여 주기도 하는 것이었다. 가이드는 30대의 젊은 인디언 남자였다. 20여 명의 탐방객이 그의 뒤를 따른다.

이곳도 전형적 비경의 형태였다. 숨어 있는 듯한 캐니언 입구를 짐작조차 할 수 없었다. 주변은 황량한 바위로 뒤덮힌 구릉지대여서 어디에 무언가 특별한 것이 있어 보이지 않았다. 그런데 그 입구는 바로 우리 앞에 있었다. 가이드를 뒤따라 걸은 지 채
몇 분도 되지 않아 바위 사이의 굴
입구에 도착했다. 사람이 겨우 한
명 들어갈 정도의 작은 구멍 같은
굴 입구 안은 사다리가 놓여져 있
었다. 10m의 가파른 사다리를 타
고 편평한 바닥으로 내려갔다.

그 굴속은 특별한 세계였다.

밖에서는 도저히 상상할 수 없
었던 특이한 장면이 굴속에 전개
되고 있었다! 굴속의 벽면은 세상 어디에서도 볼 수 없는 것이었다. 뛰어
난 전위 예술가가 커다란 붓으로 굴속 벽면을 빗질하듯이 막 쓸어 놓은
듯했지만, 정작 그것은 아직 물기도 채 마르지 않은, 너무나 생생한 느낌
을 주는 것이었다. 그 살아 있는 듯한 느낌에 가이드의 눈총을 느끼면서
도 손바닥을 대보는 유혹을 뿌리칠 수가 없었다.

그리고 색감! 조그만 굴과 바위 사이로 새어 들어오는 미세한 빛이 그
벽을 비추어 만들어 내는 색은 기묘하기만 했다. 빛의 강도에 따라 바위
색들이 다른 것이었다. 빛이 만들어 내는 예술이 있다고 하지만 이곳만
큼 그 확실함을 느낄 수 있는 곳이 없을 것이다. 미적 감각이라는 개념조
차 잘 이해 못하는 나 자신이지만, 이곳에 대비되는 바위 색들을 보고 감
탄을 하지 않을 수 없었다. 이런 곳에 오면 사람들은 뭘 할 것인가? 바로
대답이 튀어나올 것이다.

사진 찍기다! 이곳에 대해서 자신 있게 말할 수 있는 한 가지가 있다.

지구상 단일 시간에 한정된 곳에서 가장 많은 사진을 찍는 곳이다!

　사진 찍기에 대해서 전편에 말한 적이 있지만, 나는 다른 사람에 비해서 사진을 적게 찍는 편에 속할 것이다. 그런 내가 미국 여행을 통틀어서, 아니 이때까지 다닌 모든 여행 중에서 이곳에서 가장 많이 찍었다. 아마 20여 분의 짧은 굴속 탐방 시간이었지만 거의 100판 이상을 찍었을 것이다.

　그 사진을 찍으면서 국내의 사진작가 자격증을 가진 가까운 지인들이 생각났고, 믿거나 말거나 여기서 찍은 사진이 사진 역사상 가장 비싼 값에 팔렸다는 이야기도 생각이 났다.

　내가 이 정도였으니까 다른 일행들의 모습은 상상하기 어렵지 않을 것이다. 가이드는 앞장서서 사람들을 빨리 따라오라고 채근하기 바빴다.

　사진 찍기에 손은 바빴지만 머릿속은 복잡했다. 당연히 드는 생각, 어떻게 이런 지하세계가 있을 수 있는가? 하는 것이었다. 안내서에는 빗물

이 지나가면서 만들었다고 했다. 그런 설명이 가능하겠지만, 이 마른 사막에 어느 세월에 비가 와서 이렇게 만들 것인가!

하지만 사막에도 비는 온다. 확실하고 끔찍한 증거가 1997년에 있었다. 굴속에 들어간 관광객 11명이 홍수에 휩쓸려 사망했었다. 멀리서 온 홍수 빗물에 당한 참변이었다.

그런 뚜렷한 증거와 강우 통계가 있다 하더라도 한여름에만 몇십 미리 내리는 정도다. 그런 미세한 강우량이 이런 굴을 통과하면서 바위를 깎아 내었다고 생각하니 그 세월의 양에 현기증이 일었다. 매일 엄청난 양이 흐르는 콜로라도 강물이 깎아 내는 강바닥도 1년에 몇 mm에 불과하다고 했는데, 여기 앤털로프는 100년에 1mm라도 깎을 수 있을까?

아무튼 까마득한 세월이 만든 자연의 위대한 작품들을 보는 반 시간 정도는 참으로 환희와 감동에 젖은 시간이었다. 2년 정도 미국에 체류한 적이 있던 나의 지인은 내가 미국 서부 여행을 간다니까

"샘, 꼭 앤털로프에 가세요. 최고예요!"라고 권했었다.

브라이스 캐니언

소문난 잔치에 먹을 것이 없다고 해야 하나, 아치스 국립공원이 우리에게 그런 곳이었다. 별로 기대하지 않은 곳에서 뜻밖의 비경을 발견하기도 한 미국 서부였지만, 가이드북의 멋들어진 사진만 보고 갔다가 실망을 하는 경우도 있었다.

앤털로프 캐니언이 있는 아리조나주에서 아치스 공원이 있는 유타주까지 올라갔다. 하루 종일 운전만 했다. 공원의 배후도시인 모아브에는

저녁 늦게 도착했고 숙소 주변에는 변변한 식당도 없었다. 만만한 누룽지만이 우리의 저녁 동반자였다.

아치스 공원은 아치 모양을 한 바위 보러 가는 공원이었다. 하지만 그 바위들은 멀리만 있는 당신이었다. 하나도 제대로 보지 못했다. 공원은 넓고 날씨는 매우 더웠다. 때는 7월에 접어들면서 오전만 돼도 기온이 30도를 훌쩍 넘으며 메마른 바위로 된 공원은 열기에 뒤덮여 있었다.

멀리서라도 볼 수 있다는 델리게이트 아치가 있는 곳까지 차를 몰고 들어갔다. 붉은 색깔을 띤 거암의 긴 바위들이 벽을 만들어 늘어서 있다. 저 바위들도 언젠가는 가운데 구멍이 뚫리면 아치 형태가 될 것이라고 상상을 해 본다. 주차장에 차를 주차하고도 델리게이트 아치 전망대가 있는 곳까지는 10여 분을 걸어야 했다. 가파른 언덕을 걸어 올라 편평한 전망대에 들어섰다. 먼 산언덕 위에 아치 형태를 한 큰 바위가 보였다.

2km나 되는 먼 곳에서 보아도 한눈에 들어오는 아치이니 가까이서 보면 얼마나 장관일까 상상만 했다. 왕복 3시간이 소요된다는 그곳은 열기에 지친 우리에게는 달나라같이 멀게 느껴졌다.

다른 코스에도 여러 형태의 아치를 볼 수 있다고 하나 그 또한 몇 시간의 발품을 팔아야 하는 곳이었다. 드라이브형의 탐방여행자 가족이 구경하기에는 아치스 공원은 적절하지 못했다.

* * *

가성비(?)가 나오지 않아 기분이 좀 처진 우리에게 다음 날 방문한 브라이스 캐니언은 정반대의 만족을 주는 곳이었다. 날씨도, 탐방 조건도,

경관 등 모든 것이 최상이었다.

해발 2,000m가 넘는 고지대인 데다가 오전에 방문했기에 공기는 서늘할 정도였다. 탐방하는 코스의 길들도 잘 정비되어 있었다. 평평한 산 능선을 따라 계곡 안을 내려다보아도 충분히 절경을 감상할 수 있었다. 계곡 안으로 들어가 한 시간 정도로 돌아올 수 있는 코스가 있었다. 능선 코스는 아내가, 계곡 안의 코스는 내가 시도하기로 했다.

미끄럽고 비좁은 바위 사이의 통로는 후두라는 뾰족한 바위기둥들이 모여 있는 곳들로 이어졌다. 능선에서 보았던 수많은 촛대 바위들을 가까이서 감상하면서 걷는 것이다. 내 키만 한 작은 것에서부터 수십 m에 이르는 것까지 크기도 달랐지만, 모양도 아주 다양했다. 촛대 모양, 종 모양, 길쭉한 꽃병들 모양…. 지질학적 명칭으로는 '후두(Hoodoo)'라고 하는 이 바위기둥들의 형성 과정도 그랜드 캐니언과 앤털로프의 그것하고는 달랐다.

강물이 아니라 위에서 내린 빗물과 밤낮의 기온 차이로 인한 빙설 현상이 원인이다. 물론 이것도 오랜 세월이 걸렸겠지만, 자연의 변화가 보여주는 오묘한 형상들은 진귀하고 경이로운 것이었다.

색깔들은 또 어떤가!

옅은 분홍과 진분홍이 골고루 섞여 다채로운 물감을 입혀 놓은 듯했다. 해가 뜰 때나 석양 때가 더 환상적이라고 했으나, 우리가 도착한 오전에도 능선 위의 전망대에서 보는 붉게 채색된 바위들은 더 아래 계곡을 꽉 채운 짙은 침엽수 나무 색깔과 대비되어 더욱 우아하게 보였다.

계곡 안으로 들어가 돌아오는 탐방코스는 출입구가 달랐다. 그러니까 빠져나오는 출구에서 입구까지의 길은 협곡을 한눈에 다 내려다볼 수 있는 능선길이었다.

능선의 형태도 협곡을 감싸듯이 반원형으로 이뤄져 있어 축소한 모습으로 보자면 일종의 원형 극장 모습이 된다. 그래서 이곳에서는 '앰피씨어터'란 표현을 쓰고 있었다. 커다란 원형 극장 안에 온갖 바위들을 전시하고 있는 것이다.

그랜드 캐니언이나 앤털로프 캐니언은 보면 경이로우나 물이 빚어낸 것임을 직감할 수 있다. 규모는 작으나 그런 곳은 우리의 동강 같은 곳에서도 볼 수 있듯이 세계 어느 곳에서도 산재해 있다.

하지만 브라이스 캐니언같이 좁은 공간 속의 움푹 파진 협곡 안에 형성된 이런 모습은 지구상에서 거의 유일하다시피 한 것이었다.

물론 지질학적으로 비와 얼음이 만들어 낸 것이라고 충분히 설명이 가능하지만, 우연하게도 너무나 우연하게도, 이 지역에만 독특하게 그것도 지극히 아름답게 작용했다는 것은 가히 신의 작품이라 할 만한 것이었다.

　이날은 놀람의 연속이었다. 오전에 탐방을 끝내고 점심을 먹기 위해 차를 몰고 공원을 빠져나왔다. 목가적인 풍광이 느껴지는 조용한 언덕의 길가에 차를 세웠다. 미리 준비해 온 빵과 과일을 꺼내 차 속에서 먹고 있을 때였다. 그늘진 곳에다가 마침 시원한 바람까지 불어와 창문을 열어 놓고 앞쪽의 경치를 감상하며 식사를 하고 있을 때였다.

　이런 여유로운 때에 두 사람을 기겁시키는 일이 일어났다. 열어 놓은 창문 안으로 갑자기 말의 머리 하나가 아내가 앉은 좌석 안으로 쑥 들어왔던 것이다.

　으~악!!!

　얼마나 놀랐겠는가! 동시에 튀어나온 두 사람의 비명 소리가 얼마나 컸던지 녀석은 엉거주춤 머리를 창문 밖으로 빼 나갔다. 혼비백산하며 재빨리 차를 이동하고 나서 입에서 튀어나온 음식물들을 치우는 데 꽤나 시간을 소비했다.

　이후 국내에서도 차 안에서 음식을 먹을 때면 꼭 유리창을 닫는 습관이 생겼다. 살면서 이보다 더 놀라는 경험을 해 본 적이 있었던가? 당시에는 너무 놀라서 말 대가리(?)인지도 몰랐다. 그 괴물 같은 말머리가 얼마나 커 보이던지….

　브라이스 캐니언을 떠나 라스베이거스로 돌아오는 길목에는 '지온 캐니언'이 있었다. 미국의 3대 캐니언(그랜드, 브라이스와 함께)이라고 불리지만 우리 같이 브라이스에 취해 오는 사람에게는 평가 절하가 되었다.

물론 개성은 있었다. 공원 입구 가까이에 이르자 도로는 붉은색을 입혀 이곳의 콘셉트가 붉은색이라는 것을 공언하고 있었다. 그 길을 따라 언덕을 넘어서자 차들의 정체가 일어나고 길고 가파른 계곡이 모습을 드러내었다.

계곡 양쪽의 바위 모습이 예사롭지 않았다. 거대한 규모의 바위들이 똬리를 틀듯 자리하며 웅장하고 아름다운 계곡미를 보이고 있었다. 벼랑같이 가파른 길이라 지그재그 거북이걸음으로 내려갈 수밖에 없었지만, 아마 운전자들은 차 속에서 내다보는 바위 형상에 취해 속도를 내지 않는 것 같았다.

그 바위들을 보기 위해 직접 가까이 다가가서 구경하거나 계곡 깊숙한 곳으로 들어가는 트레킹 코스도 많았다. 그러나 우리는 생략해야만 했다. 일방형 도로에다가 차들이 너무 많고 트레킹 코스들도 난코스로 안내되고 있었다. 그냥 모른 체하고 눈구경으로 시온 캐니언을 통과하다시피 했다. 그래도 느낌은 오래 남았다.

주로 화강암으로 이뤄진 우리의 산하에 익숙한 나의 눈에 비친 황홀한 진홍색 거암들은 오랫동안 시신경을 장악하고 있었다. 의도하지 않았지만 나는 이곳을 며칠 뒤에 또 방문했고, 멋들어진 바위 협곡을 또 한 번 감상했다. 아내를 라스베이거스에서 귀국시키고 메사버드 인디언 유적지를 찾아가는 길이 이곳을 통과한 것이었다.

일주일 만에 다시 라스베이거스로 돌아왔다. 그 낯설었던 도시가 고향으로 돌아온 듯 익숙한 곳으로 여겨졌다. 정말 반갑기도 했다. 20여 일이 넘게 생전 처음 해 보는 장거리 로드 트립을 했다. 그것도 너무나 낯선 땅에서였다.

무엇보다도 가장 신경 쓰이는 부분은 몸이 약한 아내였다. 국내에서 가끔 1박 2일 정도의 남도 여행만 다녀와도 몸살을 앓는 사람이었다. 그런 사람이 20일이 넘도록 별 탈이 없었다. 내가 신경을 많이 쓴 것은 어쩔 수 없었지만, 자신인들 얼마나 노심초사했겠는가!

무엇이 우리들을 그렇게 했는지 모른다. 전 세계 오지 여행을 하고 오거나, 이번같이 노인 그룹에 들어가는 나이가 됐음에도 미국에 두 달 가까이 장거리 로드 트립을 하고 온 것을 본 지인들은,

"정말 대단해요."

"체력이 정말 좋네요." 하거나,

어떤 이는 "자신이 좋아하는 것을 하니까 그런 것 같은데요." 했는데 가

만히 생각해 보면 마지막 말이 가장 적절한 것 같았다.

두려움 때문에 생기는 스트레스는 많은 에너지를 고갈시키며 몸을 상하게 하지만, 즐거운 기대감과 순간순간 만나는 환희의 장면들은 오히려 에너지를 충전시켜 준다.

과학적으로도 설명이 된다.

뛰어난 경관을 볼 때 엔돌핀이 솟고, 내일 방문에 대한 기대감으로 도파민이 끊임없이 분비된다. 이들은 통증을 완화 시키고 인체를 활성화시킨다. 즐거운 마음이 육체의 피로를 치유해 가는 것이다. 우리는 잘 모를 뿐이지만 마음을 따라가면 몸도 따라 준다는 것이다.

'노년의 건강은 몸보다 마음이 더 중요하다.'는 것은 이번 여행에서 얻은 또 다른 큰 수확이었다.

그래도 피로를 풀어야 장거리 비행 여행을 할 것이고, 귀국해서도 여독을 줄일 수 있을 것이다. 곧바로 시저스 펠리스 뷔페로 직행했고 사흘 동안을 시내 구경만 했다.

인천 공항에 도착한 아내는 "인천이에요, 한국 날씨 무척 덥네요. 미국이 그리워요. ㅎㅎ" 그 카톡 하나가 나의 2차 미국 로드 트립을 위한 고단위 영양제였다.

록키 산맥을 지나다

라스베이거스를 떠난다. 이제는 혼자가 되었다. 옆 좌석의 빈자리가 크고 허전한 공간으로 다가왔다. 운전을 거의 아내 중심에 두고 했던 까닭에 옆의 빈자리는 한동안 어색할 정도였다. 하지만 마음은 조정이 되는법, 시간이 지나면 나 혼자만의 시간에 곧 적응할 것이다. 혼여(혼자 여행)에 달인이 된 나 아니던가!

고속도로에 차를 올려 사라져 가는 사막 속의 도시를 뒤로하며 오래전에 보았던 영화 〈Leaving Lasvegas〉가 떠올랐다. 알코올 중독자가 결국 술을 끊지 못하고 생을 마감하는 곳이 이곳 라스베이거스였다. 영화는 슬픈 결말을 보이지만, 우리는 어쩌면 다른 중독으로 살아가고 있을 것이다. 술 도박 같은 약물에서부터 스포츠나 게임에도 빠져들면 헤어나기힘들다. 우리는 쾌락을 필요로 하는 다른 하나의 몸통을 가지고 살고 있는 것이다.

나도 마찬가지다. 여행 중독자이고 산 마니아이다. 그리고 이것이 결합되어 더욱 멀리 움직이게 만든다. 예전에는 여행 중심으로 다녔지만, 퇴직 후에는 산과 자연을 찾는 것이 우선이 되었다. 기실 크게 구분할 필요가 없었다. 여행을 할 때에도 그 지역에 명산이 있으면 빠뜨리지 않고 올랐다. 퇴직 후에는 명산 기행을 목적으로 갔어도 문화유산이나 유적이나오면 꼭 방문했다.

미국에 그럴 만한 인류의 오래된 문화유산이 있을까?

당연히 있었다. 그것도 너무나 멋진 곳에 훌륭한 모습을 남기고 있었

메사버드 고원에 올라가다가 잠시 내려다본 전경. 차를 세우지 않을 수 없었다.

다. 그동안 건조하고 황량하기만 한 사막 지역을 돌아다니다가 마침내 콜로라도주에 들어섰다. 대지의 색이 달라졌다. 갈색과 회색에서 푸른색으로 바뀌었다.

그 푸른색 너머로 기다란 산맥이 나타나고 산맥 위 능선에는 흰 눈으로 덮인 봉우리들이 파노라마처럼 이어지고 있었다. 이 색깔의 변화는 미 서부 로드 트립의 새로운 장르를 예고하고 있었다.

미국 서부 여행이란 어떤 것일까?

어릴 적에 보아 왔던 서부 영화 속의 화면에 나왔던 광활하고 거친 땅의 이미지에서부터 할리우드 영화의 본산 LA를 떠올리기도 할 것이고, 샌프란시스코의 실리콘 밸리에서 일어나는 첨단산업과 정신적 자유를 갈망하는 히피 문화의 산실을 느껴 볼 수도 있을 것이다.

또 해외여행 바람을 타고 장엄한 자연미를 갖춘 미국의 국립공원이 대부분 미 서부에 몰려 있어 그것을 보러 떠나기도 한다. 하지만 어디를 가든지 무엇을 보고 느끼든지 간에 미국 서부는 차를 타고 움직여야 한다.

물론 패키지 투어 형태로 관광버스를 타고 이동을 해도 되지만 개인용 차를 이용하면 새로운 세상이 열린다. 그 차는 대중교통이 닿지 않는 모든 곳으로 갈 수 있다. 어쩌면 장소는 별개의 문제다. 차 밖으로 펼쳐지는 풍광이 다르다는 이야기다.

이번에 나는 여행 출발을 6월 전반에 시작했다. 그러한 시기를 정한 배경에는 어떤 지면의 소개를 본 것이 계기가 되었다.

"미 서부는 6월에 봄이 시작되고, 그 시기에 대지의 색이 연두색으로 변하기 시작한다. 차창에 펼쳐지는 그 색이 일 년 중 최고다!"

물론 나는 다른 계절에 여행하지 않았기에 비교해서 말할 입장은 못 된다. 하지만 분명 지금 내가 보고 있는 색감은 다를 것이었다.

그렇다 하더라도 미 서부는 이것 하나다라고 말하기에는 너무 광활하고 색깔로만 말하더라도 너무 다양했다. 그랜드 서클을 도는 수천 km 구간은 준사막에서부터 붉은색 사암들이 온 산과 광야를 뒤덮고 있었다. 그런 곳의 색은 천연의 회색과 갈색이 혼합된 것이었다. 그런 색감들을 보고 광야를 달리는 것이 미 서부 로드 트립의 중요 분야였다.

사실 나는 개인적으로 차량 여행을 좋아하기도 했다. 열차 여행을 좋아

하기도 해서 일주일간의 시
베리아 횡단 열차를 타는 것
을 버킷리스트로 만들어 실
행했다.

　같이 간 일행들이 장시간
의 열차 속에서 멀미에 시달
릴 때 나는 창가에 붙어 하
루 종일 단순하기 그지없는 시베리아 타이가 숲을 쳐다보았다.

　아프리카 여행 때도 탄자니아에서 우간다까지 가는 2박 3일간의 타자
라 열차를 이용했고, 동남아시아 여행에서는 싱가포르에서 태국까지 가
는 오리엔탈 엑스프레스를 일부러 탔었다.

　버스 타는 것도 즐겼다. 그럴 때는 제일 앞 좌석에 앉아야 한다. 예매체
제가 안되는 제3국 여행 때는 일찍 나가서 좌석을 잡았다.

　한국에서도 개인용 차량을 거의 이용했다. 답사와 산행의 특성상 개인
차가 필수다. 레조라는 가스 연료형 차를 구입해서 20년 동안 40만 km
정도를 운행했다.

　자주 가는 단골 정비업소 주인은 "샘님은 차 3대는 벌었어요!" 할 정도였
다. 폐차하기 전에는 유리창이 잘 작동하지 않았고, 라지에이터는 터져서 비
상용 냉각수통을 싣고 다니면서, 엔진오일의 양도 매일 점검하다시피 했다.

　배출 가스 문제가 환경문제에 가장 큰 이슈인 이 시대에 부끄러운 줄도
모르고 자랑하듯이 나의 차량 이용을 털어놓았지만, 그래도 그 차를 폐차
한 이후에는 조금이나마 양심을 채우기 위해 하이브리드 중고차를 구입
해 이용하고 있다.

아무튼 이렇듯 차를 타고 이동하기 좋아하는 본능을 충실히 반영하여 나는 미 서부 여행을 하는 것이다. 인간의 가장 근원적인 본능인 '자유에의 의지'가 어떤 사람보다도 가장 민감한 나를 렌트카는 하염없이 이끌고 있었다.

지도를 보고 메사 버드라는 인디언 유적지로 찾아 들어섰다. 미리 말하자면 혹시 이곳을 지나갈 기회가 있는 여행자라면, 인디언 유적에 관심이 없더라도 방문하기를 추천하고 싶다. 그곳이 너무나 멋진 경관을 보여주는 곳이었기 때문이다.

유적지는 무려 해발 2,600m나 되는 고원의 대지 위에 있었다. 그곳으로 올라가는 길은 가파른 산악도로를 타고 올라야 했다. 한쪽은 까마득한 절벽이었다. 산허리로 이어진 도로의 중간 정도를 넘었을 때 도롯가에 차를 세우지 않을 수 없었다. 산 아래 펼쳐진 경관이 너무나 아름다웠기 때문이다.

푸른색 대평원이 끝없이 펼쳐지고, 그 너머 희미할 정도로 아득하게 보이는 끝머리에는 로키산맥이, 예의 만년설을 이고 남북으로 긴 띠같이 이어지고 있었다.

장엄하면서도 멋진 경관이었다. 멋진 경치야 지구 어디서나 많지만 이렇게 광대한 푸른 초지대를 하늘 위에서 내려다보는 곳은 드물 것이었다.

불현듯 세속적인 분야까지 생각이 이어졌다. 저렇게 넓고 푸른 대지를 가진 이 나라는 정말 축복받은 나라라 아니할 수 없다는 생각이 그것이었다. 볼 만한 국립공원이 많았고 광활했지만 황량한 그랜드 서클의 지역에서는 이런 생각을 해 본 적이 없었다.

그렇게 올라간 유적지는 놀랍게도 넓고 푸른 고원지대였다. 그래서 이곳을 발견한 스페인인들은 '푸른 지대'란 의미인 '메사 베르드'라고 불렀다.

비지터 센터로 들어가 절벽 아래 움푹 파여진 바위 아래 유적지로 들어가려고 했으나 이미 문을 닫은 상태였다. 그래도 옆의 발코니 전망대에 서서 보는 인디언 유적이 예사롭지 않았다. 궁금증이 일고 호기심이 생기면서 그냥 지나칠 수가 없었다. 그래서 내일 다시 방문하기로 하고 왕복 2시간이나 걸리는 인근 도시로 가서 자고 뒷날 재차 방문했다.

다음 날 오전에 방문하자마자 가이드 투어를 신청했다. 어제 보았던 절벽 아래의 유적지를 가이드를 따라 20여 명의 일행과 함께 따라나섰다.

그 절벽을 따라 내려가는 좁고 긴 철제 사다리가 너무 아찔했다. 당장 궁금증이 일었다. 우리야 철제 사다리를 타고 안전하게나마 오르고 내리지만, 당시의 원주민들은 어떻게 오르내렸을까 하는 것이었다. 그 궁금함도 잠시였고 철계단을 내려서고 유적지를 대면하는 순간 소스라치게 놀랐다. 그것들은 내가 서아프리카 여행 중 마주쳤던 원주민 유적지와 너무 유사했기 때문이었다.

10여 년 전 서아프리카 말리를 여행하던 중 도곤 칸츄리라는 유명한 지역을 2박 3일 트레킹한 적이 있었다(뒷편에 소개). 아직도 선사시대를 벗어나지 않은 듯한 원주민인 도곤족은 자신들이 예전에 살았던 절벽 아래 거주지를 완벽하다시피 보존하고 있었다. 그들의 원 거주지는 아프리카에서도 보기 힘든 너무나 특이한 모습이었다. 그 인상적인 모습을 재현

가히 절벽 궁전이라 부를 만한 장대한 인디언 유적. 궁금함을 많이 불러일으켰다.

한 듯한 것을 어떻게 이곳에서 볼 것이라고 상상할 수 있었겠는가!

흙벽돌로 쌓은 레고 모양의 사각형 집들이 움푹 파진 절벽 안에 빼곡히 들어서 있다. 1~2층도 있고, 4층까지 된 것도 있어 전체 방 수가 100개가 넘는다고 한다. 그런 주거 시설 사이에는 동그란 원형 모양의 구조물도 있다. '키바'라는 종교시설이라는데 가끔은 주민들이 그 속에 모여 앉아 회의 장소로 이용했었다.

주거 시설이나 종교시설의 건축물이 튼튼하면서 외관도 훌륭했다. 절벽 안에 있는 궁전 같은 모양이라서 '절벽 궁전'이라는 '클리프 펠리스'란 이름을 얻었다.

이런 유적들이 메사 버드 절벽 안에 몇 군데나 있었고, 고원의 평지에도 초기 이주민들의 유적지들이 있었다.

이곳에 '푸에블로'라는 원주민들이 5세기부터 13세기까지 살았다. 그런데 원인 모르게 사라졌다. 그 원인에 대해서는 여러 가설만 난무할 뿐이었다.

내 나름의 궁금증이 일어, 쉬는 시간에 가이드에게 살며시 다가가,

"혹시 그들이 사라진 것이 스페인인들의 진입과 관계가 없을까요?" 하고 약간은 짓궂은(?) 질문을 했다. 마이애미가 고향이라는 조그만 몸집의 중년 여자인 가이드는 가벼운 미소를 띠며 고개를 젓기만 했다.

내가 이런 질문을 하게 된 데에는 나름의 피해의식의 산물일 수도 있었다. 역사 교사였던 데다가 세계사를 다년간 가르치면서 아메리카 대륙의 역사를 접하면 마음이 특히 불편해졌다.

단기간에 원주민이 절멸당하는 서구인들의 침략행위가 그것이었다. 먼 거리이기도 했지만 그런 점 때문에 남미를 한 번만 갔었고, 미국 여행도 썩 내키지 않았었다.

퇴직을 하고 나이가 들면서 마음이 자유로워지고 느긋해지면서 이곳에 오게 되었다. 문명과 역사 기행보다 애써 자연 탐사에 중심을 둔다는 핑계를 댔다.

"자연이 무슨 죄가 있는가!?"

앞서 탐방한 모뉴먼트 밸리는 나바호 부족이 관리하고 있었다. 특히 미 서부는 인디언들의 삶의 무대였다. 지금은 겨우 자치 공화국 정도의 영역에서 존재를 유지하고 있다. 하지만 이곳들을 여행하면 이들의 발자취와 어디서든 맞닥뜨린다. 사람에서부터 지역 이름까지다. 요세미티, 시애틀, 미시시피, 아이다, 유타 등등…. 그런 가운데서나마 여행자들은 이곳이 그들과 연관된 곳이라는 것을 느낀다.

관광객에 기대어 사는 그들의 삶이 안타까워 그들이 운영하는 식당에서 음식을 사 먹기도 하고 기념품들을 사려고 했다. 피는 물보다 진하다고 했듯이 그들의 몽골리안적 외모가 더욱 애틋함을 느끼게 만들었다.

로키산을 오르다

메사버드에서 이틀을 머물고 로키산맥이라는 거대한 자연 속으로 진입했다. 이제부터는 정말 깊은 자연 속으로 들어가는 것이다. 거대한 북미 대륙에서도 가장 깊은 산악 쪽이다. 북미 대륙은 동쪽에 애팔래치아 산맥, 서쪽에 로키산맥이 남북을 관통하고 있다.

높고 장대한 로키산맥은 미국 남서부에서 캐나다의 컬럼비아주에 걸쳐져 있다. 우리에게 잘 알려진 캐너디언로키가 그것이다. 그 아름다움을 찾아 많은 사람들이 그곳으로 간다.

그곳을 탐방할 계획은 있지만 후 순위로 미루고 있었다. 그리고 그 순위는 더욱 밀렸다. 콜로라도에서 시작한 미국 로키산맥을 따라 올라가면서 빼어난 경관들을 수없이 보았기에 캐나다에 대한 궁금함이 많이 희석되어 버렸다. 그 로키산맥의 탐방이 남서부 자락인 메사버드였다고 할 수 있다. 론리 플레닛에서는 메사버드 근처에 있는 두랑고에서 출발할 것을 추천하고 있었다.

길은 산속으로 진입할수록 좁아지고 주변 산은 높아졌다. 우리의 강원도 정선 같은 산악도로 모습에서, 나중에는 내설악의 한계령이나 미시령 같은 고갯길이 주를 이루었다. 그래도 한국의 도로는 길가에 난간이 있고 포장이 말쑥하게 되어 있고 항상 도로 정비를 한다.

이곳은 미국에서도 소문난 오지였다. 오지는 볼 만한 것이 많다는 뜻을 함축한다. 미국의 아름다운 도로 순위에서 항상 최상위를 차지하고 있었기에 '밀리언 달러 하이웨이'라는 애칭이 붙어 있었다.

한여름인데도 고개만 올라서면 주변의 높은 곳은 눈으로 덮여 있어 겨울이 따로 없었다. 고갯마루에서 잠시 쉴 겸 차를 주차하고 조망하는 수많은 준봉들은 이런 위상을 충분히 반영하고 있었다.

산악의 아름다움은 산 형세만 가지고는 안 된다. 산에는 숲이 제대로 어울려야 한다. 도롯가에까지 뻗쳐진 빽빽한 숲은 하늘이 조금 열린 터널 모습과 같았다.

그 나무들도 내가 개인적으로 가장 좋아하는 자작나무였다. 여름에는 흰 수피에 하늘거리는 잎이 예쁘다. 물론 압권은 가을의 단풍이다. 단풍 잎을 아예 국기에 새겨넣은 캐나다 때문에 미국 지역의 단풍이 무시당할지 모른다. 하지만 콜로라도의 가을 단풍을 본 사람들은 그런 데 관심을 두지 않을 것이다.

몇 년 전 울주 세계 산악 영화제에서 영화를 통해 그 자작 단풍을 제대로 봤다. 로키 산악의 멋에 빠져 버린 젊은 부부가 정착을 한다. 커가는 아이들과 함께 자작나무 단풍 숲에서 매일 달리기를 하는 장면은 지금도 눈에 선하다.

이 깊은 산악지대에 사람이 살기나 했을까?

사냥꾼이 생업을 위해 들락거렸을 것이다. 영화 〈레버넌트〉의 실화 속 인물이 이곳 로키의 사냥꾼이었다는 것을 여행하던 중 알았다. 촬영지는 다른 곳이었다지만, 영화 속의 험악한 자연과 혹독한 추위 모습은 오랫동안 기억에 남는 장면이었다. 이런 곳이기에 겨울이 되면 모험 여행가들이 모여든다고 했다.

사냥의 시대를 지나 광산이 개발되면서 사람이 모여들고 산속 도시가 형성된다. 그 '실버톤'이란 작은 도시를 지났다. 가파른 고갯길을 내려가면서 보이는 협곡 속의 작은 도시는 조용하기만 했다.

한눈에 들어오는 중심도로 주변에 몇 개의 주점과 식당, 슈퍼 같은 작은 가게가 전부였다. 그래도 건물들은 강렬한 붉은색으로 칠해져 눈길을 끌었다.

광산 개발도 시들해졌고 지금은 관광업이 주업이었다. 아직 휴가 시즌이 일러서인지 사람들이 별로 보이지 않았다. 이곳에 하루쯤 머물고 싶은 생각이 들었으나, 숙소를 예약한 곳은 30km 정도 떨어진 더 깊은 마을 '유레이'란 곳이었다.

해가 뉘엿뉘엿 넘어갈 즈음에 그곳에 도착했다. 주변의 높은 산은 금방 해를 가릴 것이고 곧 어둠이 찾아올 것이었다.

오래된 작은 모텔은 주인까지 없었다. 손님이 별로 없으니 집을 비우고 볼일을 보러 나간 듯했다. 문을 두드리다가 별수 없이 대문 앞에 앉아 있는데, 20대 초반 정도의 청년 몇이 나타났다. 대문의 비밀번호를 알고 있었고 주인과 전화로 연락하더니 로비에 있는 방 열쇠까지 챙겨 주었다. 그리고 방으로 들어가는 등 뒤에 대고,

"Be careful!" 하는 것이 아닌가….

문을 열고 들어선 방은 미국 여행 중 숙박한 방 중에서 가장 적고 누추했다. 침대 옆 좁은 바닥은 트렁크 놓기에도 비좁았다. 침대에 깔린 담요는 누런색에 축축하기까지 했다.

록키 산맥 속의 고요한 산악 도시 실버톤 전경.

저녁밥을 해결하기 위해 모텔을 나서니 이미 주위는 땅거미가 내리고
있다. 띄엄띄엄 떨어져 있는 가로등 불빛은 희미하기만 하여 도로의 윤
곽만 비춰주고 있었다. 적막하다시피 조용한 골목을 따라 식당을 찾아
나서는 것이 모험처럼 다가왔다. 청년의 조언이 귓가에 맴돌았고, 라스
베이거스에서 탔던 한인 택시기사가 했던 말이 떠올랐다.

"저 같으면 선생님 같은 여행은 하지 않겠어요. 미국인들은 다 총을 가
지고 있어요…."

그렇다고 도로 방으로 돌아가고 싶지는 않았다. 수십 년 동안 세계의
외진 곳을 얼마나 다녔던가? 이보다 더 꺼림칙한 곳을 수없이 다니지 않
았던가!

요령은 있다. 큰 도로를 벗어나지 않고 중심도로를 따라 걷는데, 숨은 듯해 보이는 레스토랑 하나가 나왔다. 테이블이 몇 안 되는 소규모였지만 나름 스테이크 전문식당인 듯했다.

메뉴판을 건네는 남자 종업원이 친절하다. 그가 추천한 스테이크와 생맥주를 시켜 놓고 식당 안 분위기를 살핀다. 가족들로 보이는 몇몇 그룹이 화기애애하게 대화를 나누고 있었다. 그들의 푸근하고 안정된 모습은 조금 전까지 긴장했던 나의 모습이 어색할 정도였다.

마음을 편하게 해 주는 것은 또 있었다. 식사를 하고 있는데 주인인 듯한 여자가 옆에 와서 말을 붙여 주었다. 이런저런 간단한 대화를 나누다가 내가 한국에서 왔다고 하니까 깜짝 놀라며 주변의 손님들에게 소리치며 알렸다. 사람들이 모두 쳐다보며 엄지척을 세우며 환영을 했다. 이들에게는 아마 저녁 뉴스가 될 정도로 나의 방문이 특이할 정도였을 것이다.

이런 상황들은 나 혼자 여행 중 자주 있었다. 특히 시골의 작은 마을의 식당에서는 서빙하는 종업원이 손님들과 자주 대화를 나눈다. 넓게 형성된 토지와 목장들의 형태로 주민들이 외따로 독립해서 살면서 모처럼 읍내의 식당에 오면 궁금할 것이 많을 것이다. 주변의 소소한 소식들을 식당 종업원이 손님들에게 전해 주는 듯했다.

처음 인사는 항상 음식이 어떠냐?는 식으로 말을 건네었다. 자본주의 대표 격인 미국이라는 나라도 시골 인심은 세계 여타 나라나 다를 바 없었다. 이는 사람의 본성이 어디서나 같은 것이 아닐까 하고 생각하게 만들기도 했다.

시골다운 인심은 음식에도 담겨 있었다. 스테이크가 엄청나게 컸다. 양손바닥을 합친 듯했다. 거기에다가 감자 칩과 쌀밥도 큰 접시 한켠에 얹혀 있다. 고픈 배에 부드러워 입에 녹는 연한 고기였지만 절반 이상을 먹어내지 못했다.

옛 광산 광부들에게 해 준 식사 전통이 아직까지 남아 있는 형태가 아닌가 추측을 했다. 그런 식당 안의 푸근한 인심은 숙소로 돌아가는 발길을 한결 편안하게 했다. 마음은 이미 옛 고향을 방문한 것과 같아져 있었다.

* * *

다음 날의 운전 길도 여전히 산악 속이다. 유레이를 벗어나 50번 국도를 타고 살리다와 부에나 비스타라는 곳을 지나갈 때였다. 그곳 두 곳의 산속 마을 사이로 아칸소라는 강이 흐르고 있었다. 말이 강이지 협곡 속을 흐르는 폭포와 같은 급류였다.

그 급류를 즐기는 사람들이 있었다. 래프팅이 아니다. 잠수복을 입은 사람들이 서핑 보드에 배를 얹고 급류를 따라 내려오는 것이다. 급류에 휘말려 물에 빠지기도 하면서 아슬아슬하게 급류를 헤치고 쏜살같이 내려오는 모습은 쳐다보는 사람도 손에 땀이 날 정도다. 레저라 해야 되나 스포츠라 해야 되나, 그냥 레저 스포츠라 하기에는 너무 위험스러운 것을 즐기고 있었다.

TV에서도 본 적이 없는 특이한 놀이라 한참을 보고 있다가 근처에 입수 준비를 하고 있는 사람에게 다가가 말을 붙여 보았다. 가까운 덴버 정도에서 온 줄 알았는데 동부 도시에서 왔단다. 급류타기의 매력에 빠져 일 년에 몇 번이나 온다고 했다.

도로는 24번 국도로 바뀌고 차는 산맥 깊숙이 접어들어 갔다. 왼쪽에 흰 눈을 잔뜩 이고 있는 높은 산이 범상치 않다. 로키산맥 속 최고봉인 4,401m의 '앨버트산'이었다. 남북 길이 4,500km에 이르는 긴 산맥의 최고봉을 옆으로 끼고 지나고 있었다. 볼 만한 것이 또 나왔다.

70번 고속도로로 접어들어 덴버로 향하는 길목에 있는 높은 고개를 지날 때였다. 사람들이 차를 세우고 사진을 찍고 있는 모습이 궁금했다. '대륙분수령', 태평양과 대서양을 가르는 분수령이었다. 우리의 백두대간 같은 로키산맥은 미대륙의 동서를 분리하고 있는 중요한 지리적 의미를 가지고 있었다.

장대한 산맥을 가로지르고 산맥을 벗어나는 데에만 꼭 하루해가 걸렸다. 해가 서쪽 산맥으로 기울 때쯤 차창 앞으로 넓은 평원이 전개되어 왔다. 그 평원도 너무 넓었다.

줄은 산악 지역을 며칠이나 달리다가 갑자기 펼쳐진 평원은 무한히 넓게 느껴졌다. 그래도 그곳은 산맥에 인접한 분지와 같은 곳이었다.

해발 1마일 높이의 분지 형태의 도시 덴버가 나타났다. 야구에 관심 있는 사람에게는 '투수에게 죽음의 도시'라고 금방 생각해 내겠지만, 나이 든 올드 팝송 팬들은 칸츄리 가수 '존 덴버'를 연상 지을 것이다.

그가 이곳을 유난히 사랑하여 가수 예명에 도시 이름을 사용했다지만, 나는 그가 왜 이곳을 사랑했는지는 모른다. 다만 경관은 좋았지만 기나긴 산악도로 운전으로 피로에 싸여 있다가 시원하게 뚫린 도로는 큰 반가움으로 다가왔다. 거기에다가 도로 전면에 전개되는 분위기는 환상에 가까웠다.

사방으로 끝없이 펼쳐진 푸른 초원은 정말 눈을 시원하게 만들었고, 무엇보다도 지평선 너머로 양 떼 같은 뭉게구름이 맑고 푸른 하늘 위로 피어오르는 모습은 압권이었다. 추측을 하자면, 존 덴버는 이런 풍광 때문에 덴버를 사랑하지 않았을까 하는 것이었다.

여행 나오기 전 이런 풍광들이 충분히 예상되었기에 그에 걸맞게 이런 곳을 운전할 때 들으려고 올드 팝 시디를 몇 장 준비해 왔었다. 하지만 아쉽게도 렌트카는 그런 구형 시디를 재생시키지 않는 최신형 차였다. 할 수 없이 여행 내내 현지 방송에서 나오는 템포 빠른 노래를 들을 수밖에 없었다.

이 얘기를 귀국 후 영어 교사였던 지인에게 했더니,

"잘 알아듣기 힘들었을 낀데….."

"그기 미국 애들도 BTS 공연 때 우리말 따라 부르는 거나 같은 거지….."

그래도 혼자 외로이 달리는 차 속에서 흘러나오는 라디오 속의 음악 리듬은 로드 트립의 중요한 동반자였다.

마침내 미국에서 등산을 했다. 로키산 등반이었다. 미국에서의 첫 산행에 대한 기대를 약간 하기는 했지만, 그 경험들은 특별한 것이었다.

산 인근에서 숙소를 구할 수 없어 덴버시 외곽의 모텔에서 자고 아침 일찍 산으로 향했다. 넓고 높은 로키산 국립공원이지만 대부분 탐방객들은 베어 레이크 호수로 향하고 있었다. 별다른 선택지가 없었던 나로서도 사람들을 따라갔다.

30여 분 만에 도착한 호수는 숲속 깊숙이 자리하고 있었다. 투명하고 맑은 물 표면으로 주변의 키 큰 침엽수들의 그림자들이 비치는 호수는 고요하기만 했다.

록키산의 최고봉 롱스 피크. 7월 중순인데도 유럽 최고봉 몽블랑보다도
눈이 더 많이 쌓여 있었다.

　그윽하고 아름다운 호수 주변을 가족 단위로 온 사람들이 가만히 산책하면서 돌고 있었다. 그 호수 주변을 도는 것만도 충분한 듯 사람들은 돌아내려 갔지만, 호수를 벗어나 산 위로 올라가는 하이킹 코스도 많이 있었다. 사람들이 그런 곳으로 올라가지 않는 이유를 아는 데는 시간이 많이 걸리지 않았다.

　한 달여 만에 산에 들어오고 게다가 운전만 계속한 나의 몸은 산을 당연히 갈망하고 있었다. 호수를 반 바퀴도 채 돌지 않고 중간에 산속으로 들어가는 길로 접어들었다. 큰 나무들 사이의 좁은 산길에 들어선 지 채 10분도 지나지 않아 눈이 내리기 시작했다. 그 눈은 산속으로 들어갈수록, 또 고도를 높일수록 많아지면서 마침내 발이 푹푹 빠지는 상황이 되었다.

　위로 올라갈수록 사람들을 거의 만나지 못하다가, 눈에 바지가 온통 젖고 얼굴에는 땀이 줄줄 흐르는 내 나이 또래의 남자를 만났다. 무엇이 그리 즐거운지 환한 얼굴로 먼저 악수를 청하며 Nice!를 연발했다. 잘 아는 친구를 만난 양 서로 격려를 하며 헤어졌다.

이미 나의 신발도 모두 젖었고 속의 양말도 물에 빠진 듯 헝건해져 왔다. 등산화가 아닌 여행 나올 때부터 계속 신어 온 신발이다. 이런 곳에서 무슨 준비를 할 수 있었겠는가?

나는 이런 상황을 가끔 즐기기도 했다.

오래전에 지리산 주변을 놀러 갔다가 뜬금없이 2박 3일 종주를 한 적이 있었다. 때는 발이 눈 속에 푹푹 빠지는 한겨울철이었고, 신발은 테니스화였다. 능선부의 잘 다져진 빙판은 걷는 것보다 미끄러지는 것이 편했었다.

그렇게 몇 시간을 올랐다. 무아지경으로 오르는 가운데 나무는 사라지고 초목지대가 나타나면서 전망이 열렸다. 그래도 바람에 휘날리는 눈발은 시야를 불투명하게 만들었다. 길게 이
어진 능선 너머로 정상으로 보이는 산봉우리가 보였다.

로키산 정상인 '롱스 피크'라고 짐작해 보았다. 무려 4,000m가 넘는 산봉우리다. 눈이 많이 녹은 한여름 때 새벽부터 출발하면 왕복이 가능하다고 했다. 지금 나에게는 어림도 없는 상황이라는 결론을 내리며 간식을 꺼내 먹으며 휴식을 취했다.

그래도 약간의 아쉬운 마음으로 산 위쪽을 보고 있는데 산허리를 돌아오는 두 사람이 있었다. 롱스피크에 갔다오는 길이냐고 물으니 No! 했다. 폭설 때문에 길을 찾을 수 없어 도로 내려온다고 하며 황급히 산을 내려갔다.

그들이 내려간 뒤 나의 마음도 급해졌다. 이대로 눈이 계속 내린다면 내가 올라온 길도 사라질 것이다. 호수에서 거의 7~8km는 올라온 듯한데 길을 놓치면 정말 큰 일이 되는 것이다.

그렇게 긴장을 하며 호숫가에 무사히 하산했을 때 하체는 온통 눈으로 젖었고, 가벼운 점퍼 차림의 상체는 땀으로 흠뻑 젖어 있었다. 7월의 미국 로키산 등산은 한국의 남쪽 지방에 사는 나로서는 좀처럼 경험할 수 없는 한겨울 눈 속 등반이었다. 주차장에 내려와 여벌의 옷을 들고 공원 화장실에 들어가 간단하게 씻고 갈아입었다.

젖은 운동화는 어쩌냐고?

새 운동화가 두 켤레나 준비되어 있었다. 라스베이거스 변두리 숙소 근처에는 초대형 신발 매장이 있었다. 50달러로 유명 상표가 붙은 신발 두 켤레나 샀다. 본전(?) 뺀다는 기분으로 산 그 신발은 눈으로 퉁퉁 부은 두 발을 다시 뽀송뽀송하게 만들어 주었다.

미 중부를 가로 지르다

미국다운 것은 어떤 것일까?

퇴직 후 2년 정도 주로 중국을 여행했었다. 나에게는 중국의 이미지란 거대한 나라이기도 했지만, 국토의 다양함과 오랜 역사와 깊이 있는 문화를 지닌 나라였다. 실제로 그랬다.

그에 비해 미국은 정치 경제면을 제외하고 국토적인 부분에서는 항상 광활함을 연상시키고 있었다. 그것은 서부 영화 같은 영상 장면에서 이미지화된 것도 있었지만, 중학교에서 사회과목을 가르칠 때 미국 중부의 대평원을 설명하면서 그 광활함이 내 머릿속에도 내면화되어 있었다. 그러면서 언젠가 그 평원을 직접 보고 싶었다.

그 평원은 단순히 풀만 자라는 초원이 아니다. 그런 초원지대는 몽골에서도, 카자흐스탄이나 아프리카 사헬 지대에서도 익히 볼 수 있었다.

미국의 평원은 곡물이 자라고, 그리고 그것들을 수확하는 거대한 트렉터들이 지평선 너머에까지 걸쳐 있는 그런 모습이다. 그렇게 상상했던 미 중부 대륙은 현실과 거의 일치하고 있었다.

덴버를 벗어나 76번 고속도로에 진입했다. 그리고 동쪽으로 계속 나아갔다. 나의 여행 최종 목적지는 서부 북쪽 끝 시애틀임에도 그 반대편 쪽으로 일부러 가고 있는 것이다. 그 목적지는 미국 중앙부라고도 할 수 있는 네브래스카주였다.

76번 고속도로는 연방 고속도로인 듯 제한 속도가 70마일을 상회했다. 시속 120km가 넘는 고속이지만, 이 규정을 지키는 차들은 별로 없는 듯

다들 엄청난 속도들로 달린다.

하지만 나는 속도를 즐길 생각은 별로 없었다. 크루즈 기능에 70을 고정시켜 놓고 양손을 핸들에 올려놓은 채 전면만 주시할 뿐이다. 120km를 상회해 달리는 고속도로지만 우리의 시골도로 같은 분위기다.

길가에는 난간도 없고 길 가장자리에는 잔자갈을 깔아 도로의 경계 지역을 구분한다. 모든 도로가 무료 요금 체제라 특별한 I.C나 램프 시설이 없고, 유턴도 자유로워 보인다.

도로상에 우리 같은 고속도로 휴게소란 것도 없다. 마을이 나타나 그곳으로 빠져나가면 식당이나 편의점이 간간이 있을 정도다. 그러니까 운전을 하는데 눈에 걸릴 것이 거의 없는 것이다.

이런 도로가 수백 km로 계속 이어지고 있었다. 우리의 고속도로에서 자주 나타나는 흔한 터널도 강과 계곡을 잇는 다리도 몇 시간이 지나도 볼 수 없다. 완벽한 직선 도로를 달렸다. 이어서 들어선 80번 고속도로는 미국 동서 방향을 일직선으로 그은 것 같았다. 그런 도로이니 무슨 생각이 날까….

무념에 거의 명상을 하는 느낌으로 운전을 했다. 다행히 졸리지 않는 것이 이상했다. 아마 이런 운전이 나에게 맞았고 즐기고 있는 것이었다.

점심때가 지나서야 고속도로를 벗어나 지방도로로 들어섰다. 아마 덴버로부터 600~700km는 왔으리라. 미국 중부, 그 광대한 대륙의 정중앙에 들어왔음을 피부로 느끼면서 고속도로를 벗어난 것이다.

네브래스카주는 미국의 가장 내륙에 속하는 주였다. 인디언 말로 '평평한 물'이란 데서 알 수 있듯이 정말 평평한 곳이었다. 그 넓고 평평한 곳의 주인공은 예상한 대로 옥수수와 밀이었다.

그 주인공들이 차지하고 있는 모습들이란! 가까이서 봐야 그것들의 개적 존재를 알 수 있지만 멀리서 조망하듯이 바라보는 광경은 단순한 푸른색의 대초원이었다. 아직 초여름이라 덜 자란 그 모습은 더욱 키 큰 풀에 다름없었다.

흥미로운 것은 또 있다. 그런 작물이 심겨져 있는 토지의 경계가 보이지 않았다. 땅의 소유에 예민한 좁은 땅의 자본주의적 사유 개념이 뼛속 깊이 박혀 있는 곳에서 온 탐방객은, 그것에 관심이 가는 것은 거의 본능에 가까운 것 아니겠는가!

가볍게 걸어서 해결되는 것이 아니고 차를 타고 이동하면서 찾으려고 했다. 한국사 교과서에서, 고려시대 후기에 지방 토호들이 토지를 지나치게 과점해서, 그 모습을 표현하기를 '산천을 경계로 삼았다.'라고 했다. 하지만 이곳에는 그런 지형도 없었다.

더 이상 헛수고하고 싶지 않아 그냥 구경만 하기로 했다. 아직 열매가 달리지 않은 그 푸른 농작물 위로는 길게 늘어진 스프링 쿨러가 이동하면서 물을 뿌리고 있다. 그 모습 하나가 그런대로 이들이 인위적으로 재배되고 있다는 것을 알 수 있게 하는 것이었다.

우리나라 지리산 인근의 계단식 논이나 네팔 히말라야의 가파른 계곡에 손바닥만 한 토지가 있는 데 반해, 이곳 토지의 광활함에 머리가 혼란스러웠다. 지구촌에 이런 극미와 극대가 공존하고 있었다. 좁은 지구촌에 인구가 넘쳐나 식량이 부족하지만 이렇게 넓은 곡창지대도 있다. 내 소유하고는 전혀 관계가 없고 사적 이해관계에 예민한 미국민의 것이지만, 풍부하게 생산되는 농작물 모습은 질시를 넘어 마음 한구석에 은근히 풍족함을 느끼게 만드는 것이 있었다.

그런 곳에도 마을은 있었다.

거대 농장에 걸맞게 부호의 장원 형태의 저택들을 예상했으나 영 딴판이었다. 담장도 제대로 없는 집이 흔했고, 잔디가 깔린 작은 마당 앞의 현관 주위에는 수수한 꽃들이 심어져 있다. 눈길을 끄는 것은 그런 집 주변의 한적한 도로변에는 폐차인 듯한 커다란 리무진 승용차들이 꽤나 방치돼 있었다. 옛 영화를 추억하려는 것인지, 그런 것들을 치울 행정력이 부족한 것인지 알 수가 없었다.

오래되고 낡은 집들에는 성조기가 흔하게 꽂혀 있었다. 네브래스카주가 보수색이 강하다고 하지만 산골같이 외진 곳에서도 애국심을 보이는 모습은 미국의 색다른 이면을 느끼게 하는 것이었다.

그 시골 동네에서 하룻밤을 보내고 차 머리를 서쪽의 와이오밍으로 돌렸다. 이날부터 차를 반납한 시애틀까지의 2주간은 대부분 고속도로가 아닌 주도로나 한적한 지방도로를 이용했다. 미국 내륙의 속살을 조금이나마 보려고 하는 의도였다. 한국이나 어느 나라이거나 고속도로상에서는 주변을 제대로 볼 수 없다. 속도가 빠를수록 보는 것은 줄어드는 것이다.

와이오밍

네브래스카보다도 생소한 단어다. 미국인들도 이 주에 대해서 잘 아는 사람이 많지 않다고 한다. 면적이 25만 평방 km나 되어 한반도 면적보다 넓은데 인구는 고작 60만이 채 안 된다. 인구 밀도가 몽골보다 살짝 많은 정도다. 미국에 사는 사람들도 와이오밍에서 온 사람들을 거의 만날 수 없다고 한다.

와이오밍에 대해 인터넷 검색을 하다가 우스운 개그들을 읽었다.

제니: 선, 너 어느 나라에 가서 살고 싶니?

선: 와이오밍에 가고 싶어.

제니: 와이오밍은 나라가 아니야.

인구에 대한 또 재미있는 일화들도 있다. 땅이 넓으니 높은 건물이 필요 없다. 어떤 싱거운 사람이 주 전체에 에스컬레이터가 얼마나 있는지 조사를 했다. 2대! 올라가는 것과 내려가는 것, 엄밀히 말하면 1대다.

이런 곳이니 도로는 좀 한적하겠는가, 고속도로에 차가 1대 있는 것이 정상이고, 두 대 있으면 혼잡이고, 세대 있으면 러시아워라는 것이다.

사실 그랬다. 하루 종일 시골길을 달렸는데 사람은 물론이고 차를 만난 기억이 잘 나질 않았다. 그러면 무엇이 있을까? 옥수수와 밀, 가축들… 틀렸다!

가끔은 보였지만 대부분 초지였다. 그냥 초원이었다. 몽골 같은 중앙아시아 초원지대의 짧은 풀들이 아닌 약간은 풍성한 풀들이었다. 이곳에는 그런 초지를 보호하려고 거대한 '국립 초원지대'를 지정했다고 했다. 아마 세계에서 유일한 보호 지대의 지정이 아닌가 했다. 내가 지나가는 곳이 그곳에 해당하는지 모르겠지만 그 초원지대는 아주 특이했다. 특이하다는 것은 특별한 것이 있다는 의미이다.

온 광야가 하나의 꽃으로 덮인 화원 지대가 있었다!

오로지 노란 단색의 야생화 한 가지였다. 나지막한 구릉성 평원지대가 온통 단색으로 물들어 있었다. 그 끝을 보려고 일부러 높은 곳을 올라갔으나 여전히 눈에 들어오는 것은 노란색뿐이었다. 내가 특별히 꽃을 좋아하기는 했지만, 세상 누군들 이런 광경을 보고 황홀해하지 않겠는가!

미국 여행 중 최고의 장면. 탄성밖에 나오지 않았다.

이 노란 꽃의 대장관을 보고 내가 감격과 감동을 함께 느낀 것은 나만의 개인적인 특별한 사연이 있었기 때문이기도 했다. 이것은 앞서 랑탕 트레킹 코스에서 이야기한 에티오피아에서 겪은 꽃 탐방과 연관된 것이기도 하다.

"천국으로 가는 길"이란 표현을 하는 곳이었지만, 계절이 조금 일렀다. 꽃은 피기 시작하여 산자락을 덮다시피 하여 그런 경치를 처음 접하는 나에게는 이국적인 풍경과 함께 잠시 몽환적 분위기를 느꼈지만, 내가 기대한 산천을 뒤덮는 정도가 아니었기에 약간의 아쉬움이 남았었다.

그렇게 남은 약간의 아쉬움을 여기 와이오밍에서 뜻밖에 현실로 맞딱뜨린 것이다. 환상 속에 있던 천국이 눈앞에 전개되고 있었다.

나는 단언할 수 있다. 두 달여간에 걸쳐 1만여 km를 운행한 미국 로드 트립 중 가장 인상적인 장면이 이것이었다. 내 개인적인 취향이 작용하기는 했겠지만, 여행 중 수 천장의 사진을 찍었고, 귀국하여 자랑하는 것 같아 조심스럽기는 했지만 가까운 지인들에게 몇 장을 휴대폰 사진을 보여 줄 때는 와이오밍의 평원 꽃 사진이 전부일 정도였다. 그것은 단지 지구상의 가장 아름다운 모습을 보이고 싶은 의도였다.

혹시 이 경이로운 장관의 경치 모습이 빨리 끝나는 것을 두려워하며(?) 아주 천천히 차를 몰아서 갔다. 하지만 몇십 분이 아닌 몇 시간에 걸쳐도 그 광경이 이어졌다. 여한이 없다고 여길 때 즈음, 해도 기울어 가고 있었다.

인디언 말로 '광활한 평원'이라는 의미를 지녔기에 초원만 있을 것 같은 와이오밍이었으나, 다른 지형도 갖춘 넓은 땅이었다. 초원지대를 벗어나면서 메마른 구릉지대가 펼쳐져 왔다.

또 하나의 볼거리가 지나고 있었다. 괴물 지네 같은 화물열차의 차량이

하도 길어 그 숫자를 한참 세다가 눈이 어지러워 포기했다. 못돼도 세 자리 숫자가 넘을 것이었다. 그 각 차량의 위쪽에 담겨 있는 검은 석탄은 흘러넘치고 있었다.

그날 밤의 숙소 모텔도 기관사와 광산 노동자들이 묵을 듯한 외진 곳이었다. 7~8개의 연결된 방을 가진 단층 연립식 창고 같은 건물은 횅한 마당을 앞에 두고 있었다. 전형적인 미국식 모텔이지만 방앞에 세워둔 나의 차가 안전한지를 아침이 되자마자 확인했고, 그보다 먼저 잠자기 전 방의 잠금장치를 몇 번이나 확인했다.

옐로스톤, 티턴 국립공원

인구가 적고 초원만 있는 곳으로만 여겨지던 와이오밍은 의외로 놀랍고 다양한 풍광을 보여 주는 곳이었다. 간헐천으로 유명한 옐로스톤이 그렇고, 장엄한 산악미를 보여 주었던 그랜드 티턴 국립공원의 풍광도 특별했다.

처음에는 두 곳이 와이오밍주에 속하지 않는 것으로 알았다. 주 북쪽 끝에 위치해 있었기 때문이다. 또 옐로스톤이 그렇게 큰 공원인지도 몰랐다. 간헐천이라는 자연현상도 나에게 크게 다가오는 요소도 아니었다. 그와 유사한 현상을 일본 여행에서 자주 봤기 때문일 수도 있었다. 그래도 최소 2~3일 일정을 가지고 둘러봐야 한다는 이유를 차를 타고 돌면서 알 수 있었다.

공원 내의 롯지 예약은 엄두도 낼 수 없는 일, 공원 외곽의 도시에서 숙박하고 안으로 들어가는 데에만 한나절이 걸렸다.

공원은 이틀 동안 탐방했다. 들어가는 동안 적잖이 실망했다. 소문난 곳에 먹을 것이 없다던가? 미국 최초의 국립공원, 온갖 동식물이 서식하는 곳, 한국의 도 크기만 한 넓은 면적, 지구의 태초적인 모습을 볼 수 있는 곳 등등. 온갖 수식어에 비해서 넓은 면적을 가져서인지 볼 만한 것이 한참 동안 나타나지 않았다. 높고 긴 고개를 넘어 공원 내부로 진입해도 짙은 침엽수로 덮힌 숲의 연속이었다. 커다란 호수가 나타나고 그 호수를 곁눈질하며 들어가는데 약간 혼란을 주는 장면과 마주쳤다.

공원 안의 도로포장 모습이었다. 1872년으로 지정된 지 거의 150여 년이나 된 세계 최초인 데다가, 1년에 수백만 명이 방문하며, 그 방문도 자가용이 아니면 접근이 안 되는 곳이다.

그 중심 도로포장 공사를 지금 하고 있는 것이었다!

돈이 없는 나라도 아니고 토목 기술도 최상인 선진공업국이다. 당연히 자연보호 때문이다 라고 생각할 수밖에 없었지만, 그래도 이렇게까지 보호를 했어야 하는가 하는 것이 그때 든 큰 의문이었다. 거기에 대해서는 많은 자료들이 설명해 주고 있었다.

미국의 국립공원뿐만 아니라 수많은 주립공원의 설립목적은 자연을 있는 그대로 보존하는 것에 있다. 그런 정신이었기에 공원 안의 개발이나 훼손은 상상하기 어렵다. 인간의 간섭을 가능한 한 최소화하자는 것이다. 그런 덕분에 방문자들은 불편함을 감수하고 대신에 있는 그대로의 자연을 감상할 수 있는 것이다.

이런 정신적 바탕 아래 세계 최초로 국립공원을 세웠기에 이 정신적 바탕은 이후 세계에 세워지는 국립공원에 큰 영향을 주었다. 우리나라 국립공원의 까탈(?)스러운 관리방식도 이런 점에 영향을 받았기에 이해할 만한 것이다.

그래도 한 가지 짚어 둘 점이 있다. 앞서 세쿼이아 공원과 그랜드 캐니언 공원 내의 숙박시설이나 전망대 시설 같은 인위적인 건축물이 문제가 되었다. 물론 이런 부분에는 많은 토론 과정을 거쳤겠지만 '실용적 측면'이 반영된 결과였다. 환경 보호에 미국인들의 실용주의가 결합한 것이다. 이 또한 우리나라에도 영향을 주었다. 문제는 이러한 실용주의를 명분으로 경제적 이해관계에 눈먼 지자체들의 개발 우선주의이다.

옐로스톤 안의 도로포장 공사를 보면서 자연보호와 인간의 이용에 대해 많은 생각을 했다. 공사 구간을 지나 공원에서 가장 인기가 있다는 '올드 페이스풀'에 도착했다. 여러 간헐천 중에서 가장 유명한 가스를 뿜는 곳이었다.

가스를 뿜는 주기가 1~2시간 간격이다. 분출한 지 얼마 지나지 않아서인지 사람들이 별로 없었다. 옆의 간이 식당에서 햄버거를 하나 사 먹고 다시 분출 현장으로 갔다. 사람들이 꾸역꾸역 모여들기 시작하더니 마침내 원형으로 된 넓은 조망대에 빽빽하게 들어찼다. 아마 수천 명은 될 듯했다. 늦게 온 사람은 사람들 틈 사이로 얼굴만 내밀고, 예고 없는 역사적(?) 자연현상을 보기 위해 기다렸다.

그렇게 인내심을 가지고 기다리고 있는데 갑자기 널직한 공터 한가운데서 퍽~ 하는 소리와 함께 커다란 물줄기가 하늘 높이 솟구쳤다. 동시에 사람들이 환호 소리가 이어진다. 그리고 당연한 순서인 사진 찍기가 시작되었다. 모두들 손을 뻗어 폰에 찍히는 사진을 열심히 주시하고 있다.

대자연이 보여 주는 역사적인 공연이었다!

가스를 머금은 거대하고 하얀 물줄기가 50여 m 상공으로 치솟아 오르는 것이다. 솟아오른 물 덩어리는 바람을 따라 옆으로 휘날리기도 하고, 물보라가 되어 공기 속으로 사라지기도 했다. 쉭쉭거리며 숨을 몰아쉬듯 물을 뿜어내는 물줄기의 공연은 거의 10여 분이나 계속되었다.

대자연이 보여 주는 위대한 공연이 끝났을 때 사람들은 숨을 몰아쉬며 박수로 대신했다. 공연이 끝났을 때 나의 가슴도 흥분이 쉬 가시지 않았다. 그랬기에 감동적인 잔영도 한참 남았다.

옐로스톤에는 전 세계 간헐천의 3분의 2에 해당하는 무려 1,200여 개의 간헐천이 있다고 했다. 차를 타고 이동하는데 사람들이 모여 있는 곳이면 어김없이 간헐천이 있었다. 그런 간헐천이 다 같을 수는 없을 것이었다. 조그만 옹달샘만 한 것이 옹기종기 모여 있는 곳이 있는가 하면 웬만한 호수같이 큰 것도 많았다.

모양보다 더 중요한 것은 물색이다. 가장자리는 주황색, 가운데로 들어가면서 짙은 녹색으로 변한다. 자연만이 만들어 낼 수 있는 환상적인 색감들이다. 이런 간헐천이 보여 주는 색으로 옐로스톤이란 공원 명이 붙었다.

옐로스톤에는 간헐천만 있는 것이 아니었다. 지하 속의 석회암을 녹인 물이 흘러내려 넓은 석회암 테라스를 만든 곳이다. 터키의 파묵칼레, 중국 구체구에 있는 황룡 석회암 지대를 연상시킬 만큼 멋진 곳이었다.

이틀간 탐방한 옐로스톤의 태초적인 모습은, 더욱 태초적인 현상을 재현할 것이란 내용이 가끔 외신에 나온다. 그곳이 폭발할지 모른다는 것이다. 물론 그 시기는 우리 세대가 아닌 상당

히 지나야 할 것이겠지만 그곳의 태초적인 모습을 직접 본 나는 그 시기가 멀지 않을 수도 있다는 생각을 가질 정도였다.

* * *

이제 와이오밍주가 진짜 자부심을 갖는 곳으로 간다. 티턴 국립공원이다. 옐로스톤은 네바다주 등 여러 주에 걸쳐 있어 와이오밍주 소속이라고 생색내기 곤란한 곳이다.

티턴은 그럴 만한 가치가 있었다.

옐로스톤 공원의 남쪽 입구를 벗어나 조금만 내려가면 웅장한 산악이 나타난다. 옐로스톤이 숲으로 덮인 자연스러운 산악지대의 모습이라면, 티턴은 만년설을 머리에 인 수천 m의 고봉 9개를 가지고 있었다. 그 9개 고봉이 남북으로 연이어 쭉 전개되고 있었다. 그 장쾌한 연봉들이 더 아름답게 보였던 것은 연봉들을 모두 비추는 거대한 호수가 산 아래에 있기 때문이기도 했다. 차를 타고 내려가면서 보는 웅장한 산악이 잔잔한 수면에 그림처럼 비치고 있었다.

이 뛰어난 경관은 빼어난 자연경관을 가진 미국에서도 단연 으뜸이라서 연초 제작하는 미국 캘린더 삽입 소재의 단골 메뉴 1순위라고 했다.

뜻밖의 감동을 주는 장면도 있었다. 기대하지 않았지만 보고 싶었던 장면이었다. 원시 북미 대륙을 연상시키는 장면은 어떤 것일까? 아니, 원시까지가 아닌 인간이 들어가기 전의 2~3

만 년 전의 모습 말이다. 아마 광대한 초지에 거대한 짐승들이 여유롭게 풀을 뜯는 모습일 것이다. 우리는 그 동물이 '버팔로' 정도란 것은 안다.

그 버팔로들을 직접 봤다.

나만 신기했겠는가! 사람들이 차를 세워 놓고 바이슨! 하고 소리치고 있었다. 나는 이름도 몰랐던 소보다 훨씬 큰 검은 짐승 몇 마리가 멀리 떨어진 산기슭에서 풀을 뜯고 있었다. 이후에도 티턴 공원 주변에서 이들을 가끔 목격했지만, 나에게는 티턴의 자연경관을 본 것보다 감동이 더했다. 저들이 갖고 있는 정말 슬픈 역사를 내가 조금 알고 있기 때문이다.

인류가 아시아 구대륙에서 얼어 있는 베링해를 건너 북아메리카 연안에 도착했을 때 이들을 기다리고 있는 것은 순하고 덩치 큰 소과류 동물들이었다. 이후 인류의 남쪽 이동 통로는 동물을 따라 내려오는 길이었고, 동시에 동물들의 절멸이 따랐다고 이 분야를 연구한 학자들이 증언한다.

더 처참한 것은 가까운 역사에서다. 인디언들을 절멸시키기 위해 그들의 식량이 되는 동물들을 백인 식민주의자들이 무자비하게 총을 쏴서 죽였다. 그렇게 해서 순진한 동물들은 씨가 말라 갔다. 이런 국립공원이 없었다면 버팔로는 사전에서만 볼 수 있는 동물로 남을 것이었다.

사실 나는 썩 동물 애호론자가 아니다. 개나 고양이 같은 반려동물을 키우지도 않고 육식도 즐겨 한다. 하지만 공원에서 마주치는 까치나 비둘기도 별로 귀찮아하지 않고, 가끔 나타나는 후투티 같은 철새를 보면 그 신기한 모습에 한참 처다보기도 한다.

이렇듯 내가 가지는 동물에 대한 느낌은 이들이 분명히 우리와 같이 살아왔던 생물이라는 점이고, 이들의 소멸은 우리의 존재는 물론이고 작게는 정서에 끼치는 영향이 아주 크다는 것이다. 다만 우리는 모두 바빠서 그냥 모른 채 살 뿐이다.

넓은 면적을 가진 옐로스톤에는 수많은 동물들이 있다고 했지만 나는 하나도 본 것이 없었다. 하지만 티턴에서의 귀한 야생동물 조우는 신선한 것이었고, 뒷날 산행을 하면서 마주친 큰 뿔을 가진 사슴은 한참 발길을 멈추게 만들었다.

글레이셔 공원 산속에서 마주친 산양 가족.
얼마나 귀하게 느껴졌던지….

캐나다에 인접한 글레이셔 국립공원 안에서는 말로만 듣던 산양들을 자주 만났다. 사람들의 출현에 익숙해진 듯 별로 개의치 않고 산 비탈길을 유유히 다니는 모습들은 또 다른 귀한 자연현상과의 조우이기도 했다.

티턴 국립공원의 트레킹은 오랜만에 멋진 선물을 받은 걷기 길이었다. 산의 외양에서 풍기는 험준하고 눈 덮인 모습과는 달리 산속은 의외로 길이 잘되어 있었다. 그 산속을 하루 마음껏 걸었다.

호숫가의 긴 산책로를 따라 산기슭에 이르자 숲에 가려진 웅장한 폭포가 나타났다. 나무숲에 가려져 밖에서는 잘 보이지 않았기에 '히든(Hidden) 폭포'라는 이름이 걸맞았다. 높이가 40~50m는 되어 보이는 데다가 수량도 풍부한 큰 폭포다. 가까이 다가가니 빙하수로 된 그 물은 주변에 차가운 냉기를 뿜어내고 있었다. 그 폭포만 하더라도 훌륭한 경관이라 사람들은 호수 산책로를 따라왔다가 폭포 구경 후 돌아가고 있었다.

하지만 진정한 경관은 그 위쪽이었다. 가파른 암벽으로 된 코스를 오르자 호수가 조망되는 '인스퍼레이션(Inspiration)포인트'라는 멋진 전망대가 나왔다. 어떤 영감을 주기에 이런 이름이 붙었는지 알 수 없지만 눈 앞에 펼쳐진 호수의 뛰어난 경관은 뭔가 떠오를 만한 비경이었다.

전망대를 벗어나자 평평한 숲길로 이어졌다. 양쪽에는 깎아지른 듯한 큰 산이 마주하고 있지만, 그 사이의 계곡은 완만했다. 땀이 날 정도로 가파른 길을 타고 오르고 맞이한 숲속의 계곡 길은 상쾌하기 그지없었다. 마침 하늘은 구름 한 점 없었고, 고산의 공기는 맑기만 했다. 게다가 지금도 눈에 선하게 남은 기억은 그 계곡 속에 흐르는 투명한 물이었다.

어찌나 맑고 투명한지 물속의 은빛 모래 숫자까지 헤아릴 수 있을 정도였다. 물속으로 쓰러진 고목과 수풀 사이로 흐르는 잔잔한 물결과 가끔 나타나는 여울들은 걷는 내내 눈을 떼기 힘든 동반자였다. 단순하게 걷는 길 자체로만 본다면 세상에 더없는 최고의 트레킹 코스였다. 좋은 경관은 역시 걸으면서 봐야 더 좋다는 경험을 한 하루였다.

글레이셔 국립공원. 미국 쪽 록키 산맥의 최북단으로 캐나다 국경과 인접.
산속 깊이 걸어 들어가 환상적인 경관과 마주쳤다. 책 표지에 선택된 행운의 사진.

올림피아 공원의 호 포레스트

멀리도 올라왔다. 옐로스톤, 티턴 국립공원을 탐방한 후 길고 긴 몬태나주를 거쳐 캐나다 접경지역의 글레이서 국립공원까지 갔었다.

론리 플레닛은 교묘(?)한 표현으로 사람들을 유혹했다. 지금같이 빠른 속도로 얼음이 녹고 있는 시대에 언제까지 빙하 지역이라는 의미인 '글레이서'를 유지하겠냐는 것이다. 지금이 마지막 그 공원을 볼 기회다라고 하는 그 책은 확실히 세계 여행자들이 가장 많이 읽게 만드는 책이었다. 그 한 줄의 문장에 홀려 만년 빙하에 덮인 글레이서를 찾아 미국 최북단 국경까지 올라갔었다.

로키산맥의 미국 끝 지점을 확인시키기도 하는 글레이서 공원 탐방을 끝내고 시에틀로 오는 길목인 워싱턴주의 '레이니 국립공원'에서도 하루를 보냈다.

세계 어디에 내놔도 한 몫을 충분히 할 만한 대단한 공원들이지만 마지막에 들른 올림피아 공원의 인상적인 모습에 대비되어 많이 희석되면서 기억 속에서 많이 약화되었다. 어쩌면 그것은 올림피아 공원이 준 대단히 인상적인 모습 때문이었을 것이다.

세상의 모든 일이 그렇듯 여행도 반전이 클수록 흥미를 더해 준다. 경관은 대단했지만 매일 들르다시피 하는 미국의 국립공원들이었기에 어느 정도 식상할 때도 되었을 것이다.

하지만 마지막 국립공원 방문이었던 올림피아 공원의 '호 포레스트'는 이런 부분을 완전히 뒤집고 나의 미국 자연 탐방의 대미를 장식하게 해 주었다.

사실 이곳을 마지막 탐방지로 계획하지 않았다. 일정도 일주일 정도나 여유가 있었기에 시에틀 북쪽에 있는 국립공원까지 방문하려고 숙소까지 미리 예약을 해 둔 상태였다. 그런데 호 포레스트를 들어서고 그 공원의 숲을 보면서 모든 계획들을 바꾸었다.

올림피아 공원이 그렇게 큰 줄도 몰랐다. 지도상으로는 우리의 제주도만 한 올림피아 반도 안의 공원으로 여겨졌으나, 그 땅도 우리의 도 단위만큼이나 크게 느껴졌다. 공원의 입구도 범상치 않았다.

하루 종일 운전하여 도착한 공원 주변 도로는 키 크고 짙은 침엽수로 덮여 있었다. 숲 터널이라 불러도 좋을 길이 몇 시간이나 이어졌다. 그 호젓하고 그윽한 숲길만으로도 이곳을 방문할 충분한 가치가 있다고 느끼며 가벼운 마음으로 호 포레스트로 들어섰다.

그 가벼운 마음이 순간 가슴을 울렁거리게 하는 흥분으로 변했다. 이끼 숲이 그것이었다. 독자들은 기억할 것이다.

밀포드의 그 이끼 숲을!

거목과 이끼가 공존하는 호 포레스트 공원. 한마디로 볼거리가 많은 곳이었다.

나도 그동안 잊고 있었다. 내가 밀포드를 트레킹하면서 보았던 그 이끼 숲이 여기 있을 줄 몰랐고, 이곳은 밀포드와 같이 비만 잔뜩 와서 온대 우림의 모습만 있을 것으로 예상했었다. 비가 많이 와서 그냥 짙은 상록수 숲으로 가득 찬 그런 곳 말이다. 그런 숲만 보고, 확인하면 되었다. 그래서 가이드북에서 안내했듯이 한 시간으로 충분히 탐방하고 돌아가려고 했다.

하지만 이끼 숲을 보는 순간 머리를 돌게(?) 만들었다.

꼭 이끼만이 그렇게 만들지 않았다. 엄청나게 키 큰 나무들이 같이 있었다. 온대 활엽수 숲답게 여러 종류의 상록수들이 혼합되어 자라고 있었다. 그런 다양한 나무들이 열대의 밀림 같은 빽빽한 모습으로 자라고 있었다.

이끼가 반가웠고, 엄청난 거목 때문에 흥분했다. 밀포드와 또 다른 이 곳의 온대 우림은 나의 발길을 그냥 쉽게 돌아가지 못하게 만들었다. 30 여 분 만의 짧은 약식 코스로는 도저히 만족할 수 없었다.

이곳은 내일 다시 와야 할 곳이다!

시애틀 가까이 있는 숙소 예약을 취소하고 공원 가까운 곳으로 방을 찾 으러 나섰다. 방문자 센터에서는 1시간 거리에 있는 포커스란 마을에 모 텔이 4~5개 있다고 알려 주었다. 인구 몇 천도 안 되는 산속 마을 포커스 에는 길을 따라 모텔이 몇 개 있었다. 그런데, 돌아오는 답은 모두 'Full!' 이었다. 마침 휴일인 미국 독립기념일이랑 겹쳐 빈자리가 없었다. 마지 막 하나 남은 작은 모텔에 실낱같은 희망을 걸고 들어갔다. 이곳마저 방 이 없으면 멀리 떨어진 공원 외곽까지 가야만 되고 내일 일정이 어려울 것이었다.

행운은 다시 나의 편이었다. 딱 한 개의 방이 남아 있었다. 그것도 다음 날까지 예약이 잡혀 있지 않았다. 내일 하루 종일 산속에서 지낼 수 있게 만들어 주는 것이었다. 나의 마지막 미국 여행지, 그것도 가장 중요하게 생각했던 온대 우림에서 마음껏 지낼 수 있도록 방이 대기하고 있었다.

흥분된 마음을 더욱 고양시키는 것은 밤 중 내내 터지는 폭죽이었다. 깊은 산속 조용한 작은 마을도 미국 독립기념일은 큰 행사였다. 어쩌면 나를 환영하는 행사 같은 기분이 들기도 하여 기분을 묘하게 만들었다.

* * *

호 포레스트 공원의 탐방코스는 다양했다. 어제 걸었던 길은 가장 기본적인 코스였다. 공원 입구에 세워진 안내 게시판에는 다양한 트레일 지도가 게시되어 있었다. 편도 12마일의 빙하 계곡 입구까지가 눈에 들어왔다. 왕복 30km가 넘어 하루 코스로서는 어렵겠지만, 마지막 미국 산야를 마음껏 걷고 싶은 욕심이 생기기도 했다.

하지만 많이 걷고 싶은 의욕은 숲속에 들어서자 곧 제동이 걸렸다. 예의 이끼가 그랬고 또 나무들이 시선을 쉽게 거두지 못하게 만들었다. 숲속으로 진입할수록 이끼의 모습은 달라졌다. 바닥에서 나무를 휘감고 둘러싸고 나뭇가지 사이에서는 아래로 자라 내려온다. 산 나무 죽은 나무를 가리지 않는다. 죽은 나무를 감싸고 있으니 하늘 위의 푸른 잎을 확인하지 않으면 구분할 수가 없다. 이런 모습은 밀포드와 유사한 것이다. 하지만 차이가 있다.

규모와 크기의 차이였다. 키가 엄청나게 큰 거목들이 많다는 것이다. 큰 거목 아래로 다양한 잡목들이 빽빽하게 차지하고 그 속에 이끼가 채워져 있는 것이다.

그 거목의 정체도 궁금했다. 덩치는 세쿼이아만큼 컸지만, 수피와 잎 모양이 달랐다. 공원 입구의 짧은 탐방코스 명칭이 'Spruce couse'로 되어 있어 Spruse가 '가문비나무'라는 것을 사전을 찾아보고 알았다.

가문비나무는 우리의 깊은 산속에서도 가끔 볼 수 있는 전나무와 비슷한 나무다. 하지만 그 크기의 차이는 비교할 정도가 아니다. 성인 7~8명이 안아야 하는 정도다.

더 깊은 숲속에는 또 다른 나무종의 거목들도 있었다. 수피 모양이 눈에 익어 위쪽의 잎을 자세히 살펴보니 편백나무였다. 흔히 일본에서는 '히노기'라고 부르는 흔한 나무다. 일본 여행 중 신사 같은 곳에서 본 커다란 편백 나무는 신기하기도 하여 부러운 마음이 들기도 했다. 하지만 그건 어른 두세 명 정도 안으면 되는 크기였다.

그런데 이곳의 나무는 몇 배는 더 컸다. 편백의 원산지가 일본이라 이곳의 나무는 편백종 중의 하나겠지만 크기는 비할 바가 아니었다.

이런 다양한 종류의 나무가 거대하게 자라게 만든 것도, 이끼가 무성하게 자라는 것도 비(!) 때문이었다. 이곳 올림피아 국립공원 일대의 연 강수량이 무려 13,000mm에 이른다. 비가 제법 오는 우리나라 남해안 강수량의 10배 정도다.

상상이 되는가!?

한 해에 5층 건물 높이만큼의 물을 지상에 쏟아붓는다.

기후학적인 측면에서는 태평양 다습한 공기가 올림피아 산을 넘지 못하고, 동부에서 넘어오는 차가운 공기와 만나 비로 응결되어 산자락에 뿌리는 것이라고 한다. 하지만 그런 해설은 싱거운 것이다. 그냥 이 지구상의 세 곳, 그것도 온대 지방에 이런 곳이  존재한다는 것이 얼마나 특이한 것인가! 그리고 그것이 빚어낸 자연경관은 또 얼마나 신비로운가!

자연 과학적 지식의 뒷받침이 있으면 관찰에 도움이 되겠지만 모르고 보는 것은 더 외경스러워서 감동이 더할 때도 있다. 그냥 대자연이 우리에게 주는 선물이라고 생각하는 것이 더 기분 좋게 만드는 것이다.

그렇게 되도록 결정된 것이 아닌, 우리가 특별한 선물을 선사 받고 사는 그런 기분, 그런 기분을 느꼈기에 내가 걷는 걸음은 한없이 가볍고 즐거웠다. 얼마나 걸었는지도 몰랐다.

중간에 레인저 대피소가 있어 내가 더 이상 올라가는 것에 대해 주의를 주었다. 간단한 음식을 먹고 발길을 돌렸다. 바나나와 빵 하나 먹은 것이었지만, 돌아내려 오면서 맞이하는 길은 편안하기 그지없었다.

마침 며칠째 계속 내리던 비도 그쳤고, 하늘은 맑게 갰다. 숲속의 적당한 기온과 발밑에 밟히는 부엽토는 부드럽기만 하다. 계곡을 따라 흐르는 호강은 풍부한 수량을 뽐내며 유장하게 흐르고 있었다. 물가에 넓게 형성된 흰 자갈밭과 그 위에 쓰러진 고목들이 이곳의 오래된 세월을 짐작하게 하는 것이었다.

돌아내려 오는 호 포레스트 온대우림 길이 특별히 부드럽고 편안하게 느껴졌던 것은 다분히 심리적인 부분이 많이 작용한 것이었다. 미국 여행기 초입에 언급했듯이 이번 미국 자연 탐방 여행의 마지막 방문지는 올림피아 공원의 온대 우림이었다.

그 온대 우림은 밀포드와 함께 지구상에 유일하다시피 한 특이함을 확인하는 것이었다. 학구적인 탐방이 아닌, 지구상에 있는 자연의 신비를 보고 확인만 해도 되는 것이었다. 하지만 이곳이 보여 준 인상적인 모습은 단순한 밀포드와 같은 온대 우림과는 다른 것이었다.

그랬기에 당초 한나절로 계획한 탐방을 1박 2일로 늘려 산속에서 살다시피 했다.

그곳은 꽉 찬 '이끼를 기본으로 한 거목들과의 어울림'이었다. 이런 매력적인 특별한 만남과 감동은 어쩌면 두 달간 미국 자연 탐방의 화룡점정과 같은 역할을 하는 것이었다. 세계 명산기 목록에 여행기 같은 미국 탐방기를 넣어야겠다고 마음먹은 것도 미 서부의 뛰어난 자연경관 못지않게 이곳이 나에게 주는 감동이 컸기 때문이었다.

* * *

마침내 시애틀에 도착했다. 올림피아 반도에서 시애틀 시내까지도 꽤나 먼 거리였다. 시내 한복판에 있는 렌트카 사무소도 찾기가 힘들었다. 내비게이션을 따라갔음에도 사무실 건물을 몇 번이나 놓치다가 겨우 입구를 찾았고, 건물 4층에 있는 주차장에 차를 주차했다. 옆에 있는 조그만 사무실에 들어가 혼자 있는 직원에게 키를 건네며 차를 반납한다고 하는데 아무 반응이 없다. 당연한 것으로 생각한 차량 점검 같은 것을 하지 않는 것이다. 끝났느냐?고 물으니 메일만 확인하란다. 너무나 간단한 반납 절차에 허무한 기분마저 들었다. 한 달 반 정도에 10,000여 km를 운행한 차를 볼 생각을 하지 않으니 이상한 생각이 들지 않을 수 없었다. 나중에 생각해 보니 이해가 되었다. 점검을 해 볼 것이고 문제가 있으면 이메일을 통해 손해 청구를 할 것이었다.

아무튼 키를 반납하고 트렁크를 들고 건물을 빠져나올 때의 기분은 시원섭섭함을 넘어 참으로 큰 짐을 내려놓는 기분이었다. 귀국하고 난 후지인들이 가장 먼저 물었던 질문도,

"자동차 사고 겁나지 않았어요!?"였다.

사실이었다. 큰 사고를 떠나 조그만 접촉 사고라도 나면 여행은 끝날 것이었다.

미국 같은 나라에서 렌트카를 운전하는 것은 화약을 지닌 듯한 매우 위험스러움과 동시에 편함과 열락을 보장하는 마약 같은, 두 가지를 함께 싣고 다니는 것과 같은 것이었다.

여행을 끝내고 이런저런 상상을 해 보니 내가 참으로 무모한 여행을 한 것이 아닌가 하는 면도 있었다. 그것은 대책 없이 시도한 무모함이기도 했다. 오로지 믿는 구석이 있다면 예전의 아프리카 여행 같은 위험스러운 여행에 내성이 붙어 있었고, 또 하나는 세상에 대한 믿음이었다.

그리고 또 한 가지가 더 있다. 우리가 흔히 말하는 도전이다. 나는 이런 행위를 도전이라고 생각해 본 적이 별로 없다. 나는 살면서 이런 것이 당연한 것으로 생각했기 때문이다. 다만 그것을 도전으로 생각하는 것은 이런 여행이 끝난 이후에 주는 보상이 의외로 컸기 때문이다. 그것은 모험이나 도전 후에 받는 보상과 같은 그런 것이었다.

너무나 홀가분한 기분으로 시내를 구경하며 걷는데 길가에 'Take out' 만 전문으로 하는 창구형 카페가 나왔다. 남자 한 사람이 에스프레소 한 잔을 시켜 콩깍지만 한 커피잔을 한꺼번에 홀짝 마시더니 바로 떠나갔다.

똑같이 에스프레소를 주문했다. 냄새를 살짝 맡아 본다. 스타벅스 원조의 고장이니 커피 맛도 다를 터, 우선 향기가 중요했다. 그리고 살짝 한 모금 음미한 원액은 쓴맛도 느낄 수 없을 정도로 진했다. 원조 스타벅스 커피가 쓰기로 유명한 것은 예의 그 다우 영향이다. 매일 계속되는 비에 개운치 않은 몸을 쓰디쓴 커피가 날려 주는 것이다. 독한 에쓰페레쏘 한 잔이 그동안의 여독을 마취시키면서 정신이 번쩍 들었다.

사흘 밤을 잔 숙소는 시 외곽에 자리한 한인이 운영하는 제법 규모가 큰 모텔이었다. 미국에 건너온 지 50년이 넘었고, 팔순에 접어든 노인이다. 이역만리에 건너와 성공적으로 정착한 모습이었다. 그 성공을 내가 칭찬하니 자신도 나의 도전적 여행을 격려했다.

모텔 옆에는 오래되고 수수한 생맥주집이 있었다. 한 잔에 3달러, 5달러, 7달러 세 종류를 팔고 있었다. 밤마다 골고루 마시며 나의 미국 자연 탐방 여행을 자축했다. 그 달콤한 수제 생맥주 맛 때문에 '시애틀의 잠 못 이루는 밤'은 없었다.

도곤 트레킹

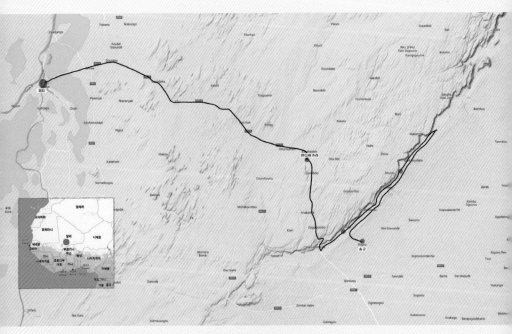

2011년 1월 (3일간) 40km

들어가기

아프리카에서 3곳의 의미 있
는 트레킹을 했었다. 킬리만자
로를 올랐고, 에티오피아의 시
미엔 트레일을 1박 2일 동안 걸
었으며, 서아프리카 말리의 도
곤 칸추리를 2박 3일 동안 트레
킹했다.

킬리만자로는 많이 대중화된 코스이며, 시미엔은 세계 6대 트레일에
속할 만큼 유명한 곳이었지만 정상까지 완주하지 않았기에 소개할 형편
이 못 된다. 그중에서 말리의 도곤 트레킹은 내가 이전에 집필한 서아프
리카 콩고 여행기에 들어 있는 내용이기는 하나, 세계적으로 희귀한 걷기
길에 속하는 곳이라서, 이 책의 분위기에 맞게 편집해서 싣기로 했다.

말리를 여행하던 중 몹티를 들렀다. 그곳은 배낭여행자에게 휴식을 취
하게 하는 편안한 장소이기도 했지만 도곤 트레킹을 하려는 사람들에게
는 중요한 배후도시였다.

숙소를 잡고 옥상 식당에서 저녁을 먹고 시내의 야경을 내려다보며 여

우연히 마주친 몹티에서의 기막힌 일몰 전경.
아프리카 여행만이 주는 행운이라고 생각하지 않을 수 없었다.

유롭게 휴식을 취하는데, 지나가는 여행사 직원이 말을 붙여 왔다.

"도곤 트레킹 안 할 거예요?"

"당근 가야죠!"

"내일 출발하는 그룹이 있는데 합류할 생각 있으세요?"

"일정이 어떻게 되는 트레킹이죠?"

"2박 3일이에요. 보통 그런 형태로 하지요."

며칠 쉬면서 싸인 여독을 좀 풀고 가려고 했지만 '도곤!'이라는 말 한마디에 마음을 한꺼번에 빼앗겼다. 상상 속에 있던 도곤이 지척에 있었던 것이다.

다음 날 아침 도곤으로 출발하기 위해 호텔 옆에 있는 여행사 사무실로 나갔다. 말리 여행 도중 만난 일본인 요시에 외에 이미 예약한 사람들이 모이기 시작했다. 우리까지 모두 8명이다. 조금 있으니 사흘 동안 안내할 가이드가 나타났다.

"아타마!"라고 싹싹하게 자신을 소개했다. 이름마저 아프리카적인 데다가 입술이 유난히 두터운 전형적인 흑인 청년의 모습이다. 운전사까지 10명이 한 대의 픽업형 승용차에 모두 탔다. 좌석 한 줄에 4명씩이나 앉으니 좌석이 상당히 비좁다. 처음에 서로 약간 불편했으나 곧 적응하고 사흘간의 도곤 트래킹에 내심 기대하는 듯 약간 흥분해 있는 모습들이다.

차가 시내를 벗어나자 벼농사를 짓는 넓은 들이 전개되었다. 아프리카에도 벼농사를 짓는 곳이 있겠지만, 물이 절대적으로 부족한 내륙 속의 사바나 지역에 상당한 면적의 논농사는 의외로 다가왔다. 아마 근처에 있는 바니강의 풍부한 물을 이용한 벼농사로 보였다. 어제 식당에서 먹은 쌀밥이 유난히 맛있었던 것은 여기 가까운 현지에서 생산된 햅쌀 덕분인가 보다.

논으로 이루어진 평야가 사라지자 구릉으로 이루어진 거친 들판이 이어졌다. 구릉의 기슭에는 원주민 마을들이 띄엄띄엄 자리를 잡고 있다. 이들 마을에서는 대부분 특이하게 양파 농사를 짓고 있었다. 집안 식구들이 모두 양파밭에 물을 주기도 하고, 수확한 양파의 뿌리를 마당에 말리기도 하며, 마른 것들로 보이는 것은 가마니에 담는 작업을 함께하고 있다.

도곤족이 사는 '반디아가라'까지는 두 시간 정도 걸렸다. 차는 주위가 하나의 거대한 통바위로 이루어진 언덕 위에 도착하여 우리를 내려놓고 돌아갔다. 나는 무거운 배낭을 지고 걷기가 힘들 것 같아 간단한 세면도구만 챙긴 채 남은 짐을 몹티의 호텔로 돌려보냈다.

출발하기 전의 우리에게 단체 기념사진을 찍자고 제안하는 일행이 있었다. 미국에서 온 세라라는 여자다. 확성기만 한 카메라를 두 개나 가지고 있는데, 하나는 어깨에 늘어뜨려 메고 하나는 양손에 들고 연신 주위를 찍어대는 사람이다. 단순한 사진작가와는 달리 예사롭지 않아 보였는데, 미국 캘리포니아에 있는 잡지사 기자로 이곳을 취재차 왔다고 자신을 소개했다.

체격이 좋은 젊은 여자이지만 큰 배낭에 대형카메라 두 대의 무게가 보통이 아닐 터인데, 게다가 나와 같이 감기에 걸려 연신 목이 찢어질 듯한 기침을 했다. 계속 기침을 멈추지 않고 할 때는 옆의 우리가 마음이 아플 정도였다.

미국 국적의 일행이 두 사람 더 있다. 프랑스 파리의 여행사에서 일한다는 피터, 아프리카에 오면서 비행기 안에서 본 영화 속의 주인공이 마이클 더글러스였는데 그 배우와 목소리가 닮은 것 같다고 하니 좋아한다. 피터는 트레킹을 위해 반팔 티에 축구할 때 입는 짧은 팬티 같은 것으로 갈아입는다. 아직 몸이 정상이 아닌 나는 겨울용 방한복 파카를 그대로 입고 걸었는데, 이들 젊은이들과 어울릴 때 나의 모습을 누가 보면 또 다른 세계에서 온 외계인 같아 보였을 것이다.

한 사람 미국인은 아직 대학생인 메리다. 통통한 몸매에 에너지가 넘쳐서인지 목소리가 매우 커서 옆에 있으면 시끄러울 정도다. 같은 미국인이라서 그런지 주로 세라하고 잘 어울렸다.

일행에는 흑인 여자도 둘이나 있다. 한 여자는 남아프리카공화국, 다른 사람은 캐나다 출신이다. 남아공에서 온 가시리는 요하네스버그에서 디자인 계통의 회사에 다닌단다. 그래서인지 옷을 항상 맵시 있게 입었다. 아프리카의 개인 여행자에게 가장 무서운 요하네스버그인지라 요즘 치안이 좀 어떠냐고 물으니 매우 안전해졌다고 힘주어 말했다. 이전에 케냐에서 남아공까지 종주를 하면서 요하네스버그까지 갔을 때, 그 도시의 치안 상태에 대한 악명이 워낙 높아 시내 구경도 하지 않고 비행장으로 바로 직행해서 귀국한 적이 있었다.

도곤 마을은 150km에 이르는 긴 절벽 안에 차단돼 있다.

캐나다에서 온 아그리나는 사우디에서 영어 강사 일을 하다가 그만두고, 시간이 난 김에 여행을 왔다고 한다. 내가 한국에서 왔다고 하니까 한국에서 온 어학 연수생들을 지도한 적이 있었다면서 반가워했다.

일행 중 마지막은 네덜란드에서 온 키가 훌쩍 큰 대학 4학년 스테판이다. 노트북을 들고 다니면서 여행 기록을 남기고 학구적인 대화 나누기를 좋아했다. 세네갈에서 말리를 넘어오는 버스에서도 네덜란드 청년을 만난 적이 있었다. 내가 세계여행을 다니면서 인구 대비 가장 많이 만난 여행객 국적이 네덜란드였고 그것도 대부분이 대학생 또래의 젊은이였다.

근대 초기 네덜란드가 무너져 가는 스페인을 넘어 탁월한 해양 상업제국으로서 세계를 제패한 것은 실리적인 상행위가 한몫했지만, 무엇보다도 모험을 두려워하지 않는 해외 진출 의욕 때문이었다. 극동아시아의 가장 끝에 위치한 일본과의 단독 통상을 성공시켜 막대한 이익을 거두는 등 이익이 되는 곳이라면 험로의 항해를 문제 삼지 않았다.

조선 인조 때 제주도에 표류한 하멜 일행도 이런 네덜란드 무역상의 하나였고, 그보다 먼저 표류하여 귀화한 박연(본명: 벨테브레)도 있다. 흥미로운 것은 이들이 서로 만나게 되는데 결국 먼저 온 박연의 도움을 받은 하멜이 몰래 도망하여 결국 자기 나라로 돌아간다. 그런 과정을 남긴 책이 잘 알려진 《하멜 표류기》다.

이런 피를 이어받은 네덜란드 젊은이들은 학업 시기에도 많은 여행을 하고 있었다. 유럽에서도 가장 경제적으로 안정적인 모습을 구가하는 네덜란드의 힘은 이런 젊은이들에게서 나오는 것일 것이다.

네덜란드가 일본과 통상을 한 것에 대해 나름대로 부가하고 싶은 것이 있다. 이미 일본에 통상을 하고 있었던 포르투갈은 종교 포교까지 욕심을 내었다. 이에 자신의 지위에 위험을 느낀 막부가 실용주의적인 네덜란드로 교역 상대를 바꾸었다.

실용주의적 측면에서는 일본도 뒤지지 않았다. 나가사키 지역에서의 제한적인 무역만 허용한 일본이지만, 네덜란드와의 교역 과정 속에서 유럽의 문화를 은밀하게 연구했다. 이른바 '난학'이라고 불리는 서양학이다. 우리는 흔히 일본이 메이지 유신을 통해 단시간에 근대화한 것으로 이해하지만, 엄밀히 말하면 일본은 네덜란드와의 오랜 통상 과정 속에서 서구에 대해 많은 것을 이미 알고 있었던 것이다. 그래서 미국 페리 제독의 함포 외교를 쉽게 수용하고 문호를 개방함과 동시에 막부 체제를 포기하고, 국민의 힘을 모으기 위해 천황 중심으로 전환했던 것이다. 결국 옛날이나 지금이나, 열린 사회와 국가가 살아남았다.

이렇게 가이드까지 포함한 9명은 단체 촬영(?)을 마치고 손바닥을 부딪치며 기세를 올린 후 도곤 마을을 향하여 길을 나섰다. 평평한 바위 언덕을 10여 분 걸어가니 통바위 사이로 절벽을 내려가는 좁은 계곡이 나타났다. 좁고 가파른 길을 조심스럽게 한참 내려가 바오밥나무들이 무성한 평지에 내려섰다.

돌아서서 내려온 바위 언덕을 올려다보다가 깜짝 놀랐다. 200여 m는 됨직한 수직의 절벽이 양쪽으로 끝없이 이어져 있었다. 절벽 위의 꼭대기 선도 일자형으로 쭉 이어져 끝이 보이지 않는다. 이 절벽의 길이가 무려 150여 km에 이른다.

이 장대한 수직 절벽을 통하는 길은 서너 개밖에 없는데, 그중에 하나가 지금 우리가 내려온 가파른 계곡 길이었다. 저 비밀통로와 같은 계곡 길을 알지 못하면 도곤족이 살고 있는 '반디아가라'로 들어올 수 없는 것이었다.

그러니까 이 반디아가라라는 지역은 오래전에 거대한 단층 현상에 의해 한쪽이 내려앉으면서 형성된 특이한 지형인 것이다. 이 끝이 보이지 않는 장대한 절벽을 우리 모두가 돌아서서 얼이 빠진 듯이 쳐다보고 있는데, 아타마는 오늘 갈 길이 바쁘다고 재촉하면서 앞장서서 걷기 시작했다.

절벽에 가까운 곳에는 어설퍼 보이는 농경지가 있었다. 군데군데 수확하고 남은 마른 옥수숫대가 남아 있고, 이를 찾아 씹고 있는 염소 무리와 당나귀도 보인다. 그 너머 평원은 드문드문 가시나무들이 흙보다 모래가 많아 보이는 사바나의 지평선을 끝까지 덮고 있었다.

동네 어귀 흙바닥에서 장난을 치고 놀던 개구쟁이 아이들이 우리 일행을 신기한 듯이 쳐다본다. 온몸에 먼지를 둘러쓰고 있어 검은 피부에 밀가루를 뿌려놓은 모습이다. 남자애들은 맨발에 바지도 입고 있지 않고 위에는 헤진 티만 달랑 걸치고 있다. 어떤 애는 미국 국기 성조기에 오바마 얼굴이 그려진 것을 입고 있었는데, 이런 지구의 끝에 있는 오지에서 세계에서 가장 유명한 나라의 이미지가 선명히 보이는 것에 대해 묘한 느낌을 받았다.

텔렘족이 살았던 절벽 아래의 거주지.

모래흙 먼지가 잔뜩 이는 길이었지만 신기한 주위 경관을 보느라 시간 가는 줄 모르고 따라가다가 제법 큰 마을에 이르렀다. 이 마을에서 점심을 먹기 위해 식당으로 들어갔다. 식당이라지만 원주민 집에 미리 예약해서 만들어 주는 음식을 먹는 것이었다. 모든 것이 궁금한 상황이라 이곳에서 나오는 음식이 무척 궁금했다.

조밥이 나왔다. 노란색으로 쪄 낸 조밥에 채소 소스를 조금 얹어 비벼 먹는 것이다. 굳이 이름을 붙이자면 '꾸스꾸스'라고 할 수 있겠다. 약간의 모래들이 섞여 있기는 했지만, 그런대로 먹을 만했다. 통북투에서 먹은 그 꾸스꾸스와 유사했지만 오히려 더 맛이 있었다.

그렇지만 우리가 먹는 것은 여행객을 위해 만든 음식이지 현지식이 아니란다. 취재 나온 세라는 기자 정신을 발휘하여 현지 원주민들이 일상적으로 먹는 음식의 시식을 아타마에게 부탁했다. 잠시 후 그릇에 담아 온 것은 수분이 많은 검은색의 떡 같은 음식이었다. 우리는 서로 무슨 음식인가 하고 많은 호기심을 내어 보였다. 숟가락으로 조금 먹어보니 발효를 시킨 듯 시큼한 맛이 났다. 많이 먹으면 배탈이 날 수 있다고 아타마가 주의를 준다.

에티오피아에서 먹었던 수수 음식과 유사한 느낌을 받았다. 에티오피아인들이 매일 주식으로 먹는 음식은 '인제라'라고 하는 수수 발효음식이었다.

수수를 빻아서 발효시킨 것을 물에 버무려서 솥뚜껑 같은 팬 위에 올려 우리의 전같이 부쳐서 먹는 음식이다. 평평한 인제라 위에 채소 종류를 얹거나 소스를 얹어 말아서 맨손으로 조금씩 떼어먹는다. 사람에 따라 크기를 달리해서 만드는데, 한 번은 5~6명의 장정이 가마솥 뚜껑만 하게 큰 인제라를 식탁 위에 놓고 이야기하면서 즐겁게 뜯어 먹는 모습을 본 적도 있다.

식당에서는 고기를 곁들여 먹기도 한다. 낯선 이 음식에 적응하는 데 상당한 시간이 필요했으나, 몇 주일 동안 매일 먹으니 나중에는 기다려지는 음식이 되었다. 1억에 가까운 에티오피아 인구의 주식이 수수이다 보니 에티오피아 농촌에서는 대단위 수수 농장이 펼쳐진 장관을 목격할 수 있었다.

점심을 먹고 한낮의 더위를 피할 겸 약간의 휴식을 취한 후 아타마가 아주 중요한 곳을 구경시켜 준다며 우리를 절벽 밑으로 데리고 갔다. 절벽 밑에는 조그만 상자 모양의 흙집들이 벌집처럼 빼곡히 들어서 있었다.

아타마가 바위 위나 사이에 아슬아슬하게 얹힌 것 같은 조그만 벌집 사이를 지나가면서 설명하는 것이 바빠지기 시작했다.

이 흙집들은 이곳에 들어온 도곤족들이 처음 거주를 한 곳이다. 현재의 도곤족은 대부분 절벽에서 약간 떨어진 곳에 마을을 이루고 살지만, 처음 들어 왔을 때는 절벽 하단부에 기틀을 잡았다.

거주 공간이었을 집부터 특이한 구조다. 바위 사이에 자갈돌을 적절히 쌓고 사이사이 진흙을 발라 서너 명이 겨우 누울 만한 공간이 집의 전부다. 그 집들 옆에는 네모난 상자 모양의 흙집들이 전위예술을 하는 작품을 진열하듯 세워져 있다. 각각의 구조물들이 신기하고 특이한 모습들이라서 그 용도들을 헤아리기가 쉽지 않았다. 상자 모양의 흙 건물들은 곡물창고였다. 식구들은 개인용 곡물창고를 가졌기에 이렇게 작고 아담한 형태를 가졌다. 남자와 여자의 것은 내부 구조가 달랐다. 남자는 내부를 두 칸으로 나누는 칸막이가 쳐져 있고, 여자는 네 칸으로 되어 있었다. 음식을 장만해야 하는 여자 입장에서는 다양한 식재료를 보관할 필요가 있었을 것이다.

이렇게 기묘한 거주 형태가 절벽을 따라 상당히 높은 곳까지 이어져 있어서 타고 오르다가 떨어져 크게 다친 적이 있다고 겁주듯이 말했다.

우리가 돌아보고 있는 절벽 하단의 주거지들은 '텔렘족'들을 점차적으로 밀어내고 자리 잡은 도곤족의 것들이다. 물론 이곳에도 도곤족은 현재 거주하지 않고 수풀을 베어낸 평지로 대부분 이주하였다. 전쟁과 이슬람의 진출에 의해 밀려들어 온 것으로 알려진 도곤족은 현재 인구가 무려 25만이 될 정도로 반디아가라 지역에 널리 퍼져 있다.

하지만 150여 km에 달하는 긴 절벽이 천연의 장벽이 되어 외부 세계와는 철저히 단절된 문화를 유지해 왔다. 남아 있는 텔렘족의 유적과 현재의 도곤족 문화 전체가 현재 세계문화유산으로 등재되어 보호를 받고 있다. 수백 개가 넘는 도곤족의 마을을 돌아보는 데는 몇 달이 걸릴지도 모른다.

우리가 사흘 동안 돌아보는 곳은 가장 걷기 쉽고 나름 볼거리가 있는 유명한 코스 중의 하나일 뿐이다. 도곤족의 현재 생활 모습도 거의 석기 시대를 벗어나지 않은 수준의 모습이다. 그만큼 이들은 외부와 철저히 단절된 생활을 하고 있다.

참으로 아이러니한 것은 문명 세계에서 단절되어 가장 원시적인 모습을 유지하고 있는 이들이 문명 세계에서 가장 혜택을 받은 세계의 여행객과 매일 상면하고 있다는 것이다. 우리는 극에서 극으로 만난다. 우리는 그들을 관찰하면서 아프리카와 과거의 삶의 모습을, 그들은 우리를 통해 다른 세계의 지구인을 상상한다. 그러면서 이들은 우리를 통해 다른 세상으로 나가는 길을 모색하기도 할 것이다.

그런 사람 중에 하나가 도곤족 출신으로 여행자 가이드가 된 아타마다. 아직까지 공부를 계속하고 있는 학생 신분이지만 불어는 말할 것도 없고 영어에도 능통한 재주가 뛰어난 청년이다.

하지만 궁금했다. 첨단의 문명사회에서 온 우리들은 이들과 얼마나 다르며 얼마나 더 행복할까? 이것은 내가 사흘 동안 반디아가라 트레킹을 하면서 떠나지 않는 화두였다. 아무튼 이들의 원초적이고 특이한 생활 모습은 프랑스뿐만 아니라 서구 인류학자들의 필수 답사지로서 가장 주목을 받고 있었다.

다시 길을 내려와 걷기 시작했다. 햇볕은 따갑고 더운 편이었으나 혹시 특별한 볼거리가 없나 하고 계속 두리번거리면서 걷는다. 지평선이 나타나는 광활한 지역이지만 대부분 모래사막이고, 농사가 가능한 절벽 부근의 샘이 있는 인근 지역만 경작을 하는 정도다. 추수를 하기 위해 베어낸 작물들은 주위의 나무 위에 볏단같이 묶어 걸어 두고 있었다.

그런 곳에는 몇몇의 가옥이 외로이 자리를 지키고 있다. 추수한 곡식을 보관하는 곳도 예의 상자 같은 조그만 흙 건물이다. 길가의 창고에는 사람 손이 겨우 들어갈 만한 창틀 같은 문을 내고 그 문짝에는 열쇠가 채워져 있는 것이 앙증스럽게 느껴지기까지 하다.

창고 문에는 특이한 조각이 새겨져 있다. 세 명의 여자가 하늘을 향하여 손을 들고 있다. 이것은 하늘에 대한 숭배를 나타내는 것이며, 인물 조각의 가장자리에는 지그재그형의 문양이 있는데 이는 창조자가 세상을 창조하면서 동쪽에서 서쪽으로, 북쪽에서 남쪽으로 지나갈 때 따라가는 통로를 표현하는 것이라고 한다.

첫날부터 꽤나 많이 걸었다. 몇 개의 마을을 지나고 해가 서쪽에 기울즈음에 잠을 잘 마을에 도착했다. 도대체 어떤 곳에서 오늘 밤을 보내며 어떤 방에서 잠을 자게 될 것인가도 매우 궁금하게 다가왔다.

아타마는 마을 입구의 마당이 약간 넓은 집으로 우리를 데리고 들어갔다. '호텔!'이라고 말하는데 모두 대꾸가 없다. 그리고 방을 보여 주면서 자신이 자고 싶은 곳을 선택하라고 한다.

장방형의 흙집은 마당을 중심으로 둘러서 있고 그 집에는 몇 개의 방들이 붙어 있는 구조다. 그래도 명색이 여행자를 위한 숙소인지라 주위의 마을 집에 비해서는 규모가 큰 건물이다. 엉성한 나무로 된 문이 있는 방에는 대나무 침대 위에 스펀지 매트리스 하나만 덜렁 올려져 있는 것이 전부다. 벽지도 안 바른 천연의 흙벽 외에 그 어떤 장식도 없다. 있다면 천장의 구석에 거미줄이 방의 단순함을 지워 주고 있다.

맨흙으로 된 방바닥은 흙먼지가 푸석푸석 일어나 조심스럽게 걸어야 한다. 다행스러운 것은 천장에 원통형 모기장이 설치되어 있다는 것이었다. 이런 방을 보고도 일행들은 이미 예상했다는 듯이 아무렇지 않은 듯 오히려 재미있어 하고 있다.

더 좋은 잠자리가 있다며 아타마가 우리를 데리고 간 곳은 흙집의 옥상이었다. 흙바닥의 옥상에는 매트리스가 몇 개 놓여 있고 그 위에는 작대기에 걸쳐진 모기장이 달랑거리고 있다.

어떤 방 어느 곳에 자든 마음대로란다. 약간 고민이 된다. 정말 의미 있는 도곤 마을의 체험을 위해서 옥상에서 잠을 자 보고 싶었지만 구름이 끼고 바람이 제법 부는 밤 날씨가 찜찜했다. 그리고 아직 컨디션도 정상이 아니다. 서로 얼굴을 쳐다보더니 요시에와 메리가 고개를 끄떡였다. 역시 요시에는 모험심이 강했다. 하지만 이날 밤 그녀의 옥상 위 잠자리는 썩 낭만스럽지 못했다.

샤워 시설도 되어 있긴 했다. 마당 옆 후미진 곳에 물통 하나를 올려놓고 그 밑에서 찔끔찔끔 나오는 물을 받아 쓰는 정도다. 도저히 호텔(?)이라고 부르기에는 너무 열악한 숙박시설이지만, 현지 원주민의 주거 시설에 비하면 초호화 시설이다.

우리가 걸어오면서 잠시 들른 곳이나, 나중에 여러 곳에서 본 도곤 주민들의 주거 조건은 열악하기 그지없었다. 울타리도 없는 공터에 한 가구에 보통 두서너 채의 원추형이거나 사각형의 조그만 흙집을 소유하나 각각의 흙집 속의 공간은 고작 서너 평이다. 한 채는 부엌으로 사용하며 나머지는 기거하며 잠자는 공간이다.

부엌의 요리도구는 냄비 종류 하나둘, 주전자와 접시 몇 개, 손으로 음식을 먹으니 수저 같은 것은 없다. 휴식을 취하며 잠을 자는 방도 단순하다. 흙으로 된 맨바닥에는 짐승 가죽이 몇 장 깔려 있지만 덮어야 될 것으로 생각되는 이부자리는 보이지 않았다. 이런 조그만 방 하나에 온 가족이 함께 자는 경우가 대부분이다.

큰 집과 개인 공간을 우선시하는 우리의 생활 양식에서는 이들의 주거 형태가 열악하기 그지없다. 이들도 우리같이 비교하는 의식이 있다면 절벽 중간부에 원숭이같이 붙어 살았던 텔렘족이나, 절벽 하단부에 기틀을 내렸던 자신들의 선주민보다 생활이 향상된 점에 위안을 얻을지 모르겠다.

물질을 기반으로 한 안락과 편리함을 보편적 기준으로 삼는 데 익숙한 현대인인 우리들의 관점으로 이들의 생활 모습을 평가하는 것은 어쩌면 잘못된 시각일 수 있을 것이다.

인간의 삶이 본능적으로 행복을 추구하며 살고 그 행복이란 것이 마음의 만족을 통해 얻는 것이라면, 그 만족이란 것은 다분히 잉여 생산에 의한 분배와 불가분의 관계를 가질 것이다.

어쩌면 인간은 생산의 증가와 함께 갈등도 같이 키워온 것이다. 거의 원시적 생산 공동체에 가까운 이곳은 자원 절약과 이웃과의 갈등을 유발시킬 수 있는 과도한 주택시설을 지양하는 지혜를 가졌던 것으로 보인다. 다만 긴 절벽으로 차단된 천연의 장벽은 이들의 절대 평등(?)을 상당 기간 유지시킬 것으로 보였다. 확실히 특이한 자연경관과 현대 세계인들과 유리된 채 선사시대와 유사한 이들의 삶 형태가 이곳을 세계적인 오지 관광지로 만들었다는 것만은 분명했다.

해가 지고 주위가 어둑해질 때 저녁을 먹기 위해 마당 가운데의 테이블 주위에 모여 앉았다. 축전지와 연결된 손톱만 한 꼬마전구 하나가 모든 세상을 비춰 주고 있다. 아마 주위의 마을 전체에 전지는 이것이 유일한 것일 수도 있을 것이다. 주위가 온통 어둠에 젖어 들어오니까 1촉도 안 될 꼬마전구가 모든 어둠을 제압하고 있었다.

메뉴는 역시 조밥이다. 나는 도곤 여행을 온 자축의 의미로 맥주를 한 병 곁들었다. 요시에도 눈을 찡끗 맞추며 한 병 주문한다. 그런데 서양 친구들도 한잔할 분위기라고 생각했으나 그냥 음식만 먹는다. 알고 보니 식후에 카드 게임을 했는데, 그때 술을 마시면서 놀았다. 잠시 동서양의 가벼운 음주 문화의 차이가 느껴졌다.

저녁을 먹고 잠시 자리를 정돈한 후 세라가 카드 게임을 하자고 제안했다. 모두 좋아하는 분위기였으나 나는 다른 계획이 있어 자리를 빠져나와 집 밖으로 나왔다. 가이드북이나 앞서 만난 여행자들은 하나같이 도곤의 밤 분위기가 좋다고 했기 때문이다.

'전기 불빛 하나 없는 어둠 속에서 태고의 정적을 느낄 수 있을 것이다!'

집 밖은 정말 깜깜했다. 마침 그믐에 가까운 날인지 달도 없는 데다가 구름까지 끼어 별빛조차도 없다. 낮에 대충 익힌 골목길을 더듬다시피 해서 걸어 동네 마실을 나갔다. 눈으로 볼 수 없는 길을 오감을 다 동원하여 검은 고양이같이 살금살금 걸었다.

칠흑 같은 어두운 길을 조심조심 걸으면서 청각만큼은 특별히 동원시켰다. 가이드북에는 운 좋으면 무당들이 두드리는 신비스런 북소리라든가, 마을 축제 때의 집단 춤 놀이 때 두드리는 타악기 소리를 들을 수 있다고 했기 때문이다. 그러나 이미 문명인으로서 많이 퇴화된 나의 청각은 멀리서 들려오는 소리를 잘 잡아 내지 못했다.

이럴 때는 이곳 최초의 원주민인 피그미족의 청각 능력이 부럽다. 정착 생활을 하지 않고 수풀 속을 떠돌아다니면서 사는 피그미족은 항상 외적과 사나운 맹수의 습격에 대비해야 한다. 그런 관계로 그들의 청각 능력은 유달리 발달했다. 이들의 뛰어난 청각 능력을 알아본 유럽인들이 아프리카에 진출했을 때 자신들을 보호하는 경비원으로 채용해 쓰기도 했다.

오늘 밤 이 동네와 이웃 동네에서는 무속을 하는 행사가 없는지 문명화된 나의 청각 능력 때문인지 가끔 지나가는 실바람 소리만 들렸지만, 사방이 쥐 죽은 듯 조용하다. 뭔가 이상한 기분이 들었다. 이런 농촌이라면 으레 있어야 할 것이 없다.

개가 없었다!

개가 있다면 살금살금 도둑고양이같이 골목을 걸어 다니는 나의 출현을 자지러지듯이 짖어서 모든 정적을 날릴 것이다. 개를 키우지 않는 것이다. 가만히 생각하니 도곤에 와서는 개를 보지 못한 것 같다.

개가 있고 없고가 우리 세계와 도곤 세계와의 차이로 보인다. 도둑을 지켜주고, 외로움을 지켜 주고, 우리에게는 영양(?)까지 보충해 주는 짐승이 없는 것이다. 도곤에서는 잃어버릴 것이 별로 없으니 남의 것을 탐내지도 않는 것 같고, 한집에 대가족이 모여 사니 '외로움'이라는 단어가 없을 것 같다.

고독은 문명 세계가 만든 것인 줄도 모르겠다. 정말 특이한 정적이다. 인간이 사는 곳이 이렇게 조용할 수가 있는가? 어둠과 정적은 한 몸에서 파생된 개념이라는 느낌이 든다. 북소리 듣기를 포기했다. 그냥 정적을 느껴보기로 했다. 갖가지 소음에 찌들려 온 나의 몸을 이 기회에 약간 정화시켜 보기로 하자.

허나 어색하다. 거리에 나서면 온갖 자동차 소음에 익숙해져 있고, 집에 들어가면 TV 틀기가 바쁘고, 사람을 만나면 한마디라도 잡담을 해야 안정이 되는 소음 시대에 살아온 몸이 이 기묘한 정적에 적응이 쉽지 않다.

그렇게 기다시피 걷다가 두런두런 사람들의 이야기 소리가 나는 집이 있었다. 궁금하여 집 담장 근처 가까이 접근했다. 하지만 어둠 속에서 차마 남의 집 안까지 들어갈 수는 없는 노릇이라 발길을 돌렸다.

그렇게 돌아오다가 깜짝 놀란 일이 발생했다. 좁은 골목에서 두 사람과 마주친 것이다. 온몸이 긴장에 감싸이면서 얼른 비상용으로 소지한 손전등을 발밑으로 켜고 앞사람을 살짝 넘겨 보며 조그만 목소리로 인사를 했다.

"살람?!"

"???"

흑인 청년 두 사람도 약간 놀란 듯하면서 하얀 이를 드러내며 어색한 미소를 지었다. 밤에 만난 이들 몸에서 볼 수 있는 것은 하얀 이밖에 없었다.

아프리카 여행을 오래 하였지만, 흑인들의 외모는 항상 낯설다. 아프리카 여행을 하면, 흑인들의 검은 피부 때문에 가끔 다양한 에피소드를 겪었다.

탄자니아에서 사파리를 할 때다. 가이드이기도 하고 지프차 운전사이기도 한 흑인 청년과 밤에 식당 안에서 디카로 사진을 함께 찍은 적이 있었다. 찍힌 사진을 열어 보니 가이드의 얼굴이 없는 것이 아닌가. 그때 그 가이드가 보인 어색한 표정이란….

킬리만자로를 오를 때 이름이 사이먼이라고 기억되는 등반 가이드는 매우 유머가 있었다. 우리 일행이 자외선 차단제를 바르니까 자기도 바르고 싶다고 웃으면서 손바닥을 내밀었다. 화장품을 받기 위해 내민 손등은 거의 악어 등껍질과 유사했다. 20여 년 가이드 경력 동안 킬리만자로 정상에 500번 이상은 올랐을 거라고 말했다.

숙소로 돌아오니 일행은 카드 게임에 여념이 없다. 방해가 안 되게 방으로 살짝 들어와 흙이 푸석거리지 않게 침대 위에 살며시 올랐다. 모기장을 내리고 옷을 입은 채로 잠을 청하는데 방 안 벽에서 벌레들이 사각거리면서 울기 시작한다. 벌레 소리가 도곤의 소리였다. 설마 저 벌레들이 전갈은 아닐 것이라고 마음을 안심시키면서 도곤의 첫날밤을 보낸다.

✳   ✳   ✳

둘째 날

잠이 빨리 깼다. 이런 곳에서는 동트면 하루 일과의 시작이다. 방 밖을 나가니 일행들도 일어나 세수를 하고 있다. 요시에의 얼굴이 유난히 푸석거려 보인다.

"옥상의 밤은 어땠어요?"

"매우 추워서 감기 들었어요, 쿨럭~ 웬 바람이 그렇게 부는지, 쿨럭~"

"아주 낭만이 있을 줄 알았는데?"

"놀리지 말아요, 쿨럭~"

요시에의 외박(?)은 항상 사고가 뒤따랐다. 텐트도 치지 않은 건물 옥상에서 침낭 하나 없이 그냥 잠을 자는데 탈이 나지 않을 수 있겠는가. 이미 출발 준비를 끝낸 아타마가 빨리 밥 먹고 가야 한다고 채근한다. 오늘은 하루 종

도곤족의 식량 창고들.
주로 조같은 곡식을 저장하고 있다.

일 먼 길을 걷게 된다면서 그는 우리를 긴장시킨다. 아침밥으로는 빵 한 조각에 커피 한 잔이 전부다. 그래도 오늘은 무엇을 보고 경험하게 될지 기대하면서 모두 산뜻한 기분으로 아타마를 따라 길을 나섰다.

사바나의 오전은 걷기에 적당했다. 모래와 흙이 반쯤 섞인 길은 부드러워 맨발로 걸어도 좋을 정도다. 모두 빠른 걸음으로 앞서가다가 내가 처지면 기다려 주기도 한다. 자신들보다 나이도 훨씬 많은 데다가 감기 때문에 수척해 보이니까 배려를 하는 것 같다.

하지만 나는 개의치 않는다. 마음먹고 걷기만 한다면 저들보다 얼마든지 더 잘 걸을 수 있다. 국내에서는 백두대간을 종주할 때였거나 큰 산을 등산

할 때 하루 종일 열 몇 시간을 예사로 걸어 내었기 때문이다. 다만 지금 이 길은 빨리 걷기에만 치중하기에는 너무 아깝다는 생각이 들기 때문이다.

어제부터 계속 이어지는 단순한 반디아가라의 절벽이지만 아무리 쳐다봐도 지겹지 않다. 더욱 많이 나타나는 절벽 중간 텔렘족의 벌집 같은 주거 흙집은 끝없는 상상력을 불러일으킨다.

도대체 인간의 환경 적응력은 어느 정도일까? 하는 궁금증이 텔렘족 집들을 볼 때마다 들었다.

내가 이때까지 찾아다닌 인류의 세계문화유산은 지배층이 주도해서 이룩한 규모가 크거나 화려한 것이 대부분이었다. 하지만 이 도곤 지역 같이 국가 단위로 발전하지 않은 원시적 공동체의 부족이 만든 문화유산은 매우 드문 경우이다. 그러므로 이들에 대한 자료가 절대적으로 부족한 상황이기에 신비함이 더할 뿐이다.

요즘 한국 사회에서는 걷기 열풍이 온 누리를 뒤덮고 있다. 너무 빠르게 돌아가는 세상에 빼앗긴 우리 삶을 이제는 천천히 움직임으로써 다시 돌아보자고 하는 이유에서 일어난 운동이다. 거기에 소위 말하는 웰빙 열풍과 함께 일어난 건강 챙기기도 큰 몫을 한 것이다. 이런 분위기로 인해 전국적으로 걷기 길들이 경치가 좋은 곳에 많이 만들어져 사람들이 모여들고 있다. 그러나 원래 걷기는 인간이 본능적으로 가장 좋아하게끔 만들어진 운동이다.

사실 나는 딱히 '파워 워킹'이라 부르는, 건강을 위한 걷기는 하지 않는 편이다. 오래전부터 내가 사는 김해시 전면의 평야를 가로질러 흐르는 '해반천'이라는 하천 둑을 따라 산보 삼아 걷기를 해 왔다. 일과를 마치고 번잡스런 일들을 정리하거나 마음을 추스르는 데에는 이보다 더 좋은 것이 없었기 때문이다.

그 강은 또 얼마나 역사적 상상력을 불러일으키는가? 신라·백제가 제대로 서기도 전인 수천 년 전부터 일본과 낙랑 등의 지역에서 그들의 중요 생산물을 싣고 와서 김해에서 생산되는 철제품과 교환하면서 지나갔던 그 강이다. 먼 바닷길을 건너 오가는 돛단배들이 갈대밭 사이의 수로를 따라다녔을 모습을 상상하게 만드는 그런 역사적인 강둑을 나는 매일 걷다시피 한다.

볼거리도 많이 있다. 김해평야의 곡식이 자라는 모습이나, 하천 안에 서식하는 계절 따라 변하는 식물의 모습은 다양하기만 하고, 그 속에서 요란스럽게 지저귀는 조그만 새들은 생명의 순환을 일러 주는 것이었다. 계절마다 날아오는 철새들도 반갑기 그지없다. 여름에 남쪽에서 오는 늘씬한 흰색 왜가리 종류는 예전에 여행했던 인도네시아의 논밭에서 왔을 것이고, 겨울에 날아오는 청둥오리 같은 철새들은 시베리아 여행에서 들렀던 이르쿠츠크나 몽골 여행 때의 알타이 깊은 산 속의 호수에서 보았던 그 새들일 것이었다.

가을에 하천 변에 피는 억새는 유달리 키가 크고 색깔이 희고 곱다. 갈대는 당연히 강의 주인인 양 큰 무리를 이뤄 억새 주위를 에워싸듯 세력을 뽐낸다. 30분 정도만 걸으면 세상을 내가 다 가진 듯이 행복해진다. 오죽했으면 내가 죽은 후에 화장을 하여 나의 유골을 이 하천에 뿌리라는 유언을 할 생각을 했을까!

이런 현상이 나름대로 근거가 있다는 것도 나중에 알았다. 소위 '세라토닌'이라는 행복 물질이 걸을 때 발생한다는 것과, 불가의 '참선과 같은 명상 효과'를 걷는 과정에서 얻을 수 있다는 것 등이다. 그랬지만 그 길을 걷는 때, 그런 것을 의식하려고 하지 않았고, 운동 효과를 얻기 위해서 발걸음 숫자를 세거나 빨리 걸으려고도 하지 않았다. 그냥 걷는 것 자체가 즐겁고 좋은 것이다!

지금 이 글을 쓰고 있는 한겨울의 혹한에도 특별한 일이 없으면 그곳에 나간다. 찬바람 때문에 온몸을 둘러싸듯이 옷을 두껍게 입고 눈만 내놓고 걷지만, 그 눈 속으로 들어오는 따사로운 햇살은 세상의 어떤 것보다 나의 기분을 황홀하게 만들어 주었다.

우리들은 걷는 모습도 다양하다. 주위를 관조하듯 걷는 나의 모습에서부터 짧은 반바지 차림으로 운동 기분을 내면서 가장 앞장서서 걷는 피터에 이르기까지 9명의 도보 행렬은 앞뒤 끝이 꽤나 길게 이어졌다.

세라는 여전히 사진 찍기에 여념이 없었고, 가시리는 자신이 흑인인 데다 남아공이지만 같은 아프리카 출신이라 그런지 행동이 남들과 달랐다. 길을 가다가 어린이를 만나면 손을 잡거나 안아 주기도 하고 같이 걸으면서 노래를 부르기도 했다. 식당에서 음식을 먹고 나면 아프리카산의 특이한 차를 우려내어 우리들이 마실 수 있도록 권하기도 했다. 그녀는 여행을 나온 사람이 아니라 손님을 맞이하는 도우미 같은 느낌을 주는 사람이었다.

스테판은 실용적인 국민성을 가진 네덜란드 대학생답게 탐구적인 모습이다. 일행과 돌아가면서 대화를 나누다가 나한테 와서는 한국의 교육 제도에 관하여 묻기도 했다.

한참 동안을 걷다가 규모가 제법 큰 마을 안으로 들어갔다. 아타마 말로는 이 마을은 볼 만한 것이 많단다. 마을 중앙에는 아담한 진흙 모스크도 있으며, 그 앞의 넓은 공터에는 한가운데 갈대지붕을 네모지게 이은 원두막 같은 구조물이 자리를 넓게 차지하고 있다. 그냥 휴식을 하기에는 예사롭지 않은 시설로 보였는데, 마을 안에 주요 문제가 생겼을 때 그 안에서 회의를 한다고 아타마가 설명했다.

그리고 보니 안쪽 맨바닥에는 앉기에 좋은 넓적한 돌들이 원탁 형태로 배열되어 있다. 지붕 높이가 매우 낮아 사람이 설 수가 없을 정도인데 아마 회의의 비밀을 유지시킬 필요에 의해서가 아닌가 생각된다. 잘못이 있는 사람을 마을 원로 회의에서 재판을 하고, 경우에 따라 유죄가 인정되면 일정 기간 마을 밖으로 추방시키는 일도 있단다.

우리가 동네 구경을 하려고 어슬렁거리자 마을 사람들이 갑자기 많이 나타났다. 그중에 나이 든 사람들과 아타마 사이에 가벼운 실랑이가 벌어졌다. 우리가 마을을 마음대로 다니면 안 된단다. 금기가 있는 장소에

들어갈 소지가 있기 때문이라
는 것이다. 할 수 없이 마을 사
람 한 명의 안내를 받아 가볍게
둘러보는 것으로 합의를 봤다.
그 사람이 앞장을 서고 아타마
가 설명을 곁들이는 형태로 마

을 답사를 시작했다. 아타마는 이 마을이 절벽 밑의 산지가 아닌 평지에
자리 잡은 도곤족의 전형적인 마을이라서 꼭 둘러보아야 한단다.

길가에 늘어선 곡물창고와 담장도 없는 주거용 가옥들이 약간은 무질
서해 보이기도 하다. 그러나 흐트러져 보이는 가옥 건물들이 마을 전체
를 봤을 때는 중요한 규칙하에 배열되어 있다는 것이었다. 도곤족의 마
을은 신과 인간을 나타낸다. 머리에 해당하는 북쪽 부분에는 대장간을
둔다. 마을 제단은 성에 해당되는 중앙부 하단에 위치한다.

도곤족의 집의 형태도 여러 상징성을 나타낸다. 바닥은 대지의 모양과
비슷하며, 평평한 지붕은 하늘의 모양과 비슷하다. 현관은 남자이며 중
앙의 방은 여자다. 방에는 팔처럼 양쪽에 저장실이 있다. 끝에 있는 부엌
의 방은 여자다. 네 개의 기둥은 남자와 여자, 신과 대지가 껴안아 결합한
것을 나타낸다. 그렇기 때문에 가족의 집은 남자와 여자, 신과 대지가 결
합한 것을 나타낸다는 것이다.

아타마의 설명을 들으면서 마을의 북쪽에 해당하는 뒤쪽에 이르렀다.
대장간이 자리하고 있다. 대장장이 직인과 목각을 하는 사람들이 같은
공간에서 작업을 하고 있었다. 대장장이는 간단한 농기구에서부터 칼,
주전자 등의 잡다한 주방용품까지 마술사 같은 솜씨로 두드려 내고 있었

다. 우리가 들어가니 자리를 비워 주면서 쉬어 가도록 배려를 해 준다.

어릴 때 장터에서 봤었던 우리의 대장간과 유사하지만, 화로와 풀무가 특이했다. 흙바닥에 홈을 파고 주위에 흙을 쌓아 만든 화로는 앙증스럽기까지 했지만 바람을 불어넣는 풀무는 양의 몸통 가죽을 통째로 사용하는 것이었다. 그 가죽 풍선을 바닥에 놓고 손으로 눌러 바람을 불어 넣는 것이다.

피터가 붙임성 있게 허락을 얻어 풀무질을 재미있다는 듯이 하기 시작했다. 나도 하고 싶어 차례를 넘겨받아 가죽 풍선을 눌러 보니 신기하게도 신축성이 좋아서 바람이 잘 일어났다.

대장간 한쪽에서는 두 사람이 목각 작업을 하고 있었다. 기념품으로 팔 것처럼 보이는 자그마한 인물상에서부터 사람의 실물만큼 큼직한 것들도 있다. 대장간 밖의 외벽에는 다양하고 큼직한 목제 조각품이 전시하듯이 늘어서 있는데 아마 주문을 받았거나 다른 동네에서 사러 올 것들이란다.

전체적으로 복잡하지 않고 단순한 형태로 조각한 것 같지만, 다양한 손 자세와 사실적인 인물 모습에서부터 추상적인 모습을 띤 것도 많다. 현재 유럽 각국에 소재한 아프리카 출토 민속품을 전시한 민속박물관에는 이곳 도곤에서 유출된 유물이 단위 지역으로는 압도적으로 높은 비율을 차지하고 있다. 그런 측면에서 이 도곤 지역은 아프리카 민속학 연구의 보고라고도 할 수 있는 곳이다.

그중에서도 목각 유물이 대다수를 차지한다. 연구된 자료들에 의하면

목각 유물들이 신화나 종교와 많은 연관성을 가진다. 양손을 하늘 위로 들고 있는 형상은 비와 연관이 있다. 손바닥을 편 것은 기우이며, 주먹을 쥔 것은 그칠 것을 바란다는 것이다.

여자의 모습을 띤 조각품은 여자 조상을 나타내는 것이며, 바가지를 가지고 있으면 추수를 한 후 제물을 바치는 조상신이다. 농사와 연관이 있는 것은 곡물창고에 보관한다.

집집마다 자신의 조상신으로 생각하는 목제 조각품을 하나씩 가지고 있다. 그것을 집안에 초상이 났을 때 제물을 바치는 대상으로 삼는다. 문자를 쓰지 않았던 서아프리카의 지역 특성상 민속학은 이곳 역사를 재구성하는 데 결정적으로 도움을 준다.

이들은 자신들의 역사를 신화나 설화의 형태로 후세들에게 꾸준히 전달해 왔다. 이런 전통 때문에 이들의 기억력은 놀라울 정도로 높다고 하는 보고 사례가 있다. 특히 아직까지 현대 문명과 담을 쌓고 사는 이곳 도곤 지역은 그런 측면에서 다른 아프리카나 특히 서아프리카 내에서도 가장 다양한 민속학 자료가 풍부한 곳이다.

다시 점심을 먹고 걷기 시작이다. 정말 오늘은 많이 걷는다. 사바나의 한낮 햇살은 열대 아프리카의 명예라도 걸었다는 듯 강렬하게 우리들 무리 위로 열기를 쏟아붓는다. 다들 힘이 빠졌는지 조용히 앞으로 나아가기만 한다.

가끔은 뜬금없이 바람이 매섭게 불어오기도 한다. 이른바 '탄바라'라는 건기 때 사하라에서 내려오는 바람이다. 모래까지 동반된 바람이 일어날 때는 눈을 뜨기가 힘들다. 선글라스를 소지하지 않은 요시에가 고전을 면치 못한다. 어젯밤 든 감기로 목까지 아프다고 중얼댄다.

　이렇게 피로가 쌓이면서 모두가 지쳐 가는 우리에게 한꺼번에 생기가 솟아나는 상황이 생겼다. 오늘은 우리에게 행운이 있는 날이었다. 단순한 풍경에 지쳐 묵묵히 앞만 보고 가는 우리 앞에 뜻밖의 풍광이 나타났다. 절벽 아래 수풀이 우거진 곳에 울긋불긋한 형상들과 함께 사람들의 움직임들이 보였다.

　장이 서고 있는 것이다! 힘들고 심심하던 차에 도곤에서의 장 구경이라니…. 가는 날이 장날이라는 표현은 정반대 상황에 쓰이는 말이지만 오늘은 정말 가는 날이 장날인 것이다. 모두
뛰다시피 하면서 우르르 장터에 몰려 들어갔다. 이곳 사람들은 어떤 것을 사고팔까 하는 궁금증이 모두의 머릿속에 가득 찼으리라!

　그런데 장터 속으로 들어가기 전 잠시 나의 발길을 멈출 수밖에 없게 한 것이 있었다. 장에 나온 여자들의 황홀한 옷차림이 먼저 눈길을 사로잡았다. 빨강, 파랑, 노랑 등의 원색에 가까운 무늬를 넣은 투피스 차림의 옷을 입은 여자들의 모습은 주위의 회색빛 사바나 분위기와 너무나 분명하게 대비되었다.

　그들은 사막 위에 핀 한 송이의 커다란 꽃이었다. 장터 전체가 꽃밭이고 여자들은 모두가 꽃들이었다. 어떻게 저렇게 옷을 예쁘게 입을 수 있을까 하는 것이 첫눈에 들어온 나의 느낌이었다.

이것은 패션에 대해서는 정말 문외한인 나만의 평가가 아니다. 여행 오기 전 정보를 검색하던 중 서아프리카의 세네갈을 여행한 어떤 여자의 여행기에서도 사진과 함께 이에 대한 언급이 있었다. 그녀는 '세네갈 여자들의 패션 감각이 정말 장난이 아니다.'라고 했다. 그냥 막연하게 서아프리카 여자들의 옷차림을 상상하다가 이곳 장터에서 본 아녀자들은 주위의 분위기와 어울려 너무 예쁘게 보였다.

옷은 유행이나 개인의 경제 사정에 따라 입을 수 있겠지만 개인이나 집단의 차림새에는 그들의 취향과 의식이 담겨 있다. 밝고 원색의 아프리카 여인들의 옷차림새에는 아프리카인들의 원천적 낙천성과 밝음이 나타나 있었다.

전통 사회의 장날은 단순히 상거래만의 역할을 하는 곳이 아니다. 모처럼 장날에 가는 것은 친구와 친척과 사돈, 어쩌면 시집간 딸, 그리운 친정어머니를 만나는 기회가 되기도 한다.

수십 리 길을 오로지 걸어서 오는 이들에게 모처럼의 장날은 가장 중요한 외출이다. 평생 반디아가라 절벽 안에 갇혀서 한 번도 외지로 나가보지 못한 사람이 대부분인 이 아녀자들에게  장터에 가는 날은 가장 화려한 외출임에 틀림없으리라!

장터라고 특별한 장소도 아니다. 약간의 그늘이 있는 수풀 주위에 그냥 좌판을 펼쳐놓은, 문자 그대로 난장이다. 농가 건물 하나 없는 산밑에 오로지 큰 바오밥 나무들을 표식으로 삼아 이곳을 장터로 지정해 놓은 듯하다.

시장 속으로 들어가 마당에 늘어놓은 물건들을 살펴본다. 나름 물건에 따라 구분이 되어 좌판을 벌리고 있다. 농산물전과 공산물전, 사이사이에 먹거리를 파는 사람들이 자리를 잡고 있다. 공산물전이라 해 봤자 주로 여자들의 옷감과 슬리퍼류의 신발을 파는 몇 개의 좌판이 전부다.

우리의 관심은 당연히 이곳의 농산물 좌판 쪽이다. 조와 수수, 그 외 깨알같이 생긴 곡식류들을 포대에 담아 놓고 손님을 기다린다. 고구마와 고구마를 닮은 얌도 보인다. 작은 홍당무들과 작은 바나나, 주로 작물들의 크기가 작다. 품종 개량이 되지 않은 토종(?) 작물들이다.

주전부리를 할 만한 것이 없나 하고 살펴본다. 전병같이 밀가루를 버무려 기름에 튀겨 팔고 있다. 몇 개 사서 먹어 본다. 설탕은 말할 것도 없고 사카린이나 베이킹파우더도 넣지 않은 순수한 밀가루 튀김이다. 그래도 엄마 따라 장에 온 아이들은 그 주위에 몰려서 엄마의 눈치를 보고 있다.

건너편에 있는 아타마가 불러서 몰려갔다. 한 손에 뿌연 액체가 들어 있는 플라스틱 통을 들고서 웃으면서 마셔 보란다. 우리의 막걸리와 같은 것이 아닐까 하고 살짝 마셔 보니 시큼한 맛에 약간의 알코올 도수가 느껴진다. 수수로 만든 술이라고 했다. 피터가 맛있어 하면서 한 잔 더 달라고 하니 배탈 날 수 있다고 주의를 준다.

흥미로운 반디아가라 절벽 밑의 도곤 전통장을 구경하면서 술도 한잔하고, 이것저것 사 먹어서 배도 채우니 이후 우리의 발걸음은 한결 가벼

워졌다.

　그런데 요시에는 술기운이 있
는지 걷기 힘들어한다. 자신이
메고 있는 배낭도 부담스러워했
다. 아타마가 방향이 같은 원주
민 여자와 거래를 해 주었다. 적
당히 돈을 주니 건강해 보이는
젊은 아녀자는 웃으면서 배낭을 자신의 큰 대바구니에 담아 달랑 머리에
이고 앞장서서 썩썩 나아간다.

　아프리카인들은 남녀 구분 없이 물건을 운반할 때 주로 머리에 이고 다
닌다. 무게와 크기에 상관 않고 잘도 이고 다닌다. 무거워서 들 수는 없어
도 일단 머리에 이기만 하면 무난히 걸을 수 있다.

　세네갈의 수도 다카르의 도심에서 과일 행상을 하는 아주머니가 커다
란 과일 바구니를 무거워서 들지 못하기에 도와서 머리에 이게 해 준 적
도 있었다. 어떤 곳에서는 남자가 들어도 무게 중심 잡기가 힘든 침대 매
트리스를 머리에 이고 가는 것을 본 적도 있다.

　다시 걷기 시작하자 해는 서서히 기울기 시작했다. 우리도 방향을 바꿔
벼랑 사이로 난 계곡으로 접어들기 시작했다. 다시 절벽 위쪽으로 올라
가는 것이다. 어제 절벽 위의 바위 평원에서 내려왔듯이 오늘은 바위 평
원으로 다시 올라가는 것이다. 내려올 때의 계곡과 달리 오늘 올라가는
길은 약간 경사가 부드러우면서 넓기도 했다.

　계곡에는 물이 나오는 샘도 있어 그곳에 의지하여 양파 농사를 짓는 농
가도 있다. 양파에 물을 주기 위해 농민이 샘에서 물을 길어다가 주고 있

다. 그 물을 담은 용기에 눈길이 갔다. 커다란 박을 이용한 자연산 용기이다. 박의 내용물을 파내고 말려서 쓰는 것이다. 농민은 물이 담긴 바가지의 입구를 손으로 잡고 헤어진 반바지에 맨발로 밭고랑 사이를 다닌다. 신기한 듯 쳐다보면서 인사하는 우리를 모든 앞니가 빠진 입을 벌리고 가식 없는 얼굴로 맞아 준다.

또다시 두 개의 혹성에 사는 사람들이 상면하고 있었다.

마침내 절벽 위의 바위 구릉에 올랐다. 주위의 경치가 범상치 않다. 큰 마을들이 넓은 고원에 자리를 잡고 있고, 맞은 편에는 거대한 바위 봉우리와 함께 절벽이 이어져 있다. 또 다른 경관이 우리를 압도하기 시작한 것이다. 짐을 숙소에 풀기 시작할 때 눈치 빠른 일행은 절벽 끝으로 가기 시작했다.

해가 지기 전에 우리가 걸어온 절벽 아래의 사바나 평원을 보려는 의도이다. 의미를 부여하자면 높다란 반디아가라 절벽 위에서 일몰을 감상하는 것이다. 바위 끝까지는 제법 시간이 걸리는 거리였다. 뉘엿뉘엿 넘어가는 석양을 따라 절벽 끝에 도달했을 때, 발끝 앞으로 펼쳐진 사바나는 황금빛의 장관을 연출하고 있었다. 일행들은 절벽의 선을 따라 멀찌감치 띄엄띄엄 앉아 지평선이나 석양을 응시하고 있다. 가시리의 실루엣이 인상적이다. 검은 피부에 가부좌를 틀고 앉은 동양적 모습은 묘한 신비감을 연출했다. 까마득한 지평선을 넘어가면서 세상 모든 것을 덮어 가고 있는 태양과 그 빛이지만 그것이 내일 다시 돌아온다는 윤회의 진리를 확인하고 싶은 것일까….

사흘간의 짧은 도곤 트레킹 기간이지만 우리 8명의 일행 중에서 가장 신비로운 모습을 보여 주는 사람은 남아공의 가시리였다.

저녁밥을 먹으면서 우리들은 도곤의 전통춤을 볼 기회를 달라고 아타마에게 건의를 했다. 이미 이런 상황을 예상했었는지, 마을 사람들하고 상의를 해 보겠다며 원주민들을 만나러 갔다

한참 있다가 돌아온 아타마는 공연은 해 주겠지만, 우리가 약간의 사례를 해야 한다고 한다. 어느 정도 예상한 일이라 모두 동의를 하고 정해진 시간에 마을의 공연장으로 갔다.

도곤 여행을 하려고 할 때 가장 기대를 하고 있었던 것 중의 하나가 이들의 춤이었다. 어두컴컴한 마당 안에는 벌써 수십 명의 마을 주민들이 웅성거리며 모여 있다. 우리는 약간 높은 언덕배기에 자리하여 공연을 내려다볼 참이다. 우리 앞에는 북을 치는 사람이 두 명 앉았고, 옆에는 작은 손전등을 든 사람이 마당 가운데를 비추었다.

드디어 북을 치기 시작하자 마당 가운데에 어린 소년 5명이 나와서 춤을 추기 시작했다. 처음에는 약간 느리게 시작하다가 점차 박자가 빠르게 변한다. 북소리가 빨라지면서 소년들의 몸놀림도 더욱 경쾌하게 변해간다. 약간 몸이 풀리는 상황이 될 즈음 소년들이 뒷면으로 물러나고 소녀들이 마당에 들어섰다.

이들의 몸동작도 소년들과 차이가 없을 정도로 유연하고 날렵하다. 발끝으로 땅을 차고, 뛰고, 발뒤꿈치를 이용한 찍기가 연속적으로 교차한다. 그 빠르기에 눈이 현란해진다. 소녀들의 춤사위가 끝나고 뒤를 물러나니 이번에는 약간 나이 든 10대 소년 무리가 등장한다. 이들의 몸동작은 더욱 크다. 더욱 빠르고 다양한 몸동작과 스텝을 구사한다. 이때 옆에서 호루라기를 부는 사람이 나타났다. 삑~ 삑 불어 주는 호루라기의 격한 지원은 이들의 춤을 더욱 고양시킨다. 마당은 이들이 구르고 뛰는 동작

으로 일어난 먼지가 가느다란 손전등 불빛 위를 뽀얗게 덮었다.

청년들이 물러나더니 이번에는 중년의 여자들이 들어섰다. 이들의 몸동작도 젊은이들에 뒤지지 않을 정도다. 생활 속에서 춤이 몸에 배어 있음을 느끼게 해 준다.

아무튼 춤판인데 몸이 근질거리지 않는 사람이 있겠는가. 세라와 피터가 먼저 춤판에 가세했다. 옆에서 같이 어울려 몸을 흔들기 시작한 이들의 몸동작은 우리에게 익숙한 나이트클럽에서 보는 형태의 춤동작이다. 하지만 별 무리 없이 잘 어울리는 모습이다. 따지고 보면 전 세계 나이트클럽이나 젊은이들의 춤판에서 행해지는 디스코, 트위스트, 심지어 유행이 지나간 맘보 같은 것도 아프리카에서 유래한 것으로 알려져 있다. 우리는 현대 세계인들의 대중적인 춤의 원류를 보고 있으면서 같이 어울리고 있는 것이다.

다만 우리 일행들이 추는 춤의 행태는 저들과 다른 점이 확연히 보였다. 디스코 장에서 흔히 보듯이 일정한 스텝도 없이 손을 위로 들고 아무렇게나 흔들어 대는 것이 우리 일행이다. 이에 비해 도곤족의 춤들은 일정한 틀이 있었다. 소년의 춤과 소녀의 춤이 다르고 성인과 부녀자의 추임새가 다르다. 그리고 이들은 팀을 이뤄 똑같은 동작을 보였다. 이들은 각각의 연령대나 성별 구분에 따라 나름의 의미를 띤 춤을 추는 것 같았다.

남녀노소를 구분하여 춤을 추는 것은 이들이 평소에 집단화하여 행동하는 양식과 관계가 있어 보였다. 어쩌면 이들은 자신들의 결사체에 가입되어 있을 것이다.

이들 춤 형태에는 기우, 풍작, 사냥, 다산 등의 행위를 비는 기능적 요소가 담겨 있을 것이다. 아마 우리가 좀 더 많은 비용을 지불하면서 미리 예약을 하고 준비를 시켰다면, 가면이나 전통 복식을 착용했을지도 모른다.

중년 여자 무리가 물러나고 약간 젊은 청년 그룹이 들어선다. 이때 옆에 있던 아타마도 합류했다. 도곤족 출신임을 증명하듯 아타마의 춤 솜씨도 보통이 아니다. 민첩하고 유연한 소년들의 동작에 처짐이 없이 발동작을 구사한다. 한 판 땀이 날 정도로 뛰고 들어온 아타마가 이번에는 북을 대신 치기 시작했다. 진정한 도곤족의 아프리카너임을 여실히 보여 주고 있었다.

한바탕의 마당놀이 같은 도곤족의 춤판은 제법 밤이 깊을 때까지 이어졌다. 우리들을 위하여 보여 주기 위한 공연 형태를 취했지만 판이 무르익을 즈음에는 자신들을 위한 놀이판이 된 듯했다. 한참 뛰고 힘이 들 때면 다른 사람들과 교체하여 그대로 두면 밤새도록 이어질지도 모른다. 저렇게 뛰다 보면 탈혼 상태로까지도 갈 것이다.

이렇게 이들은 춤을 통하여 집단성을 확인하고 결속력을 다진다. 또한 일상의 고통을 줄이고 삶을 즐기는 주요한 수단으로 삼는다. 단순히 즐기기 위해서만 추지 않는다. 공동체 안에서 상이 생겼을 때 모든 사람들이 모여서 애도의 행위로서 춤을 춘다. 이때의 춤은 죽은 자의 혼을 영의 세계로 인도하는 역할을 하는 것이다.

수천의 종족이 사는 아프리카이니만큼 춤의 종류도 정말 다양하다. 의식을 치를 때라든가 단순히 즐기기 위한 것이라도 이들의 생활 속에는 춤이 깊이 배어 있다.

* * *

마지막 날

흙방 호텔(?)에서의 잠도 여전히 조기 기상이다. 스테판과 피터가 온몸에 침낭을 걸치고 부스스한 얼굴로 마당 가에 앉아 있다. 옥상에서 잤단다. 찬바람이 불어 아무도 옥상에서 잘 사람이 없을 줄 알았는데 시도한 사람이 있었다. 아무튼 젊음과 건강이 부러울 뿐이다.

몇 방울씩 감질나게 툭툭 떨어지는 세면장에서 세수와 양치질을 했다. 암석으로 뒤덮인 고원의 동네에서 물을 기본적으로 쓴다는 것만으로도 감사할 따름이다.

길을 떠나기 전 마을 구경을 먼저 하기로 했다. 마을들이 내려다보이는 바위 언덕으로 올라갔다. 30여 호 정도 되어 보이는 마을 세 개가 약간 떨어져 나뉘어 있다. 그냥 지형적 특징 때문이 아닌가 하고 생각하며 보고 있는데, 세 개 마을의 종교가 다르단다. 가장 가까이 있으며 어젯밤에 묵었던 마을이 기독교이며, 따로 옆에 있는 마을은 이슬람과 토속 종교다.

기독교 마을이 원래 토속 종교 마을이었다. 이슬람이 먼저 들어오고, 프랑스 식민지 시절 프랑스의 비호를 받은 기독교가 들어오면서 두 종교를 믿는 사람들이 따로 떨어져 나갔다는 것이다. 그렇다고 해서 큰 갈등이 있는 편은 아니란다. 어젯밤처럼 춤추는 행사가 있으면 놀러 와서 같이 어울리기도 한다.

언덕 위에서의 설명이 끝나고 마을을 구경하기 위해 동네 안으로 들어갔다. 내심 토속 종교를 믿는 마을로 가고 싶었으나 거리가 약간 떨어져 있어서 오늘 일정상 어렵단다. 하지만 기독교 마을이라 하더라도 전통 생활을 하고 있기 때문에 다른 마을과 별 차이가 없다고 한다.

몇 개의 집을 구경하고 마을 지도자인 '호곤'의 집으로 들어갔다. 보통 도곤족 마을에서는 지도자인 호곤의 집을 개방하지 않는다고 한다. 하지만 이곳은 관광객이 많이 오는 길목이 되면서 개방을 하게 되었다.

호곤의 집은 일견 무속인의 집 같은 분위기다. 사냥해 온 원숭이나 여우 같은 작은 동물들의 해골을 집의 흙벽에 붙여놓기도 하고 옆에는 짐승들의 가죽들을 진열해 놓기도 했다. 식

량 창고나 방의 나무 문에는 상징성 있는 문양들이 조각되어 있다. 아타마가 그 의미에 대해 꼼꼼하게 설명을 해 준다.

이리저리 집들을 구경하다가 닭장 같은 자그마한 짐승 우리를 발견했다. 목을 세워 우리 안의 짐승을 들여다보는데 옆에 서 있던 아타마가 갑자기 놀란 듯이, "돼지!" 하고 소리쳤다. 더 깜짝 놀란 내가 그를 쳐다보니, 전에 다른 한국 여행객들을 안내했는데 그들이 돼지!라고 하는 것을 기억했다가 나를 놀라게 하려고 익살을 부린 것이었다. 참 영특하고 유머 감각까지 좋은 젊은이다. 유난히 두터운 입술 사이로 나오는 영어 발음은 내가 알아듣기에는 약간 불편했다. 이것을 눈치챘는지 설명이나 안내가 끝나고 나면 나를 보고 이해했냐고 확인을 하는 친절함을 보였다.

도곤이 고향인 아타마는 자기 집안 이야기도 틈만 나면 해 주었다. 할아버지가 아직 정정하신데 정확히 알 수는 없지만 나이가 거의 100살이

넘을 거란다. 부인이 세 명이었는데 그중에 한 명은 이미 돌아가셨다. 아타마 자신의 아버지도 부인이 둘이다. 직계 할아버지 자손이 수십 명이 넘는 대가족으로 확실한 숫자를 모르겠다고 웃으면서 말한다.

"그렇게 부인들을 많이 가져도 괜찮아?"

"능력이 있으면 가능하지요. 형편이 안 되어 혼자 사는 남자도 있고요, 요즘 도시에서는 대부분 마누라가 하나예요."

"아타마는 애인 있어?"

"아직…."

대화를 나누는 중 가이드 생활을 계속할 것인가를 물으니 돈을 벌게 되면 여행사를 차리고 싶단다. 현재 생활이 어떠냐고 물으니, 이 똑똑하고 친절한 젊은이의 입에서는 "Eating is hard!"라고 단 한 마디만이 나왔다. 갑자기 가슴 한곳이 뭉클해졌다. 전 세계의 청춘들이 모두 힘들게 살고 있다.

사흘째 걷는 길은 그전과는 사뭇 달랐다. 이제까지 걸었던 부드러운 길하고는 정반대다. 하루 종일 암반으로 된 구릉 위를 걷는 것이다. 굳이 지질학적인 측면에서 말하자면, 이쪽 구릉이 솟아올랐든지 아니면 반대쪽이 가라앉았을 것인데, 아무튼 이쪽이 높은 곳이라 지표면의 흙이 한 점도 없이 씻겨 내려간 모양새다.

새까맣고 평평한 암반이 지평선을 나타낸다. 가끔 군데군데 암반 사이 금이 간 곳에는 마른 풀들이 몇 포기 자리를 채워서 삭막함을 달래 준다. 모두 어제의 부드러운 길이 그리운지 말없이 고개를 숙인 채 앞으로 나아가기만 한다.

이런 곳에는 사람이 절대 살지 않으리라고 생각하고 몇 시간을 걸었을 때다. 바위 언덕이 약간 패어지고 골이 진 바닥에 샘이 있는 곳에 도착했다. 옆에는 손바닥만 한 땅뙈기가 있는데 그곳을 의지하고 농사를 짓는 집이 하나 있다.

그곳에도 양파를 재배하고 있었으며, 약간의 수풀에는 바나나 나무 몇 그루가 자리를 지키면서 비상식량의 수호자임을 나타내는 것 같다. 아이도 둘이 있다. 마당에 서서 우리 같은 이방인을 자주 보았는지 순진하게 미소 지으면서 손을 흔들며 맞아 준다.

너무 다른 세계의 사람들이지만 어찌 보면 자신들의 동족들보다 우리 같은 여행객을 더 많이 접촉하는지도 모른다. 한국에서 가져간 나의 비상 간식 사탕을 몇 개 나눠 주었다.

다시 길을 나선다. 이제는 태양이 중천에 올라 강렬하게 내려 쬐인다. 채 열 명도 되지 않은 행렬이지만 개인차가 있어 길게 늘어선다. 일정이 바쁜지 아타마는 멀리 앞장서 가면서도 뒤쪽 끝의 우리를 채근하듯이 자주 돌아본다.

점심때가 훨씬 지났다고 느낄 때쯤 약간의 초원이 나타나는 곳에 도달하고 근처에는 제법 큰 마을이 나타났다. 점심을 먹는 곳이라면서 아타마를 따라 들어간 집에는 사흘 전 우리를 태워준 차 운전사가 와서 기다리고 있었다.

오늘의 걷기는 끝났단다. 아니 이제 도곤에서의 걷기는 끝난 것이다. 모두들 아쉬움과 안도의 표정이 나타난다. 옆에는 환타를 마시는 사람이 있다. 이제 문명 세계에 재진입한 느낌이다. 한 병을 시켜 마셨다. 냉장고도 없을 곳에서 어떻게 보관을 했는지 무척 시원했다. 점심 메뉴도 스파게티였다. 사실 이곳은 몹티에서 차가 직접 들어오는 곳이어서 진정한 도곤 마을이 아니었다.

몹티로 돌아가기 위해서 사흘 만에 차를 탔다. 현대 문명을 가장 상징적으로 나타내는 속도의 왕인 차에 올라 몹티를 향해 달리기 시작했다. 석기시대에서 순식간에 기계화된 산업사회로 넘어온 기분이다. 우리가 탄 차는 오래된 중고차지만 시공을 초월하는 타임머신 같은 느낌을 주었다.

몇천 년의 시간이 순식간에 흘러가 잠시 꿈을 꾸고 온 것 같아 지난 이틀간의 사연이 실감이 나지 않는다. 한편으로 너무나 익숙한 이쪽의 세계지만 썩 반갑지만은 않아 자꾸 뒤가 돌아봐졌다. 그러나 나의 아쉬운 마음을 알았는지 아타마는 아주 특별한 데를 방문시켜 주었다.

차가 두어 시간 벌판을 달리다가 길이 좁고 험한 곳으로 진입하여 들어가기 시작했다. 한참을 들어가더니 뾰족한 봉오리가 인상적인 산 밑 마을 앞에서 정차했다.

'송고'란 마을이었다. 이곳은 아직도 할례를 하는 대표적인 동네였다. 여행을 마치고 국내에서 할례 관련 자료를 찾아보았을 때 이 송고 마을의 할례 장소가 대표적으로 제시되고 있었던 것이다.

송고 마을은 처음부터 분위기가 예사롭지 않았다. 100여 가호가 넘어 보이는 큰 마을이지만 좁다란 골목에는 집집마다 돌담이 둘러져 있었는데, 담이 없었던 반디아가라의 도곤 지역보다는 상대적으로 더 폐쇄적이고 음습한 느낌이 들었다.

꾸불꾸불한 골목을 한참 돌아 마을을 벗어날 즈음 마을 입구에서 보았
던 뾰족한 산까지 이르렀다. 비스듬하게 난 산길을 따라 10여 분 정도 올
랐을 때 큰 절벽이 우리를 막아섰다. 절벽을 돌아 조금 더 걸어갔을 때 암
벽 아랫부분이 움푹하게 패여 있었고, 그 앞면의 넓은 암벽 면을 보고 우
리는 눈이 휘둥그레졌다.

수십 평은 됨직한 넓은 절벽 면에 놀라운 그림들이 눈앞에 펼쳐졌던 것
이다. 의미를 짐작하기 힘든 여러 모양의 붉은 색 그림들이 방금 그린 듯
이 선명하게 다가왔다.

동물 모양들, 서 있는 사람들, 기하학적인 그림들…. 면식이 있는 그림

도 있다. 도곤 마을에서 보았던 ш 자 모양과 두 손을 하늘 위로 올리고 있는 모습들이다. 수십 종류의 그림이 대형 멀티플렉스 화면보다 큰 암벽에 빽빽이 그려져 있었지만, 가장 인상적인 것은 그림들 윗부분에 살아서 기어가는 듯한 커다란 뱀 그림이었다.

암벽 앞은 평평하게 다져진 공터다. 마당은 앉을 수 있을 만한 납작한 돌들로 둘러져 있고, 그 한가운데에 평평한 납작 돌이 놓여 있다. 이 예사롭지 않은 돌이야말로 '할례 시술대'였던 것이다.

참으로 특이한 느낌을 주는 곳을 살펴보니 너무 많은 궁금함이 생겼다. 우리의 마음을 모를 리 없는 친절한 아타마가 시간을 한참 할애하여 설명을 했다.

매 3년마다 12~15세 소년 약 100여 명을 모아 어른이 되기 위한 극기 훈련과 할례 시술을 행한다. 할례 과정을 살펴보면, 맨 처음 시술 열흘 전에 해당 소년들을 모아 합숙 훈련을 시작한다. 어른이 되기 위해서는 무엇보다 인내심이 중요하기에 할례 시술 전에 약 10일간의 극기 훈련을 받아야 된다.

그다음 단계가 할례 시술이다. 시술을 주관하는 사제가 커다란 뱀을 생포하여 암벽 밑 공터에 갖다 모신다. 도곤 사회에서는 뱀을 신성시한다. 이 큰 뱀은 도곤 사회에 신화로 전승되어 오는 '네이'라는 존재다. 소년들은 사제의 지시에 따라 차례로 뱀에게 닭 한 마리씩을 제물로 바친다. 던져진 닭을 네이가 삼키면 소년들의 할례 시술이 시작된다. 이런 순서로 100여 명의 소년들이 할례 의식을 치른다.

시술 후에도 성인이 되기 위한 극기 훈련이 계속된다. 암벽 옆에 있는 별도의 공간에 이들 예비 성인을 한 달 동안 격리 수용하고 외부와의 접촉을 차단한 채 고된 훈련을 한다.

매일 아침저녁으로 약 500m를 왕복하는 구보를 반복한다. 암벽 지점에서 내려다보이는 들판에는 커다란 바오밥나무가 한 그루 서 있다. 그곳으로 뛰어 내려가서 바오밥나무를 돌아서 다시 암벽 언덕으로 올라온다. 마지막 날에는 체력 경연대회를 벌인다. 달리기 시합을 하여 1~3등 입상자를 선정한다. 또 한 가지 시합은 암벽 밑에서 돌팔매질을 하여 30m 높이의 암벽 정상까지 던져 올려 성공하면 경주 입상자와 같은 특혜를 준다.

다시 마을을 오기 위해서 돌아오는 길에 아타마는 바위 벽면 옆의 동굴을 구경시켜 주었다. 돌담으로 막아 놓아 어두컴컴하여 안이 잘 보이지 않는 굴속에는 여러 가지 북 종류의 악기가 잔뜩 쌓여 있다.

할례 행사와 소년들이 체력 단련을 할 때 동네 사람들이 이들을 격려하기 위해 사용하는 기구라고 한다. 그 도구들을 보면서 한 사람의 성인이 되기 위해, 또 평생 살아가야 할 도곤족의 일원이 되기 위해 힘든 과정을 거쳐야 하는 소년들의 모습이 훤히 그려졌다.

송고 마을의 방문은 사흘간의 도곤 트레킹 일정 중에서 가장 인상적이었다. 몹티의 숙박지 호텔로 돌아갔을 때는 제법 어두운 밤이었다. 송고 마을 방문은 일정에 넣지 않아도 아무도 불만을 가질 수 없는 상황이었음에도 우리를 위해서 배려를 해 준 아타마가 무척이나 고마웠다. 어찌 보면 아프리카 풍습에 많은 관심을 보인 나를 고려해서가 아닌가 생각되기도 했다.

사흘간의 동고동락으로 꽤나 정이 든 일행들과 아쉬운 작별을 했다. 특히 아타마와 모두 한 번씩 껴안으면서 아쉬움을 나누었다. 여행자와 안내자가 이렇게 가까워지기도 쉽지 않은 모습이었다. 여행을 다녀온 후 말리를 생각할 때 도곤이 생각났고 도곤을 생각할 때마다 아타마가 생각났다.

그의 두툼한 입술과 친절함이 함께였다.

책 작업을 시작하고 여기까지 오는 데 거의 1년 반 가까이 걸렸다. 그 것은 그만큼 어려운 사정이 있기도 한 것이었다. 애초에 저술을 염두에 두고 여행을 다닌 것이 아니었기에 여행기를 쓰지 않은 곳이 많았고 심지 어 제대로 메모조차 남기지 않은 곳도 있었다. 특히 중국의 명산 탐방은 퇴직 후 삶의 여유를 즐기는 여행의 형태를 취했기에 더욱 기록이 부실하 다는 것을 자인하지 않을 수 없다. 거기에다가 사진까지 유실되어 본문 에 제대로 싣지 못하게 되면서 멋진 경관을 보여 주려는 산행기의 의도를 제대로 살리지 못했다.

새로 구입한 노트북 사용법도 익혀야 했고 워드 작업을 하면서 사진을 싣는 걸도 컴맹에 가까운 고령자에게는 고산을 오르는 것만큼 고된 일이 었다.

사진에 대해서도 미련이 많이 남는다. 에베레스트 코스에서만 전문 디 지털 카메라를 휴대했지만 나머지 여행지에서는 부실한 카메라로 대신 했다. 거기에 곳곳의 여행지마다 체력적으로 부담들이 컸기에 사진에 전 염할 수 없었다.

책 제목을 붙이는 데에도 갈등이 있었다. '세계 명산기'란 제목을 붙이 기는 했지만 갈라파고스와 미국의 국립공원 탐방은 어쩌면 자연주의 여 행에 가까운 것이었다. 그런 점에서 처음에는 '세계의 자연 탐방'이라는 이름을 사용하려고도 생각했다. 그래도 그런 곳들이 넓은 차원에서 명산과 같은 자연의 한 부분이었고 독자들에게 정말 소개하고 싶은 곳이었기에 독립된 장으로 추가하게 되었다.

마지막으로 넣은 도곤 트레킹도 우여곡절이 약간 있었다. 여행기를 써 나가는 과정에 아프리카가 빠진 것이 아쉬웠다. 내가 그곳에 여러 차례 여행을 했었고 여행기까지 저술한 곳이었기에 소개를 하고 싶은 것이었다. 이 책의 저술 의도가 독자들이 읽고 나와 같이 탐방하는 데 목적을 둔다는 측면에서 서아프리카의 도곤 트레킹은 많이 생소한 것이다. 하지만 지구의 다양한 트레킹 지역을 소개하려는 욕심이 생기면서 마지막 장으로 추가하게 되었다.

장시간에 걸리는 작업이었고, 큰 이익이나 거창한 목적을 두고 한 저술 작업이 아니었지만 그런대로 지루한 시간을 버텨 낼 수 있었던 것은 글 쓰는 과정이었다. 그동안의 여행 메모를 읽는다거나 여행 과정을 추스리는 것 자체가 즐거운 것이었다. 그것은 여행 다녀온 사람들이 사진을 보면서 추억을 새기듯이 나에게는 글을 쓰는 과정에서 당시의 상황들과 전경들이 생생하게 클로즈 업 되는 경험을 하는 것이었다. 정말 여행을 두 번 하는 즐거움이 긴 저술 작업의 피로를 덜어 주었다.

거의 3년을 넘게 진저리치게 괴롭히던 코로나가 어느덧 고비를 넘기고 있다. 다시 하늘이 열리고 국경이 개방되면서 사람들이 밖으로 내몰리고 있다. 러, 우 국가 간의 전쟁이 끝나지 않고 이어지고 물가가 가파르게 올라 생활을 옥죄고 있지만 사람들은 본능적으로 외국으로의 여행에 나서고 있다. 보복 소비, 보복 여행이란 말이 유행하고 있듯이 우리들 삶은 살아갈 돌파구를 필요로 한다. 직장을 가진 사람에게는 그들 나름의 필요한 돌파구가 있겠지만 우리 같은 퇴직자에겐 많은 시간과 함께 오는 자유라는 공간이 열려 있다. 이 무한대에 가까워 보이고 신성하리만큼 귀중한 것이 썩 길지만은 않다는 것을 이번 3년간의 코로나 기간이 여행자인 나에게 알려 준 가장 큰 교훈이었다.

얼마 전에 서구의 어떤 기관에서 65세 이상의 고령자에게 설문 조사한 것을 읽은 것이 있다.

"살아오면서 가장 후회하는 것이 뭐냐고?"

"내 마음대로 살지 못한 것이 가장 후회스럽다!"

세계도, 시간도, 건강도 결코 기다려 주지 않는 것이었다.

떠날 수 있을 때 떠나야 한다. 기다리지 말고 가능한 한 빠를수록 좋다.

전 역사교사 천불의

세계 명산기

ⓒ 박천욱, 2023

초판 1쇄 발행 2023년 5월 15일

지은이   박천욱
펴낸이   이기봉
편집   좋은땅 편집팀
펴낸곳   도서출판 좋은땅
주소   서울특별시 마포구 양화로12길 26 지월드빌딩 (서교동 395-7)
전화   02)374-8616~7
팩스   02)374-8614
이메일   gworldbook@naver.com
홈페이지   www.g-world.co.kr

ISBN   979-11-388-1916-9 (03980)